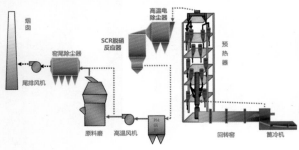

大道碳中和

氮 氧 化 物 减 排

（修订版）

Nitrogen Oxides Reduction（Revision）

毛志伟　吕鸿图　程　群　编著

中国建材工业出版社

图书在版编目（CIP）数据

氮氧化物减排/毛志伟，吕鸿图，程群编著．—修
订版．--北京：中国建材工业出版社，2023.1
ISBN 978-7-5160-3587-0

Ⅰ.①氮… Ⅱ.①毛… ②吕… ③程… Ⅲ.①氮化合
物—氧化物—排污—控制—新技术应用 Ⅳ.①X511.06

中国版本图书馆 CIP 数据核字（2022）第 183568 号

内容简介

本书广泛收集了国内外水泥行业烟气脱硝最新技术以及建设、设备运行和调试的相关资料，结合合肥水泥研究设计院在水泥厂烟气脱硝工程设计、建设、调试与运行管理上的丰富实践经验，全面系统地介绍了水泥行业烟气脱硝工程技术知识。本书的特点是突出烟气脱硝技术在水泥行业的工程应用，对脱硝的概念和原理不做深入介绍，重点对工程设计、安装、调试和运行维护等进行全面阐述，为水泥行业烟气脱硝工程的技术人员及管理人员提供直接帮助和指导，具有很强的实用性。

氮氧化物减排（修订版）

Danyanghuawu Jianpai（Xiudingban）

毛志伟 吕鸿图 程 群 编著

出版发行：中国建材工业出版社
地　　址：北京市海淀区三里河路 11 号
邮　　编：100831
经　　销：全国各地新华书店
印　　刷：北京印刷集团有限责任公司
开　　本：787mm×1092mm　1/16
印　　张：30.5
字　　数：650 千字
版　　次：2023 年 1 月第 2 版
印　　次：2023 年 1 月第 1 次
定　　价：**120.00 元**

前　言

　　《氮氧化物减排》自 2014 年出版以来，作为水泥行业节能减排技术丛书之一，受到了广大读者的欢迎。该书在氮氧化物减排方面，从理论到实践均做了系统的阐述和全面的介绍。但随着我国科学技术的发展，国家对环保超低排放的要求及排放标准的重新评估，各地排放标准的不断收严，尤其在氮氧化物减排与治理方面有了突飞猛进的进步，此领域的创新与应用均已走在世界的前沿。为了与时俱进，除有必要保留《氮氧化物减排》原来的理论与实践内容外，《氮氧化物减排（修订版）》增加了一些新内容，其中包括基于选择性催化还原法的各种二氧化氮去除技术，以及基于氧化法的多项二氧化氮去除技术，尤其是"同时脱硫脱硝"的理论及应用，做了一些必要的修订，予以再版。

　　我国是世界上水泥产能和产量最大的国家。据中国水泥协会统计，截至 2020 年底，全国新型干法水泥生产线累计有 1609 条（注：不包括 700t/d 以下规模生产线），水泥熟料设计年产能（以备案或核准文件统计）18.3 亿吨，水泥熟料实际年产能（以关键生产设备回转窑窑径换算统计）超过 20 亿吨，水泥熟料年产量 15.8 亿吨，水泥年产量 23.77 亿吨。自 1985 年以来中国水泥产量一直稳居世界第一。水泥工业在支撑国民经济快速发展的同时，也带来了环境污染。据统计，我国水泥工业颗粒物（PM）排放占全国排放量的 12%，二氧化硫（SO_2）排放占全国排放量的 6%，氮氧化物（NO_x）排放占全国排放量的 12%，属污染控制的重点行业。水泥工业是氮氧化物的重要排放源，居火力发电和汽车尾气排放之后的第三位。

　　通过"十二五""十三五"的综合治理后，水泥工业大气污染得到了有效防治，特别是 NO_x 总量减排，2015 年水泥行业 NO_x 排放量控制在 150 万吨，淘汰了水泥落后产能 3.7 亿吨；截至 2020 年底，通过对新型干法窑降氮脱硝，新、改、扩建水泥生产线综合脱硝效率不低于 80%。进入"十四五"以后，水泥行业面对绿色能源革命、能耗双控工作、推进"碳达峰""碳中和"和实现减污降碳协同增效的目标要求，面临总体水泥产能严重过剩矛盾没有明显改善的严峻局面，行业供给侧结构性改革任务愈发艰巨，水泥行业绿色低碳转型发展面临极大的挑战。以减污降碳为总抓手，提升先进产能比例，在化解产能严重过剩矛盾的同时，对发达地区的排放指标提出了更高的要求。

"十二五"时期颁布的《水泥工业大气污染物排放标准》(GB 4915—2013)确定 NO_x 排放限值，一般地区为 $400mg/m^3$，重点地区为 $320mg/m^3$。对水泥行业的污染防治的技术进步和环境改善起到了重要的促进作用。GB 4915—2013 提高了水泥工业清洁生产水平。相比 2011 年，2016 年水泥工业颗粒物、SO_2、NO_x 平均排放强度分别下降约 21.25%、57.2%、50.5%。

目前，在火电行业实施的排放值常被称为超低排放值。其颗粒物、SO_2、NO_x 最大排放浓度标准限值分别要达到 $10mg/Nm^3$、$35mg/Nm^3$、$50mg/Nm^3$，重点控制区内则执行大气污染物特别排放限值。当前水泥行业执行《水泥工业大气污染物排放标准》(GB 4915—2013)，较 GB 4915—2004，排放限值低了很多，NO_x 为旧标准的一半，特别排放限值更低，仅为旧标准的 40%。2017 年开始全国各地区陆续印发关于深度减排的通知。江苏省生态环境厅印发《关于开展全省非电行业氮氧化物深度减排的通知》，其中水泥行业 2019年 6 月 1 日前 NO_x 排放不高于 $100mg/Nm^3$。

按照《水泥工业"十三五"发展规划》的要求，考虑到我国目前和今后水泥工业政策和大区环境进一步改善需求，2020 年底全部实现《水泥工业大气污染物排放标准》(GB 4915—2013)。2025 年，东部沿海地区的广东、福建、浙江、上海、江苏、山东、河北、天津、辽宁，北方及中西部地区的山西、陕西、宁夏、内蒙古、河南、安徽、湖北、甘肃（约占水泥生产量的70%）全部实现超低排放标准，NO_x 排放不高于 $100mg/m^3$，颗粒物和 SO_2排放不高于 $10mg/Nm^3$ 和 $50mg/Nm^3$。参考水泥行业相关的排放标准和地方的相关标准，到 2030 年水泥行业全部实现超低排放，即颗粒物、NO_x、SO_2排放浓度分别不高于 $10mg/Nm^3$、$100mg/Nm^3$ 和 $50mg/Nm^3$，排放绩效分别约为 $0.30kg/t$、$0.15kg/t$、$0.05kg/t$。由于大规模水泥工业环保设施的改造，2020 年水泥工业三种主要的大气污染物排放极小值与 2015 年比较均有较大幅度的下降。2030 年之后，水泥工业环保标准和环保设施趋于稳定，三种大气污染物排放极小值相应进入稳定期。

为了适应更加严格的环保要求，以达到超低排放的标准，"十三五"期间，国家专门拨款成立了"大气污染成因与控制技术研究"项目，所属课题"重点工业污染源大气污染物排放标准的评估与修定关键技术方法体系研究"包括了《基于实测的水泥工业大气污染物排放规律研究与排放标准实施评估》。项目通过对200条在线监测数据和135家水泥企业调研，以及30条水泥生产线的监测，目前，国内大部分水泥企业环境监管力度强，污染物排放浓度低。为此，对标准的修订重新提出了颗粒物、NO_x、SO_2的排放限值缩紧的建议。颗粒物排放限值由小于$20\sim30mg/m^3$降至小于$10mg/m^3$，NO_x排放限值由小于$100\sim200mg/m^3$降至小于$50\sim100mg/m^3$，氮氧化物排放限值由小于$320\sim400mg/m^3$降至小于$100\sim200mg/m^3$。

2015年下半年，合肥水泥研究设计院在富阳南方水泥5000t/d水泥熟料生产厂线上，首先进行了中温中尘的SCR工业试验，取得了较好的效果。2018年9月，西安西矿环保科技有限公司在河南登封宏昌5000t/d生产线上，建成了国内水泥行业首台SCR工程项目，并投入了使用。随后，截至当前已经有100多条水泥线陆续投运了不同工艺路线的SCR脱硝项目，使得水泥行业的氮氧化物排放指标达到$50\sim100mg/m^3$成为可能。然而，在SCR脱硝项目方兴未艾的2021年，人们看到中晶环境科技股份有限公司、苏州仕净科技股份有限公司、昆山纳诺环保科技有限公司走出了一条有别于SCR的新路，它们研发的SIOD、LCR和HCR技术，一方面能够应对未来更加严苛的排放标准（例如，HCR的NO_x脱除率平均值为94.74%），另一方面具备"一石二鸟"乃至"一石多鸟"的功效（同时脱硫脱硝，同时脱硫脱硝减碳等）；并且这些技术当年分别在金隅集团、南方水泥有限公司、中联水泥集团下属的水泥工厂经历了实践的检验。此次修订不仅增补了当前主流的SCR脱硝技术路线的介绍，也增补了今后可能成为重要技改选项的SIOD、LCR和HCR技术路线介绍。

水泥工业烟气脱硝技术在我国起步时间较晚，烟气脱硝技术路径尚没有统一标准，工程质量和实际脱硝效果差别较大。为使读者对水泥行业烟气脱硝技术有较深入的了解，此次修订广泛收集了国内外水泥行业烟气脱硝最新技术以及建设、设备运行和调试的相关资料，结合编者在水泥厂烟气脱硝工程设计、建设、调试与运行管理上的经历和经验，较全面且系统地介绍了水泥行业烟气脱硝工程技术知识。《氮氧化物减排（修订版）》的特点是突出介绍最新的烟气脱硝技术及其在水泥行业的工程应用，材料的编写与组织均紧紧围绕此主题展开，为水泥行业烟气脱硝工程的技术人员及管理人员提供直接的帮助和指导。

编　者

2022 年 10 月于合肥

目　录

第一章　概论 ……………………………………………………………………………… 001

第一节　我国水泥工业发展现状 ………………………………………………… 001

第二节　水泥生产工艺及主要环境问题 ………………………………………… 004

一、水泥生产工艺 …………………………………………………………… 004

二、水泥生产的主要环境问题 …………………………………………… 005

第三节　氮氧化物的来源及环境危害 …………………………………………… 007

一、氮氧化物的来源 ……………………………………………………… 007

二、氮氧化物的环境危害 ………………………………………………… 008

第四节　发达国家水泥工业氮氧化物的控制标准 …………………………… 009

一、欧洲水泥工业氮氧化物控制标准 …………………………………… 009

二、美国水泥工业氮氧化物控制标准 …………………………………… 009

三、日本水泥工业氮氧化物控制标准 …………………………………… 012

四、各国水泥大气排放标准比较 ………………………………………… 013

第五节　我国水泥工业氮氧化物的控制标准 ………………………………… 014

第二章　水泥窑氮氧化物的生成机理和减排技术 ……………………………… 018

第一节　水泥窑氮氧化物的生成机理 ………………………………………… 018

一、燃料型 NO_x 生成机理 ……………………………………………… 018

二、热力型 NO_x 生成机理 ……………………………………………… 020

第二节　水泥窑氮氧化物排放量的估算 ……………………………………… 021

第三节　水泥窑脱硝技术分析 …………………………………………………… 022

第四节　水泥窑低 NO_x 燃烧技术 ……………………………………………… 023

一、优化熟料烧成工艺，稳定烧成系统操作 ………………………… 023

二、采用低 NO_x 燃烧器 ………………………………………………… 023

三、分级燃烧脱氮技术 …………………………………………………… 024

第五节　水泥窑氮氧化物减排技术简述 ……………………………………… 026

一、选择性非催化还原脱硝技术（SNCR 脱硝技术） ……………… 026

　　二、选择性催化还原脱硝技术（SCR 脱硝技术） ································ 027

　第六节　欧盟国家水泥工业氮氧化物减排概况 ································ 029

　　一、概况 ·· 029

　　二、欧盟各国各种减排技术应用 ·· 033

第三章　选择性非催化还原法（SNCR）烟气脱硝技术 ································ 041

　第一节　SNCR 烟气脱硝技术原理 ·· 041

　　一、氨作为还原剂原理 ·· 041

　　二、尿素作为还原剂反应过程 ·· 042

　第二节　水泥窑常用 SNCR 工艺系统 ·· 043

　　一、单独 SNCR 系统工艺 ·· 044

　　二、低氮燃烧（LNB）＋SNCR 联合应用 ·· 046

　　三、SNCR/SCR 联合脱硝工艺 ·· 046

　第三节　SNCR 技术用于水泥窑的几个基本概念 ·· 046

　　一、选择性非催化还原法（SNCR） ·· 047

　　二、还原剂 ·· 047

　　三、氨逃逸率 ·· 047

　　四、系统可用率 ·· 047

　　五、脱硝效率 ·· 048

　　六、温度窗口 ·· 048

　　七、停留时间 ·· 048

　　八、氨氮反应摩尔比 ·· 049

　　九、还原剂利用率 ·· 049

　　十、还原剂与烟气的混合程度 ·· 050

　　十一、添加剂 ·· 050

　　十二、喷射策略 ·· 050

　第四节　SNCR 工艺系统还原剂的选择 ·· 050

　　一、还原剂选择原则 ·· 051

　　二、水泥窑脱硝用还原剂对合成氨工业的影响 ·· 052

　第五节　水泥窑 SNCR 设计需要的技术参数 ·· 052

　　一、生产线情况 ·· 052

　　二、设计输入相关数据 ·· 053

　第六节　水泥窑烟气脱硝用 SNCR 系统的反应计算 ·· 053

　　一、还原剂消耗量估算 ·· 053

　　二、相关单位基准的转换 ·· 054

第七节　影响水泥窑 SNCR 脱硝性能的几个因素 ································· 055

一、还原剂的温度窗口 ························· 055

二、氨氮摩尔比 ························· 055

三、反应停留时间 ························· 055

四、还原剂与烟气的混合程度 ························· 056

五、还原剂类型 ························· 056

六、烟气中氧含量 ························· 056

七、氨逃逸的影响 ························· 056

第八节　CFD 模拟技术在水泥窑 SNCR 系统的应用 ················· 057

一、CFD 模拟技术的作用 ························· 057

二、水泥窑分解炉数值模拟实际工程应用 ················· 057

第九节　采用 SNCR 系统对水泥窑生产的影响 ··················· 074

一、对水泥生产能耗的影响 ························· 074

二、对下游余热锅炉、除尘器的影响 ··················· 076

三、对水泥的产量和品质的影响 ····················· 077

第四章　还原剂为尿素的水泥窑 SNCR 工艺系统 ··················· 078

第一节　尿素 ························· 078

一、尿素的物理化学性质 ························· 078

二、尿素的溶解吸热性 ························· 078

三、尿素正确的贮存方法 ························· 079

第二节　尿素溶液的特性 ························· 080

一、尿素溶液的腐蚀性 ························· 080

二、尿素设备腐蚀类型 ························· 081

三、腐蚀案例 ························· 082

四、尿素溶液热分解特性 ························· 084

第三节　还原剂为尿素的 SNCR 系统设计规范 ················· 085

第四节　还原剂为尿素的 SNCR 工艺系统设计 ················· 089

一、设计的基本要求 ························· 089

二、SNCR 脱硝系统工艺流程和系统组成 ··················· 090

三、固体尿素的接收与储存 ························· 091

四、固体尿素的溶解与尿素溶液的储存 ··················· 092

五、尿素溶液的输送、稀释系统 ····················· 096

六、尿素溶液计量、分配系统 ······················· 097

七、以尿素为还原剂的 SNCR 炉前喷射系统 ················· 100

八、SNCR 压缩空气系统 ……………………………………… 101

九、在线监测系统 …………………………………………… 103

十、废液处理系统 …………………………………………… 103

十一、还原剂为尿素的 SNCR 脱硝系统需注意的问题 ……… 104

第五节 还原剂为尿素的 SNCR 喷射装置 ………………… 105

一、喷嘴常用的性能指标 …………………………………… 105

二、喷嘴结构功能和类型 …………………………………… 112

三、喷枪的形式 ……………………………………………… 116

四、喷枪的雾化、雾化介质与雾化控制 …………………… 117

五、喷枪喷嘴的设置 ………………………………………… 118

第六节 还原剂为尿素的 SNCR 系统工艺布置 …………… 120

一、尿素溶液制备区的工艺布置 …………………………… 121

二、窑尾分解炉喷射区的布置 ……………………………… 125

三、在线监测仪的布置 ……………………………………… 129

第七节 主要工艺设备和材料 ……………………………… 130

一、基本要求 ………………………………………………… 130

二、尿素、除盐水的消耗量 ………………………………… 131

三、主要设备的选型 ………………………………………… 132

第五章 还原剂为氨水的 SNCR 工艺系统 ………………… 133

第一节 氨的基本特性 ……………………………………… 133

一、氨的基本知识 …………………………………………… 133

二、氨的主要物理化学性质 ………………………………… 133

三、氨水的特性 ……………………………………………… 135

第二节 还原剂为氨水的 SNCR 系统设计规范 …………… 138

一、脱硝设计应执行的规范 ………………………………… 138

二、我国政府对"氨溶液"的有关管理规定 ……………… 141

第三节 还原剂为氨水的 SNCR 工艺系统设计 …………… 141

一、还原剂为氨水时的工艺系统设计设备选型基本要求 … 141

二、还原剂为氨水的水泥窑炉 SNCR 烟气脱硝系统 ……… 142

第四节 还原剂为氨水的 SNCR 工艺系统布置 …………… 153

一、系统布置原则 …………………………………………… 153

二、氨水储存区的布置 ……………………………………… 153

第五节 SNCR 采用氨水与尿素的工艺系统的主要区别 …… 158

一、工艺系统差异 …………………………………………… 158

二、系统安全性不同 ··· 159

三、反应温度窗口不同 ··· 159

四、系统投资运营成本对比 ····································· 160

第六章 水泥窑 SNCR 附属系统设计 ·························· 163

第一节 SNCR 系统电气设计 ······························· 163

一、设计原则 ··· 163

二、设计依据 ··· 163

三、电气系统设计 ··· 163

第二节 采暖、通风、给排水、消防及安全部分 ········· 171

第三节 SNCR 系统钢结构、平台及扶梯 ················· 172

第四节 SNCR 系统的保温、油漆及防腐 ················· 173

一、SNCR 系统的保温设计 ································· 173

二、SNCR 系统的油漆及防腐 ······························ 173

第七章 SNCR 脱硝系统安全措施与事故预防 ············· 175

第一节 SNCR 脱硝系统危险因素分析及安全措施 ······· 175

一、脱硝工程危险因素分析 ··································· 175

二、危险、有害因素分析结论 ······························ 185

第二节 SNCR 脱硝系统安全对策和预防措施 ············ 186

一、选址的安全对策措施与建议 ····························· 186

二、主要装置、设备、设施布局方面的对策措施与建议 ····· 186

三、工艺技术、装置、设备、设施方面的对策措施与建议 ····· 187

四、事故应急救援措施和器材、设备方面的对策措施与建议 ····· 189

五、为氨水运输或储存过程配套和辅助工程方面的对策措施与建议 ····· 190

六、风险管理 ··· 190

七、氨事故预防与处理 ······································· 195

八、水泥脱硝安全性设计及设备配置 ······················ 197

九、附件 ·· 198

第八章 水泥窑 SNCR 系统施工与安装 ····················· 202

第一节 水泥窑 SNCR 工程的施工与验收规定 ············ 202

一、有关施工的基本要求 ····································· 202

二、有关竣工验收的基本要求 ······························ 202

三、安装后的单体调试 ······································· 203

　　第二节　主要安装设施及相关目标 ┈┈┈┈┈┈┈┈ 203

　　　　一、相关规程规范 ┈┈┈┈┈┈┈┈┈┈┈┈┈ 203

　　　　二、需要安装的主要设施 ┈┈┈┈┈┈┈┈┈┈ 204

　　　　三、安装工程质量目标 ┈┈┈┈┈┈┈┈┈┈┈ 204

　　　　四、安全及文明施工目标 ┈┈┈┈┈┈┈┈┈┈ 204

　　第三节　还原剂为尿素的 SNCR 系统设备安装 ┈┈┈ 204

　　　　一、主体设备安装 ┈┈┈┈┈┈┈┈┈┈┈┈┈ 204

　　　　二、系统管路的吹扫及清洗 ┈┈┈┈┈┈┈┈┈ 208

　　　　三、工艺设备（设施）保温主要施工 ┈┈┈┈┈ 209

　　　　四、尿素溶液制备区设备安装 ┈┈┈┈┈┈┈┈ 209

　　第四节　还原剂为氨水的 SNCR 系统相关设备安装 ┈ 210

　　　　一、主体设备安装 ┈┈┈┈┈┈┈┈┈┈┈┈┈ 210

　　　　二、氨逃逸测量仪的安装 ┈┈┈┈┈┈┈┈┈┈ 213

　　　　三、系统管路的吹扫及清洗 ┈┈┈┈┈┈┈┈┈ 214

　　　　四、工艺设备（设施）保温主要施工 ┈┈┈┈┈ 214

　　　　五、其他设备安装和调试 ┈┈┈┈┈┈┈┈┈┈ 214

第九章　水泥窑 SNCR 脱硝装置的调试、运行与维护 ┈ 215

　　第一节　水泥窑 SNCR 系统调试内容 ┈┈┈┈┈┈┈ 215

　　　　一、单体调试 ┈┈┈┈┈┈┈┈┈┈┈┈┈┈┈ 215

　　　　二、分部调试 ┈┈┈┈┈┈┈┈┈┈┈┈┈┈┈ 215

　　　　三、联动调试 ┈┈┈┈┈┈┈┈┈┈┈┈┈┈┈ 216

　　　　四、72h 满负荷试运 ┈┈┈┈┈┈┈┈┈┈┈┈ 216

　　第二节　水泥窑 SNCR 系统调试准备 ┈┈┈┈┈┈┈ 216

　　　　一、适应规范的确认 ┈┈┈┈┈┈┈┈┈┈┈┈ 217

　　　　二、安全预防 ┈┈┈┈┈┈┈┈┈┈┈┈┈┈┈ 217

　　　　三、自控仪表的标定 ┈┈┈┈┈┈┈┈┈┈┈┈ 218

　　　　四、通信和组织系统的确定 ┈┈┈┈┈┈┈┈┈ 218

　　　　五、设备安装及系统的检查 ┈┈┈┈┈┈┈┈┈ 218

　　　　六、调试阶段需要控制的关键节点 ┈┈┈┈┈┈ 220

　　第三节　还原剂为尿素的 SNCR 系统调试 ┈┈┈┈┈ 220

　　　　一、分系统调试管理程序 ┈┈┈┈┈┈┈┈┈┈ 220

　　　　二、分部试运的内容 ┈┈┈┈┈┈┈┈┈┈┈┈ 221

　　　　三、尿素溶液制备与储存系统 ┈┈┈┈┈┈┈┈ 221

　　　　四、尿素溶液在线稀释系统调试 ┈┈┈┈┈┈┈ 228

五、尿素溶液的计量与分配系统 ………………………………… 228

六、炉前喷射系统控制方案 ………………………………………… 232

七、喷枪保护控制 …………………………………………………… 232

八、单层喷枪切换运行控制 ………………………………………… 235

第四节　还原剂为氨水的 SNCR 系统调试 …………………………… 236

一、冷态调试 ………………………………………………………… 236

二、整体热态调试 …………………………………………………… 237

第五节　SNCR 脱硝系统热态试运行及性能验收 …………………… 245

一、整套启动调试管理程序 ………………………………………… 245

二、整套调试应具备的条件 ………………………………………… 246

三、SNCR 烟气脱硝系统整套启动前的检查 ……………………… 247

四、脱硝系统的正常启动（以某氨水脱硝工程为例）…………… 248

五、脱硝系统 72h 满负荷试运 ……………………………………… 248

六、SNCR 系统的停运 ……………………………………………… 249

七、SNCR 系统的正常运行维护 …………………………………… 250

八、水泥厂 SNCR 系统的性能验收试验 ………………………… 250

第六节　水泥窑 SNCR 系统的运行 …………………………………… 252

一、脱硝系统的启动 ………………………………………………… 253

二、系统的运行和调节 ……………………………………………… 254

三、脱硝系统停止 …………………………………………………… 257

四、启动与停运时的注意事项 ……………………………………… 258

第七节　水泥窑 SNCR 系统的检查和维护 …………………………… 259

一、检查和维护工作内容 …………………………………………… 259

二、喷枪检查和维护时需要注意的问题 ………………………… 262

三、SNCR 脱硝系统检查和维护时需要注意的问题 …………… 262

四、岗位巡检员的主要职责 ………………………………………… 263

第八节　水泥窑 SNCR 系统的常见问题分析 ……………………… 263

一、SNCR 烟气脱硝系统设备（仪器仪表）常见问题分析 …… 263

二、SNCR 烟气脱硝系统运行问题 ……………………………… 266

第十章　低氮燃烧脱硝技术 ……………………………………………… 267

一、分级燃烧脱硝技术的原理 ……………………………………… 268

二、分级燃烧脱硝技术应用的影响因素 ………………………… 268

三、分级燃烧脱硝系统 ……………………………………………… 268

四、工程实例 ………………………………………………………… 275

第十一章　选择性催化还原法（SCR）烟气脱硝技术 ……………………… 278

　第一节　水泥窑 SCR 脱硝工艺 …………………………………………… 278

　　一、SCR 烟气脱硝基本原理 ……………………………………………… 278

　　二、SCR 脱硝工艺流程 …………………………………………………… 279

　　三、关键技术 ……………………………………………………………… 279

　　四、SCR 反应器及催化剂 ………………………………………………… 280

　　五、水泥窑 SCR 脱硝工艺 ……………………………………………… 280

　第二节　水泥窑 SCR 系统催化剂基本选型 …………………………… 284

　　一、碱（土）金属中毒机理 ……………………………………………… 285

　　二、催化剂抗堵性 ………………………………………………………… 286

　　三、水泥窑窑尾烟气特性 ………………………………………………… 286

　　四、催化剂选择原则 ……………………………………………………… 287

　　五、催化剂的种类 ………………………………………………………… 287

　　六、水泥窑催化剂设计选型 ……………………………………………… 289

　　七、水泥窑 SCR 催化剂防中毒措施 …………………………………… 291

　　八、水泥窑 SCR 催化剂防堵塞和防磨损措施 ………………………… 292

　　九、水泥窑烟气 SCR 催化剂失效后处理方式 ………………………… 293

　　十、水泥窑 SCR 催化剂清灰 …………………………………………… 294

　第三节　水泥窑 SCR 中低温催化剂研究与应用 ……………………… 296

　　一、中低温 SCR 催化剂研究与应用现状 ……………………………… 296

　　二、水泥窑中低温 SCR 催化剂研究与工业应用 ……………………… 298

　第四节　几类典型水泥生产线 SCR 设计选型 ………………………… 299

　　一、3200t/d 水泥生产线 SCR 系统设计选型 ………………………… 299

　　二、5000t/d 水泥生产线 SCR 系统设计选型 ………………………… 305

　　三、6000t/d 水泥生产线 SCR 系统设计选型 ………………………… 310

　　四、7500t/d 水泥生产线 SCR 系统设计选型 ………………………… 313

　第五节　水泥窑中低温 SCR 脱硝中试研究 …………………………… 318

　　一、富阳南方水泥 SCR 中试项目 ……………………………………… 318

　　二、北京太行前景水泥 SCR 中试项目 ………………………………… 329

　第六节　国内水泥窑采用 SCR 应用实例 ……………………………… 334

　　一、登封宏昌水泥 SCR 脱硝工程 ……………………………………… 334

　　二、武安新峰水泥 SCR 脱硝工程 ……………………………………… 335

　　三、济宁海螺水泥和南京中国水泥厂 SCR 脱硝工程 ………………… 338

　　四、长兴南方水泥 SCR 脱硝工程 ……………………………………… 341

第七节　国外水泥窑采用 SCR 应用实例 ……………………………………… 345

一、国外水泥工业 SCR 脱硝现状 ……………………………………… 345

二、SCR 工程案例一 ……………………………………… 346

三、SCR 工程案例二 ……………………………………… 351

四、SCR 工程案例三 ……………………………………… 352

五、SCR 工程案例四 ……………………………………… 359

六、SCR 工程案例五 ……………………………………… 363

第十二章　工程应用实例 ……………………………………… 365

第一节　德全汪清水泥有限公司 5000t/d 生产线 SNCR 脱硝工程应用 ……… 365

一、工程概况 ……………………………………… 365

二、设计参数 ……………………………………… 365

三、SNCR 工艺系统及布置 ……………………………………… 366

四、系统性能指标 ……………………………………… 368

五、调试运行情况 ……………………………………… 368

六、效果评价 ……………………………………… 371

第二节　天瑞集团郑州水泥有限公司 12000t/d 生产线 SNCR 脱硝工程应用 … 371

一、项目概况 ……………………………………… 371

二、设计参数 ……………………………………… 371

三、脱硝系统特点介绍 ……………………………………… 372

四、脱硝指标 ……………………………………… 374

五、调试运行及相关监测数据 ……………………………………… 374

六、对水泥生产能耗的影响 ……………………………………… 375

七、结论 ……………………………………… 376

第三节　安徽大江水泥有限公司 4500t/d 生产线 SNCR 脱硝工程应用 ……… 376

一、项目概况 ……………………………………… 376

二、设计参数 ……………………………………… 377

三、系统配置及流程 ……………………………………… 377

四、对水泥生产能耗的影响 ……………………………………… 379

五、调试数据 ……………………………………… 380

六、结论 ……………………………………… 381

第四节　湖州槐坎南方水泥有限公司以尿素为还原剂 SNCR 脱硝工程应用 … 381

一、项目概况和设计参数 ……………………………………… 381

二、以尿素为还原剂的 SNCR 脱硝系统工艺流程及设备配置 …………… 382

三、调试运行情况 ……………………………………… 386

四、实施效果 ··· 387

第五节 广德洪山南方水泥有限公司 5000t/d 生产线 SNCR 脱硝工程应用 ······ 388

一、工程概况 ··· 388

二、设计参数 ··· 388

三、SNCR 工艺系统及布置 ···································· 389

四、系统性能指标 ··· 391

五、调试运行情况 ··· 391

六、效果评价 ··· 392

第六节 江西永丰南方水泥有限公司 5000t/d 生产线 LNB＋SNCR 脱硝工程
　　　应用 ·· 392

一、工程概况 ··· 392

二、设计参数 ··· 392

三、脱硝工艺方案选择 ··· 393

四、低氮燃烧技术应用 ··· 393

五、SNCR 脱硝技术的应用 ···································· 394

六、系统性能指标 ··· 397

七、调试运行情况 ··· 397

八、效果评价 ··· 397

第七节 中铁物资巢湖铁道水泥有限公司 4500t/d 生产线 SNCR 脱硝工程
　　　应用 ·· 397

一、生产线概况 ··· 397

二、SNCR 工程总体介绍和设计参数 ························· 398

三、系统性能指标 ··· 399

四、调试运行情况 ··· 400

五、效果评价 ··· 401

第八节 资阳西南水泥有限公司以氨水为还原剂 SNCR 脱硝工程案例 ········ 401

一、项目概况 ··· 401

二、设计参数 ··· 402

三、SNCR 工艺系统及布置 ···································· 402

四、系统性能指标 ··· 405

五、调试运行情况 ··· 405

六、效果评价 ··· 406

第十三章 水泥窑 SNCR 精准脱硝的工程应用 ··················· 407

第一节 水泥窑 SNCR 精准脱硝技术简介 ···················· 407

一、原有水泥窑 SNCR 脱硝技术弊端 ……………………………………… 407

二、水泥窑 SNCR 精准脱硝技术 …………………………………………… 408

第二节　水泥窑 SNCR 精准脱硝应用实例 ……………………………… 409

一、铜陵上峰水泥三线 5000t/d 熟料生产线 SNCR 精准脱硝项目 ……… 409

二、广东塔牌集团 10000t/d 熟料水泥生产线 SNCR 精准脱硝项目 ……… 411

三、邯郸金隅太行水泥公司 2500t/d 熟料水泥生产线 SNCR 精准脱硝

项目 …………………………………………………………………… 414

四、邢台金隅冀东水泥公司 2 条 4000t/d 熟料水泥生产线 SNCR 精准

脱硝项目 ……………………………………………………………… 417

第十四章　其他脱硝技术 ……………………………………………………… 420

第一节　国外同时脱硫脱硝技术的研究情况 …………………………… 420

一、过渡金属离子催化法 …………………………………………………… 420

二、络合吸收法 ……………………………………………………………… 421

三、氧化法 …………………………………………………………………… 421

第二节　联合脱硝脱硫的工业性试验研究 ……………………………… 424

一、超重力气体催化装置系统 ……………………………………………… 425

二、超重力气体催化装置 NO_x 去除中试研究 …………………………… 429

第三节　徐州中联水泥有限公司 2×5000t/d 熟料线窑尾烟气脱硝技术

方案 ……………………………………………………………………… 437

一、概况及设计基础参数 …………………………………………………… 437

二、脱硝技术路线 …………………………………………………………… 440

三、脱硝总体设计工艺方案说明 …………………………………………… 445

第四节　国内其他联合脱硫脱硝技术应用情况 ………………………… 452

一、LCR 脱硫脱硝脱氨除尘一体化技术在水泥行业的适用性 ………… 452

二、臭氧氧化协同吸收脱硫脱硝技术的工业应用 ………………………… 455

三、SNCR＋COA 脱硝技术应用于循环流化床锅炉 …………………… 459

参考文献 …………………………………………………………………………… 464

第一章　概　论

第一节　我国水泥工业发展现状

水泥作为重要的基础原材料之一，以其数量大、用途广、耐久性强和具备许多其他材料所不可取代的性能而在国民经济发展中处于非常重要的战略地位。改革开放以来，随着我国经济的快速发展，水泥产业已达到相当大的规模，自1985年以来，我国水泥年产量一直位居世界首位。特别是进入21世纪以来，我国水泥工业发生了突破性的变化：从单纯的数量增长型转向质量效益增长型；从技术装备落后型转向技术装备先进型；从劳动密集型转向投资密集型；从管理粗放型转向管理集约型；从资源浪费型转向资源节约型；从满足国内市场需求型转向面向国内外两个市场需求型。实现上述转变的根本原因，是进入21世纪以来新型干法水泥生产技术在我国得到快速发展和应用。"十三五"期间，水泥行业加大了科技创新力度，在环境保护和智能制造数字转型方面取得显著成果。

目前，世界水泥总产量为43.21亿吨，中国水泥总产量约占55％，其中新型干法水泥产量占中国水泥总产量的99％。

目前，我国水泥工业的发展呈现以下特点：

1. 确立了"新型干法水泥"的主导地位

新型干法水泥技术即现代水泥生产技术，是以悬浮预热和预分解技术装备为核心，以先进的环保、热工、粉磨、均化、储运、在线检测、信息化等技术装备为基础；采用新技术和新材料；节约资源和能源，充分利用废料、废渣，促进循环经济，实现人与自然和谐相处的现代化水泥生产方法。新型干法水泥生产技术代表着当今世界水泥生产的潮流。我国新型干法水泥熟料的技术与装备研究起步于20世纪70年代初，经过30余年的不懈努力，新型干法熟料水泥生产线技术和装备已实现国产化，并且已在我国水泥工业中确立了主导地位，水泥大型装备设计、制造、安装等已达到国际先进水平。截至2020年底，中国（不含台湾地区）共有新型干法熟料水泥生产线1609条，水泥熟料产能达18亿吨。图1-1为2014年以来我国水泥总产量的变化情况。图1-2为21世纪以来我国新型干法水泥占总产量比例。

2. 水泥行业正在向绿色环保产业转型

通过淘汰落后，推广余热发电、节能粉磨、变频调速、水泥助磨剂、废渣综合利

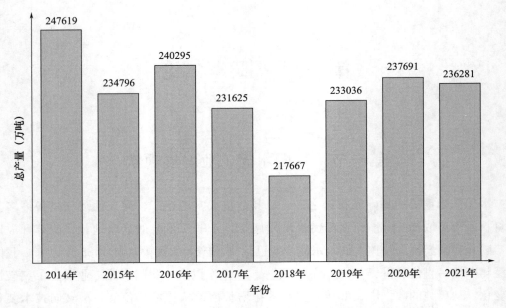

图 1-1　2014 年以来我国水泥总产量变化情况

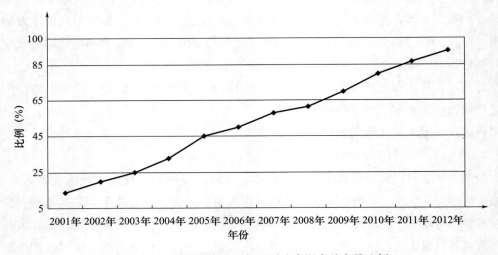

图 1-2　21 世纪以来我国新型干法水泥占总产量比例

用、粉尘治理、温室气体和 NO_x 减排及协同处置等技术，我国水泥工业已成为支撑国民经济建设的重要原材料产业，正在向绿色环保产业转型。截至 2020 年，约有 98％的新型干法熟料水泥生产线应用了余热发电技术，取得了显著的节能效果。选择性非催化还原（SNCR）脱硝技术已全部在水泥熟料生产线上得到推广应用，SCR 也在 100 多条水泥熟料生产线上得到应用，在氮氧化物减排方面取得了明显的效果。加快非碳酸盐原料替代，提高水泥原料含钙固废资源替代石灰石比例，水泥工业年利用工业废渣已超过 15 亿吨，全面降低了二氧化碳过程排放量。

3. 水泥窑协同处置技术取得进展

我国水泥行业从 20 世纪 90 年代后期开始了水泥窑系统"协同处置"工业危险废物、生活垃圾、城市污泥的应用研究及工业试验工作，同时加强了与国外的合作，在实用技术方面取得了很大进展。支持垃圾衍生燃料、塑料、橡胶、生物质燃料等可燃废弃物高比例替代燃煤，推动替代燃料高热值、低成本、标准化预处理。截至 2020 年 7 月底，具有水泥窑协同处置资质能力已达 600 万吨，涉及水泥生产线 111 条，占生产线数量的 6.5%，"十四五"期间水泥窑协同处置危废能力有望突破 1500 万吨。水泥窑适合处置危废约占《国家危险废物名录》（2016 年版）50 大类危废的 80% 以上。我国社会民众已认识到水泥窑协同处置废弃物的重要作用，许多水泥企业对此也都提高了认知度和积极性。

4. 中国水泥技术及装备已走向世界

中国水泥工业近 30 多年来，通过技术创新使主要装备技术、单线规模和工厂规模大型化、现代化，优质的新型干法水泥比例达到了总产量的 99%，承建国外水泥工厂建设项目的能力得到了明显提高，得到了全球水泥界同仁的认可。

特别是进入 21 世纪以来，我国水泥行业的大型装备设计、制造、安装等已达到国际先进水平。依托自主开发的成套技术，我国水泥企业广泛参与海外水泥生产线建设的工程总承包，带动了大型成套水泥装备批量出口，以 EPC 和 EP 总承包模式迅速走向了国际舞台，完成和正在建设的国外水泥生产线已达 200 多条，经营工程承包、技术与装备出口、劳务合作等多种业务，涉及西班牙、意大利、俄罗斯、法国、阿尔巴尼亚、沙特阿拉伯、苏丹、埃及、阿联酋、巴基斯坦、印度、越南、赞比亚、摩洛哥、坦桑尼亚、多米尼加、厄瓜多尔等 50 多个国家。自 2010 年以来，在国际水泥工程建设市场，我国承建的项目已占 60% 以上的份额。

5. 第二代新型干法水泥技术的研发

当前我国水泥产能已经绝对过剩，水泥工业必须加快转变发展方式，进一步调整结构，加强低碳技术开发，实现产业转型升级，把水泥产业打造成具有节能环保绿色功能的基础原材料产业和改善民生环境的重要产业，使水泥工业可持续发展。目前，我国水泥工业发展已经进入了一个新阶段——第二代新型干法水泥技术的应用阶段。第二代新型干法水泥技术，是指以悬浮预热和预分解技术为核心，利用现代流体力学、燃烧动力学、热工学、计算流体力学、粉体工程学等现代科学理论和技术，并采用计算机及其网络化信息技术进行水泥工业生产的综合技术。其主要产品为波特兰体系胶凝物质，具有"协同处置"废弃物、充分利用余热、发展低碳技术、高效防治污染物排放、减少 CO_2 排放的功能，其产业不单可为国民经济建设提供高质量的基础原材料，而且逐步发展成新型社会环保产业的一员，第二代新型干法水泥技术是发展循环经济的基点。

（1）第二代新型干法水泥技术的应用目标

以"加快转变发展方式、促进产业转型升级"为指导思想，加强基础理论研究，将现代科学技术和工业生产的最新成果深入应用于水泥绿色制造过程中，推动工业化与信息化深度融合，利用信息技术改造提升水泥产业，开发一套具有低碳环保、节能减排以及具有"协同处置"废弃物特征的第二代新型干法水泥制造技术与装备，使我国水泥产业由大变强，在引领和超越世界水泥发展的征途中快速发展。

（2）第二代新型干法水泥技术的应用任务

将国内目前最先进的技术组合起来，与国外最先进的国家对标，找出差距，从设计优化、工艺改革、自主创新、装备提升、低碳技术开发、节能减排、安全生产等方面进行攻关，全面提升新型干法熟料水泥生产线的产品制造、协同处置废弃物、综合利用资源和减少 CO_2 排放等绿色产业功能，使我国第二代新型干法水泥技术达到世界领先水平。

随着社会文明的进步，中国水泥行业正向着"资源节约型、环境友好型"转变，中国发展绿色生态水泥工业的成果将为全世界共享。

第二节　水泥生产工艺及主要环境问题

一、水泥生产工艺

在水泥行业中，存在新型干法窑、立窑、干法中空窑、湿法窑、立波尔窑等多种生产工艺。随着我国经济、技术水平的提高，产业政策的调整，新型干法作为水泥生产的先进工艺技术在我国发展迅速，特别是进入 21 世纪以来，新型干法水泥熟料生产能力迅速提升。而对于非新型干法的传统水泥生产工艺，由于能耗高、污染大、规模小、成本高等原因，逐渐被行业淘汰，所占的水泥产能比例越来越小。截至 2020 年底，我国已有新型干法熟料水泥生产线 1609 条，设计水泥熟料产能为 18 亿吨，新型干法水泥占比已超过 99%。水泥生产主要工艺过程可分为 3 个阶段。

1. 生料制备

石灰质原料、黏土质原料与少量校正原料经破碎后，按一定比例配合、磨细，并调配为成分合适、质量均匀的生料，这个阶段称为生料制备。

2. 熟料煅烧

生料在水泥窑内煅烧至部分熔融所得到的以硅酸钙（$CaSiO_3$）为主要成分的硅酸盐水泥熟料，这个阶段称为熟料煅烧。

3. 水泥粉磨

水泥熟料加适当石膏，通常还加适量混合材料或外加剂，共同磨细为水泥，这个阶段称为水泥粉磨。

新型干法水泥生产工艺流程如图 1-3 所示。

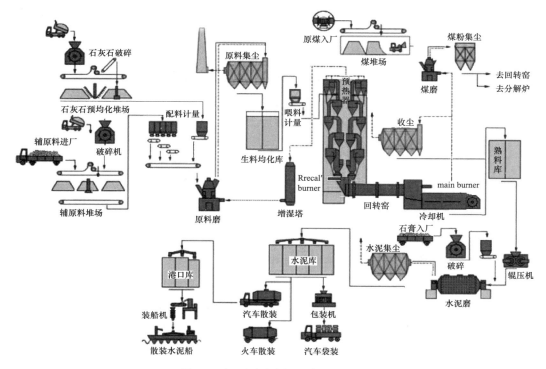

图 1-3 新型干法水泥生产工艺流程

二、水泥生产的主要环境问题

水泥生产过程中，对大气所产生影响的主要污染源是粉尘和废气。

粉尘主要是由于水泥生产过程中原料、燃料和水泥成品储运，物料的破碎、烘干、粉磨、煅烧等工序产生的废气排放或逸逸而引起的。

水泥工业排放的废气中，污染物一般有 NO_x、SO_2、CO_2 等。

1. 氮氧化合物的排放

水泥工业的 NO_x 主要由以下两种途径产生：①由空气中的 N_2 在高温有氧燃烧条件下产生，其生成量取决于燃烧的火焰温度，火焰温度越高，则 N_2 被氧化生成的 NO_x 量越多；②由原料、燃料中的氮氧化而成。水泥工业氮氧化物的排放量约占全国工业氮氧化物排放总量的 10%。

《水泥工业大气污染物排放标准》（GB 4915—2013）规定，现有企业和新建企业的水泥窑系统氮氧化物的排放限值为 $400mg/m^3$，重点地区水泥窑系统氮氧化物的排放限值为 $320mg/m^3$。

2. 二氧化硫的排放

水泥工业中二氧化硫的来源主要有两个方面，一个是原料，另一个是燃料。它是由原料及燃料中的无机硫及有机硫氧化生成的。

原料及燃料中的无机硫和有机硫包括很多种硫化合物，有硫酸盐，也有硫铁矿，

但能氧化生成 SO_2 的主要是低价态的硫化物或单质硫。

（1）原料中产生的 SO_2

原料中的部分低价硫化物，在进入预热器时，在 400℃ 左右的时候，就开始氧化并释放出 SO_2，这个反应主要发生在第一级旋风筒和第二级旋风筒。

在该位置氧化释放出来的 SO_2 一部分被碱性物料吸收，另一部分则直接通过增湿塔、生料磨、除尘器等进入窑尾烟囱进行排放。

（2）燃料中产生的 SO_2

与发电厂一样，水泥工业燃料中的低价硫化物在燃烧过程中，一部分直接被氧化成 SO_3，并形成稳定的硫酸盐，另一部分则被氧化成 SO_2，这部分 SO_2 绝大部分能再次与高温的碱性热生料和 O_2 发生反应生成硫酸盐，剩下很少的一部分 SO_2 将与生料中氧化释放出的 SO_2 汇合，进入烟囱排放。

在新型干法水泥熟料生产过程中，硫和钾、钠、氯一样，是引起预热器分解炉结皮堵塞的重要因素之一，是一种对生产有害，需要加以限制的组分。另外，SO_2 对环境及人类的健康有极大的危害，它易被湿润的黏膜表面吸收生成亚硫酸、硫酸。对眼及呼吸道黏膜有强烈的刺激作用。大量吸入可引起肺水肿、喉水肿、声带痉挛而致窒息。SO_2 也是形成酸雨的主要污染物之一。

《水泥工业大气污染物排放标准》（GB 4915—2013）规定，现有企业和新建企业的水泥窑系统 SO_2 的排放限值为 $200mg/m^3$，重点地区水泥窑系统 SO_2 的排放限值为 $100mg/m^3$。

3. 二氧化碳的排放

二氧化碳被称为温室气体，具有吸热和隔热的功能，大气中的 CO_2 气体增多，使太阳辐射到地球上的热量无法向外层空间发散，从而使地球气候变暖。

水泥生产过程的二氧化碳排放可分为直接二氧化碳排放和间接二氧化碳排放两类：

（1）直接二氧化碳排放

企业拥有或控制的二氧化碳气体源产生的二氧化碳排放为直接二氧化碳排放，包括水泥窑炉中碳酸盐原料矿物分解和各种燃料燃烧产生的二氧化碳排放。

（2）间接二氧化碳排放

企业外购电力和外购水泥熟料导致的二氧化碳排放为间接二氧化碳排放，其他间接二氧化碳排放则包括企业租用社会车辆进行运输等产生的二氧化碳排放。

据有关资料介绍，2015 年巴黎协议的摄 2 度（2DS）协议约定，全球水泥业必须在 2050 年达到碳中和的目标，也就是 2030 年必须要达成减碳 40%。据中国水泥协会专家介绍，目前，我国水泥熟料碳排放系数（基于水泥熟料产量核算）约为 0.86，即生产 1t 水泥熟料将产生约 860kg 二氧化碳，折算后我国 1t 水泥碳排放量约为 597kg，与巴黎协议的摄 2 度（2DS）协议要求相比仍然偏高，巴黎协议的摄 2 度（2DS）协议要求每生产 1t 水泥，二氧化碳排放量必须降到 520～524kg。水泥工业 CO_2 排放量占全球的 5%，而中国水泥产量占全球的 55%，世界水泥的 CO_2 一半多是中国产生的。中国水泥工业 CO_2 排放量占全国的 15%。因此，要完成巴黎协议 2050 年的目标，我国水泥行业需要抓紧时间并为此付出巨大努力。

第三节 氮氧化物的来源及环境危害

一、氮氧化物的来源

氮氧化物（nitrogen oxides）的种类很多，常见的氮氧化物有一氧化二氮（N_2O）、一氧化氮（NO）、二氧化氮（NO_2）、三氧化二氮（N_2O_3）、四氧化二氮（N_2O_4）和五氧化二氮（N_2O_5）等多种化合物。除二氧化氮以外，其他氮氧化物均极不稳定，遇光、湿或热变成二氧化氮及一氧化氮，一氧化氮又变为二氧化氮。因此，职业环境中接触的是几种气体混合物，通常称为硝烟（气），主要为一氧化氮和二氧化氮，并以二氧化氮为主。一氧化氮和二氧化氮是常见的大气污染物。氮氧化物都具有不同程度的毒性。

天然排放的 NO_x，主要来自土壤和海洋中有机物的分解，属于自然界的氮循环过程。人为活动排放的 NO_x，大部分来自化石燃料的燃烧过程，如汽车、飞机、内燃机及工业窑炉的燃烧过程；也来自生产、使用硝酸的过程，如氮肥厂、有机中间体厂、有色及黑色金属冶炼厂等。

根据国家统计局的数据，2011 年，我国氮氧化物排放量 2404.5 万吨。其中，工业氮氧化物排放量 1729.7 万吨，占全国氮氧化物排放总量的 71.9%；生活氮氧化物排放量 674.5 万吨，占全国氮氧化物排放总量的 28.1%，其中居民生活氮氧化物排放量 36.6 万吨，占全国氮氧化物排放总量的 1.5%，机动车氮氧化物排放量 637.6 万吨，占全国氮氧化物排放总量的 26.5%；集中式污染治理设施氮氧化物排放量 0.3 万吨。

在水泥熟料烧成过程中，排放的 NO_x 主要来源于两个途径：一是高温燃烧时，燃烧空气中的 N_2 在高温状态下与 O_2 化合生成；二是燃料中的氮元素在高温燃烧过程中氧化成 NO_x。水泥窑中 NO_x 的生成量取决于燃烧火焰温度与空气过剩系数，火焰温度越高、空气过剩系数越大，则 N_2 被氧化生成的 NO_x 量越多。

2011 年之前我国水泥工业大气污染物排放标准对 NO_x 控制要求相对较松，NO_x 排放量随着水泥产量的增加而明显增加，2011 年达到峰值 192.34 万吨。随着《水泥工业大气污染物排放标准》（GB 4915—2013）的实施，近几年，我国水泥工业 NO_x 排放量逐年下降，2015 年我国水泥工业 NO_x 排放量为 148.08 万吨，相比 2011 年下降了 23.01%；2016 年我国水泥工业 NO_x 排放量为 111.55 万吨，相比 2011 年下降了 42.00%。2011—2019 年我国水泥工业 NO_x 排放量变化趋势如图 1-4 所示。

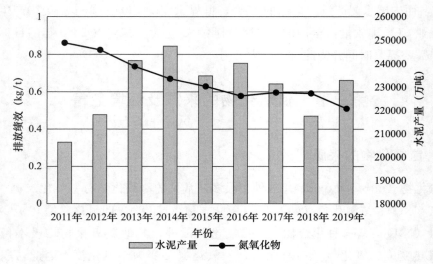

图 1-4　水泥工业大气污染物排放量变化趋势

二、氮氧化物的环境危害

人为活动排放的 NO_x，大部分来自化石燃料的燃烧过程，燃料燃烧过程中所形成的 NO_x，通常含 95％ 的 NO 和 5％ 的 NO_2。一氧化氮（NO）为无色气体，NO 本身对人类和环境的危害性并不太大（主要是影响人的红血球载血功能），但其性质不稳定，当其进入大气后，可通过一系列光化学氧化反应转化为 NO_2（$2NO+O_2 \Longrightarrow 2NO_2$）。

二氧化氮（NO_2）在 21.1℃ 时为红棕色刺鼻气体，在 21.1℃ 以下时呈暗褐色液体，在 −11℃ 以下温度时为无色固体，加压液体为四氧化二氮。NO_2 溶于碱、二硫化碳和氯仿（$CHCl_3$，三氯甲烷），微溶于水，性质较稳定。NO_2 对人的眼睛和呼吸系统有强烈的刺激作用，可导致严重的支气管炎和肺气肿等疾病；NO_2 可以经过一系列光化学连锁反应在大气中形成臭氧，对人体的中枢神经产生极大的伤害。

氮氧化物可刺激肺部，使人较难抵抗感冒之类的呼吸系统疾病，呼吸系统有问题的人士，如哮喘病患者，会较易受二氧化氮影响。对儿童来说，氮氧化物可能会造成肺部发育受损。研究指出，长期吸入氮氧化物可能会导致肺部构造改变，但目前仍未能确定导致这种后果的氮氧化物含量及吸入气体时间。

氮氧化物对植物的毒性较其他大气污染物要弱，一般不会产生急性伤害，而慢性伤害则是能抑制植物的生长。危害症状表现为在叶脉间或叶缘出现形状不规则的水渍斑，逐渐坏死，而后干燥变成白色、黄色或黄褐色斑点，逐步扩展到整个叶片。NO_x 可通过反应导致光化学烟雾的产生，光化学烟雾中对植物有害的成分主要是臭氧、过氧乙酰硝酸酯（PAN）等。臭氧对植物的危害主要是从叶背气孔侵入，通过周边细胞、海绵细胞间隙，到达栅栏组织，使其首先受害，然后再侵害海绵细胞，形成透过叶片的密集的红棕色、紫色、褐色或黄褐色的细小坏死斑点。同时，植物组织机能衰退，生长受阻，发芽和开花受到抑制，并发生早期落叶、落果现象。一般臭氧质量浓度超过

$0.1 \times 10^{-6} \mathrm{mg/m^3}$ 时，便会对植物造成危害。

NO_x 对环境的危害极大，总结起来主要有三点：

（1）氮氧化物是形成酸雨的主要物质之一。氮氧化物是硝酸和亚硝酸的前驱体，可进行反应形成酸雨。

（2）氮氧化物是形成大气中光化学烟雾的重要物质。NO_x 和烃类化合物在阳光作用下，易生成光化学烟雾等比一次污染物毒性更大的二次污染物。光化学烟雾具有明显的致癌作用，它和酸雨可引起农作物和森林的大面积枯死，改变大气气候。

（3）氮氧化物是消耗大气臭氧层中 O_3 的一个重要因子。NO_x 也会对臭氧层起破坏作用，使紫外线因失去臭氧层的屏蔽作用而过于强烈，危害地面生物和人类健康。

第四节　发达国家水泥工业氮氧化物的控制标准

一、欧洲水泥工业氮氧化物控制标准

在欧洲，对于氮氧化物的控制是根据欧盟环保标准 2000/76/EC 来执行的，其中对于带有垃圾掺烧的水泥工厂，氮氧化物排放限值为 $500 \mathrm{mg/Nm^3}$；对于没有应用垃圾掺烧的水泥工厂，欧盟没有限额规定，而是根据各个国家自己的规定。

瑞士、奥地利等欧洲国家都执行 $500 \mathrm{mg/Nm^3}$ 的排放标准。

但是，在德国，水泥企业氮氧化物的排放是由《清洁空气法案》和《第 17 联邦污染保护条例》控制的。其中，规定采用二次燃料替代率不大于 60% 时，其氮氧化物排放浓度不得超过 $500 \mathrm{mg/Nm^3}$；二次燃料替代率在 60%～100% 时，采用混合法则计算出的排放限值；二次燃料替代率为 100% 时，排放浓度不得超过 $200 \mathrm{mg/Nm^3}$。

混合法则的氮氧化物排放限值计算公式如下：

$$c = \frac{c_{\mathrm{Abfall}} \cdot V_{\mathrm{Abfall}} + c_{\mathrm{konv}} \cdot V_{\mathrm{konv}}}{V_{\mathrm{Abfall}} + V_{\mathrm{konv}}} \tag{1-1}$$

式中　c_{Abfall}——全部采用替代燃料的 NO_x 排放限值；

　　　V_{Abfall}——采用替代燃料的数量；

　　　c_{konv}——替代燃料利用率在 60% 以下时的 NO_x 排放限值；

　　　V_{konv}——采用传统燃料的数量。

可见，在《水泥工业大气污染物排放标准》（GB 4915—2013）发布前，德国的水泥工业氮氧化物排放标准是全球最为严苛的。

二、美国水泥工业氮氧化物控制标准

美国 1990 年通过的《清洁大气法案》修正案要求美国环保署（EPA）制定并在全国范围内执行酸雨计划，并将大型电厂的 NO_x 排放控制纳入该计划中。该修正案还将美国划分为 O_3 达标区和 O_3 非达标区，并对非达标区的达标期限做出规定。为解决地

面 O_3 问题，美国东北部各州制定并参与了臭氧输送委员会（Ozone Transport Commission，OTC）计划，通过在各成员州削减大型固定点源的 NO_x 排放减少该区域内的臭氧破坏。2003 年，该计划被一个在更大范围内实施的氮氧化物州执行计划（NO_x SIP Call）取代。这两个计划都引入了排污许可证交易制度，并获得了成功。2005 年，EPA 发布了《州际清洁空气法案》（Clean Air Interstate Rule，CAIR），该法案旨在通过同时削减 SO_2 和 NO_x 帮助各州的近地面 O_3 和细颗粒物达到大气环境质量标准。

美国酸雨计划在《清洁空气法案》修正案（CAAA）的指引下，分两阶段减排锅炉 NO_x。第一阶段（1996—1999 年）重点在第一类锅炉（燃煤墙式锅炉和切向燃烧锅炉）安装低氮燃烧器（LNB），削减氮氧化物排放；第二阶段（2000 年以后）进一步严格排放标准，安装更先进的 LNB，采取与 LNB 成本相当的氮氧化物控制技术，实现第一类锅炉进一步减排和第二类锅炉（湿底锅炉、旋风炉、蜂窝式燃烧器锅炉和垂直燃烧锅炉）氮氧化物减排。

美国现有 143 家水泥厂，分别隶属意大利水泥、德国海德堡、法国拉法基、瑞士豪瑞、日本太平洋等国际水泥企业集团。近几年来，美国水泥工业得到较快发展，传统的湿法生产和干法生产基本被以预分解窑为核心的新型干法生产技术所代替，一大批约为 5000t/d 的水泥熟料生产线相继投产。目前，全美水泥生产总产能约为 8000 万吨，2010 年实际生产水泥 6000 万吨。随着经济复苏和产业结构的调整，美国波特兰水泥协会预测到 2015 年的产量需求可达 1.4 亿吨。因此，美国水泥工业还有较大的发展空间。

节能减排是水泥工业发展的共同主题。由美国环境总署主持的"能源之星"评审项目，通过对水泥厂能效评审、分级，最终评定低能耗的优秀生产企业。即通过对标，引领水泥生产企业不间断地节能降耗。美国波特兰水泥协会也设有"环境改善引领者"评选项目，以表彰水泥生产企业在节能减排活动中作出的成就。例如，拉法基 Tulsa 水泥厂通过控制和优化运行，减少了 9% 用电量和 50% SO_2 排放；豪瑞 Theodore 水泥厂大量使用替代燃料，并通过环保设备更新，使颗粒物和 NO_x 排放浓度大大低于联邦政府和州政府颁布的环保标准。

美国材料与试验学会制定有水泥产品标准，而水泥生产环境保护标准则由美国环保署空气和放射司主持制定。空气和放射司是位于华盛顿之外的美国环保总署下属的司局级管理及研究机构，包括空气质量和计划标准等四个处室。空气质量和计划标准处室的主要职能包括编制和检查空气污染数据、制定规范以限制和减少空气污染、协助地方政府机构管理和控制大气污染、发布空气质量报告等。制定行业部门污染物排放限额标准也是空气质量和计划标准处室的一项重要职能。

关于水泥生产有害污染物排放限额，空气质量和计划标准处室制定并发布有《波特兰水泥工业有害气态污染物排放标准》（*National Emission Standards For Hazardous Air Pollutants From the Portland Cement Manufacturing Industry*）及《波特兰水

泥厂新排放源运行标准》（*The New Source Performance Standards*），即对主要排放源要增加汞、全碳氢化合物、颗粒物、氯化氢的测定，对 2008 年后投产的水泥厂要增加颗粒物、氮氧化物和二氧化硫的测定。各污染物排放限额指标列于表 1-1 中。

表 1-1　水泥工业有害气态污染物排放限额

污染物	既有排放源（2008 年 6 月前）	新增排放源（2008 年 6 月后）
汞	0.025g/t 熟料	0.009g/t 熟料
全碳氢化合物	24mg/Nm³	11mg/Nm³
颗粒物	0.018kg/t 熟料	0.0045kg/t 熟料
HCl	3mg/Nm³	3mg/Nm³
烟尘阻光度	—	20%
NO_x	—	0.68kg/t 熟料
SO_2	—	0.18kg/t 熟料

目前美国部分水泥厂已采用了替代燃料，还有十多家水泥厂进行了有害废物协同处置。针对协同处置有害废物的窑炉，由美国环保总署资源保护和恢复司能源回收和废物处理处支持制定了相应的排放标准，并在 2013 年发布、实施，其主要排放指标列于表 1-2 中，其他同表 1-1。

表 1-2　处置有害废物水泥窑炉有害气态污染物排放限额

污染物/排放源	既有排放源	新增排放源
颗粒物/篦冷机	0.018kg/t 熟料	0.0045kg/t 熟料
全碳氢化合物/烘干机	24mg/Nm³	24mg/Nm³
烟尘阻光度/烘干机	10%	10%
烟尘阻光度/生料磨	10%	10%
烟尘阻光度/水泥磨	10%	10%
二噁英/呋喃	0.4ngTEQ/Nm³	0.4ngTEQ/Nm³
颗粒物	64mg/Nm³	16mg/Nm³
Hg	3.0mg/kg（废物），120μg/Nm³	1.9mg/kg（废物），120μg/Nm³
Cd＋Pb	330μg/Nm³	180μg/Nm³
As＋Be＋Cr	56μg/Nm³	54μg/Nm³
HCl＋Cl	120mg/Nm³	86mg/Nm³
CO 或 THC	100mg/Nm³ 或 20mg/Nm³	100mg/Nm³ 或 20mg/Nm³
焚毁率	99.99%或 99.9999%	99.99%或 99.9999%

2011 年 11 月，国家环境保护部考察团先后访问了意大利水泥集团位于西弗吉尼亚州马丁斯堡的 Essroc 水泥厂和德国海德堡水泥集团位于马里兰州佐盟桥镇的 Lehigh 水泥厂。

Essroc 水泥厂和 Lehigh 水泥厂均是设计能力为 5000t/d 的新型干法水泥熟料生产线。Essroc 水泥厂由于采用高含硫页岩作为原料，导致二氧化硫超标排放，因而安装了烟气脱硫装置，既保证了达标排放，又实现了脱硫石膏的综合利用。Lehigh 水泥厂采用干化污泥颗粒作为替代燃料，同时采用 SNCR 技术对烟气进行脱硝处理。处理后 NO_x 由 0.80kg/t 熟料下降至 0.60kg/t 熟料，实现了达标排放，但运行成本增加 0.58 美分/t 熟料，折合人民币约为 3.65 元/t 熟料。

三、日本水泥工业氮氧化物控制标准

日本具有比较完备和规范的环境法规标准体系，并依据经济发展需要和环境污染主要矛盾及其变化情况，适时地制定、调整和完善相应的环境保护法规和标准。日本环境保护的基本法规为《环境基本法》，它规定了国家对环境保护的基本管理制度和措施，确立了对整体环境（包括环境污染、生态环境、自然资源等）进行保护的法律框架。在《环境基本法》中，涉及氮氧化物控制的法规主要有《大气污染防止法》和《汽车氮氧化物、PM 法》。

日本于 1973 年制定了有关二氧化氮的环境标准，同时在《大气污染防止法》中根据烟气排放设备种类不同设定了不同的排放标准。至 1983 年先后 5 次修订，排放限制不断加严。在移动源氮氧化物排放标准方面，日本从 1966 年开始对汽车排放进行控制，1971 年在《大气污染防止法》中增加了机动车氮氧化物排放控制指标，根据机动车类型、短期目标和长期目标规定了不同的限值。日本机动车排放法规限值分最高值和平均值两种。1981 年，日本将氮氧化物增加为总量控制指标。

日本不是按行业排污特点制定各行业污染物的排放标准。日本《大气污染防止法》中将氮氧化物排放来源分为固定源与移动源。日本规定水泥氮氧化物的国家排放标准为 480ppm[①]。

日本水泥窑氮氧化物的控制技术主要为低氮燃烧技术，第一种是在水泥窑头应用低氮氧化物燃烧器。日本开发了一种太平洋多用途（TMP）燃烧器，通过燃料快速升温促进挥发成分释放，来源于挥发部分的中间物质使还原氮氧化物的区域得到扩大，在不影响产量、炉渣品质的情况下，它比普通低氮燃烧器降低 25%～30% 的氮氧化物产生量。目前，低氮燃烧器已实现产业化。第二种是预热器的低氮氧化物技术。对于 SF 型的分解炉，主要是在窑尾分解炉和管道中应用阶段燃烧技术来降低氮氧化物的生成。对于 RSP 型分解炉，主要是通过旁通管降低炉内空气比来还原氮氧化物，从而降低其浓度。目前，此种技术已经成熟，但成本将会很高，在日本仍处于试验阶段。此外，应用化学脱硝法减少水泥行业氮氧化物排放。

太平洋水泥熊谷工厂在氮氧化物控制方面，主要采取以下 3 种方式降低水泥窑氮氧化物的排放：①空气分级燃烧。②采用高效率的 TMP 燃烧器。③尾部添加尿素。太平洋水泥熊谷工厂的实际排放浓度在 340ppm 以下。

---

① 体积浓度使用每立方米的大气中含有的污染物体积数来表示，常用的表示方法为 ppm，即 1ppm＝ $1cm^3/m^3=10^{-6}$，详见本书第 054 页。

四、各国水泥大气排放标准比较

世界各国水泥大气排放标准比较见表 1-3。

表 1-3　水泥大气排放标准比较

排放物	中国	美国	日本	德国	欧盟（2000/76/EC）
NO_2	320～400	200～400	360	200/400	800/500（2008 年 1 月 1 日新建厂）
SO_2	100～200	200	200	＜400	200
CO		100	100	100	90
HF	3～5	—	5	5	1
HCl		—	30	30	10
Pb		*		5	1.0（Ti＋Cd＋Pb＋A 计）
Cu				5	0.5（以 Be＋Cr＋Sn＋Sb＋Cu＋Mn＋Ni＋V）
Hg	0.05	—	—	0.2	0.05
Ti		0.1		5	—
粉尘	20～30	20～50	30～50	15～25	

国外的标准主要体现在多污染排放控制，要求指标较多。我国发布《水泥工业大气污染物排放标准》（GB 4915—2013）排放控制指标已接近国际标准，但是由于各方面的原因，加上水泥总量大，我国水泥工业实际排放还是远高于国际上先进国家的要求，见表 1-4。

表 1-4　中德水泥工业主要排放物的比较

项目	2011 年（德国）	2012 年（中国）	中国/德国倍数
熟料产量	2478 万吨	14.3 亿吨	57.7
粉尘排放量	368t	368 万吨	10000
吨熟料粉尘排放量	15.6g/t	2573g/t	165
国际粉尘排放限值	30/90g/t. cl 10/30mg/Nm³	50/150g/t. cl 30/50mg/Nm³	2～3
SO_2 排放量	5500t	137 万吨	280
吨熟料 SO_2 排放量	222g/t	958g/t	4.3
SO_2 排放国际限值	150/600g/t. cl 50/200mg/Nm³	300/600g/t. cl 100/200mg/Nm³	1.2～2.0
NO_x 排放量	20350	240 万吨	118
吨熟料 NO_x 排放量	821g/t	1790g/t	2.2
NO_x 排放国际限值	600/1200g/t. cl 200/400mg/Nm³	960/1350g/t. cl 320/400mg/Nm³	

由表 1-4 可知：在欧盟，德国的排放标准最严，中德两国的排放标准已接近。但实

际情况是：吨熟料粉尘排放中国是德国的 165 倍，吨熟料 SO_2 排放量中国是德国的 4.3 倍，吨熟料 NO_x 排放量中国是德国的 2.2 倍。现实是所有污染物都超标。图 1-5 为德国水泥行业 NO_x 排放标准的发展历程。

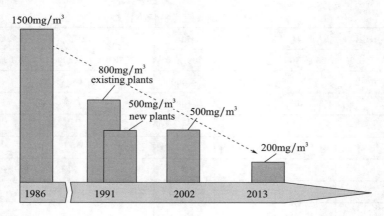

图 1-5　德国水泥行业 NO_x 排放标准的发展历程

第五节　我国水泥工业氮氧化物的控制标准

我国是水泥生产与消费大国，2020 年水泥产量达到 23.77 亿吨，约占世界水泥产量的 55%。水泥工业在支撑国民经济快速发展的同时，也带来了严重的环境污染。据统计，我国水泥工业颗粒物（PM）排放占全国排放量的 15%～20%，二氧化硫（SO_2）排放占全国排放量的 3%～4%，氮氧化物（NO_x）排放占全国排放量的 8%～10%，属污染控制的重点行业。水泥工业 NO_x 排放量已是居火力发电、机动车尾气排放之后的第三大排放源。

水泥工业执行的现行标准为《水泥工业大气污染物排放标准》（GB 4915—2013），主要控制 PM，要求水泥生产企业在各种通风生产设备及作业点采取高效除尘净化措施；SO_2、NO_x、氟化物等控制指标在原（燃）料品质较好、运行工况稳定的条件下基本可实现达标排放。

进入"十二五"后，环保形势的变化对水泥工业的大气污染防治、特别是对 NO_x 总量减排提出了更高要求。《"十二五"节能减排综合性工作方案》（国发〔2011〕26 号）、《国家环境保护"十二五"规划》（国发〔2011〕42 号）、《节能减排"十二五"规划》（国发〔2012〕40 号）、《重点区域大气污染防治"十二五"规划》（环发〔2012〕130 号）、《关于执行大气污染物特别排放限值的公告》（环境保护部公告 2013 年第 14 号）等文件明确规定 2015 年水泥行业 NO_x 排放量控制在 150 万吨，淘汰水泥落后产能 3.7 亿吨；对新型干法窑降氮脱硝，新建、改建、扩建水泥熟料生产线综合脱硝效率不低于 60%；在大气污染防治重点地区，对水泥行业实施更加严格的特别排放限值。

国务院《大气污染防治行动计划》要求通过制定、修订重点行业排放标准"倒逼"

产业转型升级，排放标准作为控制污染、减排总量、调整结构、优化布局的重要推手，需要紧紧围绕中心、服务大局，及时提高控制要求。为此，环境保护部于 2012 年启动了《水泥工业大气污染物排放标准》（GB 4915—2004）修订工作，修订草案经多方征求意见、反复论证，通过技术和行政审查之后会同国家质检总局正式公布《水泥工业大气污染物排放标准》（GB 4915—2013）。

现有与新建水泥生产企业大气污染物排放限值详见表 1-5。

表 1-5 现有与新建水泥企业大气污染物排放限值 （单位：mg/Nm³）

生产过程	生产设备	颗粒物	二氧化硫	氢氧化物	氟化物（以总 F 计）	汞及其化合物	氨
矿山开采	破碎机及其他通风生产设备	20	—	—	—	—	—
水泥制造	水泥窑及窑尾余热利用系统	30	200	400	5	0.05	10[1]
水泥制造	烘干机、烘干磨、煤磨及冷却机	30	600[2]	400[2]	—	—	—
水泥制造	破碎机、磨机、包装机及其他通风生产设备	20	—	—	—	—	—
散装水泥中转站及水泥制品生产	水泥仓及其他通风生产设备	20	—	—	—	—	—

注：（1）适用于使用氨水、尿素等含氨物质作为还原剂，去除烟气中的氮氧化物。
（2）适用于采用独立热源的烘干设备。

水泥生产企业大气污染物特别排放限值详见表 1-6。

表 1-6 大气污染物特别排放限值 （单位：mg/Nm³）

生产过程	生产设备	颗粒物	二氧化硫	氢氧化物	氟化物（以总 F 计）	汞及其化合物	氨
矿山开采	破碎机及其他通风生产设备	10	—	—	—	—	—
水泥制造	水泥窑及窑尾余热利用系统	20	100	320	3	0.05	8[1]
水泥制造	烘干机、烘干磨、煤磨及冷却机	20	400[2]	300[2]	—	—	—
水泥制造	破碎机、磨机、包装机及其他通风生产设备	10	—	—	—	—	—
散装水泥中转站及水泥制品生产	水泥仓及其他通风生产设备	10	—	—	—	—	—

注：（1）适用于使用氨水、尿素等含氨物质作为还原剂，去除烟气中的氮氧化物。
（2）适用于采用独立热源的烘干设备。

可见，新标准将一般地区的 NO_x 排放限值由 800mg/Nm³ 降低到 400mg/Nm³，重点地区则降低到 320mg/Nm³。考虑到现有企业需要进行脱硝除尘改造，标准规定新建企业自 2014 年 3 月 1 日起执行新的排放限值，现有企业则在标准发布后给予一年半过渡期，过渡期内仍执行原标准，到 2015 年 7 月 1 日后执行新标准。

《水泥工业大气污染物排放标准》于 1985 年首次发布，1996 年、2004 年分别进行了修订，本次为第三次修订，并于 2014 年 3 月 1 日实施。据测算，实施《水泥工业大气污染物排放标准》（GB 4915—2013）后，预计水泥工业 NO_x 年排放将在目前 190～220 万吨基础上削减约 98 万吨，削减 44.5％～51.6％，使行业 NO_x 年排放量控制在 100～120 万吨。

当前，我国一些省级人民政府制定了很严格的地方水泥工业排放标准，如安徽省《水泥工业大气污染物排放标准》（DB34/3576—2020）、河南省《水泥工业大气污染物排放标准》（DB41/1953—2020）、河北省《水泥工业大气污染物排放标准》（DB13/2167—2020）、四川省《水泥工业大气污染物排放标准》（DB51/2864—2021）等地方标准，水泥窑氮氧化物的排放均要求控制在 100mg/Nm³ 以下。江苏省《水泥工业大气污染物排放标准》（DB32/4149—2021）、2021 年浙江省发布了《水泥工业大气污染物排放标准》（征求意见稿），其水泥窑氮氧化物的排放均要求控制在 50mg/Nm³ 以下。表 1-7 为我国部分省市水泥工业大气污染排放限值。

表 1-7　我国部分省市水泥工业大气污染排放限值　　　　（单位：mg/Nm³）

序号	名称	地区	颗粒物	SO₂	NO_x	氟化物	汞	氨
1	《水泥工业大气污染物排放标准》（GB 4915—2013）	一般地区	30	200	400	5	0.05	8
		重点地区	20	100	320	3	0.05	8
2	山东省《建材工业大气污染物排放标准》（DB37/2373—2018）	现有企业	20	100	300	5	0.05	8
		新建企业	10/20	50/100	100/200	5	0.05	8
3	河北省《水泥工业大气污染物超低排放标准》（DB13/2167—2020）	全部企业	10	30	100	3	0.05	8
4	河南省《水泥工业大气污染物排放标准》（DB41/1953—2020）	现有企业	10	35	100	5	0.05	8
5	江苏省《水泥工业大气污染物排放标准》（DB32/4149—2021）	Ⅰ阶段	10	35	100	3	0.03	8
		Ⅱ阶段	10	35	50	3	0.03	8
6	唐山市《生态环境深度整治攻坚月行动方案》（2018）	现有企业	10	50	50	—	—	—
7	四川省《水泥工业大气污染物排放标准》（DB51/2864—2021）	全部企业	10	35	100	5	0.05	8
8	重庆市《水泥工业大气污染物排放标准》DB50/656—2016	主城区	15	150	250	5	0.05	10
		其他区域	20	200	350	5	0.05	10

序号	名称	地区	颗粒物	SO₂	NOₓ	氟化物	汞	氨
9	北京市《水泥工业大气污染物排放标准》DB11/1054—2013	Ⅱ时段	20	20	200	2	0.05	5
		Ⅰ时段	30	30	320	2	0.05	8
10	山西省《水泥工业大气污染物排放标准》(征求意见稿，2019)	Ⅰ时段	20	50	260	3	0.05	8
		Ⅱ时段	10	30	200	3	0.05	5
11	陕西省《关中地区重点行业大气污染物排放标准》(DB61/941—2018)	新建企业	20	100	260	3	—	8
		现有企业	20	100	320	3	—	8
12	安徽省《水泥工业大气污染物排放标准》(DB34/3576—2020)	—	10	50	100	3	0.05	8
13	海南省《水泥工业大气污染物排放标准》(DB46/524—2021)	—	10	100	200	5	0.05	8
14	浙江省《水泥工业大气污染物排放标准》(征求意见稿，2021)	Ⅰ阶段	10	50	100	3	0.03	8
		Ⅱ阶段	10	35	50	3	0.03	5

　　综上所述，大部分省（市）通过地方标准或扩大了实施范围，或增加了控制因子，或收紧了排放限值，或提前了实施时间，或附加了其他限值条件，对本地区的水泥企业提出了更高的排放控制要求。

第二章　水泥窑氮氧化物的生成机理和减排技术

第一节　水泥窑氮氧化物的生成机理

煤粉燃烧过程中，所产生的 NO_x 主要是 NO 和 NO_2，其中 NO 占 90％以上，而 NO_2 只占 5％～10％，因而在研究燃煤产生的 NO_x 时，一般主要讨论 NO 的生成机理，从 NO 的生成机理来看，主要有热力型、燃料型和瞬时型三部分。热力型 NO_x 是由燃烧空气中的 N_2 与氧反应而形成。燃料型 NO_x 是由燃料中的氮化合物被氧化而形成。瞬时型 NO_x 是由碳氢类燃料在过剩空气系数小于 1 的富燃料条件下，碳氢化合物和 N_2 在火焰面内快速反应而形成。

水泥窑烧成过程中，产生 NO_x 的来源主要有两个方面：热力型 NO_x，燃料型 NO_x，其中，燃料型 NO_x 大约占全部 NO_x 的 75％～95％，当燃烧温度高于 1500℃时，热力型 NO_x 生成量显著增加。

水泥熟料生产过程中，分解炉和回转窑是两个主要的热工设备。分解炉的主要作用是加热使原料中的 $CaCO_3$ 分解，大约 60％的煤粉进入分解炉，炉内的温度一般在 880～980℃。在此温度下，基本可以不考虑热力 NO_x 的形成，主要是燃料型 NO_x。回转窑的主要作用是完成熟料高温烧结过程，固相物料的温度必须达到 1400℃以上，为了满足固相烧结要求，水泥窑主燃烧器形成的火焰温度应控制在 1800～2000℃，在此温度范围内，极易形成热力型 NO_x 和燃料型 NO_x。

一、燃料型 NO_x 生成机理

燃料型 NO_x 是燃料中含有的氮化合物在燃烧过程中氧化而生成的，煤中氮含量一般在 0.5％～2.5％，以氮原子的状态与各种碳氢化合物结合的环状或链状，属于胺族（N—H 和 N—C 链）或氰化物族（C＝N 链）等，煤中的氮主要是有机氮。煤中氮有机化合物的 C—N 结合键能比空气中氮分子 N≡N 键能小很多，氧容易首先破坏 C—N 键并与其中的氮原子生成 NO，这种从燃料中的氮化合物经热分解和氧化反应而生成的 NO_x，称为燃料型 NO_x。

燃料型 NO_x 的生成和分解过程不仅和煤种特性、煤的结构、燃料中的氮受热分解后在挥发分和焦炭中的比例、成分等有关，而且大量的反应过程还和燃烧条件，如温度、氧及其他各种成分的浓度等密切相关。燃料型 NO_x 的生成过程，大致有以下

规律：

（1）燃料中的氮有机化合物首先被热解成 HCN、NH_3 和 CN 等中间产物，它们随挥发分一起从燃料中析出，称之为挥发分 N。挥发分 N 析出后仍残留在焦炭中的氮化合物，称为焦炭 N。煤粉受热后，煤中的挥发分首先热解析出，其中挥发分 N 和焦炭 N 的比例，与煤种、热解温度和煤粉加热速率等有关。当煤种的挥发分增加，焦炭 N 会相应地减少。

（2）挥发分 N 中最主要的氮化合物是 HCN 和 NH_3。两者所占比例大小，不仅取决于煤种及其挥发分的大小，而且与氮及煤中碳氢化合物的结合状态有关，同时还与燃烧工况有关。据研究，NH_3 向 NO_x 的转化率较 HCN 少，因此，要对不同煤种找出影响 NO_x 的主要因素。大致情况如下：

① 对于烟煤，HCN 在挥发分 N 中的比例比 NH_3 大，而贫煤的挥发分 N 中以 NH_3 为主，无烟煤的挥发分中 HCN 和 NH_3 均较少。

② 在煤中，当燃料氮以芳香环结合（N—6）时，HCN 是主要的热解产物；当燃料氮是以（N—S）形式存在时，则 NH_3 是主要的热解初始产物。

③ 挥发分 N 中，HCN 和 NH_3 的量随温度的增加而增加，但温度超过 1100℃ 时，NH_3 含量达到饱和。

④ 随温度上升，燃料氮转化成 HCN 的比例大于转化成 NH_3 的比例。

（3）煤粉颗粒的细度对燃料氮转化成挥发分 N 和焦炭 N 的比例影响较大，煤粉越细，挥发分 N 与燃料 N 的比例越高。过剩空气系数越大，NO_x 的生成浓度和转化率越高。弗尼摩尔提出燃料 NO 的反应过程模式为：氮化合物向 NO 的转化，取决于氮化合物对 NO 的生成和分解反应的综合影响。氮化合物在反应带分解，产生含有 N 原子的中间产物 I，之后，I 和含有 O 原子的化学成分 R 起反应生成 NO，或者 I 与 NO 起反应使 NO 分解为 N_2，即反应按两条路线进行。

$$\text{Fuel}\quad N\text{——}I\Big\langle\begin{array}{l} I+R\longrightarrow NO+\cdots \\[2mm] I+R\longrightarrow N_2+\cdots \end{array}$$

这些中间产物 I 就是 N，CN，HCN 和 NH 等化合物，反应中的含氧化合物 R 是 O，O_2 和 OH 等。燃料型 NO_x 受温度影响很小，这是因为燃料 N 的分解温度低于现有燃烧设备中的燃烧温度。有资料介绍，NH_i 向 NO 的转变率在温度 700℃±100℃ 的范围内最高。而超过 900℃ 时，将急剧降低，认为燃料型 NO 具有中温生成特性，是在经过 600～800℃ 的生成带时生成而保存下来的。现有燃烧设备中的燃烧温度都在 1200℃ 以上，所以温度对燃料型 NO_x 的影响很小。

根据上述分析，控制燃料型 NO 生成的方法有：

① 使用燃料 N 含量低的燃料；

② 采用燃料过浓燃烧；

③ 扩散燃烧时，抑制燃料与空气的混合。

燃料型 NO_x 的生成机理非常复杂，它的生成和破坏过程与燃料中的氮受热分解后在挥发分和焦炭中的比例有关，随温度和氧分等燃烧条件而变。氮化合物首先转化成能够随挥发分一起从燃料中析出的中间产物，如氰（HCN）、氨（NH₃）和 CN，这部分氮称之为挥发分 N，生成的 NO_x 占燃料型 NO 的 $60\%\sim80\%$。而残留在焦炭中的含氮化合物称之为焦炭 N。

煤中氮转化为挥发分 N 和焦炭 N 示意图详如图 2-1 所示。

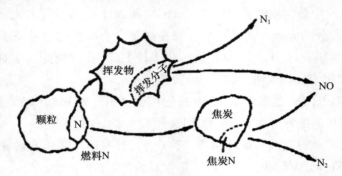

图 2-1　煤中氮转化为挥发分 N 和焦炭 N 示意

二、热力型 NO_x 生成机理

热力型 NO_x 是由于燃烧空气中的 N_2 在高温下氧化而产生的，其生成机理是由苏联科学家策尔多维奇提出的。按这一机理，N 的生成速度可用如下一组不分支链锁反应来说明：

$$N_2 + O \Longleftrightarrow NO + N \tag{2-1}$$
$$N + O_2 \Longleftrightarrow NO + O \tag{2-2}$$

式（2-1）是吸热反应，反应的活化能由式（2-1）和氧气离解反应的活化能组成，式（2-1）反应所需的活化能为 $286 \times 10^3 J/mol$。所以，升温有利于 NO 的转化率，同样降温会使热力型 NO_x 的形成受到明显的抑制。

NO 的生成反应，当燃烧温度低于 1500℃时几乎观测不到，热力型 NO_x 的生成量极少；当燃烧温度高于 1500℃时，这一反应才变得明显，随温度升高，反应速度根据阿累尼乌斯定律，指数规律迅速增加。实验表明，温度在 1500℃附近变化时，温度每增大 100℃，反应速度将增大 $6\sim7$ 倍。由此可见，温度对这种 NO 的生成有决定性的影响，故称为热力型 NO_x。

按策尔多维奇机理，燃烧过程中，氮的浓度基本上是不变的。因而，影响 NO 生成量的主要因素是温度、氧气的浓度和停留时间。综上所述，可得如下控制 NO 生成量的方法：

（1）降低燃烧温度水平；

（2）降低 O_2 的浓度；

（3）使燃烧在远离理论空气比统计下进行；

（4）缩短在高温区的停留时间。

第二节　水泥窑氮氧化物排放量的估算

水泥行业从 2005 年才开始在少数环监部门进行 NO_x 的监测，2006 年的环境统计年报中增加了 NO_x 排放量的内容。2008 年全国污染源的普查工作也促进了 NO_x 的监测。由于是起步阶段，受条件所限，实际上很多单位没有进行实测，而是按照排放系数进行估算。

2009 年，中国建筑材料科学研究总院和合肥水泥研究设计院共同对我国有代表性的 9 座 1500～5000t/d 熟料新型干法水泥窑进行了氮氧化物排放量的检测。结果表明：

（1）5000t/d≤P 熟料新型干法水泥窑的氮氧化物排放浓度平均为 600mg/m³；

（2）2500t/d≤P＜5000t/d 熟料新型干法水泥窑的氮氧化物排放浓度平均为 1100mg/m³；

（3）P≤1500t/d 熟料新型干法水泥窑的氮氧化物排放浓度平均为 1600mg/m³。

合肥水泥研究设计院在起草《水泥工业污染防治最佳可行技术指南》时进行了大量的调研，根据 2010 年对 150 多家水泥企业的调研，水泥厂的大气污染物基本上得到了控制，但是氮氧化物已成为主要的废气污染源。如对于每条 5000t/d 新型干法熟料水泥生产线而言，企业每年需缴纳排污费中，NO_x 排污费约占 85%。国内新型干法窑已达 90%，但水泥工业废气脱氮技术当时还未被列入议事日程，2012 年开始，国家将水泥企业氮氧化物减排作为各级政府的首要任务。不同规模新型干法熟料水泥生产线氮氧化物排放统计见表 2-1。

表 2-1　新型干法熟料水泥生产线氮氧化物排放统计

序号	生产线规模（t/d）	条数	排放浓度（mg/m³）		
			最小	最大	平均
1	1000	1	500～800		
2	1500	1	500～800		
3	2500	7	698	856	792
4	4500	8	719	913	765
5	5000	6	685	831	782
		1	600～1000		
6	10000	1	525		

2012 年 3 月开始，环境保护部下达了修定 2004 年版的《水泥工业大气污染物排放标准》的任务，在由中国环境科学院和合肥水泥研究设计院起草修订时，收集和整理了 NO_x 排放调研结果，其结果见表 2-2。

表 2-2 新型干法熟料水泥生产线 NO_x 排放调研结果

数据来源统计项目	本次标准修订抽样调查	与 2003 年抽样调查对比	中国建材院2009 年数据	欧洲 2004 年监测数据
水泥窑数量（个）	148	20	9	258
平均排放浓度（mg/m^3）	621.5	508.6	868.7	784.9
最大值（mg/m^3）	1233	920	1619.5	2040
最小值（mg/m^3）	234	105	376.38	145

2012 年上半年，当时国内水泥窑 NO_x 控制技术应用状况见表 2-3。

表 2-3 2012 年上半年国内水泥窑 NO_x 控制技术应用状况

NO_x 控制措施	样本数	平均排放浓度（mg/m^3）	削减效率（%）	最大值（mg/m^3）	最小值（mg/m^3）
原始浓度	17	929.1	—	1827	706
低 NO_x 燃烧器	17	668.1	28.1	798	525
分级燃烧	6	670.8	27.8	761	520
低 NO_x 燃烧器＋分级燃烧	9	584.6	37.1	707	470
SNCR	10	384.3	58.6	475	267
低 NO_x 燃烧器＋SNCR	2	260.5	72.0	273	248
分级燃烧＋SNCR	1	234.0	74.8	—	—

此外，已知水泥立窑的氮氧化物排放浓度一般为 $360mg/m^3$，即吨熟料排放氮氧化物为 0.58kg。加权计算可得水泥工业 2009 年氮氧化物排放总平均值约为 $700mg/m^3$，如吨熟料废气量按 $1600\sim2000m^3$ 计，则吨熟料氮氧化物排放为 $1.12\sim1.40$kg。2009年，我国熟料产量 10.1 亿吨。于是，2009 年水泥工业氮氧化物排放量估算为 113～141 万吨。

原国家环境保护部公布的数据，我国 2009 年和 2010 年的 NO_x 总排放量分别是 1692.7 万吨和 2273.6 万吨，我国 2010 年水泥行业的 NO_x 总排放量 220 万吨，约占全国 NO_x 总排放量的 10%，是继火电厂、机动车之后的第三大排放源。

第三节 水泥窑脱硝技术分析

水泥窑炉降低 NO_x 的方法有两类：一类属于前期控制技术，即在水泥熟料生产过程中抑制 NO_x 的生成，称为低 NO_x 燃烧技术；另一类属于后期治理技术，即在水泥熟料烧成系统产生含有 NO_x 的烟气后，采取措施对烟气中的 NO_x 进行脱除的技术，称为烟气脱硝技术。

氮氧化物的生成与燃料种类、燃烧温度、燃烧风量、燃烧速度、燃烧控制水平等密切相关。因此，针对 NO_x 生成的原因，新型干法水泥回转窑应改进熟料煅烧设备及燃烧技术，以求在燃烧过程中减少 NO_x 的生成，减少 NO_x 的排放量，同时也减轻后面烟气脱硝的负担。

对于水泥熟料生产企业，采用低 NO_x 燃烧技术是最经济的，只需要初期投资，不需要增加运行费用，采用这种技术通常能使 NO_x 的生成量减少 20%～40%，水泥熟料生产企业应优先选择低 NO_x 燃烧技术。但即使全面采用低 NO_x 燃烧技术，新型干法水泥窑的 NO_x 排放浓度也很难达到不大于 $400mg/Nm^3$，即达到《水泥工业大气污染物排放标准》（GB 4915—2013）的要求。要进一步降低 NO_x 排放，只有采取第二类方法，即在采用第一类方法的基础上，再采用烟气脱硝技术对 NO_x 进行脱除，以达到烟气净化的理想目标。

目前，可用于水泥窑炉烟气脱硝的主要技术有：选择性非催化还原技术（SNCR）和选择性催化还原技术（SCR）。选择性非催化还原技术通常可以降低 40%～70% 的 NO_x 排放。选择性催化还原技术可以降低约 70%～90% 的 NO_x 排放，可以满足更严格的排放标准。

第四节　水泥窑低 NO_x 燃烧技术

凡通过改变燃烧条件来控制燃烧关键参数，以抑制生成或破坏已生成的 NO_x 来达到减排目标的技术，称为低 NO_x 燃烧技术。低 NO_x 燃烧技术主要包括低氧燃烧、采用低 NO_x 燃烧器、分级燃烧、烟气再循环等，这些技术都着力于两点：一是降低燃烧温度（或者是减少气体在高温区域的停留时间），二是降低着火区域的氧气浓度，以形成还原气氛，也就是从反应机理上改变反应条件，以不利于 NO_x 的生成。这几项低 NO_x 燃烧技术往往组合运用，脱硝效率通常可达到 20%～40%。

一、优化熟料烧成工艺，稳定烧成系统操作

正确掌握水泥窑系统的设计和操作，NO_x 的生成量是可以较好地得到控制的。因此，减少 NO_x 生成量的首要措施就是优化窑和分解炉的燃烧制度，保持适宜的火焰温度和形状，控制过剩空气量，确保喂料量和喂煤量均匀稳定，保障篦式冷却机运行良好，探求水泥窑系统的最佳操作参数。在稳定烧成系统操作的基础上，应结合原料、燃料成分性能分析，尽量采用含氮元素低的原料、燃料，另外，应提高生料易烧性，降低熟料烧成温度，在减排 NO_x 上也会取得明显的效果。

二、采用低 NO_x 燃烧器

保持一次空气动量不变的前提下，改变燃烧器的燃料供风比例和风速，减少一次风用量。采用大推力燃烧器，增大轴流空气的喷出速度达到或超过音速，适当调节旋

流空气的旋流速度，控制燃烧器火焰形状和适宜的煅烧温度，在不影响熟料质量的前提下，精心操作、适当调整窑系统的各项操作参数，就可以取得相应的 NO_x 减排效果。

Pillard & Heidelberger 水泥公司为水泥回转窑开发了一种低 NO_x 燃烧器，利用废气代替一次空气。该燃烧器有 4 个通道，其中两个是输送固体燃料的通道，可使用粉状褐煤或石油焦炭，或两者的混合物。

新燃烧器安在旋风预热器窑上，开始没有把废气引入喷嘴，排出废气中 NO_x 的量很高，月平均接近 $700mg/m^3$。将废气引入喷嘴后，喷嘴各通道的参数如下：

第一通道（最外层）是轴流废气，含 O_2 为 $4\%\sim21\%$，风速 $40\sim90m/s$，体积占燃烧空气的 $2\%\sim5\%$，气温为 $150\sim350℃$。

第二通道为煤粉，风速 $30m/s$，一次空气量占 3.4%。

第三通道是旋流空气或废气，含 O_2 为 4.21%，风速 $65\sim130m/s$，风量占 $3\%\sim8\%$，气温 $150\sim350℃$。

第四通道为煤粉（或另一品种煤），风速 $25m/s$，风量占燃烧空气总量的 2%。

全部一次风含 O_2 为 $5\%\sim6\%$，占燃烧空气的 11%。采用 De-NO_x 燃烧器后，NO_x 约降低 $200\sim250mg/m^3$，即降低 32% 左右。

三、分级燃烧脱氮技术

分级燃烧技术也称为阶段燃烧法，其主要意图在于让烧成系统的燃烧过程分几个阶段进行，而让燃烧不会同时具备过剩的空气量和高温，从而抑制 NO_x 的大量产生。

（1）分级燃烧原理

分级燃烧是将燃料、燃烧空气及生料分别引入，以尽量减少 NO_x 形成，并尽可能地将 NO_x 还原成 N_2。分级燃烧涉及如下四个燃烧阶段：

① 回转窑阶段，可优化水泥熟料煅烧；

② 窑进料口，减少烧结过程中 NO_x 产生的条件；

③ 燃料进入分解炉内煅烧生料，形成还原气氛；

④ 引入三次风，完成剩余的煅烧过程。

（2）空气分级燃烧

传统的燃烧器要求燃料和空气快速混合，并在过量空气状态下进行充分燃烧。从 NO_x 形成机理可以知道，空气燃烧比对 NO_x 的形成影响极大，空气过剩量越多，NO_x 生成量越大。空气分级燃烧降低 NO_x 几乎可用于所有的燃烧方式，其基本的思路是希望避开温度过高和高过剩系数同时出现，从而降低 NO_x 的形成。

空气分级燃烧技术是将燃烧所需的空气分级送入炉内，使燃料在炉内分级分段燃烧。燃烧区的氧浓度对各种类型的 NO_x 生成都有很大影响。当过量空气系数 $\alpha<1$，燃烧区处于"贫氧燃烧"状态时，抑制 NO_x 的生成有明显效果。根据这一原理，把供给

燃烧区的空气量减少到全部燃烧所需用空气量的 $70\%\sim80\%$，降低燃烧区的氧浓度，也降低燃烧区的温度水平。因此，第一级燃烧区的主要作用就是抑制 NO_x 的生成，并将燃烧过程推迟。燃烧所需的其余空气则通过燃烧器上面的燃烬风喷口送入炉膛，与第一级所产生的烟气混合，完成整个燃烧过程。

新型干法水泥熟料生产线中，分解炉内空气分级燃烧包括：空气分级将燃烧所需的空气分两部分送入分解炉。一部分为主三次风，占总三次风量的 $70\%\sim90\%$；另一部分为燃尽风（OFA），占总三次风量的 $10\%\sim30\%$。炉内的燃烧分为 3 个区域，即热解区、贫氧区和富氧区。空气分级燃烧是与在烟气流垂直的分解炉截面上组织分级燃烧的。空气分级燃烧存在的问题是二段空气量过大，会使不完全燃烧损失增加；分解炉会因还原性气氛而易结渣、腐蚀；由于燃烧区域的氧含量变化引起燃料的燃烧速度降低，在一定程度上会影响分解炉的总投煤量的最大值，也就是说会影响分解炉的最大产量。

空气分级燃烧是目前普遍使用的低氮氧化物燃烧技术之一。助燃空气分级燃烧技术的基本原理为：将燃烧所需的空气量分成两级送入，使第一级燃烧区内过量空气系数小于 1，燃料先在缺氧的条件下燃烧，使得燃烧速度和温度降低，因而抑制了燃料型 NO_x 的生成。同时，燃烧生成的一氧化碳与氮氧化物进行还原反应，一级燃料氮分解成中间产物（如 NH、CH、HCN 和 NH_x 等）相互作用或与氮氧化物还原分解，抑制燃料氮氧化物的生成。

$$2CO+2NO \longrightarrow 2CO_2+N_2 \tag{2-3}$$

$$NH+NH \longrightarrow N_2+H_2 \tag{2-4}$$

$$NH+NO \longrightarrow N_2+OH \tag{2-5}$$

在二级燃烧区（燃尽区）内，将燃烧用空气的剩余部分以二次空气的形式输入，成为富燃烧区。此时，空气量多，一些中间产物被氧化生成氮氧化物：

$$CN+O_2 \longrightarrow CO+NO \tag{2-6}$$

但因为温度相对常规燃烧较低，氮氧化物生成量不大，因而总的氮氧化物生成量是降低的。

（3）燃料分级燃烧

燃料分级，也称为"再燃烧"，是把燃料分成两股或多股燃料流，这些燃料流过三个燃烧区发生燃烧反应。第一燃烧区为富燃烧区；第二燃烧区通常为再燃烧区，空气过剩系数小于 1，为缺氧燃烧区，在此燃烧区，第一燃烧区产生的 NO_x 将被还原，还原作用受过剩空气系数、还原区温度以及停留时间的影响；第三燃烧区为燃尽区，其空气过剩系数大于 1。

燃料分级燃烧技术是将分解炉分成主燃区、再燃区和燃尽区。主燃区供入全部燃料的 $70\%\sim90\%$，采用常规的低过剩空气系数（$\alpha\leqslant1.2$）燃烧生成 NO_x；与主燃区相邻的再燃区，只供给 $10\%\sim30\%$ 的燃料，不供入空气，形成很强的还原性气氛（$\alpha=$

0.8～0.9），将主燃区中生成的 NO_x 还原成 N_2 分子；燃尽区只供入燃尽风，在正常的过剩空气（$\alpha=1.1$）条件下，使未燃烧的 CO 和飞灰中的碳燃烧完全。

新型干法水泥窑燃料分级燃烧技术是指在窑尾烟室和分解炉之间建立还原燃烧区，将原分解炉用燃料的一部分均布到该区域内，使其缺氧燃烧以便产生 CO、CH_4、H_2、HCN 和固定碳等还原剂，这些还原剂与窑尾烟气中的 NO_x 发生反应，将 NO_x 还原成 N_2 等无污染的惰性气体。此外，煤粉在缺氧条件下燃烧，也抑制了自身燃料型 NO_x 产生，从而实现新型干法水泥窑生产过程中的 NO_x 减排。

基于以上分级燃烧原理，已经有不少分解炉系统供应商开发出相应分级燃烧低氮分解炉型，如丹麦 FLS 史密斯公司的低 NO_x-ILC 分解炉、OKMB 分解炉、洪堡公司的低 NO_x 分解炉、日本石川岛的 F.F 分解炉等。另外，在传统的分解炉上，也可以运用上述原理对分解炉进行分级燃烧改造，国内已做过较多尝试，效果良好。

第五节 水泥窑氮氧化物减排技术简述

一、选择性非催化还原脱硝技术（SNCR 脱硝技术）

20 世纪 70 年代初期，有技术人员研究发现，在炉膛温度 850～1100℃这一狭窄的温度范围内，在无催化剂作用下，喷入 NH_3 或尿素等氨基还原剂可选择性地还原烟气中的 NO_x，生成 N_2 和 H_2O，还原剂基本上不与烟气中的 O_2 作用，将氨作为还原剂的方法称为 Exxon 法，美国称为 De-NO_x，德国称此为热力 NO_x 法，据此将这项技术发展成为现在为世人熟悉的选择性非催化还原技术（英文名称：Selective Non-Catalytic Reduction），即为 SNCR 脱硝技术。水泥行业 SNCR 脱硝技术的工业应用是在 20 世纪 70 年代中期日本的一些水泥厂开始的，20 世纪 80 年代末一部分欧盟水泥厂也开始 SNCR 脱硝技术的工业应用。美国的 SNCR 脱硝技术在水泥工业应用是在 20 世纪 90 年代初开始的，这些应用尝试取得了成功，目前世界上水泥工业烟气脱硝装置使用 SNCR 脱硝技术的占 90％以上。SNCR 脱硝技术是一种性价比比较高、建设周期短、投资省、脱硝效率中等的烟气脱硝技术，该技术是用氨水、尿素溶液等还原剂喷入炉内与 NO_x 进行选择性反应。还原剂喷入分解炉温度为 850～1100℃ 的区域，还原剂迅速与烟气中的 NO_x 进行反应生成 H_2O 和 N_2，以分解炉为反应器。在温度窗口内，氨水（质量浓度为 15％～25％）或尿素溶液（质量浓度为 10％～20％）还原 NO_x 的主要反应为：

氨水为还原剂时：

$$4NH_3 + 4NO + O_2 \longrightarrow 4N_2 + 6H_2O \qquad (2-7)$$

尿素为还原剂时：

$$2NO + CO(NH_2)_2 + 1/2O_2 \longrightarrow 2N_2 + CO_2 + 2H_2O \qquad (2-8)$$

不同还原剂有不同的反应温度范围，此温度范围称为温度窗口。氨水的最佳反应窗口为 $850\sim1050℃$，尿素溶液的最佳反应窗口为 $900\sim1100℃$。当反应区温度过低时，反应效率会降低；当反应区温度过高时，氨会直接被氧化成 N_2 和 NO。氨的逃逸会造成新的环境污染。SNCR 烟气脱硝技术在水泥工业运用的脱硝效率一般为 $40\%\sim70\%$。

SNCR 脱硝技术的性能受多种因素影响，主要有温度窗口、停留时间、氨氮比（NSR）、还原剂与烟气混合的程度、烟气氛围以及还原剂种类等。这些影响因素最关键是还原剂在合适的温度窗口喷射以及喷入的还原剂与烟气能够进行充分混合，从而实现较高的脱硝效率，提高还原剂利用率，降低还原剂耗量和尾部氨逃逸。

对于水泥窑，无论还原剂喷入分解炉或烟室之后的烟道内，较之其他大型工业锅炉，烟气在适合脱硝反应的温度窗口内停留的时间更长，且混合效果更好，从国内外工程运行的经验看，脱硝效率通常至少可以达到 40% 以上。

SNCR 系统烟气脱硝过程由以下四个基本过程完成：

（1）接受和储存还原剂；

（2）还原剂的计量输出、与水混合稀释；

（3）在分解炉合适位置喷入稀释后的还原剂（喷吹位置，喷嘴数量及布置根据数值模拟和实际经验来确定）；

（4）还原剂与烟气混合进行脱硝反应。

较高的氨逃逸率是限制 SNCR 脱硝技术发展的制约因素之一。从 SNCR 系统逃逸的氨可能来自两种情况，一是由于喷入点烟气温度低，影响了氨与 NO_x 的反应；另一种可能是喷入的还原剂过量或还原剂分布不均匀。

因此，还原剂喷入系统必须能将还原剂喷入到分解炉内最有效的部位，因为 NO_x 的分布在分解炉对流断面上是经常变化的，如果喷入控制点太少或喷到分解炉内某个断面上的氨不均匀，则会出现较高的氨逃逸量。在较大规格的分解炉中，还原剂的均匀分布则更困难，因为较长的喷入距离需要覆盖相当大的炉内截面。为保证脱硝反应能充分地进行，以最少的喷入 NH_3 量达到最好的效果，必须设法使喷入的 NH_3 与烟气良好的混合，若喷入的 NH_3 不能充分参与反应，则逃逸的 NH_3 不仅会使烟气中的粉尘容易沉积在余热锅炉尾部的受热面上，而且烟气中 NH_3 遇到 SO_3 会产生 $(NH_4)_2SO_4$，易造成余热锅炉堵塞，并有遭受腐蚀的危险。

二、选择性催化还原脱硝技术（SCR 脱硝技术）

近几年来，选择性催化还原烟气脱硝技术发展较快，在欧洲和日本得到了广泛的应用，目前选择性催化还原烟气脱硝技术广泛应用于燃煤、燃油电厂及玻璃制造等领域。

水泥工厂 SCR 脱硝工艺通常为在预热器出口的管道上把烟气（工作温度为 $280\sim$

360℃）引入 SCR 反应器，在反应器前的管道上加入还原剂氨，氮氧化物在催化剂作用下被氨还原为无害的氮气和水：

$$4NO+4NH_3+O_2 \longrightarrow 4N_2+6H_2O \tag{2-9}$$

$$4NH_3+2NO_2+O_2 \longrightarrow 3N_2+6H_2O \tag{2-10}$$

$$NO_2+NO+2NH_3 \longrightarrow 2N_2+3H_2O \tag{2-11}$$

SCR 脱硝技术具有较高的反应效率，可以保证废气中 NO_x 浓度降到 $100mg/Nm^3$。NO_x 的减排效果高达 80％以上，但 SCR 脱硝技术需要使用和消耗价格较贵的金属催化剂。与电力行业相比，由于水泥生产企业废气的粉尘浓度很高，碱金属含量较高，易使催化剂中毒和堵塞，一次性投资成本和运行成本均较高。

目前，世界上流行的 SCR 脱硝技术主要分为氨法 SCR 和尿素法 SCR 两种。此两种方法都是利用 NH_3 对 NO_x 的还原作用，在催化剂的作用下将 NO_x（主要是 NO）还原为 N_2 和 H_2O，还原剂均为 NH_3，其不同点则是在尿素法 SCR 中，先利用一种设备将尿素转化为氨之后输送至 SCR 触媒反应器，它转换的方法为将尿素注入一分解室中，此分解室提供尿素分解所需之混合时间，驻留时间及温度，由此室分解出来的氨基产物即成为 SCR 的还原剂通过触媒实施化学反应后生产氮和水。尿素分解室中分解成氨的方法有热解法和水解法，主要化学反应方程式为：

$$热解法：CO（NH_2）_2 \longrightarrow NH_3+HNCO \tag{2-12}$$

$$HNCO+H_2O \longrightarrow NH_3+CO_2 \tag{2-13}$$

$$水解法：NH_2CONH_2+H_2O \longrightarrow 2NH_3+CO_2 \tag{2-14}$$

在整个工艺的设计中，无论采取何种原料作为还原剂，通常是先提取出氨气，然后和稀释空气或烟气混合，最后通过喷氨格栅喷入 SCR 反应器上游的烟道中。

在水泥行业脱硝项目中，SCR 反应器可以有四种不同的安装位置，即高温/高尘、高温/中尘、中温/中尘、低温/低尘。

目前，水泥窑较主流的 SCR 脱硝工艺布置是高温/高尘布置法：反应器布置在悬浮预热器之后的位置。此时，烟气中的全部粉尘均会通过反应器，反应器的工作条件是在"原始"的高尘烟气中。由于这种布置方案的烟气温度通常在 280～360℃ 的范围内，非常适合于催化剂的反应温度，所以脱硝反应的效率很高，而且增加的设备较少。

对 SCR 系统的限制因素因运行环境和工艺过程而变化。这些制约因素包括系统压降、烟道尺寸、空间、烟气微粒含量、逃逸氨浓度控制、SO_2/SO_3 氧化率、温度和 NO_x 浓度，都影响催化剂寿命和系统的设计。因此，需要结合企业状况及政策慎重选择 SCR 脱硝技术，另外 SCR 脱硝技术在水泥工业上应用还需要在催化剂选用技术上进行优化设计。

SCR 脱硝技术与 SNCR 脱硝技术所不同的是：在烟气温度 350℃ 下使 NH_3（气体或液体）在催化剂表面与 NO_x 发生化学作用。这样不仅能消除 NO_x，同时还能消减废气中的碳氢化合物，如二氧杂环己烷和二氧己烷等。

SCR 脱硝技术的废气净化效果很好，但装备较复杂，费用也较高。在热电厂等的废气脱氮中普遍应用较多。对水泥工厂来说，近年来在国内已有近百家水泥企业投入了使用。而在国外已有十多家水泥企业投入了使用，国外一些著名大公司正在研究开发更经济高效的脱氮装置。

第六节　欧盟国家水泥工业氮氧化物减排概况

一、概况

刚进入 21 世纪时，欧洲水泥窑排放的 NO_x 平均值为 785mg/Nm^3（以 NO_2 表示），最大值 2040mg/Nm^3，最小值为 145mg/Nm^3。如在 2004 年，NO_x 的排放数据是从欧盟国家不同水泥厂收集来的，并通过热力替代速率来分类，且显示在图 2-2 和图 2-3 中。作为年平均报告是 24h 连续测量的。测量值是以标准状态下的 1m^3 干空气为准。

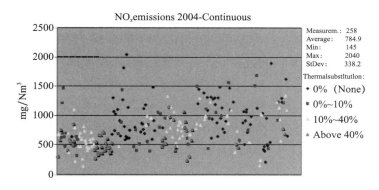

图 2-2　来自 2004 年欧盟国家不同水泥厂的 NO_x 排放分类

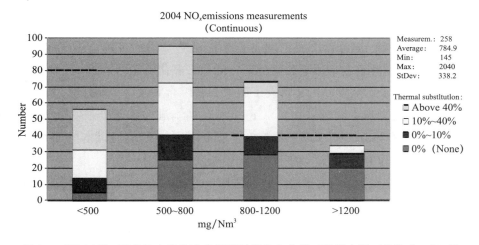

图 2-3　通过 NO_x 标准热力替代速率将测量值分布分类（欧洲水泥工业协会，2007）

在奥地利，2004 年 NO_x 排放平均值为 $645mg/Nm^3$（年平均值，基于在标准状态下的连续测量，NO_x 排放数值的变化范围为 $313\sim795mg/Nm^3$，所测为一年平均值。最高和最低数值范围在不同厂测得）。所有奥地利水泥厂使用的是基本测量技术，三台窑有火焰冷却技术，二台窑采用分级燃烧技术和五台窑装有 SNCR 技术。到 2007 年，所有奥地利水泥窑都装有了 SNCR 技术。

在 2006 年德国，为了减少 NO_x 排放，有 8 台窑采用分级燃烧技术，34 台窑采用了 SNCR 技术。对 43 台窑测量所得到 NO_x 排放年平均值在 $200\sim800mg/Nm^3$ 范围内。自 2007 年起，由于采用国际法规，德国水泥窑 NO_x 排放必须低于 $500mg/Nm^3$。德国大多数的水泥窑都设计装有 SNCR 技术，使得 NO_x 减排效率在 $10\%\sim50\%$，NO_x 的排放低于 $500mg/Nm^3$。将各种测量技术结合起来，按照所允许各自排放限值，能够达到日平均排放值 $200\sim500mg/Nm^3$ 的范围内。

在瑞典，自 1997 年开始，已有 3 个水泥厂采用了高效的 SNCR 技术。自那时起，NO_x 排放长期低于 $200mg/Nm^3$。2004 年的年平均值在 $221mg/Nm^3$，月平均值在 $154\sim226mg/Nm^3$ 范围内。NO_x 的负荷在 $130\sim915t/a$。

芬兰水泥厂的 NO_x 排放，经测得年平均在 $500\sim1200mg/Nm^3$ 范围内。捷克经测得 NO_x 排放年平均在 $400\sim800mg/Nm^3$ 范围内。2001 年法国从 33 个水泥厂测得的 NO_x 排放平均值为 $666mg/Nm^3$。丹麦一个湿法长窑，采用了 SNCR 技术，NO_x 的减排效率在 $40\%\sim50\%$，所报告 NO_x 排放低于 $800mg/Nm^3$。

对于西班牙的白水泥厂，由于原料煅烧成熟料难度加大，根据结晶和矿物的情况，需要较高的火焰温度。白水泥一个特殊情况是缺少金属的熔入，导致熟料烧成温度要高于普通水泥约 150℃。较高的火焰温度会导致较多的热力型 NO_x 产生。

2011 年 11 月，国家环保部考察团先后访问了意大利水泥集团位于西弗吉尼亚州马丁斯堡的 Essroc 水泥厂和德国海德堡水泥集团位于美国马里兰州佐盟桥镇的 Lehigh 水泥厂。

Essroc 水泥厂和 Lehigh 水泥厂均是设计能力为 5000t/d 新型干法水泥生产线。Essroc水泥厂由于采用高含硫页岩作为原料，导致二氧化硫超标排放，因而安装了烟气脱硫装置，既保证了达标排放，又实现了脱硫石膏综合利用。Lehigh 水泥厂采用干化污泥颗粒作为替代燃料，同时采用 SNCR 技术对烟气进行脱硝处理。处理后 NO_x 由 $0.80kg/t$ 熟料下降至 $0.60kg/t$ 熟料，实现了达标排放，但运行成本增加 0.58 美分/t 熟料，折合人民币约为 3.65 元/t 熟料。

为了减少或者控制 NO_x 的排放，欧洲选用一种技术方法——前端处理方法或二次处理方法，或选用这两种组合方法。

前端处理方法或技术：

① 火焰冷却，如高含水量，液体（固体）废弃物；

② 低 NO_x 燃烧器；

③ 窑中燃烧；

④ 增加矿化剂来改善生料的易烧性（矿化熟料）；

⑤ 分级燃烧（常规或废弃的燃料）也可以结合预分解炉和使用优化的混合燃料；

⑥ 过程优化。

用于减少 NO_x 二次方法（技术）：

① SNCR（选择性非催化还原法）技术；

② SCR（选择性催化还原法）技术。

2008 年统计欧盟国家水泥厂采用安装的 NO_x 减排技术的完整数据，显示在表 2-4 和表 2-5 中。

表 2-4　欧盟国家水泥行业的 NO_x 减排或控制的方法（技术）

国家		火焰冷却	熟料矿化	分级燃烧	SNCR	SCR
比利时	BE	2			2	
保加利亚	BG					
捷克共和国	CZ				2③	
丹麦	DK	2			1	
德国	DE			7	33	1①
爱沙尼亚	EE					
希腊	EL			1		
西班牙	ES		4	2	3＋5（试验阶段）	
法国	FR	2		7	14＋4⑥	
爱尔兰	IE			1	2⑤	
意大利	IT	2		7	16①	1②
塞浦路斯	CY					
拉脱维亚	LV					
立陶宛	LT					
卢森堡	LU					
匈牙利	HU				3	
马耳他	MT					
荷兰	NL				1	
奥地利	AT	3		2	8③	
波兰	PL			9		

续表

国家		火焰冷却	熟料矿化	分级燃烧	SNCR	SCR
葡萄牙	PT	6			4	
罗马尼亚	RO					
斯洛文尼亚	SI					
斯洛伐克	SK					
芬兰	FI				2	
瑞典	SE				3	
英国	UK			1	9④	
瑞士	CH	2	1	1	4	
挪威	NO					
土耳其	TR	1	1	2		

注：① 据报道已运行，但持续报告仍不足；
② 一号厂从 2006 年年中开始运行，二号厂从 2007 年开始运行；
③ 预定在 2008 年；
④ 在 2007 年投入运行；
⑤ 预定在 2007 年试车；
⑥ 预定在 2008 年。

表 2-5　欧盟国家水泥厂生产过程中采用的 NO_x 的减排方法（技术）

方法（技术）	窑炉系统的适用性	降低效率（%）	排放数据⑮		费用数据③	
			mg/Nm³①	kg/t②	投资（百万欧元）	运行（百万欧元）
火焰冷却⑤	全部	0~35	基本降到小于 500~1000⑨	1.15~2.3	高达 0.2	高达 0.5
低 NO_x 燃烧器	全部	0~35	500~1000	1.15~2.3	高达 0.45	0.07
前端技术 EGTEI2003④	全部	25	1400 降至 1050	2.4	0.25	0.056
窑中燃烧	长的	20~40	没有资料	—	0.8~1.7	没有资料
熟料矿化	全部	10~15	没有资料	—	没有资料	没有资料
分级燃烧	预分解炉	10~50	小于 450~1000⑨	1.04~2.3	0.1~2	没有资料
	预热器				1~4	
SNCR④⑤⑥⑫	预热器和预分解炉	30~90⑩	小于 200⑩⑪ 500⑭	0.4~1.15	0.5~1.2	0.1~1.7
	炉排预热器	35	小于 500⑯ 800⑤⑥	1.15~1.84	0.5	0.84

方法（技术）	窑炉系统的适用性	降低效率（%）	排放数据[15]		费用数据[3]	
			mg/Nm^3[1]	kg/t[2]	投资（百万欧元）	运行（百万欧元）
SCR[7]	也许是全部预热器和预分解炉	43～95[13]	小于200～500[8]	0.23～1.15	2.2～4.5	0.33～3.0

注：① 一般引用日平均值，干空气，273K，101.3kPa 和 $10\%O_2$；

② kg/t 熟料：是以 $2300m^3/t$ 熟料为基础；

③ 一般引用一个窑炉为 3000t 熟料/d 的产量，最初的 NO_x 排放浓度达到 $2000mg/Nm^3$；

④ EGTEI 在 2000 年为一台产量为 1100t/d 的窑炉做成本估计；

⑤ 在 2000 年与 ADEME 和 ATILH 等法国环保部门合作进行实验（2003 年发行）；

⑥ 欧洲水泥工业协会在 2006 年为减排 NO_x 而作出的贡献，年平均值；

⑦ 德国和意大利，费用数据以一台熟料产量为 1500t/d 的窑炉为基础；

⑧ 来自德国、意大利和瑞典的初步实验结果及 2007 年（$200mg/Nm^3$）一个使用 SCR 的意大利水泥厂的实验结果；在 1987 年，两家欧洲供应商提供给水泥工业全尺寸 SCR 并保证性能水平在 $100～200mg/Nm^3$；

⑨ 来自法国水泥厂的实验结果（工程 10），预分解窑，最初的 NO_x 水平为 $1000mg/Nm^3$；完成的 NO_x 水平为 $800mg/Nm^3$；

⑩ 瑞典水泥厂，年平均值，最初的 NO_x 水平为 $800～1000mg/Nm^3$，氨泄漏 $5～20mg/Nm^3$，使用高效的 SNCR 时氨泄漏是不得不考虑的；

⑪ 德国：日平均值为 $200～350mg/Nm^3$ 时，氨泄漏是不得不考虑的；

⑫ 降低 NO_x 的排放范围也许会导致 NH_3 的排放（氨泄漏）增加，这取决于未净化气流中 NO_x 的水平；

⑬ 示范厂的初步试验以及长期的运行结果；

⑭ 联合工艺综合技术；最初的 NO_x 水平为 $1200mg/Nm^3$；法国水泥工业指导的 NO_x 减排方法或技术；

⑮ 这一章节中的相应段落中会给出排放数据；

⑯ ［Austria，2006］，［Hackl und Mauschitz，2003］。

二、欧盟各国各种减排技术应用

1. 火焰冷却的应用

使用不同的加注方法在燃料中或者直接对火焰加水，如图 2-4 所示。如单相（液体）或两相流（液体和压缩空气或固体），或者加入高水分液体/固体废物以满足降低温度和升高氢氧根自由基的浓度。这对减少燃烧区中 NO_x 有积极作用。

火焰冷却被用来减排 NO_x，根据报告，减排效率在 10%～35% 内。采用火焰冷却达到上述减排目的的统计报告如图 2-5 所示。达到 $500mg/Nm^3$ 水平有 2 个厂，NO_x 排放在 $500～800mg/Nm^3$ 范围内的水泥厂有 7 个，NO_x 排放在 $800～1000mg/Nm^3$（年平均值）范围内的水泥厂有 11 个。图 2-6 显示没有采用火焰冷却技术时，还是有少部分水泥厂达到较低 NO_x 排放范围。据报道运行效果看，减排效率在 10%～35%，排放范围为 $500～1000mg/Nm^3$。其不足的是，也许会需要额外热量用于蒸发水分，与窑炉总 CO_2 排放量相比，这样会导致稍多 CO_2 排放（大约为 0.1%～1.5%），从而降低窑炉燃烧过程能源效率。喷水会导致窑炉的运行问题，如降低熟料的产量或影响熟料质量。

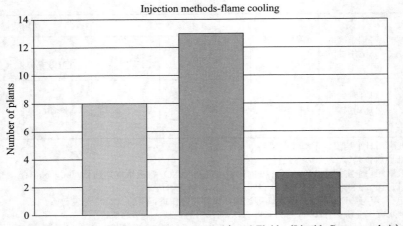

图 2-4　欧盟水泥厂中用于火焰冷却加注方法

注：2 Ruids 代表单相流体（液体），2 Fluids 代表两相流体（液体＋压缩空气），

1 Fluid 代表多相流体（液体＋压缩空气）＋固体，纵轴为工厂的数量。

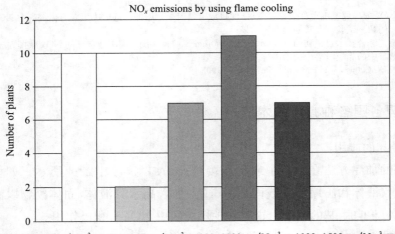

图 2-5　欧盟一些水泥厂使用火焰冷却达到的 NO_x 排放范围

火焰冷却技术能够应用于水泥工业所有窑型。详见图 2-7，将近 40 台悬浮预热器窑装备有火焰冷却技术。

2. 低 NO_x 燃烧器的应用

设计低 NO_x 燃烧器时在细节方面存在差异，但是本质上都是通过同心管将燃料和空气注入窑炉。为了按计量燃烧（传统燃烧器的代表值为 $10\%\sim15\%$），一次空气比例要求减小为 $6\%\sim10\%$。在外通道内轴向空气在高动能下被注入。煤会通过中心管或中间通道通入。第三通道是用于涡旋空气的，它的漩涡是由装在燃烧管出口处的叶片诱发的。

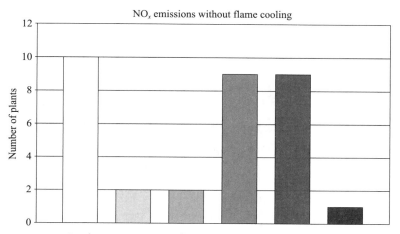

图 2-6　欧盟国家一些水泥厂未使用火焰冷却达到的 NO_x 排放范围

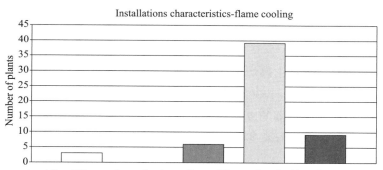

图 2-7　欧盟国家的火焰冷却技术安装特性

注：Long rotary kilns 代表长回转窑，Suspension preheater 代表悬浮预热器，

Rotary kilns equipped with preheaters 代表带预热器的回转窑设备，Grate preheater 代表炉箅预热器，

Suspension preheater with precalciner 代表预分解悬浮预热器，纵坐标为工厂数量。

这种燃烧器设计的净效应是为了产生提前点火，尤其是对燃料中的挥发性混合物，在缺氧环境下这将会利于减少 NO_x 的生成。

低 NO_x 燃烧器可以用于所有的回转窑，用于窑及分解炉中。然而，应用低 NO_x 燃烧器常常不是总有 NO_x 减排的效果。

燃烧器的设置必须优化。如果初期的燃烧器在低百分比的一次空气下运行，燃烧器低 NO_x 效果将微弱。

3. 分级燃烧的应用

分级燃烧技术一般只用于带有预分解炉的窑。许多厂对没有预分解炉的旋风预热器进行改造。如果没有与增产结合，制造商会提供一个带有三次风管的微型分解炉的解决方案。这种情况下，只有一小部分热量，约占窑总需热量的 $10\%\sim25\%$，通过分解炉，但是这已足够为分解氮氧化物产生一个还原区。

成块废燃料（如轮胎）可能是分级燃烧技术变体，当成块废燃料燃烧时，建立起一个还原区。在窑的预热器或预分解炉中，成块废燃料可以从窑入口或者预分解炉引进。据报道成块废燃料的燃烧对 NO_x 的减少有明显效果（降幅为 20%～30%）。

根据西班牙工厂的经验，在多阶段燃烧下以及使用适当的混合燃料时，例如，高热燃料，经优化的现代工厂获得 NO_x 排放水平在 450mg/Nm³（日平均值）以下，然而使用低热燃料也许会得到 800～1000mg/Nm³（日平均值）的排放水平。

2002 年，在法国测试期间（如预分解器在阶段燃烧过程时 100% 使用硫化焦油），在 NO_x 初始水平为 1000mg/Nm³ 下，成功获得 NO_x 降幅约为 200mg/Nm³。然而，这仅仅是在测试的短周期中获得，而且为了可燃性使用了最佳的生料。更多恶劣运行条件也许能够获得低的 NO_x 排放水平，然而，这些运行条件往往会导致运行问题，例如，增加窑和分解炉中的结皮。随着相对短的停留时间和没有优化燃烧，CO 排放会增加，却只有很少的工厂在设计时注意到这点。

在英国，长窑和中窑的分级燃烧已经运行了很多年。

4. 中窑烧成系统应用

在长湿法窑和干法窑中，由燃烧块状燃料产生的还原区能够减少 NO_x 的排放。因为长窑往往不能够进入到 900～1000℃的温度带，所以在一些厂里安装中窑烧成系统是为了使用那些不能通过主燃烧器的废燃料（如轮胎）。据报道，在某些情况下有些设备的存在会使 NO_x 的排放减少 20%～40%。但是，废燃料的燃烧速率会导致链条被烧坏或者会影响产品的质量。

5. 矿化熟料

给原料添加矿化剂，例如氟是一种调整熟料质量的技术，也可以降低烧结区的温度。降低燃烧温度也可以减少 NO_x 的形成。NO_x 的减少量可能介于 10%～15%，但是据报道 50% 的减少量也是可能的。但是，过多地加入氟化钙可能会导致 HF 排放的增加，降低能量需求，从而会影响最终的产品质量。

6. 工艺优化（NO_x）

过程的优化，例如缓和和优化窑炉的运行及煅烧条件，优化窑炉的运行控制或者均化燃料的供给，能够减少 NO_x 的排放。一般已经被应用的优化技术有过程控制技术，改良间接点火技术，优化冷却器连接和燃料选择以及优化含氧量。在欧洲直到 2007 年，才观测到使用过程控制技术来降低 NO_x 排放的效果。

7. 选择性非催化还原法（SNCR）

在 2008 年，欧洲国家中有将近 100 个大型 SNCR 设备投入运行。选择性非催化还原法（SNCR）包括喷入 25% 浓度氨水，生成氨的化合物或者尿素溶液喷入高温气体中来使 NO 变为 N_2。这个反应在温度为 830～1050℃时达到最佳效果，而且为了保证注入的还原剂与 NO 反应，必须满足充分的停留时间。

实验室试验和工业化试验都必须以烧成系统运行工况来确定尿素和氨水的最优化温度窗口。准确的温度窗口往往在悬浮预热窑、预分解窑以及立波尔窑中获得。然而，也有厂家在长窑中使用 SNCR 来减少 NO_x 的排放。图 2-8 给出了应用 SNCR 的水泥厂特性概述。

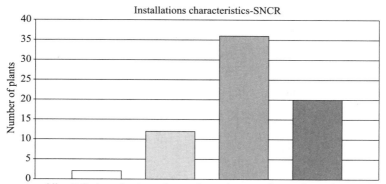

图 2-8 应用 SNCR 技术欧盟水泥厂特征

注：Long rotary kilns 代表长回转窑，Grate preheater 代表炉篦预热器，Suspension preheater 代表悬浮预热器，Suspension preheater with precalciner 代表有预分解器的悬浮预热器，纵轴为厂子的数量。

8. 选择性催化还原（SCR）

（1）概况

SCR 法可将 NO 和 NO_2 转化为 N_2。这种技术广泛用于其他行业氮氧化物的去除中（燃煤电厂，垃圾焚化炉）。在水泥行业，主要考虑两个 SCR 布置方案：窑尾收尘器后的低尘配置，预热器后的高尘配置。低尘布置要求除尘后的废气进行预加热，这可能导致额外的能源消耗和压力损失。高尘布置在考虑技术和经济因素时被认为是最好的。这个布置不需要预热，因为在预热器后出口废气温度通常是在 SCR 操作的适宜温度范围内。

SCR 高尘布置工艺可以减少 85％～95％氮氧化物排放量，到 2008 年，只有高尘布置工艺已经在水泥行业进行了测试。

2008 年在欧盟 27 国中共有两个 SCR 装置已经投入运行，为消除技术和经济前景不明确因素，通过试验 SCR 技术来积累经验。主要的不确定因素烟气中高达 $100g/Nm^3$ 高粉尘浓度、除尘措施/技术、类型和催化剂的寿命，总投资和运行成本。经验还表明，适宜的设计和催化剂成分是非常重要的。

SCR 对水泥工业来说是一个有效的技术。在欧洲至少有两个供应商为水泥行业提供 SCR 装置并保证排放浓度为 $100～200mg/Nm^3$。当然 SCR 费用开支仍然高于 SNCR。

由于催化剂也去除碳氢化合物，如果该技术是专为 SCR 设计，一般而言，还可以减少 VOC 和 PCDD/Fs 的排放量。

因为 SCR 反应器内部的清灰系统和额外的压力损失，电耗会增加。低尘 SCR 布置需要加热除尘后烟气，这可能导致额外的能源消耗和压力损失。催化剂必须回收或处置。

（2）应用

SCR 技术的使用结果表明，费用为 1.25～2.00 欧元/t 熟料，取决于工厂规模和脱硝效率要求。SCR 技术和 SNCR 技术相比，占主导地位的是投资成本，投资成本是 SNCR 系统 4～9 倍。催化剂的使用增加了运行成本。此外，能源消耗主要取决于压降和清洁催化剂的气源。具体的 SCR 费用已经下降到每吨熟料 1.75 欧元左右。

瑞典斯利特的 CementaAB 公司，有一条 5800t/d 新型干法预热器分解窑。1993 年，他们运行的高尘 SCR 法试点，同时也设有 SNCR 法，大约一年时间就测出了全套 SCR 法和 SNCR 法安装成本。这意味着经过 SCR 处理后，初始氮氧化物的浓度低于 200mg/Nm^3。投资成本估计为 1120 万欧元，运行成本约每吨熟料 1.3 欧元，总成本每吨熟料 3.2 欧元。SCR 法脱除 NO$_x$ 的费用为 5.5～7.3 欧元/kg。3000t/d 预热器窑 SCR 装置投资成本估计为 350～450 万欧元，已经在奥地利、德国、荷兰和瑞典进行可行性研究。SCR 技术在水泥行业中费用差别很大，生产成本和催化剂寿命是主要影响因素。

9. 各种 NO$_x$ 减排方法或技术的费用数据实例

表 2-6 为某参考水泥厂的 NO$_x$ 减排方法或技术的成本计算，该厂的产量代表 1995 年欧洲 15 国的平均生产能力（1100t/d），以及不同产量的范例工厂。

表 2-6　各种 NO$_x$ 减排方法/技术的费用实例

一、NO$_x$ 减排生产能力

参数	单位	减排方法/技术[2]				
		NO$_x$ 主要方法/技术[1]	火焰冷却[9]	阶段燃烧[8]	SNCR[1]	SCR
生产能力	吨熟料/d	1100	3000	3000	1100	1500[8]
生产能力	吨熟料/a	352000		35		

二、NO$_x$ 减排方法/技术的投资和成本

参数	单位	减排方法/技术[2]				
		NO$_x$ 主要方法/技术[1]	火焰冷却[9]	阶段燃烧[8]	SNCR[1]	SCR
寿命	a	35			35	
设备利用率	h/a	7680			7680	
投资成本	百万欧元	0.25	高达 0.2	0.1～2[9] 1～4[10] 15～20[11]	0.6	
特定投资成本	欧元/吨熟料				0.08～0.14[8]	0.83～0.87[8]
年度资本成本	千欧元					

参数	单位	减排方法/技术②				
		NO_x 主要方法/技术①	火焰冷却⑨	阶段燃烧⑧	SNCR①	SCR
利率	%/100/a	4			4	
控制设备的寿命	a	8			10	
总计	千欧元	37.13			166.97	
总计	千欧元/吨熟料	1.05×10^{-4}	高达 2.5×10^{-4}	70	4.74×10^{-4}	
固定运营成本	%/年②	4			4	
总计	千欧元	10			24	
总计	千欧元/吨熟料	2.84×10^{-5}			6.82×10^{-5}	
可变运营成本	千欧元/吨	2.64×10^{-5}			5.69×10^{-4}	
每吨熟料的成本	千欧元/吨熟料	1.60×10^{-4}			1.11×10^{-3}	
减少每吨 NO_x④的费用	千欧元/吨 NO_x 减少量				330~450⑧	470~540⑧
未衰减的排放系数②	吨 NO_x/吨熟料	3.22×10^{-3} 1400mg/Nm³			2.415×10^{-3} 1050mg/Nm³	
衰减率②	%	25			62	
总计	千欧元/吨 NO_x 减少量	0.2			0.74	
催化剂更换成本	欧元/吨熟料					0.01~0.13⑧

三、NO_x 减排方法/技术的投资和成本

参数	单位	减排方法/技术②				
		NO_x 主要方法/技术①	火焰冷却⑨	阶段燃烧⑧	SNCR①	SCR
可变运营成本的测定						
电力成本④						
附加电力需求（λ^e）⑤	千瓦时/吨熟料	0.44 20千瓦			0.13 5.96千瓦	
电价（c^e）	欧元/千瓦时	0.0569			0.0569	
总计	千欧元/吨熟料	2.48×10^{-5}			7.40×10^{-6} 0.03~0.06⑧	0.01~0.11⑧
氨气成本⑦						
氨水储量	百万欧元					
$Ef_{unabated}$	吨污染物/吨熟料	—			0.002415	
NH_3/NO_x（mol/mol） NO_x 排放率		—			1.5	

续表

参数	单位	减排方法/技术②				
		NO_x 主要方法/技术①	火焰冷却⑨	阶段燃烧⑧	SNCR①	SCR
特定 NH_3 需求量（λ^s）	t/t 已去除的污染物	—			0.89	
NH_3 价格（c^s）	千欧元/吨熟料	—			0.26～0.64⑧ 400	0.13～0.26⑧
去除效率（η）	%/yr③	—			62	
总计	千欧元	—			5.36	
劳力成本⑥	千欧元/吨熟料					
劳力需求（λ^l）	千欧元/吨熟料	7.10×10^{-7}			7.10×10^{-7}	
工资（c^l）	千欧元/吨 PM 减少量	37.234			37.234	
总计	吨颗粒物/吨熟料	2.64×10^{-5}			2.64×10^{-5}	
合计可变运营成本	吨颗粒物/吨熟料	2.48×10^{-5}			5.69×10^{-5} 0.30～0.70⑧	0.33～0.70⑧
合计成本（投资和运营）	千欧元/吨颗粒物减少量				0.38～0.62⑧ 0.85⑫	0.83～0.87⑧ 2.3⑫

注：k EUR 即千欧元。
① 2000 年的数据，引用生产量为每天 1100t 的水泥厂，代表 1995 年欧洲 15 个国家的平均值；
② 10％的 O_2 和干燥气体；
③ 对于投资；
④ 电力成本＝$\lambda^e \cdot c^e / 10^3$（k EUR/t）；
⑤ 附加电力需求＝新总消耗量－旧总消耗量；
⑥ 劳力成本＝$\lambda^l \cdot c^l$（k EUR/t）；
⑦ 氨气＝$\lambda^d \cdot c^e \cdot Ef_{unabated} \cdot \eta / 10^3$（k EUR/t）；
　 $Ef_{unabated}$：污染物中为衰减的排放系数（t 污染物/t）；
　 λ^d：粉尘去除要求（t/t 去除的污染物）；
　 c^d：特定粉尘处理成本（EUR/t）；
　 η：去除效率（＝$1-Ef_{abated}/Ef_{unabated}$）；
⑧ 德国数据，取决于 NO_x 浓度，降低到 500 或 200mg/Nm³；
⑨ 回转式窑；
⑩ 一个 3000t/d 带有篦式冷却机的预热窑变成回转式窑；
⑪ 将一个带有多筒冷却器的 3000d/t 的预热窑转换成带有篦式冷却机的回转式窑；
⑫ 澳大利亚数据。

　　表 2-6 中可变操作成本包括电力和劳力费用以及用于 SNCR 的氨气费用，这些都分别在此表中加以描述。此外一家德国工厂的 SNCR 和 SCR 减少 NO_x 排放的方法/技术费用比较见表 2-6。不同浓度 NO_x 的投资和运行成本预算都已得出，即 200mg/Nm³ 和 500mg/Nm³。SNCR 和 SCR（包括更换催化剂）的运行费用——粗略估计与 NO_x 目标浓度为 500mg/Nm³ 时的费用相同，其用于 SCR 的特定费用大约比 SNCR 高 50％。对于 NO_x 目标浓度为 200mg/Nm³，SCR 的运行成本似乎更有效，但是总特定费用仍然与 SNCR 处于同一水平。

第三章　选择性非催化还原法（SNCR）烟气脱硝技术

第一节　SNCR 烟气脱硝技术原理

SNCR 技术是 Selective Non-Catalytic Reduction 的缩写，中文名称为选择性非催化还原。20 世纪 70 年代初期，有技术人员研究发现，在炉膛温度 800～1100℃这一狭窄的温度范围内、在无催化剂作用下，喷入 NH_3 或尿素等氨基还原剂可选择性地还原烟气中的 NO_x，生成 N_2 和 H_2O，还原剂基本上不与烟气中的其他成分发生作用。作为脱硝方法的一种，选择性非催化还原（SNCR）工艺被广泛应用于燃烧系统中以减少 NO_x 的排放。SNCR 过程不需要催化剂参与，因此脱硝还原反应的温度比较高。

SNCR 工艺是一种性价比较高、建设周期短、投资省、脱硝效率中等的烟气脱硝技术，也属于末端治理技术。SNCR 技术是用氨水、尿素溶液等还原剂喷入炉内与 NO_x 进行选择性反应，还原剂喷入烟气温度合适的区域，还原剂迅速与烟气中的 NO_x 进行反应生成 H_2O 和 N_2。在温度窗口内，氨水（质量分数 15%～25%）或尿素溶液（质量分数 10%～20%）还原 NO_x 的主要反应为：

氨水为还原剂

$$4NH_3 + 4NO + O_2 \longrightarrow 4N_2 + 6H_2O \tag{3-1}$$

$$4NH_3 + 2NO_2 + O_2 \longrightarrow 3N_2 + 6H_2O \tag{3-2}$$

尿素为还原剂

$$2CO(NH_2)_2 + 4NO + O_2 \longrightarrow 3N_2 + 2CO_2 + 4H_2O \tag{3-3}$$

$$6CO(NH_2)_2 + 8NO_2 + O_2 \longrightarrow 10N_2 + 6CO_2 + 12H_2O \tag{3-4}$$

一、氨作为还原剂原理

经典理论认为当以氨为还原剂时，SNCR 脱除 NO 的详细反应机理是由 NH_3 转化为 NH_2 基元开始的，在此过程中，OH 是关键的基元。在过低的温度（低于 1000K）下，反应过程中不能产生足够的 OH，导致 OH 基元湮灭，SCNR 反应无法进行；合适的温度（1250K 左右，约 150K 的区间温度范围）下，随着 OH 基元的增加，NH_3 大量转化为 NH_2，引发 SNCR 链式反应，主要反应途径如图 3-1 所示，随着温度升高，反应产生的 OH 基元积累，大量的 OH 会使 NH_2 基元继续脱氢形成 NH、N 等，这些基元则会被烟气中的氧氧化成 NO_x，从而导致加入的氨不能降低 NO_x 反而增加 NO_x 的量。

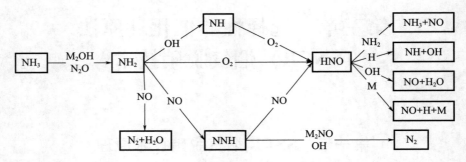

图 3-1 以氨为还原剂脱硝反应的主要途径

NO 脱除是从 NH_3 生成 NH_2 自由基开始的，反应式为：

$$NH_3+OH \Longrightarrow NH_2+H_2O \tag{3-5}$$

当不存在水蒸气时，NH_2 也可通过 NH_3 与 O 原子反应生成，反应式为：

$$NH_3+O \Longrightarrow NH_2+OH \tag{3-6}$$

NH_2 基对 NO 有很强的还原性，导致即使在氧化性气氛下，也可在适宜的温度内达到总体还原 NO 的效果。机理可由 OH 基浓度的变化或由链终止还是支链反应占主导地位来决定。NO 首先由以下反应脱除：

$$NH_2+NO \Longrightarrow N_2+H_2O \tag{3-7}$$

$$NH_2+NO \Longrightarrow NNH+OH \tag{3-8}$$

由于反应（3-7）和反应（3-8）取决于由反应（3-5）和反应（3-6）生成的 NH_2，因此，取决于 OH 和 O 的浓度。在机理中，由于反应：

$$NNH+NO \Longrightarrow N_2+HNO \tag{3-9}$$

$$HNO+M \Longrightarrow H+NO+M \tag{3-10}$$

上述反应生成的 H 与 O_2 反应生成 OH 与 O，反应式为：

$$H+O_2 \Longrightarrow OH+O \tag{3-11}$$

氧（O）或使反应（3-6）继续进行，也可在 H_2O 的存在下继续反应生成 OH，反应式为：

$$O+H_2O \Longrightarrow OH+OH \tag{3-12}$$

可见，OH 就是整个反应机理中的链载体，在每个反应链的四分之一周期中，只要有支链反应发生，生成 OH，整个反应就可以持续下去。

二、尿素作为还原剂反应过程

尿素还原 NO_x 的反应是尿素还原和被氧化的两类反应相互竞争的结果，总反应为：

$$CO(NH_2)_2+H_2O \longrightarrow 2NH_3+CO_2 \tag{3-13}$$

$$4NH_3 + 4NO + O_2 \longrightarrow 4N_2 + 6H_2O \tag{3-14}$$

$$8NH_3 + 6NO_2 \longrightarrow 7N_2 + 12H_2O \tag{3-15}$$

在尿素还原 NO_x 的同时，也会发生从尿素溶液挥发出来的 NH_3 分子与 O_2 的反应：

$$4NH_3 + 5O_2 \Longleftrightarrow 4NO + 6H_2O \tag{3-16}$$

$$4NH_3 + 3O_2 \Longleftrightarrow 2N_2 + 6H_2O \tag{3-17}$$

在大多数的高温尿素还原 NO 的研究中，尿素还原 NO_x 的详细机理可分为以下三个部分：尿素分解、NH_3/NO（或 NH_2/NO）反应，以及 HNCO/NO 反应，如图 3-2 所示的主要反应途径。

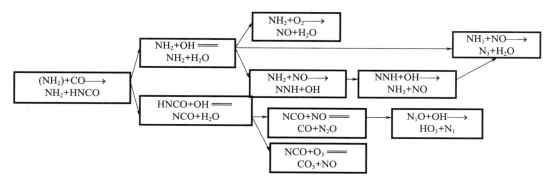

图 3-2 尿素为还原剂脱硝过程的主要反应途径

尿素还原 NO 在所有反应途径中都需要有 H、OH 或 O 自由基的生成，作为链载体驱动反应连续进行。NO 反应产生 N_2 和 N_2O，N_2O 继续反应生成 N_2 或被排出。在相当高的温度下，含氮自由基可能被氧化生成附加 NO；在低温下反应链无法生成足够多的自由基来维持 NO 脱除转化过程。目前，详细的尿素分解以及尿素与 NO 的反应机理还没有完全被人们所认知。

第二节　水泥窑常用 SNCR 工艺系统

在 20 世纪 70 年代中期日本的一些水泥厂开始水泥窑 SNCR 的工业应用研究，并于 1979 年第一次在水泥工业的回转窑上进行了 SNCR 技术脱硝试验，20 世纪 80 年代末一部分欧盟水泥厂也开始 SNCR 技术的工业应用。美国的 SNCR 技术在水泥工业应用是在 20 世纪 90 年代初开始的，这些应用尝试取得了成功，目前世界上水泥工业烟气脱硝装置使用 SNCR 工艺的占 90% 以上。我国目前水泥生产基本都采用新型干法熟料水泥生产线。窑外分解技术是目前先进和主流的水泥生产工艺，典型的窑外分解技术的热工设备包括窑、分解炉和预热器。煤粉和助燃空气由喷煤嘴喷出在窑内燃烧，火焰温度约为 1800℃，窑内烟气温度约为 1400℃，窑内煅烧产品温度约为 1450℃，分解炉处，烟气温度约为 880~980℃。

SNCR 的硬件设备的安装相对比较简单而易于完成。SNCR 系统施工工期短，而且对于炉窑需要的停工期很短。虽然在概念上比较简单，但是在实际设计 SNCR 系统时，其比较关键的问题是系统可靠、经济、控制简单，并且和其他的技术、环境、调整标准相适合。从其控制 NO 生成原理来看，SNCR 脱硝技术可用于分解炉和回转窑煤粉燃烧过程中 NO 的控制口，即在窑尾分解炉及上升烟道某些部位喷入氨水或尿素溶液，在合适的反应温度下，使烟道中的 NO 得到还原，生成 N_2 和 H_2O，这样就可以大幅度地降低 NO_x 排放浓度，使 NO_x 排放浓度降低。目前，这种技术在水泥行业得到了较广泛的推广。在应用中，水泥窑 SNCR 系统的工艺布置有以下三种：单独 SNCR 系统工艺；与低氮燃烧工艺（LNB）联合应用；与 SCR 技术联合应用。

一、单独 SNCR 系统工艺

目前单独使用 SNCR 系统进行脱硝是水泥窑脱硝最常见的一种方式，原因是 SNCR 脱硝系统的建设为一次性投资，运行成本低。在脱硝过程中不存在增加系统的压力损失等其他烟气脱硝技术引起的弊端；SNCR 脱硝系统的设备占地面积小，整个反应过程都在炉窑内部进行，不需要另外设立反应器；SNCR 脱硝受烟气条件、反应区尺寸等因素影响较大，脱硝效率一般在 40％～70％，能满足环保标准要求。一套完整的水泥窑 SNCR 脱硝系统一般由以下几个部分组成：

（1）还原剂储存区；

（2）喷射系统；

（3）电气、控制系统；

（4）CEMS 系统；

（5）防护系统。

SNCR 系统烟气脱硝过程是由下面四个基本过程完成：

（1）接收和储存还原剂；

（2）还原剂的计量输出、与水混合稀释；

（3）在分解炉合适位置喷入稀释后的还原剂（喷吹位置，喷嘴数量及布置需根据数值模拟来初步确定）；

（4）还原剂与烟气混合进行脱硝反应。

图 3-3 为以尿素溶液为还原剂的 SNCR 系统一般流程图，图 3-4 为以尿素溶液为还原剂的 SNCR 系统流程示意图。

SNCR 系统主要工作流程：还原剂经过输送泵组的加压、计量和控制后进入混合器。来自厂区的工艺水注入稀释水储罐，出稀释水储罐的稀释水经稀释水输送泵组的加压、计量和控制后进入混合器。根据窑系统运行工况，进入混合器的还原剂和稀释水调配、混合成合适浓度的还原剂溶液，分配到安装在分解炉上的喷枪组。喷雾系统采用空气介质雾化内混式喷枪，将还原剂雾化成平均粒径为几十微米的细小液滴，增

大烟气 NO_x 与还原剂液滴之间的汽液传质面积，加快反应速度，提高反应效率。喷枪围绕分解炉或鹅颈管等周向均布，通常布置两层喷枪组，每组设置 4～6 支喷枪（视窑系统规模），以保证更高的脱硝效率，整个喷雾系统都有自反馈和自动调节功能。

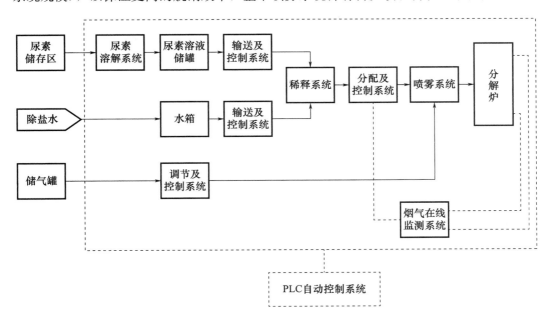

图 3-3 以尿素溶液为还原剂的 SNCR 系统一般流程

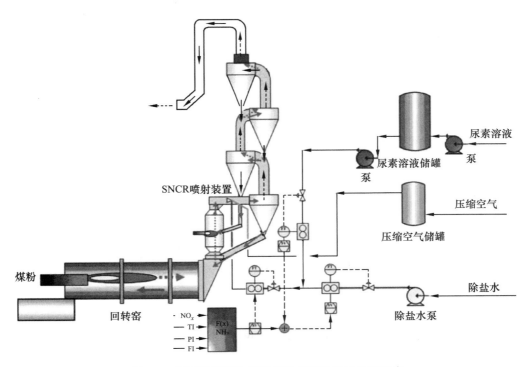

图 3-4 以尿素溶液为还原剂的 SNCR 系统流程示意

二、低氮燃烧（LNB）＋SNCR 联合应用

20 世纪 90 年代后期，一些研究者将 SNCR 技术和再燃、空气分级燃烧技术有机结合起来，以比较低的代价达到脱硝率的进一步提高。分解炉与电厂的煤粉锅炉有很大不同，在分解炉内能做到降低 NO_x 与生产工艺的相容性，分解炉的分级燃烧降低 NO_x 的作用大小，关键还在合理结构的确定，以及低氮控制与水泥熟料煅烧的平衡点。分解炉部位有很大的可调节性。可以处置回转窑内产生的绝大部分 NO_x，同时可以和生料煅烧的热力要求结合起来，使水泥的生产过程和氮氧化物的降低有机结合。目前通过低氮燃烧降低水泥窑氮氧化物初始浓度，再使用 SNCR 进行脱硝的工艺系统已在国内很多水泥生产线应用，其最大的优点是通过前段低氮燃烧降低了初始氮氧化物浓度，从而减少了后段 SNCR 系统还原剂的喷入量，降低了 SNCR 系统的运行成本。

目前，分解炉分级燃烧技术包括空气分级燃烧和燃料分级燃烧。空气分级燃烧是指将燃烧所需的空气量分成两级送入，使第一级燃烧区内过剩空气系数 α 在 0.8 左右，燃料先在缺氧的富燃料条件下燃烧，使得燃烧速度和温度降低，且燃烧生成的 CO 与 NO 进行还原反应。将燃烧用空气的剩余部分输入二级燃烧区内，保证燃料的完全燃烧。燃料分级燃烧是指在烟室和分解炉之间建立还原燃烧区，将原分解炉用燃料的一部分均布到该区域内，使其缺氧燃烧以便产生 CO、CH_4、H_2、HCN 和固定碳等还原剂。这些还原剂与窑尾烟气中的 NO_x 发生反应，将 NO_x 还原成 N_2 等气体。此外，煤粉在缺氧条件下燃烧也抑制了自身燃料型 NO_x 的产生，从而实现水泥生产过程中的 NO_x 减排。

三、SNCR/SCR 联合脱硝工艺

在水泥窑排放标准严格的地区，SCR/SNCR 联合，是一种经济节省的技术，通过增加 SNCR 的氮还原剂的喷入量，提高廉价的 SNCR 技术的脱硝效果，同时尾部产生的氨泄漏由 SCR 催化器进行脱除。也可采用单独为后段 SCR 设置喷氨系统的方案。在达到同样脱硝率的情况下可以减少 SCR 催化剂的尺寸。SNCR/SCR 联合脱硝工艺是把 SNCR 工艺的低投资费用特点同 SCR 工艺的高效率及低的氨逃逸率进行有效结合。该联合脱硝工艺于 20 世纪 70 年代首次在日本的一座燃油装置上进行试验，试验表明了该技术的可行性。理论上，SNCR 工艺在脱除部分 NO_x 的同时也为后面的催化法脱硝提供所需要的氨。SNCR 体系可向 SCR 催化剂提供充足的氨，但是控制好氨的分布以适应 NO_x 的分布的改变却是非常困难的。为了克服这一难点，混合工艺需要在 SCR 反应器中安装一个辅助氨喷射系统。准确的试验和调节辅助氨喷射可以改善氨在反应器中的分布。

第三节　SNCR 技术用于水泥窑的几个基本概念

准确理解和把握以下水泥窑 SNCR 技术相关的基本概念和术语，有利于更好地掌

握水泥窑 SNCR 烟气脱硝技术。

一、选择性非催化还原法（SNCR）

选择性非催化还原法（SNCR）是指利用还原剂在不需要催化剂的情况下有选择性地与烟气中的氮氧化物（NO_x，主要是 NO 和 NO_2）发生化学反应，生成无害的氮气和水，从而脱除烟气中 NO_x 的方法。在水泥窑上，SNCR 系统还原剂喷射点位一般设置在窑尾预热器分解炉部分相关位置。

二、还原剂

还原剂是指烟气脱硝工艺中用于脱除氮氧化物的物质。

适用于 SNCR 工艺的还原剂一般是一些含氨的氨基物质，包括氨水、尿素、液氨、氰尿酸和各种铵盐等。

水泥窑脱硝工艺中常用的还原剂为氨水、尿素溶液。

三、氨逃逸率

SNCR 系统在正常运行时，喷入炉膛内的还原剂不能全部与 NO_x 进行反应，未参加化学反应的还原剂随烟气从炉膛的出口被带入下游工艺过程中最后被排到大气中，这种现象称为氨的逃逸。

水泥窑 SNCR 工艺中通常所说的氨逃逸率是指窑尾烟囱排放口处烟气中氨的浓度（单位 mg/Nm^3），转换成 10％氧量、标态、干基的数值。

氨逃逸率是脱硝系统性能的重要指标之一，在实际工程中氨的逃逸量一般采用烟气氨分析仪在系统的出口测量得出。通常氨逃逸率越小越好，氨逃逸率过高增加了脱硝系统运行成本，在一定情况下对下游设备会有影响。另外，多余的 NH_3 逃逸进入大气，也造成了对空气的污染。

最新的《水泥工业大气污染物排放标准》（GB 4915—2013）对水泥窑脱硝系统氨逃逸有了明确的控制指标，水泥窑 SNCR 脱硝系统氨的逃逸率应控制在 $10mg/Nm^3$（标态）以下。

四、系统可用率

系统可用率是指脱硝系统每年正常运行时间与水泥窑系统每年总运行时间的百分比，可按下列公式计算，即：

$$可用率 = \frac{B}{A} \times 100\% \qquad (3-18)$$

式中　A——水泥窑每年的总运行时间，h；

　　　B——SNCR 脱硝装置每年运行时间，h。

五、脱硝效率

脱硝效率是指脱除的 NO_x 量与未经脱硝前烟气中所含 NO_x 量的百分比，计算式为：

$$脱硝效率 = \frac{C_1 - C_2}{C_1} \times 100\% \qquad (3\text{-}19)$$

式中　C_1——脱硝前烟气中 NO_x 的折算浓度（干基、10% O_2、以 NO_2 计，标态），mg/Nm^3；

　　　C_2——脱硝后烟气中 NO_x 的折算浓度（干基、10% O_2、以 NO_2 计，标态），mg/Nm^3。

脱硝效率是脱硝系统性能的重要指标之一，在实际水泥窑脱硝工程中用 NO_x 分析仪通过测量脱硝系统投运前后的 NO_x 浓度，经 DCS/PLC 控制系统计算比较后将信号反馈给氨流量调节阀，回流阀根据反馈信号来控制喷入分解炉反应区的氨量，从而保证设计的脱硝效率，以及排放指标。

六、温度窗口

SNCR 其反应的能量必须来自高温加热，NH_3 基还原剂还原 NO 的反应只能在 800～1050℃ 的温度区间内才能以一个合适的速率进行，一般称这个温度范围为 SNCR 反应"温度窗口"。

NO_x 的还原是在特定的温度下进行的，这个温度能够提供所需要的热量。在较低的温度下，反应速率非常慢，会造成大量氨逃逸。在高温情况下，氨会氧化生成 NO_x。根据试验及目前水泥窑 SNCR 工程实践对以氨水作为还原剂的水泥窑 SNCR 系统来说，理想的温度是 850～1050℃，对于以尿素溶液作为还原剂的 SNCR 系统来说，理想的温度范围是 900～1100℃，在理想的温度范围内以将还原剂注入进行还原，反应可以顺利高效进行。根据水泥窑的生产情况，窑尾分解炉处的温度符合 SNCR 反应的温度窗口。同时，经过试验研究，在还原剂中还可以添加一些附加成分以扩大还原的温度范围。一般来说，SNCR 反应的温度窗口制约了喷射点位的选择。

七、停留时间

SNCR 技术原理是基于化学反应之上，任何化学反应都需要时间，还原剂必须与氮氧化物在合适的温度区域内停留时间，才能保证烟气中的氮氧化物还原率。整个 SNCR 反应过程必须在还原剂离开温度窗口前完成，这样才能达到理想的脱硝效果。以尿素溶液为例，其反应主要包括以下几个过程：

（1）从喷枪中喷出的尿素溶液与烟气混合；

（2）尿素溶液中的水蒸发；

（3）尿素分解出 NH_3；

（4）NH_3 再分解为 NH_2 及自由基；

（5）NO_x 与 NH_2 反应。

停留时间是指还原剂和烟气中的氮氧化物在发生反应区域内的存在时间，SNCR 的所有反应步骤必须在这里完成。加大停留时间有利于还原剂与烟气的混合发生化学反应，可提高反应效率。一般停留时间可从 0.001s 到 10s，国外学者研究得出 SNCR 工艺中的反应是非爆炸性的，反应时间在 100ms 左右，但考虑到步骤（1）～（4）需要的时间，实际情况下 SNCR 反应停留时间一般不低于 0.5s。停留时间的长短取决于合适温度区间内烟气管路的长度和烟气流速。因此，延长还原剂在温度窗口下的停留时间，脱硝反应就会更加充分。水泥窑 SNCR 脱硝工艺中，若想获得理想的脱硝效率，还原剂的停留时间不低于 0.5s。

八、氨氮反应摩尔比

氨氮反应摩尔比是指反应体系中氨的摩尔数与烟气中需要脱除 NO_x 的摩尔数之比。

根据基本的化学反应方程式，还原 2mol 的 NO_x 需要 1mol 的尿素或者 2mol 的氨。在实际中，需要注入比理论量更多的还原剂以达到所需的还原水平，这是由实际反应的复杂性和注入试剂与烟气混合的限制所造成的。NH_3/NO_x 摩尔比增大，虽然有利于 NO_x 还原率的增大，但氨逃逸加大又会造成新的问题，同时还会增加运行费用。因为氨的消耗涉及运行的费用问题，所以所选用摩尔比一般为临界值。

NSR 与 ASR 均是评价脱硝运行成本中物料消耗的重要指标。NSR 是 Normalized Stoichiometric Ratio 的缩写，为理论氨氮当量比，NSR 的计算公式为：

$$NSR = \frac{还原剂折算成 NH_3 的摩尔数}{入口 NO_x 折算成 NO_2 的摩尔数} \qquad (3\text{-}20)$$

ASR 是 Actual Stoichiometric Ratio 的缩写，为还原剂与氮的当量比，ASR 的计算公式为：

$$ASR = \frac{还原剂的摩尔数}{入口 NO_x 的摩尔数} \qquad (3\text{-}21)$$

一般来说，在水泥窑 SNCR 脱硝系统中，典型的 NSR 为 1.2～1.8，脱硝效率随着 NSR 的增加而增加，但当 NSR 超过 2 以后，脱硝效率就不会明显增加，而且氨逃逸加大。

九、还原剂利用率

在 SNCR 脱硝中一个直接反应还原剂利用情况的指标为还原剂利用率，它反映了还原剂是否尽可能地发生有效反应，还原剂利用率的计算公式为：

$$还原剂利用率 = \frac{脱硝效率}{NSR} \qquad (3\text{-}22)$$

十、还原剂与烟气的混合程度

SNCR 系统中喷入的尿素等还原剂必须与 NO_x 充分混合才能发挥出比较好的选择性还原 NO_x 的效果，如果混合需要的时间太长或者混合不充分，反应的选择性都会降低，因为局部的 NO_x 浓度低，过量的氨等物质会与氧气发生反应，使还原剂的效率降低，整体脱硝效率也会降低。

还原剂与 NO_x 的充分混合是保证反应充分的又一个技术关键，是保证在适当的 NH_3/NO_x 摩尔比下得到较高的 NO_x 还原率的重要环节。在 SNCR 系统中，混合是通过喷射系统来实现的，喷射器不仅能雾化还原剂，而且还能调整喷射角、速度和方向。一套好的喷射系统是至关重要的。在反应温度区间内，还原剂的雾化效果和炉膛内还原剂与烟气的混合均匀度直接关系到整个脱硝系统的脱硝效率。喷枪是 SNCR 脱硝的关键设备，目前，绝大多数厂家都是采用双流体喷枪，依靠压缩空气的推动力使还原剂雾化。

十一、添加剂

在 SNCR 系统中，为改变脱硝反应的温度特性而加入系统的一些物质，称为添加剂。不同的燃烧烟气气氛对 SNCR 脱硝反应的影响是非常大的，O_2、CO、H_2O、H_2、CH_4 等气体都可以作为添加剂。除此以外，有研究人员经过试验酯、酚、酸、醛、醚和醇各类有机氧化剂，得出的结论是在保持相同效率的情况下，有机氧化剂可以把有效的反应温度向低温方向扩展，但温度窗口宽度基本不变。

十二、喷射策略

喷射策略，简单地说就是喷枪数量和布置方式的组合。水泥窑 SNCR 系统在选取喷枪时，通过对分解炉外观尺寸、中控画面分析、喷枪冷态喷射试验结合 CFD 流场模拟对喷枪的选型、投运数量和布设位置进行确认，布置出适合水泥窑系统的高效喷射策略。如在分解炉采用多层喷枪布置；每层喷枪长短枪交替配置，两层喷枪长短枪投影相互交替的喷射策略。每支喷枪可单独投运，可组合搭配出数种喷射策略，可根据水泥窑氮氧化物排放情况适时调整，找到最经济的运行模式。

第四节　SNCR 工艺系统还原剂的选择

SNCR 脱硝反应使用的还原剂主要是一些含氨的氨基物质，包括氨水、尿素、液氨、氰尿酸和各种铵盐等。目前，水泥窑 SNCR 烟气脱硝系统最普遍使用的还原剂为氨水，主要是使用 20%～25% 左右的氨水，但近年来使用尿素溶液作为还原剂也在逐渐增多。

一、还原剂选择原则

烟气脱硝系统在选择何种还原剂进行脱硝时，一方面要考虑其投资和运转成本，另一方面也要充分考虑还原剂储存有关的其他成本（如风险成本）。

若还原剂使用液氨，其优点是脱硝系统储罐容积可以较小，还原剂用量最小；缺点是氨气有毒、可燃、可爆，储存的安全防护要求高，需要经相关消防安全部门审批才能大量储存、使用。液氨属于危险化学品（危险品编号为 23003），随着人们对安全的重视程度越来越高，国家安全生产管理监督总局逐渐出台一系列针对液氨的规章制度，这些规章制度从各个方面限制液氨的使用，这些限制措施包括：液氨储罐与周围建筑物的防火间距不小于 15m，即使按最紧凑的方式布置，液氨储罐区也需要近 500m² 的布置场地；而且储罐区需配备一整套完备的安全监控预警系统和应急事故处理系统，且系统的性能和布置需严格符合规范，这将使脱硝项目的安全投资大幅增加；另外，每年的设备检测、检验与维护、人员培训、事故应急救援演练等将大幅增加项目的运行费用；重大危险源与周围人口密集区域（居民区）之间的距离必须符合安全防护距离最小 500m，否则必须拆迁。以上所列限制措施仅是其中的一部分，所有措施的原则是：在有替代品的情况下尽量选用安全的替代品，而不能将一个绿色环保工程变成一个重大危险源工程。另外，输送管道也须特别处理；须要配合能量很高的输送气体才能取得一定的穿透效果。从安全角度讲，液氨属于乙类危险品，对储存车间的建筑要求（如耐火等级、防火间距、厂房防爆措施、疏散措施指标等）高；从采购角度讲，液氨的采购及运输存在较大困难。

尿素和氨水都可以用作 SNCR 工艺中的脱硝还原剂，但两种还原剂所适合的最佳温度窗口范围略有不同，尿素溶液为 $900\sim1100℃$ 左右，而氨水则为 $850\sim1050℃$ 左右。一般分解炉中上部平均温度值为 $800\sim980℃$，符合两种还原剂的反应温度区间。近年来，由于系统紧凑，工艺相对简单，安全性高，操作人员工作量较少，运行维护简单，以尿素和氨水为还原剂的 SNCR 装置在国内外水泥窑上有大量应用。

尿素需要经过溶解制成 50% 以下的尿素溶液，需要蒸汽加热，且存在结晶等问题。

三种脱硝常用还原剂比较见表 3-1。

表 3-1　烟气脱硝还原剂比较

还原剂类型	优点	缺点
液氨	1. 成本最低； 2. 体积最小； 3. 投资最低	1. 有危险，氨站设计须多方面考虑安全； 2. 占用场地，要留足够的隔离距离； 3. 运输成本高
氨水	1. 安全，无危险； 2. 易于采购及运输，价格低； 3. 工艺成熟，投资较低	1. 还原剂体积较大； 2. 运输成本高
尿素	1. 没有危险； 2. 易于运输和储存	脱硝系统运行能耗高

水泥厂在选择 SNCR 脱硝还原剂时应根据厂内设施条件、窑系统烟气工况、窑系统增加热耗、安全、还原剂购买便利程度、还原剂到场价格因素等进行综合选择考虑。

二、水泥窑脱硝用还原剂对合成氨工业的影响

水泥窑 SNCR 烟气脱硝以氨水或尿素为还原剂，还原剂是最大消耗品，尿素、氨水属于合成氨工业的产品，水泥窑脱硝还原剂的消耗对合成氨工业影响，以及合成氨生产过程中排放的污染物和能耗与水泥窑脱硝之间是否真正达到减排目的，应进行相应比较。

以我国 2011 年熟料产量为例，熟料产量为 11.28 亿吨，按照每吨熟料脱硝 NH_3 用量需要 0.8kg（折算成纯氨），假设所有水泥厂都采用 SNCR 脱硝技术，则一年水泥窑脱硝需氨量为 9.024 万吨。2011 年全年，全国合成氨的产量达 5068.97 万吨（折算成纯氨），水泥窑脱硝用氨占到全国合成氨产量百分比为 0.18%，所占比例非常小，可见水泥脱硝还原剂用量对合成氨工业基本没有影响。

第五节　水泥窑 SNCR 设计需要的技术参数

为了便于脱硝系统的设计，工程建设方或投资方，应尽可能完整地提供现场相关数据，以便脱硝总包方对系统做出优化的设计和选型，水泥窑 SNCR 系统在设计时，需要对工况和相关参数进行确认和核实，主要需要确认的技术参数如下所述。

一、生产线情况

（1）生产线数量、生产线规模。

（2）厂址及平面布置情况。

（3）厂区水文气象地质资料。

（4）生产线相关设备表及运行情况，包括：

① 回转窑、预热器、分解炉、篦式冷却机、窑尾高温风机型号；

② 生产线熟料热耗及烟煤工业分析；

③ 窑产量、预热器系统温度及压力。窑尾系统正常运行工况下中控画面；

④ 余热锅炉发电情况，余热锅炉运行画面。

（5）企业当地还原剂的供给条件。

（6）生产线年运行时间，窑系统开启次数。

（7）水、电、气等消耗品供应能力及品质。

（8）当地交通运输条件。

（9）各消耗品价格。

通过建设方或投资方提供的以上相关数据，脱硝系统总包方可以初步判断相关数

据的合理性。对于还原剂的合理选择、SNCR 系统的制订、系统的启停方案拟订等都很有帮助。

二、设计输入相关数据

（1）生产线最大产量。

（2）设计烟气流量。

（3）烟气温度范围。

（4）分解炉断面温度。

（5）窑尾框架及各平面施工图纸。

（6）厂区总平面布置图。

（7）初始烟气氮氧化物浓度。

（8）厂区地勘报告。

以上数据对于系统的安全高效运行起着决定性的作用。为了保证设计工况与实际运行工况的尽可能一致性和系统的适用性，以上提供数据应真实可靠，偏离实际工况的设计，既增加运行调整的难度，又可能增加无谓的投资和运行成本。

第六节　水泥窑烟气脱硝用 SNCR 系统的反应计算

根据质量守恒定律，任何一个生产过程，其原料消耗量应为产品量与物料损失量之和。通过了解 SNCR 工艺过程的物料平衡估算，可以知道输入系统的原料转变为脱硝产物及流失的情况，以便寻求改善这一转变过程的途径。在 SNCR 系统设计中需进行物料平衡的初步估算，确定原料、产出物和损失物的数量关系，理论上的物料平衡计算是 SNCR 系统设计和运行管理的参考数据。

一、还原剂消耗量估算

由于实际水泥窑脱硝工程中，烟气中 NO_x 主要以 NO 为主，基本占到 95% 左右，据此可通过式（3-23）对还原剂用量进行估算（以 NH_3 为例）：

$$q_{mNH_3} = \frac{17}{46} M C_{NO_x} q_{vg} \frac{21-\alpha}{21-10} \left(1 - \frac{C_{H_2O}}{100}\right) \times 10^{-6} \bigg/ \left(1 - \frac{\beta}{100}\right) \tag{3-23}$$

$$C_{NO_x} = C_{NO} + C_{NO_2} \tag{3-24}$$

式中　q_{mNH_3} ——NH_3 流量，kg/h；

　　　M——氨与 NO_x 的摩尔比，根据 SNCR 脱硝效率而定，一般选择 1.2～1.8；

　　　C_{NO_x}——NO_x 含量（标态、干基、10%O_2），mg/m^3；

　　　C_{NO}——NO 含量（标态、干基、10%O_2），mg/m^3；

　　　C_{NO_2}——NO_2 含量（标态、干基、10%O_2），mg/m^3；

$C_{\mathrm{H_2O}}$——烟气中 H_2O 含量,%;

q_{vg}——烟气流速（标态、湿基），m^3/h;

α——实际氧含量;

β——氨逃逸率。

二、相关单位基准的转换

在水泥窑烟气排放标准中，烟气污染物的浓度给定的状态是标况、干基、$10\%O_2$，以 NO_2 计，而初始烟气给出的状态是标态、湿基、实际氧含量，因此在实际估算中，要注意烟气的状态、污染物浓度的状态及氧含量的情况，必须统一到同一个基准上来。

1. NO_x 浓度计算方法

NO_x 浓度计算式为：

$$C_{\mathrm{NO}_x}=\frac{C_{\mathrm{NO}}}{0.95}\times 2.05 \qquad (3\text{-}25)$$

式中　C_{NO_x}——标准状态下，实际干烟气含氧量下 NO_x 的浓度，该浓度实际是折算成 NO_2 的浓度，mg/m^3;

C_{NO}——实测干烟气中 NO 体积分数，ppm;

0.95——按照经验选取 NO 占 NO_x 的百分数;

2.05——NO_2 的体积分率（ppm）转化为标态质量浓度，mg/m^3。

2. 不同含氧量的 NO_x 数值换算

对于水泥窑 SNCR 系统不同含氧量的 NO_x 数值换算为：

$$C_{\mathrm{基}}=\frac{21-O_{\mathrm{实}}}{21-O_{\mathrm{基}}}\times C_{\mathrm{实}} \qquad (3\text{-}26)$$

式中　$C_{\mathrm{基}}$——NO_x 含量（实际氧量，标态），mg/m^3;

$C_{\mathrm{实}}$——NO_x 含量（$10\%O_2$，标态），mg/m^3;

$O_{\mathrm{基}}$——$10\%O_2$;

$O_{\mathrm{实}}$——实际 $O_2\%$。

3. 质量-体积浓度与体积浓度之间的换算

每立方米大气中污染物的质量数来表示的浓度叫作质量-体积浓度，单位是 mg/m^3 或 g/m^3；体积浓度使用每立方米的大气中含有的污染物体积数（cm^3 或 mL）来表示的，常用的表示方法是 ppm，即 $1ppm=1cm^3/m^3=10^{-6}$。质量-体积浓度与 ppm 的换算关系为：

$$X=MC/22.4 \qquad (3\text{-}27)$$

$$C=22.4X/M \qquad (3\text{-}28)$$

式中　X——污染物以每标准立方米的毫克数表示的浓度值;

C——污染物以 ppm 表示的浓度值;

M——污染物的分子量。

第七节　影响水泥窑 SNCR 脱硝性能的几个因素

影响水泥窑 SNCR 运行过程中的关键因素：水泥窑分解炉内 NO_x 的初始浓度、还原剂喷入的温度窗口、氨氮比（NSR）、停留时间、还原剂和烟气的混合程度、烟气中氧含量、氨逃逸率和添加剂。

一、还原剂的温度窗口

SNCR 脱硝技术对于还原剂的反应温度条件非常敏感，分解炉上喷入点的选择，可在一定程度上决定 NO_x 的脱除效率。不同的还原剂的最佳温度范围与具体的分解炉内烟气环境有关。从目前掌握的水泥窑 SNCR 实际经验来看，氨水作为还原剂的反应温度窗口为 850～1050℃，尿素作为还原剂的反应温度窗口为 900～1100℃，温度窗口是一个非常窄的范围，水泥窑窑尾烟室至分解炉的控制温度刚好在这两个反应温度窗口内，因为分解炉内温度场比较复杂，选择合适的喷入点尤为重要，当温度低于反应窗口下限时，还原剂反应速度减慢以至于还原剂失效，大部分 NH_3 未反应，造成氨逃逸；而温度高于温度窗口上限时，则会发生 NH_3 的氧化，产生额外的 NO_x。

由于分解炉运行中烟气含有大量生料，且烟气流具有多样性，需要通过 CFD 流场模拟和现场反复测定后确定还原剂的喷入点数量及位置。为了提高脱硝效率和降低氨逃逸量，SNCR 常采用多层喷射策略（一般采用两层），一般根据运行情况确定各层喷枪系统的投运。

二、氨氮摩尔比

氨氮摩尔比是指反应中氨与 NO 的摩尔比值。按照 SNCR 反应，还原 1mol 一氧化氮需要 1mol 氨气或 0.5mol 尿素。但在实际应用中还原剂的量要比这个量大，因为实际反应比较复杂且气体混合不均匀。想达到较好的脱硝效果，需要增大还原剂的量。随着氨氮摩尔比的增加，脱硝效率增加。但同时氨逃逸增加，成本也较高。当氨氮摩尔比小于 2 时，随着该比例的增加，脱硝效率有明显提高，若氨氮摩尔比超过 2 以后，脱硝效率不再有明显增加。目前，水泥窑 SNCR 系统的氨氮摩尔比一般控制在 1.2～1.8。

三、反应停留时间

任何化学反应都需要经历一段时间才能完成，反应完成情况随反应时间的不同是有差异的。对于 SNCR 反应，还原剂和 NO_x 在合适的反应区域有足够的停留时间才能保证反应能充分进行，达到良好的脱硝效果。停留时间较短时，随着停留时间的增加，脱硝效率增加，当停留时间达到一定尺度时再增加，对脱硝效率的影响就不明显了。停留时间与分解炉的尺寸、内部结构形式及烟气的流动状况有关。还原反应在分解炉内的停留时间取决于分解炉的尺寸和反应窗口内烟气路径的尺寸和速度，一般控制在0.5s。

四、还原剂与烟气的混合程度

还原剂和烟气两者的充分混合是保证充分反应的一个技术关键，是保证在适当的氨氮摩尔比下得到较高的NO_x还原率的重要环节。分解炉由于尺寸并不大、且温度变化范围较小，从而对这些因素控制的难度较小，国内外的实际运行结果表明，应用于新型干法熟料水泥生产线中分解炉的SNCR的NO_x还原率可以达到40%～70%。随着反应区容量的增大，SNCR的NO_x还原率呈下降的趋势。为了使还原反应进行，在氨基还原剂喷入后需要立即扩散并与烟气混合。由于氨基还原剂的挥发性，混合要快速，滞留区和流速较高的区域必须被适应。在分解炉上，由于较小的空间尺度和模式，混合是相对容易控制的。混合的实现是通过喷射系统，喷射器能够雾化还原剂，并且调整喷射角、速度和方向。

五、还原剂类型

水泥窑SNCR脱硝还原剂主要使用氨水和尿素溶液。目前研究发现两种还原剂在不同的氧量和温度下还原NO的特性不一样，氨水的合适反应温度较低，尿素的合适反应温度较高，氨水、尿素溶液还原剂分别在1%、5%的氧量下脱硝效果最好。尿素在反应过程中先发生热解，等量地生成NH_3和HCN，因此，尿素的脱硝过程应该是异氰酸和氨的组合。虽然不同还原剂的反应机理各有不同，但其脱硝过程的主要特性是相似的。总体来说，水泥窑使用氨水作为还原剂从脱硝效率和运行成本上比使用尿素要低。

六、烟气中氧含量

从上述SNCR主反应式中可知，SNCR反应需要氧气的参与。在没有氧气的条件下不发生NO_x的还原反应，微量的氧气有利于SNCR反应的进行，并且降低了适合的反应温度，提高了脱硝效率。氧气浓度的上升使反应温度窗口向低温方向移动，但也使最大脱硝效率下降。为提高脱硝效率，分解炉中O_2浓度控制范围为1%～4%。

七、氨逃逸的影响

在SNCR脱硝技术中，还原剂雾化颗粒进入分解炉后，大部分与烟气中的NO和NO_2进行还原反应，少量的还原剂在烟气中未发生反应就逃逸出去，这些在反应温度区内未反应的还原剂（NH_3），称为氨逃逸。未反应排出的氨会造成环境二次污染，也增加了脱硝成本。为减少氨逃逸，可采取合理选择温度窗口和喷射点，减少还原剂的喷入量，优化还原剂的喷射策略，以保证还原剂与烟气的混合程度，保证反应在温度窗口停留足够长的时间。

第八节　CFD 模拟技术在水泥窑 SNCR 系统的应用

一、CFD 模拟技术的作用

水泥窑分解炉是 SNCR 脱硝反应的反应区，分解炉是新型干法水泥生产的核心设备，属高温气-固多相反应器，炉内为气-固两相流动、煤粉燃烧、生料化学反应、同时伴有旋流、回流的复杂流场，为了更好地了解水泥窑 SNCR 脱硝系统的布置以及产生的化学反应，利用 CFD 软件对分解炉 NO 分布、内部流场、喷射仿真和燃烧情况进行模拟，通过数值模拟很好地指导喷枪的定位和布置，以及对效果进行初步的了解。分解炉内空间的流动、燃烧和传热过程非常复杂，要对分解炉内的湍流流动、燃烧反应和传热过程进行数值模拟，首先需要对这些复杂的物理、化学过程进行数学描述。使用湍流模型、燃烧模型以及辐射传热模型对流动、燃烧和辐射传热过程进行简化处理。CFD 模拟采用的模型以及计算方法：

（1）对于气相流场，采用标准 K-E，双方程模型来模拟气流的湍流运动；

（2）对于固体颗粒的运动，采用离散相模型（Diserete Phase Model），对离散相与湍流之间的相互作用采用随机跟踪模型（Diserete Random Walk）；

（3）对于煤粉燃烧和生料分解，采用组分输运模型；

（4）对于氮氧化物的生成和 SNCR，采用污染物模型。

水泥窑 SNCR 系统仿真模拟内容一般有以下几点：

（1）分解炉不同切面温度场云图（kg/s）；

（2）分解炉 CaO 物质的量浓度云图（kmol/m³）；

（3）分解炉内速度场；

（4）分解炉 Z 方向不同高度横切面速度矢量图（m/s）；

（5）分解炉原始 NO_x 浓度分布云图；

（6）采取脱硝装置后 NO_x 浓度分布云图；

（7）不同还原剂喷入高度情况下 XZ 中心切面 NO 浓度云图。

模拟的步骤主要为：模型建立（物理、数学）、边界条件确定、模拟结果分析。

二、水泥窑分解炉数值模拟实际工程应用

（一）德全汪清水泥有限公司 5000t/d 水泥窑分解炉脱硝数值模拟试验报告

1. 试验内容

（1）分解炉不同切面温度场云图（K）；

（2）分解炉内速度场；

（3）分解炉 Z 方向不同高度横切面速度矢量图（m/s）；

（4）分解炉原始 NO_x 浓度分布云图；

（5）分解炉 CaO 物质的量浓度云图（$kmol/m^3$）；

（6）喷入氨水后 NO 的浓度分布图。

2. 试验条件

德全汪清水泥有限公司 5000t/d 水泥窑分解炉脱硝数值模拟条件如下：

（1）窑尾烟气成分，见表 3-2。

表 3-2　窑尾烟气成分

成分	CO_2	O_2	CO	N_2
含量（%）	—	2.3	0.02	97.68

（2）入炉参数，见表 3-3。

表 3-3　入炉参数

	烟气	三次风	煤粉	生料
温度（K）	1163	1233	318	1073
速度（m/s）	20	20	—	—
质量流量（kg/s）	—	—	6.6	111

（3）煤的工业分析和元素分析，见表 3-4。

表 3-4　煤的工业分析和元素分析

工业分析（%）				元素分析（%）				
水分	灰分	挥发分	固定碳	C	H	O	N	S
1.58	28.91	25.68	43.83	62.14	3.2	10.69	1.2	1.19

3. 试验过程及结果

（1）数值模拟模型

按 1∶1 比例建立数值模拟模型，如图 3-5 所示；模型填充图如图 3-6 所示；生成的体网格，如图 3-7 所示。

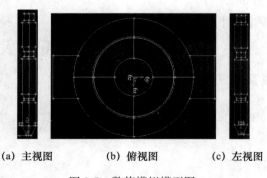

(a) 主视图　　　(b) 俯视图　　　(c) 左视图

图 3-5　数值模拟模型图　　　　　图 3-6　模型填充图

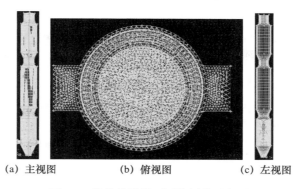

(a) 主视图　　　　(b) 俯视图　　　　(c) 左视图

图 3-7　数值模拟模型网格划分示意图

（2）数值模拟试验结果。

① 分解炉内不同断面温度场云图：

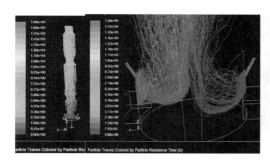

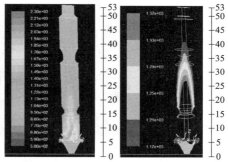

图 3-8　煤粉运动轨迹及局部放大图　　　　图 3-9　分解炉 YZ 断面温度分布图

图 3-8 为煤粉运动轨迹及局部放大图，图 3-9 为分解炉 YZ 断面温度分布图。由图 3-9 可见，在锥体部分产生了一个三角状的低温区，温度约为 1200K，这是由于窑尾烟气从底部通入分解炉所致。在分解炉 6～9m 的高度范围内，存在两个对称的高温区，最高温度约为 2200K。在分解炉 26～39m 的高度范围内，分解炉中心温度为 1173～1373K（900～1100℃）。

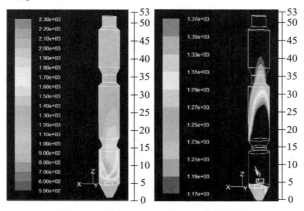

图 3-10　分解炉 XZ 断面温度分布图

　　图 3-10 为分解炉 XZ 断面温度分布图。由图 3-10 可见，在分解炉 6～9m 的高度范围内，同样存在两个对称的高温区域，温度约为 2000K，在这两块区域的中间，包围一片温度相对较低的区域，最低温度约为 1300K。当分解炉中心温度在 1173～1373K（900～1100℃）范围内时，所对应的分解炉高度范围为 27～41m。

　　图 3-11 为 Z 方向上不同高度横截面温度场云图。从下至上观察，由图 3-11 可见，在分解炉高度方向 6 处，两个喷煤管出口处，由于煤粉温度及煤粉燃烧速率较低，使得温度维持在一个较低的状态，温度约为 1200K；两股对吹的横向三次风交汇处，由于三次风温度较低，也使得温度维持在一个较低的状态，温度约为 1200K。在分解炉高度方向 7m 处，中间出现了两个对称的高温区域，此处对应着煤粉燃烧速率较大的区域，温度最高约为 2200K。从分解炉高度方向 15m 处开始一直往上，两个对称的高温区域开始逐渐合并，使分解炉中心温度比较高，而四周的温度相对偏低，随着分解炉高度的增加，中心温度与最边缘的温度差值越来越小。

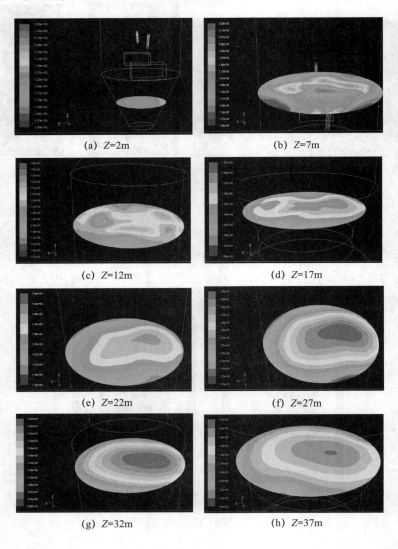

(a) Z=2m　　　　　　　　(b) Z=7m

(c) Z=12m　　　　　　　　(d) Z=17m

(e) Z=22m　　　　　　　　(f) Z=27m

(g) Z=32m　　　　　　　　(h) Z=37m

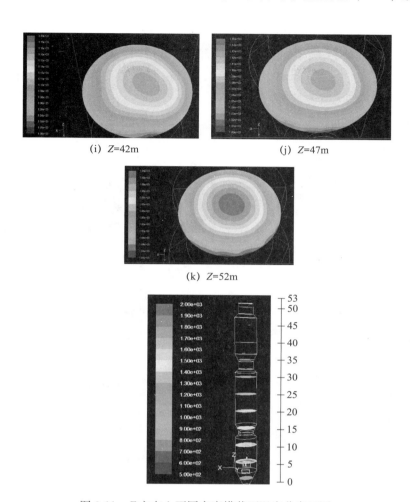

(i) $Z=42m$　　　　　　(j) $Z=47m$

(k) $Z=52m$

图 3-11　Z 方向上不同高度横截面温度分布云图

② 分解炉内速度场：

分解炉速度矢量图，如图 3-12 所示。

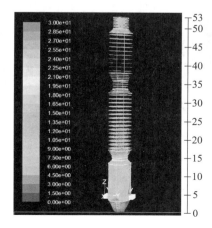

图 3-12　分解炉速度矢量图

　　为分解炉速度矢量图，如图 3-12 所示。由图 3-12 可知，三次风烟气入口速度较大。图 3-13 为分解炉 Z 方向不同高度横截面速度矢量图。在分解炉高度约为 $Z=6m$ 处存在两个对称的涡流。由分解炉 Z 方向上 $Z=15m$ 处横截面速度矢量图可以看出，局部气流速度较大，最大气流速度约为 20m/s。

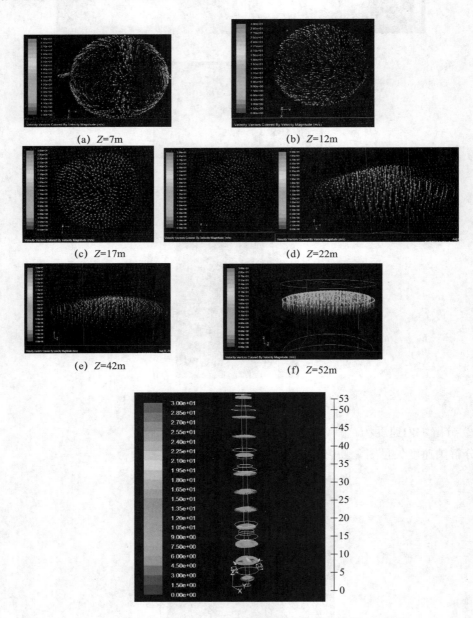

(a) $Z=7m$　　　　　　　　　(b) $Z=12m$

(c) $Z=17m$　　　　　　　　　(d) $Z=22m$

(e) $Z=42m$　　　　　　　　　(f) $Z=52m$

图 3-13　Z 方向上不同高度横截面速度矢量图

　　③ 分解炉内 NO 摩尔分数分布：

　　图 3-14 所示的是分解炉内部 YZ 切面的柱面上的 NO 摩尔分数分布图；图 3-15 所示的是分解炉内部 XZ 切面的柱面上的 NO 摩尔分数分布图；图 3-16 为分解炉 Z 方向

上不同断面 NO 摩尔分数分布图。由图可以看出 NO 最高摩尔分数出现在分解炉高度
方向上 $Z=4\sim7m$ 范围内，NO 摩尔分数在分解炉中心相对偏低，出现四周大中心小的
现象。

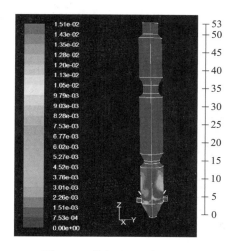 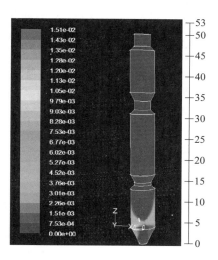

图 3-14　分解炉 YZ 断面 NO 　　　　　　图 3-15　分解炉 XZ 断面 NO
　　　　摩尔分数分布图　　　　　　　　　　　　摩尔分数分布图

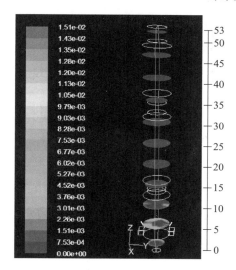

图 3-16　分解炉 Z 方向上不同断面 NO 摩尔分数分布图

④ 分解炉内 O_2 摩尔分数分布：

图 3-17 为分解炉 YZ 断面 O_2 摩尔分数分布；图 3-18 分解炉 XZ 断面 O_2 摩尔分数
分布图；图 3-19 为分解炉 Z 方向上不同断面 O_2 摩尔分数分布图。在三次风氧气含量
较高，使其进口处 O_2 浓度较高，随着窑尾烟气和三次风的混合以及煤粉燃烧消耗氧
气，在三次风入口上面，O_2 浓度迅速降低。

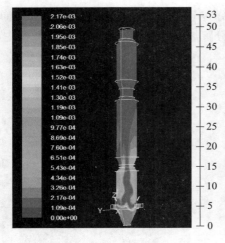 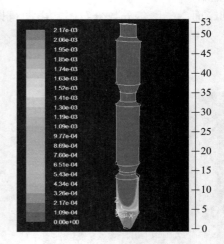

图 3-17　分解炉 YZ 断面 O_2
摩尔分数分布图

图 3-18　分解炉 XZ 断面 O_2
摩尔分数分布图

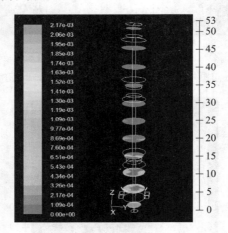

图 3-19　分解炉 Z 方向上不同断面 O_2 摩尔分数分布图

⑤ 分解炉 CaO 物质的量浓度云图：

图 3-20 为 YZ 纵切面 CaO 和 $CaCO_3$ 的物质的量浓度云图，图 3-21 为 XZ 纵切面 CaO 和 $CaCO_3$ 的物质的量浓度云图。由图 3-20 和图 3-21 可见，在 YZ 纵切面上，在 $CaCO_3$ 喷入口处 $CaCO_3$ 和 CaO 物质的量浓度分布均存在两个对称高浓度区，$CaCO_3$ 高浓度区比 CaO 高浓度区更靠近分解炉中心；在 XZ 纵切面上，在 $CaCO_3$ 喷入口处 $CaCO_3$ 物质的量浓度分布存在两个对称高浓度区，范围大约在分解炉高度方向 6～13m 处。由下至上观察图 3-20 和图 3-21 可见，在锥体部分 CaO 的物质的量浓度较低，随着分解炉高度的增加，在上部 CaO 的浓度逐渐增加；而 $CaCO_3$ 的物质的量浓度随着分解炉高度的增加，在上部其浓度逐渐降低。整体上，CaO 和 $CaCO_3$ 的物质的量浓度云图说明了生料在分解炉锥体部分基本没有发生分解反应，而在分解炉进料口附近处大量的生料发生了分解反应，之后在上部柱体的中心区域生料也逐渐发生分解反应。

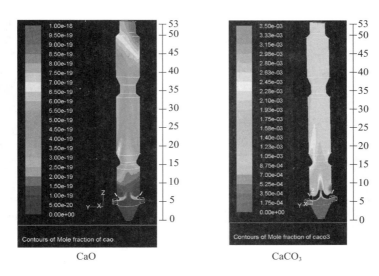

图 3-20　分解炉 YZ 断面 CaO 和 CaCO₃ 物质的量浓度分布图

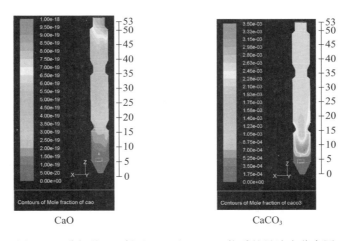

图 3-21　分解炉 XZ 断面 CaO 和 CaCO₃ 物质的量浓度分布图

⑥ 喷入氨水后 NO 的浓度分布图（图 3-22～图 3-25）：

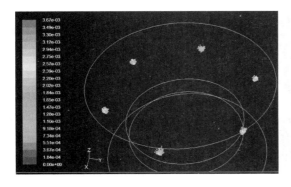

图 3-22　氨水轨迹图

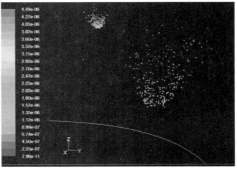

图 3-23　氨水轨迹局部放大图

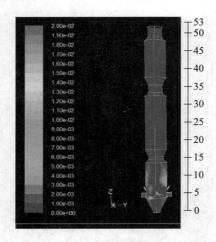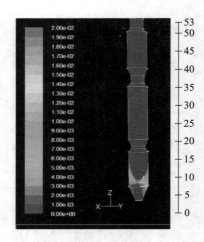

图 3-24　喷氨后分解炉 YZ 断面 NO 分布图　　　图 3-25　喷氨后分解炉 XZ 断面 NO 分布图

4. 结论

（1）利用 Fluent 软件对德全汪清水泥有限公司 5000t/d 水泥窑分解炉进行三维数值模拟，数值模拟结果能全面地反映分解炉中速度场、温度场和浓度场的分布规律，当分解炉中心温度在 1173～1373K（900～1100℃）范围内时，所对应的分解炉高度范围为 25～40m。

（2）当煤粉中的挥发分几乎释放完毕后，焦炭开始燃烧。两股煤粉在向分解炉中心靠拢的过程中随着高速气流的流动逐渐上飘。上飘至一定高度后，相对的两股煤粉汇合在一起并在此处形成最高约为 2200K 的高温区域。当煤粉在缩口处很少，但经过缩口运行至上部空间后，分散程度变得更高。在出口与顶盖之间，依然有少量煤粉存在，且分散弥漫了整个分解炉顶部。

（3）NO 的生成集中在分解炉高度方向上 $Z=4～7m$ 煤粉富集区域，而在此区域生成的 NO 随着气流的上升最终聚集在上部柱体的壁边。

（二）桐庐南方水泥有限公司 2500t/d 水泥窑分解炉脱硝数值模拟试验报告

1. 试验内容

（1）分解炉不同切面温度场云图（kg/s）；

（2）分解炉 CaO 物质的量浓度云图（$kmol/m^3$）；

（3）分解炉内速度场；

（4）分解炉 Z 方向不同高度横切面速度矢量图（m/s）；

（5）分解炉原始 NO_x 浓度分布云图；

（6）采取脱硝装置后 NO_x 浓度分布云图；

（7）不同还原剂喷入高度情况下 XZ 中心切面 NO 浓度云图。

2. 试验条件

桐庐南方水泥有限公司 2500t/d 水泥窑分解炉脱硝数值模拟条件如下：

（1）窑尾烟气成分，见表 3-5。

表 3-5　窑尾烟气成分

成分	CO_2	O_2	CO	N_2
含量（%）	15	2	1	82

（2）入炉参数，见表 3-6。

表 3-6　入炉参数

项目	烟气	三次风	煤粉	生料
温度（K）	1333	1173	323	1040
速度（m/s）	24.8	20.6	28	2
质量流量（kg/s）	—	—	1.956	53.1

（3）煤的工业分析和元素分析，见表 3-7。

表 3-7　煤的工业分析和元素分析

工业分析（%）				元素分析（%）				
水分	灰分	挥发分	固定碳	C	H	O	N	S
1.24	20.2	30.45	48.04	62.14	3.2	10.69	1.2	1.19

3. 试验过程及结果

（1）数值模拟模型

按 1∶1 比例建立数值模拟模型，如图 3-26 所示；模型填充图如图 3-27 所示；生成的体网格，如图 3-28 所示。

（a）主视图

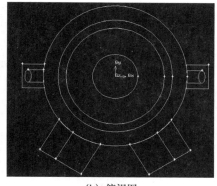
（b）俯视图

（c）左视图

图 3-26　数值模拟模型图

图 3-27　模型填充图

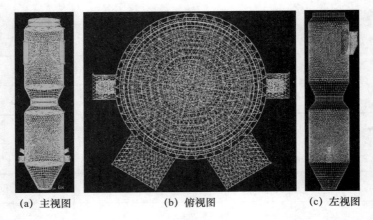

(a) 主视图　　　　　　　　(b) 俯视图　　　　　　　　(c) 左视图

图 3-28　数值模拟模型网格划分示意图

（2）数值模拟试验结果：

① 分解炉内不同断面温度场云图：

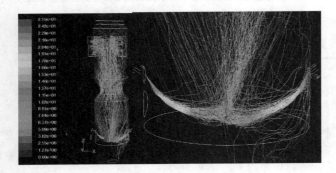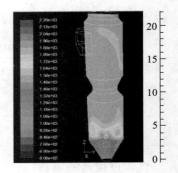

图 3-29　煤粉运动轨迹及局部放大图　　　　图 3-30　分解炉 YZ 断面温度分布图

　　图 3-29 为分解炉内煤粉运动轨迹及局部放大图，可帮助分析炉内温度变化。图 3-30 为分解炉 YZ 断面温度分布图。由图 3-30 可见，在锥体部分产生了一个三角状的低温区，温度约为 1160K，这是由于窑尾烟气从底部通入分解炉所致。从分解炉底部往顶部看，在下部柱体部分 3～7m 的高度范围内，存在两个对称的高温区，最高温度达 1720K。

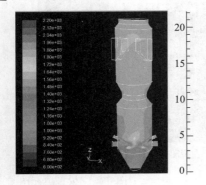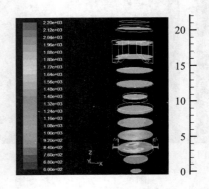

图 3-31　分解炉 XZ 断面温度分布图　　　　图 3-32　Z 方向上不同高度横截面温度分布云图

图 3-31 为分解炉 XZ 断面温度分布图。由图 3-31 可知，在下部柱体 3～6m 的高度范围内，存在两个对称的低温区域，温度约为 1080K，在这两块区域的中间，包围一片温度相对较高的区域，最高温度约为 1800K。

图 3-32 为 Z 方向上不同高度横截面温度场云图。从下至上观察，由图 3-32 可知，在分解炉高度方向 4.5m 处，两个喷煤管出口处，由于煤粉温度及煤粉燃烧速率较低，使得温度维持在一个较低的状态，温度约为 1100K；两股对吹的横向三次风交汇处，由于三次风温度较低，也使得温度维持在一个较低的状态，温度约为 1100K。在分解炉高度方向 5m 处，中间出现了两个对称的高温区域，此处对应着煤粉燃烧速率较大的区域，温度最高约为 2100K。在分解炉高度方向 9m 处，两个对称的高温区域开始逐渐合并，温度梯度逐渐变小。之后，在 11m 高度之上，这对称的两个高温区域逐渐消失，最终在上部柱体 15m 处上方温度稳定在 1500K 左右。

② 分解炉 CaO 物质的量浓度云图：

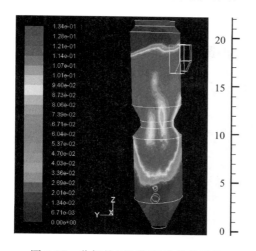 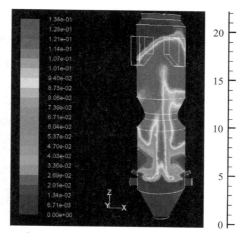

图 3-33　分解炉 YZ 断面 CaO 物质的 　　　　图 3-34　分解炉 XZ 断面 CaO 物质的
　　　　量浓度分布图　　　　　　　　　　　　　　　量浓度分布图

图 3-33 为 YZ 纵切面 CaO 的物质的量浓度云图。由图 3-33 可知，在 YZ 纵切面上，CaO 高浓度区主要集中在分解炉高度方向 6～19m 范围内，由下往上观察总体浓度趋势是在分解炉高方向 17m 处附近达到峰值。

图 3-34 为 XZ 纵切面 CaO 的物质的量浓度云图。观察图 3-34 可知，CaO 高浓度区主要集中在分解炉高度方向 6～19m 范围内，该区域与图 3-33 中的相应位置相对应，为同一片区域的两个不同视角。

图 3-35 为 Z 方向上横切面 CaO 的物质的量浓度云图。由下至上观察图 3-35 可知，在锥体部分 CaO 的物质的量浓度较低，随着分解炉高度的增加，在上部 CaO 的浓度逐渐增加，且分布逐渐倾向均匀。整体上，CaO 的物质的量浓度云图说明了生料在分解炉锥体部分基本没有发生分解反应，而在分解炉进料口附近处大量的生料发生了分解反应，之后在上部柱体的中心区域生料也逐渐发生分解反应。

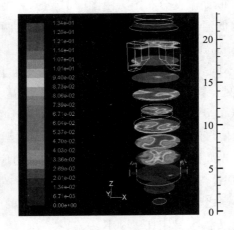

图 3-35　Z 方向上不同高度横截面 CaO 物质的量浓度分布云图

③ 分解炉内速度场：

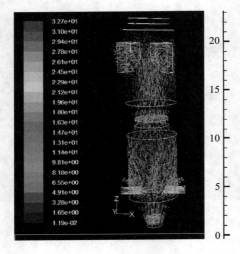

图 3-36　分解炉速度矢量图

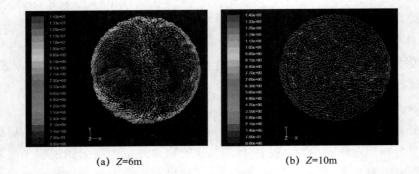

(a) Z=6m　　　　　　　　　　(b) Z=10m

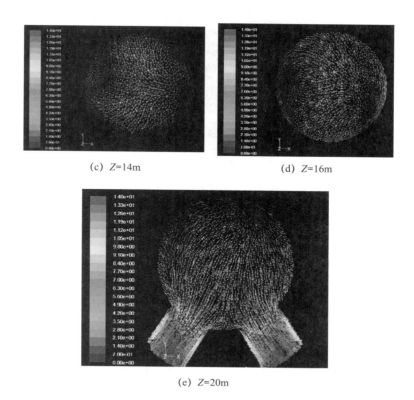

(c) $Z=14\mathrm{m}$　　　　　(d) $Z=16\mathrm{m}$

(e) $Z=20\mathrm{m}$

图 3-37　Z 方向上不同高度横截面速度矢量图

图 3-36 为分解炉速度矢量图。由图 3-36 可知，三次风及窑尾烟气入口速度较大。图 3-37 为分解炉 Z 方向不同高度横切面速度矢量图。在分解炉高度 $Z=6\mathrm{m}$ 处存在四个对称的涡流。由此，我们可以发现涡流的存在能够使得在生料入口处集聚的高浓度生料尽快扩散并分解。由分解炉 Z 方向上 20m 处横截面速度矢量图可以看出，出口气流速度较大，最大速度达到 $14\mathrm{m/s}$。

④ 分解炉内 NO 摩尔分数分布：

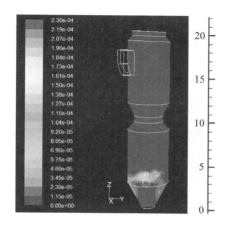　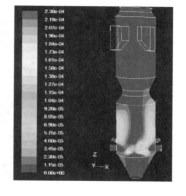

图 3-38　分解炉 YZ 断面 NO 摩尔分数分布图　　图 3-39　分解炉 XZ 断面 NO 摩尔分数分布图

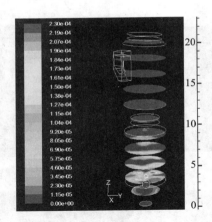

图 3-40　分解炉 Z 方向上不同断面 NO 摩尔分数分布图

图 3-38 所示的是分解炉内部 YZ 切面的柱面上的 NO 摩尔分数分布图；图 3-39 所示的是分解炉内部 XZ 切面的柱面上的 NO 摩尔分数分布图；图 3-40 为分解炉 Z 方向上不同断面 NO 摩尔分数分布图。由图 3-39 可以看出 NO 最高摩尔分数出现在分解炉高度方向上 $Z=4 \sim 10\text{m}$ 范围内。

⑤ 分解炉内 O_2 摩尔分数分布：

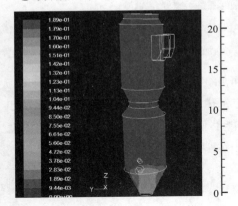

图 3-41　分解炉 YZ 断面 O_2 摩尔分数分布

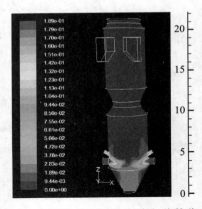

图 3-42　分解炉 XZ 断面 O_2 摩尔分数分布图

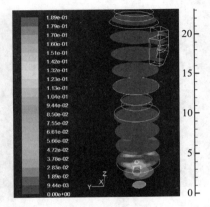

图 3-43　分解炉 Z 方向上不同断面 O_2 摩尔分数分布图

图 3-41 为分解炉 YZ 断面 O_2 摩尔分数分布；图 3-42 分解炉 XZ 断面 O_2 摩尔分数分布图；图 3-43 为分解炉 Z 方向上不同断面 O_2 摩尔分数分布图。窑尾烟气入口 O_2 浓度较低主要是由于窑尾烟气内 O_2 成分含量较低。而在三次风 O_2 含量较高，使其进口处 O_2 浓度较高，随着窑尾烟气和三次风的混合以及煤粉燃烧消耗氧气，在三次风入口上面，O_2 浓度迅速降低。

⑥ 不同高度喷入氨水后 NO 的浓度分布：

在分解炉高度方向 $Z=8m$ 壁面处布置 SNCR 还原剂喷嘴 4 个，还原剂氨水喷入量为 0.19kg/s。氨水轨迹如图 3-44 所示，分解炉 XZ 和 YZ 断面 NO 摩尔分数分布图如图 3-45 和图 3-46 所示。

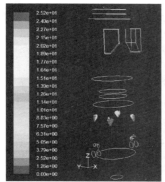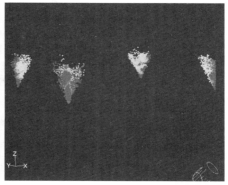

图 3-44　氨水轨迹及局部放大图

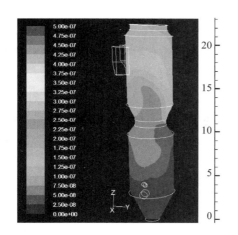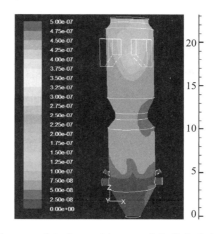

图 3-45　分解炉 XZ 断面 NO 摩尔分数分布图　　图 3-46　分解炉 YZ 断面 NO 摩尔分数分布图

在分解炉高度方向 $Z=10m$ 壁面处布置 SNCR 还原剂喷嘴 4 个，还原剂氨水喷入量为 0.19kg/s。氨水轨迹如图 3-44 所示，分解炉 XZ 和 YZ 断面 NO 摩尔分数分布图如图 3-47 和图 3-48 所示。综合图 3-45～图 3-48 可得，相比喷氨高度为 $Z=10m$ 时脱硝效果，$Z=8m$ 处更佳。

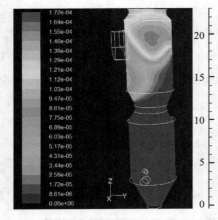

图 3-47　喷氨高度 $Z=10\text{m}$ 时
YZ 断面 NO 分布图

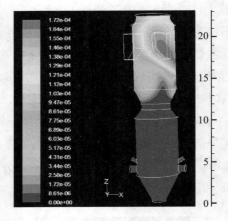

图 3-48　喷氨高度 $Z=10\text{m}$ 时
XZ 断面 NO 分布图

4. 结论

（1）利用 Fluent 软件对桐庐南方水泥有限公司 2500t/d 水泥窑分解炉进行三维数值模拟，数值模拟结果能全面地反映分解炉中速度场、温度场和浓度场的分布规律，对后期 SNCR 的优化设计有一定的指导意义。

（2）当煤粉中的挥发分几乎释放完毕后，焦炭开始燃烧。两股煤粉在向分解炉中心靠拢的过程中随着高速气流的流动逐渐上飘。上飘至一定高度后，相对的两股煤粉汇合在一起，并在此处形成最高约为 2100K 的高温区域。当煤粉在缩口处很少，但经过缩口运行至上部空间后，分散程度变得更高。在出口与顶盖之间，依然有少量煤粉存在，且分散弥漫了整个分解炉顶部。

（3）CaO 物质的量浓度从下部生料进口所在高度开始往上走，CaO 生成物质的量浓度开始大幅度上升，在缩口处由于气流速度很大，在缩口处 CaO 浓度偏低，之后随着高度的增加，较高 CaO 物质的量浓度在分解炉上部柱体中心区域均匀分布。

（4）NO 的生成集中在分解炉高度方向上 $Z=4\sim10\text{m}$ 煤粉富集区域，而在此区域生成的 NO 随着气流的上升最终聚集在上部柱体的壁边，而在 $Z=8\text{m}$ 高度上对其进行喷氨可以抑制 NO 的生成。

第九节　采用 SNCR 系统对水泥窑生产的影响

SNCR 系统对水泥窑的影响，主要体现在以下三个方面：一是对生产能耗的影响，二是对下游设备的影响，三是对水泥产量和品质的影响。

一、对水泥生产能耗的影响

液态还原剂喷入水泥窑分解炉炉膛中，从以下几方面影响水泥窑炉内烟气的传热及热效率。

（1）影响烟气的辐射特性；

（2）影响烟气的热物理性质；

（3）增加烟气的流量；

（4）吸收烟气的热量。

氨水的加入流量与烟气中氮氧化物含量成正比，窑系统正常运行时烟气中 NO_x 的体积浓度为 400ppm 左右，即 0.4‰ 左右，而氨水蒸发后在烟气中的体积浓度与此相当，由于浓度很低，不会显著影响烟气的辐射传热，不会显著改变烟气的热物理性质和增加烟气的流量，因此不会显著影响对流传热，但氨水的蒸发会吸收一些烟气热量，从而增加热损失，使水泥窑炉效率有微量的降低。

理论上，水泥炉窑 SNCR 技术在分解窑喷入液态还原剂后，由于还原剂的自身氧化反应和氨水中水分的蒸发会吸收一定的热量，另一方面，氨水中蒸发出的 NH_3 与烟气中的 NO_x 进行还原反应是放热反应会放出一定的热量。所以下面主要对还原剂带入的水给窑系统增加的热耗进行计算。

以某水泥厂 5000t/d 熟料生产线脱硝的热平衡进行说明。该水泥窑炉热损失见表 3-8。

表 3-8　5000t/d 水泥窑炉热损失

项目	单位	技术参数	备注
燃煤低位热值	kJ/kg	22572	—
设计燃煤量（按 5600t/d 熟料计算台时产量）	t/h	38.67	—
水的汽化潜热	kJ/kg	2510	—
喷入的还原剂流量	kg/h	848	25％ 氨水
水泥窑炉总的热量输入	kJ/h	7.233×10^8	—
水蒸发耗热与原水泥窑总输入热值的比值	％	0.53	—
排烟热损失	％	0.30	—

（1）基本数据

熟料实际产量为 5600t/d＝233333kg/h；

水泥窑消耗热值为 3100kJ/kg 熟料（企业提供）。

将窑尾烟囱处 NO_x 排放浓度由 760mg/Nm³（标态、标况、10％O_2、以 NO_2 计）降至 300mg/Nm³（标态、标况、10％O_2、以 NO_2 计）约需消耗质量浓度为 25％氨水 848kg/h（932L/h），引入软水作为稀释水为 200kg/h；液体总量为 1048kg/h，其中 H_2O 约为 836kg，不计还原剂中 NH_3 的化学反应热，则热平衡计算如下文所述。

（2）喷入水量对窑系统热平衡计算

分解炉炉膛内压力为负压，根据饱和水与饱和蒸汽的热力性质，当压力为 0.10MPa 时查得汽化潜热为 $r = 2257.6$kJ/kg；喷入水温按常温计算 $t_1 = 20℃$，查得 20℃时水的液体比焓 $h_{w_1} = 83.86$kJ/kg；汽化温度 $t_2 = 100℃$，查得 100℃时水的液体比

焓为 $h_{w_2} = 419.06kJ/kg$、蒸汽比焓为 $h_{q_1} = 2675.71kJ/kg$，喷入水量 $q_m = 836kg/h$。

SNCR 系统每小时带入的 H_2O 从初始温度（以 20℃计）被加热至分解窑内烟气对应温度（以 900℃计），经过水汽化和水蒸气加热到炉膛温度这两个过程，因此将喷入水加热到 100℃所需热量 Q_1（单位：kJ/h）为：

$$Q_1 = (h_{w_2} - h_{w_1})q_{m_3} = 335.2q_{m_3} \tag{3-29}$$

喷入水所需汽化潜热 Q_2（单位：kJ/h）为：

$$Q_2 = rq_{m_3} = 2257.6q_{m_3} \tag{3-30}$$

设分解炉内温度为 t_3，该温度时水蒸气的比焓为 h_{q_2}（分解炉内温度按 1000℃，查表得 $h_{q_2} = 4642kJ/kg$），则此时水蒸气吸收热量 Q_3 为：

$$Q_3 = (h_{q_2} - h_{q_1})q_{m_3} \tag{3-31}$$

则 SNCR 系统喷入还原剂对锅炉热平衡的影响 Q 为：

$$Q = Q_1 + Q_2 + Q_3 = 2592.8q_{m_3} + (h_{q_2} - h_{q_1})q_{m_3} = 3811399.24kJ/h \tag{3-32}$$

需消耗热值（焓）约为 $3.81 \times 10^6 kJ/h$；煤燃料燃烧进入生产线的低位热值为 $3100 \times 233333kg/h = 7.233 \times 10^8 kJ/h$；SNCR 系统喷入水蒸发耗热与原水泥窑总输入热值的比值为 0.527%。

（3）喷入水量对窑系统排烟热损失计算

厂内窑尾除尘器出口烟囱排气温度约为 140℃，查得这个温度对应的蒸汽焓 $h_{q_3} = 2758.46kJ/kg$，因此根据喷入还原剂水溶液，计算喷入水量对锅炉排烟热损失为：

$$Q_p = 2592.8q_{m_3} + (h_{q_3} - h_{q_1})q_{m_3} = 2228399.8kJ/h \tag{3-33}$$

可得每小时喷入水量对窑系统排烟热损失为 $2.228 \times 10^6 kJ$，由此，SNCR 系统喷入水对窑系统排烟热损失与水泥窑总输入热值的比值约为 0.30%。根据厂内燃料热值比较排烟热损失折合燃料实物煤成本为 95kg/h。

总体而言，脱硝系统带入分解炉的水对系统热平衡有一定的影响，但如果考虑 NH_3 的反应热则影响非常小，对熟料煅烧段烟气温度影响有限，进而不会对熟料产量及品质产生影响。

二、对下游余热锅炉、除尘器的影响

SNCR 技术是控制 NO_x 排放的有效手段，使用 SNCR 进行脱硝处理，由于该工艺不会降低烟气温度，不增加粉尘，因此对余热锅炉基本不产生影响。氨逃逸可能会与烟气中硫的氧化物发生反应，导致副产物铵盐的生成，主要是与烟气中的 SO_3 反应。铵盐的生成，理论上有可能会导致预热器结皮，布袋堵塞、微细颗粒排放及烟羽。但是水泥窑本身烟气中 SO_2 浓度很低，SO_3 浓度几乎为 0，同时若控制氨逃逸小于 $10mg/Nm^3$，水泥工业大气污染物排放标准目前均采用此氨逃逸标准，可以有效控制铵盐的生成及对下游设备的影响。在余热锅炉检修时如发现换热管壁有铵盐黏附可采用压缩空气清扫或高压雾化水对余热锅炉中的换热管进行清扫、清洗。

三、对水泥的产量和品质的影响

SNCR 是 Selective Non-Catalytic Reduction（选择性非催化还原）的缩写，从其字面意思即可了解喷入的还原剂是选择性地与 NO_x 反应，而不与其他烟气成分或原料化合物反应。因此，SNCR 反应只对烟气成分产生影响，而不与固态原料发生反应，故不会影响水泥的产量或品质。从目前国内水泥窑 SNCR 脱硝系统运行情况来看，目前还没有出现影响熟料品质的相关报道。

第四章　还原剂为尿素的水泥窑 SNCR 工艺系统

第一节　尿　素

一、尿素的物理化学性质

尿素分子式为 $CO(NH_2)_2$，分子量为 60.06，含氮量通常大于 46%。

尿素物理性质：尿素为无色、白色针状或棒状结晶体，工业或农业品为白色略带微红色固体颗粒；无臭无味；密度为 $1.335g/cm^3$；熔点 132.7℃。尿素溶于水、醇，不溶于乙醚、氯仿，呈微碱性，可与酸作用生成盐，有水解作用。在高温下可进行缩合反应，生成缩二脲、缩三脲和三聚氰酸。加热至 160℃分解，产生氨气同时变为氰酸。因为在人尿中含有这种物质，所以取名尿素。尿素含氮 46%，是固体氮肥中含氮量最高的。

与无水氨及有水氨相比，尿素是无毒、无害的化学品，是农业常用的肥料，无爆炸可能性，完全没有危险性。尿素在运输、储存中无须安全及危险性的考量，更不需任何的紧急程序来确保安全。利用尿素做还原剂时运行环境较好，因为尿素是在喷入混合燃烧室后转化为氨，实现氧化还原反应，因此，可以避免储存、管理及阀泄露造成的危害。但尿素价格较高，目前，一般为每吨 2000 元以上。

二、尿素的溶解吸热性

尿素易溶于水，在 20℃的 100mL 水中可溶解 105g，水溶液呈中性。尿素产品有两种：结晶尿素呈白色针状或者棱柱状晶形，吸湿性强；粒状尿素为 1~2mm 的半透明粒子，外观光洁，吸湿性有明显改善。20℃时，临界吸湿点为相对湿度 80%；但 30℃时，临界吸湿点降至 72.5%，故尿素要避免在盛夏潮湿气候下敞开存放。目前在尿素生产中加入石蜡等疏水物质，其吸湿性大大下降。

尿素在水中的溶解度见表 4-1，不同浓度尿素溶液的结晶温度见表 4-2。尿素溶液比例、温度、溶解度及沸点的相互关系如图 4-1 所示。

表 4-1　尿素在水（100mL）中的溶解度

水的温度（℃）	20	40	60	80	100
溶解度（g）	108	167	251	400	733

表 4-2　不同浓度尿素溶液的结晶温度

尿素溶液质量百分比浓度（%）	35	40	45	50	55	60	65	70	75	80
结晶温度（℃）	0	2	10	18	28	37	48	58	68	80

注：尿素溶液质量百分比浓度 35% 以下时结晶温度均为 0℃。

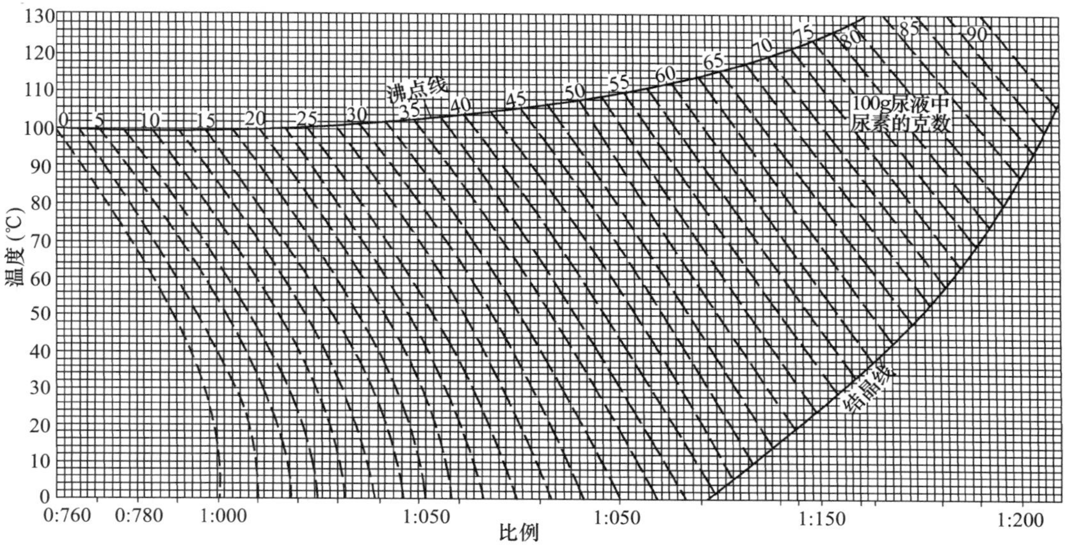

图 4-1　尿素溶液比例、温度、溶解度、沸点的关系图

由图中可看出，尿素溶液浓度为 40% 以下时，结晶温度均为 0℃，尿素溶液浓度 40% 时，结晶温度为 2℃，尿素溶液浓度为 50% 时，结晶温度为 18℃。随着尿素溶液浓度的升高，结晶温度逐渐升高。一般 SNCR 脱硝系统以尿素为还原剂时，采用的尿素溶液浓度一般为 10%～25%。由于尿素的溶解过程是吸热反应，其溶解热高达－57.8cal/g（负号代表吸热）。也就是说，当 1g 尿素溶解于 1g 水中，仅尿素溶解，水温就会下降 57.8℃。而 50% 浓度的尿素溶液的结晶温度约为 18℃。所以在尿素溶液配制过程中需配置功率强大的热源，以防尿素溶解后的再结晶。在北方寒冷地区的气象条件下，该问题将会暴露得更明显。

三、尿素正确的贮存方法

（1）尿素如果贮存不当，容易吸湿结块，影响尿素的原有质量，所以要正确贮存尿素。在使用前一定要保持尿素包装袋完好无损，运输过程中要轻拿轻放，防雨淋，贮存在干燥、通风良好、温度在 20℃ 以下的地方。

（2）如果是大量贮存，下面要用木方垫起 20cm 左右，上部与房顶要留有 50cm 以上的空隙，以利于通风散湿，垛与垛之间要留出过道。以利于检查和通风。已经开袋的尿素如果没用完，一定要及时封好袋口，以便下次使用。

第二节　尿素溶液的特性

一、尿素溶液的腐蚀性

尿素是水泥窑 SNCR 烟气脱硝所用原材料之一。干尿素颗粒是没有腐蚀性的。根据尿素行业的经验，尿素溶液在一定条件下具有较强的腐蚀性。可将尿素生产工艺中有关的尿素腐蚀和防腐的研究借鉴到 SNCR 脱硝工艺中。

尿素的水解反应是尿素生产过程的逆反应，其反应可认为由以下两步组成。

$$NH_2CONH_2 + H_2O \longrightarrow NH_2COONH_4 - 15.5kJ/mol \qquad (4\text{-}1)$$

$$NH_2COONH_4 \longrightarrow NH_3 + CO_2 + 177kJ/mol \qquad (4\text{-}2)$$

第一步反应为尿素与水生成氨基甲酸铵盐，该过程为微放热反应，反应过程非常缓慢。

第二步反应为强吸热反应，氨基甲酸铵盐迅速分解生成氨气和 CO_2，反应过程非常迅速。

在通常条件下，尿素溶液的水解反应基本不进行，当温度在 60℃ 以上时，尿素在酸性、碱性或中性溶液中可以发生水解，生成氨基甲酸铵（甲胺，NH_2COONH_4）。尿素水解后产生的 NH_3—CO_2—H_2O—$CO(NH_2)_2$ 体系，是一个弱电解质溶液体系，气液间存在着水、氨和二氧化碳三个组分间的平衡；液相中除了尿素水解反应，还存在氨和二氧化碳的电离平衡及氨离子的碳酸氢根离子生成甲胺离子的平衡反应。此时，尿素溶液中含有 $CO(NH_2)_2$、NH_3、CO_2、NH_4^+、$COONH_2$、CO_3^{2-}、HCO_3^- 等，其中的离子浓度随溶液质量浓度、温度的不同而不同，表现出的腐蚀性也不同。

尿素水解的速度和程度都会随着温度的升高而增大，当温度超过 100℃ 时开始明显加速。例如，80℃ 时，尿素在 1h 内可水解 0.5%，100℃ 时增大为 3%。此外，尿素的水解速度还受 pH 值的影响，当 pH 值较低时，随着 pH 值的增加水解速度有较为明显的降低；当 pH 值更高时（pH 值为 3.0～5.0），水解速度则平缓降低。

尿素溶液中各种组分独自的腐蚀特性如下。

1. 尿素

干尿素对碳钢无腐蚀，尿素还常常是一些缓蚀剂组分之一，对于活化金属的腐蚀有抑制作用，尿素溶液本身腐蚀性也很弱。但是尿素水解生成甲胺或溶解了 CO_2，对碳钢的腐蚀就较大，因此低压尿素溶液中往往含有少量甲胺，从而具有一定的腐蚀性。

2. 氨水

氨水的腐蚀性也不强，一般可以使用碳素钢制造与之接触的设备。但含 $CO_2$5%～10% 的氨水对碳钢腐蚀就相对严重，需采用不锈钢。只有氨水中的 CO_2 含量不超过 0.02% 时，才可以使用碳钢。同时如溶液中存在高浓度的氨时，氨与镍、铬、铁形成易溶性络合物，从而具有腐蚀性。

3. 氨基甲酸铵（甲胺）

纯甲胺为无色晶体，很不稳定，有浓氨味，在常压下约 60℃ 时就会完全分解成 NH_3 和 CO_2。温度小于 60℃、水含量大于 70%（分子）时，甲胺就转化成其他铵盐。甲胺水溶液呈非氧化性或微氧化性的酸。熔化的甲胺在大于 154℃ 和高压下可部分转化成尿素和水。氨基甲酸铵易溶于水，在水中能离解为氨基甲酸根，氨基甲酸根（$COONH_2^-$）是一种还原性酸根，具有强还原性，使金属表面钝化膜不断地被破坏，从而造成对大多数金属强烈的腐蚀性。

$$NH_2COONH_4（液）\longrightarrow COONH_2^-（液）+NH_4^+-Q \tag{4-3}$$

4. 氰酸铵

尿素溶液在常温下的腐蚀性并不强，但当温度超过 100℃ 时，就会有 5% 左右的尿素转化成其同分异构物氰酸铵，氰酸铵在水中离解产生的氰酸根也是一种还原性酸根，对金属表面的钝化膜能产生活化腐蚀，具有强烈的腐蚀性。

$$NH_2CNO\longrightarrow NH_4^+ +CNO^- \tag{4-4}$$

5. 羟基物

不锈钢中的合金元素与尿素－氨基甲酸铵溶液易发生羟基化反应生成羟基物，特别容易生成羟基镍，从而产生腐蚀。

总之，尿素溶液中 CO_2、NH_3 及尿素本身的腐蚀性都很弱，而尿素水解的中间产物甲胺溶液及尿素转化为其同分异构物氰酸铵的腐蚀性却很强，是造成金属腐蚀的主要原因，在脱硝工程中应考虑选择合适的金属材料。在尿素高温高压区，如脱硝喷嘴等选用 316L 不锈钢；尿素低压区的，如储罐、输送管道等，至少选用 304 不锈钢。

二、尿素设备腐蚀类型

大量的事实表明，不锈钢在尿素合成液中产生的腐蚀有均匀腐蚀、晶间腐蚀、选择性腐蚀及应力腐蚀等，其中危害较大的为晶间腐蚀和选择性腐蚀。下面就这几种腐蚀的特点加以分析。

1. 均匀腐蚀

甲胺液对不锈钢的腐蚀一般表现为均匀腐蚀。均匀腐蚀的特征是金属表面失去光泽，变得非常粗糙。特别是焊缝、焊缝熔合线和焊接热影响区表现得较为严重。影响材料均匀腐蚀的主要因素是不锈钢表面的钝化膜状态，在活化状态下，不锈钢腐蚀速度和钝化状态下腐蚀速度要相差几个数量级。这种腐蚀通常发生在温度较高、缺氧和甲胺浓度较高的尿素-甲胺溶液中。

2. 晶间腐蚀

晶间腐蚀是最危险的腐蚀。腐蚀沿着晶粒的边界发展而使晶粒被连续性破坏，因而使材料的机械强度和可塑性能力大为降低。晶间腐蚀在和介质接触的金属表面上是不易发现的，故往往造成设备的突发性破坏。晶间腐蚀主要发生在热影响区或加热后而未经固熔处理的不锈钢部件。

3. 选择性腐蚀

奥氏体不锈钢在焊接过程中从高温缓慢冷却时在焊缝中生成铁素体并发生一部分 γ 相转为 α 相，在晶界上出现不同成分的相而成为复相钢，熔融尿素介质对复相钢存在较强的选择性腐蚀。

4. 应力腐蚀

金属材料由于某种原因存在内应力或承受外加应力之后，其受应力较大的部分就容易在腐蚀介质中发生腐蚀，原因是在受应力作用的金属表面上，由于机械原因而形成容易损坏的微小区域，这些微小区域就造成了材料的局部腐蚀，即应力腐蚀。

三、腐蚀案例

目前，水泥行业关于 SNCR 脱硝过程中尿素引起的相关腐蚀尚未见报道，但有文献报道过电厂 SNCR 过程中尿素的腐蚀事故和腐蚀机理，以下列举说明，以此类推水泥行业。

某电厂 SNCR 系统在试验性运行约 4 个月后，发现 SNCR 喷口附近水冷壁存在腐蚀问题，引起数次锅炉水冷壁的泄漏，造成被动停炉的紧张局面，严重影响了安全生产。通过观察，数次水冷壁腐蚀泄漏呈现如下特征：金属表面没有腐蚀产物，而是呈或大或小的溃疡状态，腐蚀管段经常出现不规则的腐蚀坑，有的呈贝壳状、有的呈椭圆形等。另外，一个显著的特征是腐蚀多发生在喷孔的水冷壁弯管位置。对该系统腐蚀机理分析如下。

在 SNCR 喷射系统中，喷枪设计采用的是炉侧高压厂用蒸气作为雾化介质，雾化蒸汽压力为 $0.6 \sim 0.9 MPa$，在试验过程中，发现喷枪靠近喷头附近有液滴滴落，为雾化过程中靠近喷孔边缘的尿素溶液形成的液滴。

由于在 SNCR 投运前，锅炉水冷壁没有发生过类似状态的腐蚀，所以推断喷孔周围水冷壁管的腐蚀跟滴落的尿素溶液有关。根据尿素行业的经验，尿素溶液在一定条件下具有较强的腐蚀性。SNCR 喷孔周围的炉灰、烟气、空气以及水蒸汽、渗漏的水滴等与尿素作用，产生了一系列化学反应。按照腐蚀过程的机理，可以把这种腐蚀分成两类：化学腐蚀和电化学腐蚀。化学腐蚀是没有电流产生的腐蚀过程；电化学腐蚀是有电流产生的腐蚀过程。从 SNCR 水冷壁的腐蚀情况来看，两种腐蚀都存在，但是以电化学腐蚀为主。

1. 电化学腐蚀机理

电化学腐蚀是由于金属与作为导电体的电解质互相作用，引起电流自金属的一部分流向另一部分，而发生金属的破坏。锅炉水冷壁管（20G）与喷枪滴落的尿素溶液相接触（尿素溶液是一种电解质并具有极性），在水的极性分子的吸引下，钢材表面的一部分铁原子，开始移入溶液中而形成带正电荷的铁离子，而钢材上保留多余的电子，并带有负电荷。如果铁离子不断地进入滴落的尿素溶液中，水冷壁管就会逐渐出现坑洞，造成腐蚀破坏。然而，正常情况下，在一段时间后钢材表面会出现双电层的现象。由于钢材表面带负电荷，钢材上的负电荷吸引尿素液中带正电荷的铁离子，使钢材表面形成双电层。这时可阻碍铁离子进一步溶解腐蚀，有利于防止腐蚀的进一步发生。但是，由于尿素溶液不断地滴落蒸发（且尿素溶液中溶解了其他可以溶解铁离子的阴离子），不断地从阴极吸引电子，从而使阳极不断有电子向阴极移动，而阳极上的铁离子也就不断移入液滴中，腐蚀不断加剧，产生了去极化现象。

2. SNCR 喷孔周围水冷壁腐蚀原因分析

（1）溶解盐：钢材在水中的腐蚀速度和水含盐的浓度有关，在浓度较低的一定范围内，腐蚀速度随浓度的增高而增高。因为水的含盐量越高，水的电阻就越小，导电度增高，腐蚀也就加快。水中若有某些阴离子，如氯离子和硫酸根离子，它们会破坏金属表面的保护膜。

（2）氯离子（Cl^-）：其中氯离子的危害是最严重的。因为氯离子很容易取代金属表面保护膜中的氧离子，四氧化三铁变成可溶性的氯化铁。氧化膜被破坏后，金属就会进一步产生电化学腐蚀。SNCR 尿素的溶解使用的虽然是锅炉疏水，但是由于尿素本身存在含有氯离子的杂质，再加上烟气及飞灰中氯化物的溶解，使滴落在水冷壁上的尿素溶液中氯离子含量升高，引起钢材发生腐蚀。

（3）硫酸根离子（SO_4^{2-}）和亚硫酸根离子（SO_3^{2-}）：虽然尿素溶液本身不含有硫酸根和亚硫酸根离子，但尿素液滴在炉膛内还是会吸收烟气中的 SO_2、SO_3 形成离子，造成硫酸根腐蚀，破坏水冷壁钢材上的保护膜，进一步加剧电化学腐蚀。

材料承受的应力超过材料的屈服极限以后，在局部超过屈服极限的部位，容易产生电化学腐蚀。水冷壁弯管部位在弯管制作过程中产生形变，多少总会引起一定的应力集中，容易造成电位差。钢材变形程度大、内应力大的部位，其电极电位低于变形小、内应力小的部位，成为阳极，发生腐蚀。在停炉检查中发现，水冷壁泄露部位主要也是发生在弯管处，腐蚀现象也与应力腐蚀现象接近，经常出现不规则的腐蚀坑，有的呈贝壳状、有的呈三角形、有的呈椭圆形等。可见，由于弯管处残存应力的存在，使尿素溶液的腐蚀找到了突破口，加速了水冷壁腐蚀现象的发生。可以判断残余应力腐蚀是 SNCR 水冷壁腐蚀的主要原因之一。

（4）游离二氧化碳腐蚀：尿素溶液高温时分解产生二氧化碳气体，当水中有游离 CO_2 存在时，会使水呈酸性反应：

$$CO_2 + H_2O \longrightarrow H^+ + HCO^{3-} \tag{4-5}$$

这样，由于水中 H^+ 的数量增多，就会产生氢的去极化腐蚀：$2H^+ + 2e^- \longrightarrow H_2\uparrow$，若给水中同时存在 O_2 和 CO_2，则腐蚀作用就会加剧。腐蚀的初步产物氢氧化亚铁先与二氧化碳作用，生成溶解于水的重碳酸亚铁：

$$Fe(OH)_2 + 2CO_2 \longrightarrow Fe(HCO_3)_2 \tag{4-6}$$

当有氧存在时，再氧化成氢氧化铁：

$$4Fe(HCO_3)_2 + O_2 + 2H_2O \longrightarrow 4Fe(OH)_3 + 8CO_2 \qquad (4-7)$$

这种腐蚀特征往往是金属表面没有腐蚀产物，而是呈或大或小的溃疡状态。游离出来的 CO_2 可再循环投入腐蚀反应，直到氧完全消耗完为止。而电厂的 SNCR 喷口在微负压条件下，空气中的氧将源源不断地补充到液滴周围，引起腐蚀的持续进行。除此，锅炉烟气中富集的 CO_2 也会溶解于液滴中形成源源不断的游离 CO_2。在 CO_2 和 O_2 充足的条件下，腐蚀持续加剧进行。

（5）温度和热负荷：SNCR 喷枪位置主要位于炉膛内烟气温度约为 $1100\sim1150℃$ 处，此处水冷壁钢材表面温度高，使铁离子在水溶液中的扩散速度加快，电解质水溶液的电阻降低，因而加速电化学腐蚀。在高热负荷下，由于热应力的影响，以及滴落在水冷壁金属表面蒸汽泡对保护膜的机械作用，使保护膜容易遭到破坏。

与尿素溶液本身有关的腐蚀在喷枪喷入尿素溶液时，由于雾化的不完全性，将有液滴在喷枪上逐渐形成，通过浇注料进而滴落在水冷壁管上，滴落在水冷壁管上的尿素液滴，在高温下与烟气一起形成复杂的物理化学腐蚀过程。

3. 腐蚀机理

尿素液滴分解产生的 NH_3 和烟气中的 CO_2（包括尿素本身分解产生的 CO_2）在高温下因异构化而生成氰酸铵，后者分解成游离氰酸：

$$CO(NH_2)_2 =\!=\!= NH_4CNO =\!=\!= HCNO + NH_3 \qquad (4-8)$$

氰酸根（CNO^-）是一种还原性酸根，对金属表面的钝化膜能产生活化腐蚀。

尿素水溶液在一定压力和温度条件下有非常强的腐蚀性。尿素生产过程中在尿素合成时，其不锈钢容器都会发生腐蚀，而 SNCR 分解尿素产生氨气与合成法制尿素的过程相反，基本上有类似合成法制尿素的腐蚀过程，所以尿素液滴落在水冷壁上引起的腐蚀也是引起水冷壁泄漏的主要原因之一，不可小视。

四、尿素溶液热分解特性

研究认为，尿素溶液与氨水喷射脱硝过程的一个重要差别就是挥发性不同，另外，尿素需要经过分解反应才能释放出有效还原 NO_x 的氨和异氰酸等成分。因此，尿素的分解特性是其脱硝特性的一个重要因素。

尿素 $CO(NH_2)_2$ 为白色或浅黄色的结晶体，吸湿性较强，易溶于水，熔点为 $132.5℃$。在低温、高压（$160\sim240℃$，$2.0MPa$）或高温、常压（$350\sim650℃$，$0.1MPa$）条件下，尿素的 C—N 键断裂分解成 NH_3 与 CO_2。

$$NH_2-CO-NH_2 \longrightarrow NH_2-CO-NH_2 + xH_2O \qquad (4-9)$$

$$NH_2-CO-NH_2 + xH_2O \longrightarrow NH_3 + HNCO \qquad (4-10)$$

$$HNCO + H_2O \longrightarrow NH_3 + CO_2 \qquad (4-11)$$

即 $\qquad CO(NH_2)_2 + H_2O \longrightarrow 2NH_3 + CO_2 \qquad (4-12)$

汽化后的尿素-水溶液被喷入热解气流中，其分解的第 1 步为尿素溶液液滴中的水汽蒸发，第 2 步尿素受热分解为 NH_3 和 HNCO。生产的 HNCO 在气相中相对稳定，但是在有水的情况下，其在金属氧化物表面很容易发生水解反应，生产 NH_3 和 CO_2。理论上 1mol 尿素完全水解能产生 2mol NH_3 和 1mol CO_2。在有 O_2 存在的情况下，尿素分解产物 NH_3 会被氧化生成 N_2：

$$4NO + 4NH_3 + O_2 \longrightarrow 4N_2 + 6H_2O \tag{4-13}$$

$$6NO_2 + 8NH_3 \longrightarrow 7N_2 + 12H_2O \tag{4-14}$$

以尿素为还原剂的 SNCR 脱硝系统中，脱硝原理是将尿素经溶解稀释后配成一定浓度的尿素溶液，通过雾化喷射系统直接喷入分解炉合适温度区域（850～1100℃），尿素溶液雾化后，其中的氨基成分与分解炉烟气中 NO_x（NO、NO_2 等混合物）进行选择性非催化还原反应，将 NO_x 转化成无污染的 N_2 和 H_2O，从而达到降低 NO_x 排放的目的。该方法以分解炉为反应器。分解炉内的主要化学反应为（4-12）、（4-13）、（4-14）。

火电厂尿素 SCR 热解反应温度一般在 315～538℃，但在 SNCR 脱硝过程中尿素热解反应温度则较高。Gentemann 等在研究 527～1027℃高温条件下 SNCR 尿素-水溶液的分解情况时发现，当温度低于 727℃时，尿素热分解起支配作用，干尿素分解为 NH_3 和 HNCO。当温度高于 727℃时出现氧化现象，氧化产物包括 NO 和 N_2O，促进 N_2O 产生的物质是 HNCO 而非 NH_3。在 777～927℃范围最有利于 SNCR 工况的尿素热解，777℃的温度下限可以避免大量的 NH_3 和 HNCO 逃逸。

一般认为，在没有催化剂，温度在 871～1038℃范围内，氨为还原剂时，发生反应：

$$4NO + 4NH_3 + O_2 \longrightarrow 4N_2 + 6H_2O \tag{4-15}$$

$$6NO_2 + 8NH_3 \longrightarrow 7N_2 + 12H_2O \tag{4-16}$$

当温度过高（高于 1038℃）时会发生反应：

$$4NH_3 + 5O_2 \longrightarrow 4NO + 6H_2O \tag{4-17}$$

当温度低于 871℃时，反应不完全，氨的逃逸率高，造成二次污染，导致脱硝效率降低。

因此，将 850～1100℃的反应温度范围称为尿素反应的温度窗。当反应温度过高，超过反应温度窗口时，尿素溶液中挥发出来的 NH_3 就会被氧化，会使 NO_x 还原率降低；另一方面，反应温度过低时，氨逃逸增加，也会使 NO_x 还原率降低。氨的逃逸会造成新的环境污染。同时有研究表明，尿素约在 900℃时脱硝效果最好，尿素的脱硝温度范围较窄，除了 900℃的脱硝高峰以外，其他温度脱硝效果下降很快。

第三节　还原剂为尿素的 SNCR 系统设计规范

以尿素为脱硝还原剂时，虽然其危险性没有以氨水为还原剂的大，但为了保证整套脱硝装置安全运行，在水泥厂 SNCR 烟气脱硝设计过程中，必须遵守国家的有关标准和规范，合理设计系统，优化布置设备，以达到既能满足降低污染物排放浓度的要求，又能降低工程投资和运行费用。SNCR 脱硝系统设计、运行应执行的国家标准、规范及相关技术文件如下。

（一）脱硝工程设计标准规范

《火电厂烟气脱硝工程技术规范 选择性非催化还原法》（HJ 563—2010）（由于水泥行业脱硝标准未出，因此水泥厂 SNCR 可参照此标准）；

《火力发电厂石灰石-石膏湿法烟气脱硫系统设计规程》（DL/T 5196—2016）；

《水泥工厂设计规范》（GB 50295—2016）（水泥厂相关防火设计可参照 GB 50016—2014 和 GB 50295—2016）。

（二）总平面布置相关标准规范

《工业企业总平面设计规范》（GB 50187—2012）；

《火力发电厂总图运输设计规范》（DL/T 5032—2018）。

（三）脱硝系统关于环境保护相关标准规范

1. 环境质量主要设计标准

《环境空气质量标准》（GB 3095—2012）（环境质量要符合此标准中二级标准）；

《地表水环境质量标准》（GB 3838—2002）（地表水执行此标准中Ⅲ类标准）；

《声环境质量标准》（GB 3096—2008）（噪声执行此标准中 3 类标准）；

《火电厂氮氧化物防治技术政策》（环境保护部环发〔2010〕10 号）。

2. 污染物排放标准

《水泥工业大气污染物排放标准》（GB 4915—2013）（废气及粉尘）；

《火电厂大气污染物排放标准》（GB 13223—2011）（废气及粉尘）；

《污水综合排放标准》（GB 8978—1996）（废水）；

《工业企业厂界环境噪声排放标准》（GB 12348—2008）（噪声）。

3. 环境监测

国家环保总局颁发的《环境监测技术规范》；

《固定污染源排气中颗粒物测定与气态污染物采样方法》（GB/T 16157—1996）；

《空气和废气监测质量保证手册》（第四版）；

《固定污染源烟气（SO_2、NO_x、颗粒物）排放连续监测技术规范》（HJ 75—2017）；

《固定污染源烟气（SO_2、NO_x、颗粒物）排放连续监测系统技术要求及检测方法》（HJ 76—2017）。

（四）脱硝工程消防设计相关标准规范

《石油化工企业设计防火规范》（GB 50160—2008）；

《水泥工厂设计规范》（GB 50295—2016）（水泥厂相关防火设计可参照GB 50016—2014 和 GB 50295—2016）；

《建筑设计防火规范》（GB 50016—2014）；

《火力发电厂与变电站设计防火标准》（GB 50229—2019）；

《自动喷水灭火系统设计规范》（GB 50084—2017）；

《水喷雾灭火系统技术规范》（GB 50219—2014）；

《火灾自动报警系统设计规范》（GB 50116—2013）；

《建筑灭火器配置设计规范》（GB 50140—2005）；

《工业建筑供暖通风与空气调节设计规范》（GB 50019—2015）。

建筑物和构筑物的防火间距严格按照现行标准《火力发电厂总图运输设计规范》（DL/T 5032）、《火力发电厂与变电站设计防火标准》（GB 50229）、《建筑设计防火规范》（GB 50016）等规程、规范执行。

消防设计遵循《建筑设计防火规范》（GB 50016）。消防设施主要为消火栓、自动喷水系统和灭火器。

（五）脱硝工程劳动安全和职业卫生相关标准规范

1. 行业标准

《电力设施保护条例（98 年修正）》国务院令第 239 号；

《建设工程安全生产管理条例》国务院令第 393 号；

《劳动保障监察条例》国务院令第 423 号；

《电力监管条例》国务院令第 432 号；

《生产安全事故报告和调查处理条例》国务院令第 493 号；

《使用有毒物品作业场所劳动保护条例》国务院令 352 号；

《危险化学品建设项目安全监督管理办法》国家安全生产监督管理总局令第 45 号；

《建设项目安全设施"三同时"监督管理暂行办法》国家安全生产监督管理总局令第 36 号。

2. 行业规范

《火力发电厂职业安全设计规程》（DL 5053—2012）；

《工业企业设计卫生标准》（GBZ 1—2010）；

《工作场所有害因素职业接触限值 第 1 部分：化学有害因素》（GBZ 2.1—2019）；

《工作场所有害因素职业接触限值 第 2 部分：物理因素》（GBZ 2.2—2007）；

《工业企业噪声控制设计规范》（GB/T 50087—2013）；

《爆炸危险环境电力装置设计规范》（GB 50058—2014）；

《建筑设计防火规范》（GB 50016—2014）；

《建筑照明设计标准》（GB 50034—2013）；

《建筑物防雷设计规范》（GB 50057—2010）；

《电力设施抗震设计规范》（GB 50260—2013）；

《机械安全防护装置 固定式和活动式防护装置的设计与制造一般要求》（GB/T 8196—2018）；

《工业建筑供暖通风与空气调节设计规范》（GB 50019—2015）；

《发电厂供暖通风与空气调节设计规范》（DL/T 5035—2016）；

《火力发电厂职业安全设计规程》（DL 5053—2012）；

《火力发电厂总图运输设计规范》（DL/T 5032—2018）；

《火力发电厂建筑设计规程》（DL/T 5094—2012）。

其中：为防止车间噪声和振动对生产人员产生的不良影响，厂内工作场所的连续噪声级应符合《工业企业噪声卫生标准》的要求。为确保电气设备以及运行、维护、检修人员的人身安全，电气设备的选用和设计应符合现行国家标准等有关规程，所有电气设备应有防雷击设施并有接地设施。

作业场所和易爆、易燃的危险场所的防火分区、防火间距、安全疏散和消防通道的设计，均按现行《建筑设计防火规范》（GB 50016）、《建筑内部装修设计防火规范》（GB 50222）和《火力发电厂与变电站设计防火标准》（GB 50229）等有关规定设计。

严格按照《爆炸危险环境电力装置设计标准》（GB 50058）等现行有关规程规范的规定，对有爆炸危险的设备及有关电气设施、工艺系统和厂房的工艺设计及土建设计，按照不同类型的爆炸源和危险因素采取相应的防爆防护措施。

根据《工业企业设计卫生标准》（GBZ 1）等现行的有关标准、规范的规定，对贮存和产生有化学伤害物质或腐蚀性介质等场所及使用对人体有害物质的仪器和仪表设备，应采取相应的防毒及防化学伤害的安全防护设施。

严格遵照《工业企业设计卫生标准》《火力发电厂采暖通风与空气调节设计规定》等规程规范。在工艺流程设计中，使运行操作人员远离热源并根据具体条件采取隔热、通风和空调等措施，以保证运行和检修生产人员的良好工作环境。

（六）脱硝工程节能节水相关标准规范

《公共建筑节能设计标准》（GB 50189—2015）；

国家发改委令第 40 号《产业结构调整指导目录（2005 年本)》；

（七）脱硝工程其他应执行的行业标准、规范及技术文件

《生产过程安全卫生要求总则》（GB/T 12801—2008）；

《危险化学品重大危险源辨识》（GB 18218—2018，适用于脱硝还原剂）；

《建筑内部装修设计防火规范》（GB 50222—2017）；

《火力发电厂与变电站设计防火标准》（GB 50229—2019，适合用发电厂和变电站）；

《工业企业噪声控制设计规范》（GB/T 50087—2013）；

《工业企业厂界环境噪声排放标准》（GB 12348—2008）；

《固定污染源排气中颗粒物测定与气态污染物采样方法》（GB/T 16157—1996）；

《建筑采光设计标准》（GB/T 50033—2013）；

《供配电系统设计规范》（GB 50052—2009）；

《压力容器（合订本）》（GB/T 150.1～GB/T 150.4—2011）；

《室外排水设计标准》（GB 50014—2021）；

《室外给水设计标准》（GB 50013—2018）；

《给水排水工程构筑物结构设计规范》（GB 50069—2002）；

《给水排水工程管道结构设计规范》（GB 50332—2002）；

《建设项目（工程）竣工验收办法》（计建设〔1990〕1215 号）；

《建设项目竣工环境保护验收管理办法》（国家环境保护总局令 第 13 号）；

《火灾自动报警系统施工及验收标准》（GB 50166—2019）；

《通风与空调工程施工质量验收规范》（GB 50243—2016）；

《建筑给水排水及采暖工程施工质量验收规范》（GB 50242—2002）；

《给水排水管道工程施工及验收规范》（GB 50268—2008）；

《工业金属管道工程施工规范》（GB 50235—2010）；

《输送设备安装工程施工及验收规范》（GB 50270—2010）；

《风机、压缩机、泵安装工程施工及验收规范》（GB 50275—2010）；

《电气装置安装工程 接地装置施工及验收规范》（GB 50169—2016）；

《电气装置安装工程 旋转电机施工及验收标准》（GB 50170—2018）；

《电气装置安装工程 盘、柜及二次回路接线施工及验收规范》（GB 50171—2012）；

《电气装置安装工程 低压电器施工及验收规范》（GB 50254—2014）；

《电气装置安装工程 电力变流设备施工及验收规范》（GB 50255—2014）；

《电气装置安装工程 起重机电气装置施工及验收规范》（GB 50256—2014）；

《电气装置安装工程 爆炸和火灾危险环境电气装置施工及验收规范》（GB 50257—2014）；

《低压配电设计规范》（GB 50054—2011）；

《自动化仪表工程施工及质量验收规范》（GB 50093—2013）。

第四节　还原剂为尿素的 SNCR 工艺系统设计

一、设计的基本要求

（1）脱硝工程的设计应由具备相应资质的单位承担，并符合国家有关强制性法规、标准的规定。

（2）SNCR 应用在水泥生产线上时，应满足国家规范和标准要求，系统脱硝效率应达到 60% 以上；为达到更大的脱硝效率，SNCR 工艺可与其他烟气脱硝工艺联合使用，如"低氮燃烧技术＋SNCR"联合脱硝及"SNCR＋SCR"联合脱硝。

（3）按照《水泥工业大气污染物排放标准》（GB 4915—2013）脱硝系统氨逃逸率应控制在 $10mg/m^3$ 以下。

（4）SNCR 脱硝系统对水泥窑炉的影响一般应小于 0.5%。

（5）SNCR 脱硝系统应能在水泥窑炉不同工况下连续安全运行。

二、SNCR 脱硝系统工艺流程和系统组成

通常以尿素为还原剂的水泥窑炉 SNCR 系统烟气脱硝过程由下面几个基本过程完成。

（1）固体尿素的接收、溶解和储存；

（2）尿素溶液的计量输出、与水稀释混合；

（3）尿素溶液分配系统对尿素溶液进行均匀分配；

（4）喷射系统在窑炉合适位置喷入稀释后的尿素溶液；

（5）最终还原剂尿素溶液与窑炉内烟气混合进行脱硝反应，降低 NO_x 的排放浓度。

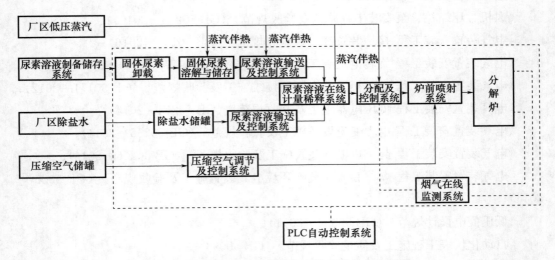

图 4-2　以尿素为还原剂的 SNCR 系统控制流程图

以固体尿素为还原剂、压缩空气为喷枪雾化冷却介质、低压蒸汽为尿素溶液热源的 SNCR 系统如图 4-2 所示。设计时应注意：①由于外购干尿素易吸湿潮解，不易于储存，尿素宜配制成溶液进行储存。②配制尿素溶液的水应尽可能使用低硬度的水源（如厂区除盐水），当溶解水的硬度较高时，需添加化学阻垢剂对配制尿素溶液的工业水进行稳定处理，使得因时间、温度和水的纯度不够而产生的沉淀降到最低。③配制好的尿素溶液，为了防止尿素溶液的再结晶，所有尿素溶液的容器和管道必须进行伴热（蒸汽或者电伴热），使溶液的温度保持在其相应浓度的结晶温度以上。不同浓度尿

素溶液的结晶温度见本章第一节表 4-2。④配制尿素溶液的水温应加以控制，溶液温度高于 130℃时，尿素会分解为氨和二氧化碳。⑤由于中间产物氨基甲酸铵具有较强的腐蚀性，因此，在尿素水解系统中，除了固体尿素仓库外，其他的设备和管道均应选择不锈钢材质。

三、固体尿素的接收与储存

采用固体颗粒尿素作为还原剂的优点是流程简捷、安全可靠。袋装固体颗粒尿素运输、储存、输送都无须特别的安全防护措施，只需要普通的聚丙烯编织袋内衬塑料薄膜包装运输即可。目前，在 SNCR 脱硝系统中，有以下几种途径进行袋装尿素卸载。

（1）将尿素存放于储存间，当配制尿素溶液时，采用人工作业的方式，用桥式起重机将尿素运至卸料平台，通过人工将尿素倒进卸料斗内，进入尿素溶解罐。也可设置提升机，通过人工加料至提升机入料斗，再经提升机提升至尿素溶解罐入料口。以上均需人工记下尿素的袋数计算重量。其特点是投资少、设计简单、布置容易，但人工的劳动强度大、尿素配料浓度准确性受人为因素的影响。如图 4-3、4-4 所示为尿素溶解罐地上和地下布置时的装卸方案。

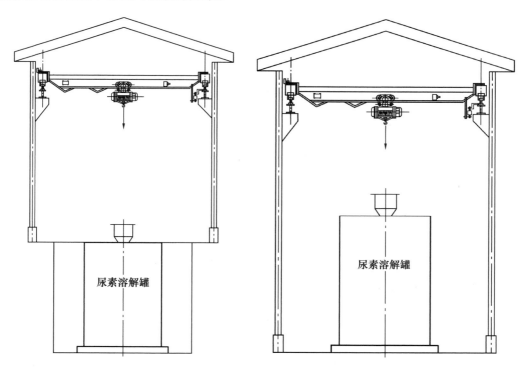

图 4-3　尿素溶解罐地上布置时尿素装卸方案　　图 4-4　尿素溶解罐地下布置时尿素装卸方案

（2）袋装尿素运至尿素堆放车间，配料时，用叉车将袋装尿素送入破包机，破包后的尿素颗粒通过斗式提升机输送到储仓，在经螺旋秤称重计量后通过螺旋输送机，输送到溶解池，配制成一定浓度的尿素溶液，其系统如图 4-5 所示。此工艺的特点是工人劳动强度低、配料浓度准确性不受人为因素影响。缺点是储仓及螺旋输送机中的尿素颗粒易吸潮结块，导致下料及输送不畅。因此，储仓宜设计成锥形底的立式罐，同时仓体锥部设置流化装置，如对图中的空气炮等定时吹扫，防止尿素吸潮、架桥及结块堵塞。

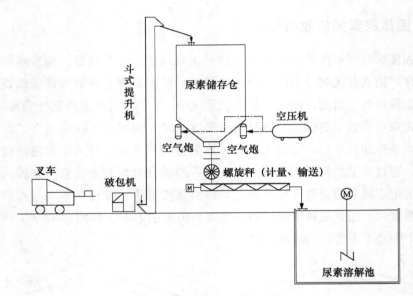

图 4-5　尿素的另一种装卸方案

设计时可根据业主厂区情况选择不同的卸料方式。

四、固体尿素的溶解与尿素溶液的储存

目前水泥窑炉、燃煤电站 SNCR 系统所用的尿素，一般是从化肥厂买来袋装尿素自行配制成尿素溶液。由于尿素的溶解过程是吸热反应，其溶解热高达 $-57.8cal/g$（负号表示吸热）。而 50% 浓度的尿素溶液的结晶温度约为 18℃。所以在尿素溶液配制过程中需要配置功率强大的热源，以防尿素溶解后的再结晶。在北方寒冷地区的气象条件下，使用尿素为还原剂的 SNCR 系统要特别注意加热保温问题。

1. 固体尿素的溶解与溶液储存系统设计的基本要求

尿素溶液制备系统整个流程为：将固体尿素和除盐水加入溶解罐内溶解、混合搅拌，最后配制成一定浓度的尿素溶液。为了保证整个系统尿素溶液供应的连续性，通常需要将溶解罐内配置好的尿素溶液输送到储存罐进行中间储存和缓冲，最后通过输送泵送至计量、分配系统和炉前喷射系统。整个系统设备包括：尿素溶解罐、尿素溶液循环输送模块、除盐水储罐、尿素溶液存储罐及相应阀门仪表等。

水泥窑炉、燃煤电站 SNCR 系统所用的尿素常制备成质量比为 40%～50% 的尿素溶液，以方便储存，若储罐存量足够，也可直接配成喷射入炉浓度溶液。尿素溶液的总储存容量宜按照不小于所属厂内 SNCR 系统正常运行时 5～7d 的总消耗量来

设计。

尿素溶解设备宜布置在室内，尿素溶液存储设备根据工程情况可布置在室外，也可布置在室内。同时，设备间距应满足施工、操作和维护的要求。

如果尿素选择仓储，则储存固体尿素的筒仓至少设置一个，通常应设计成锥形底立式不锈钢罐，并且设置热风流化装置和振动下料装置，以防止固体尿素吸潮、架桥及结块堵塞。

尿素溶解罐应至少设置一座，通常采用 304 不锈钢制造，并且尿素溶解罐上应设有人孔、尿素入口、尿素溶液出口、通风口、循环溶液入口、搅拌器、液位计、温度计和排放口等设施。为了防止尿素溶液的结晶，溶解罐和管道应进行蒸汽或电伴热。

尿素溶液储存罐用以储存配制好的尿素溶液，储存罐的总储存容量宜为全厂所有 SNCR 装置 5～7d 的平均总消耗量；通常尿素溶液储存罐宜为两座，储罐材质可采用 S30408 不锈钢或玻璃钢材质；尿素溶液储存罐内或再循环管线应设伴热装置。当尿素溶液温度过低（不大于配制浓度下的结晶温度＋5℃）时，启动在线加热器以提升溶液的温度；储罐为立式平底结构，储存罐露天放置时，尿素溶液储存罐的顶部四周应有隔离防护栏，并设有梯子及平台等安全防护设施。罐体外应实施保温，尿素溶液储存罐应设人孔、尿素溶液进出口、循环回流口、呼吸阀、溢流管、排污管、蒸汽管、液位计、温度计等设施。为满足运行、维护的需要，尿素溶解罐、尿素溶液储存罐应设有梯子、平台、栏杆等。如图 4-6 所示为某工程尿素制备设备布置图。

图 4-6　某工程尿素制备房设备布置图

2. 固体尿素的溶解与溶液储存的工艺系统

图 4-7 中为固体尿素的溶解与储存的主要的工艺系统及设备，相关控制、仪表、管

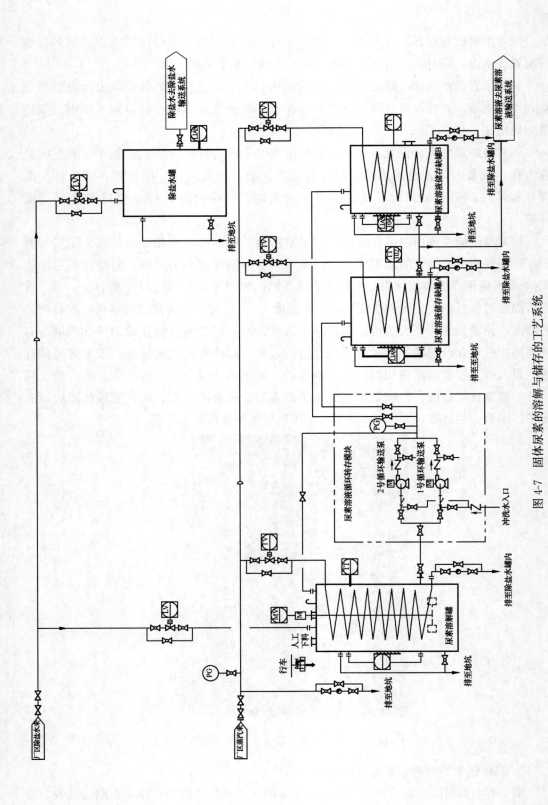

图 4-7 固体尿素的溶解与储存的工艺系统

道排水等未标识，该系统设置了一个溶解罐、两个储存罐、两台离心式转存输送泵。为了提供尿素溶解需要的热量并维持尿素溶液的温度，系统取用主厂低压蒸汽作为热源，在溶解罐、储存罐都设置蒸汽盘管，保持溶解罐温度 40℃ 以上，避免尿素结晶析出。蒸汽的疏水进入尿素区域设置的除盐水储罐再次利用，其余冲洗、排污等废液则进入系统内设置的地坑内，正常运行时通过地坑泵将其加压送入溶解罐内再次利用。储罐内加入盘管的设置如图 4-8 所示。

图 4-8　储罐内加入盘管的设置

为了避免溶解水的硬度及固体悬浮物对系统的影响，系统的工艺水宜采用主厂系统的除盐水，如果直接采用主厂里的工业水，则需要根据水的硬度，加入适当的添加剂，以保证水的总硬度、碱度等指标满足工艺需要。为了保证稀释水对 SNCR 系统管路没有腐蚀性并且减少结垢堵塞管路，作为稀释水应是具有软化水质量的纯水，满足下列规格：

（1）pH 值：6～9；

（2）全硬度小于 3mmol/kg；

（3）钙硬度小于 2mmol/kg（作为 $CaCO_3$），最好小于 0.2mmol/kg；

（4）全碱度小于 2mmol/kg，最好小于 0.2mmol/kg；

（5）铁小于 0.5mg/kg；

（6）导电度小于 250μmhos；

（7）没有明显的浑浊和悬浮固态物。

现场配制尿素溶液的一般质量要求：

（1）质量浓度为 20%～50%；

（2）淡黄色或清澈或轻微浑浊的液体；

（3）比重为 1.13～1.15；

（4）pH 值为 7～10；

（5）自由 NH_3 低于 5000ppm；

（6）缩二脲低于 5000ppm；

（7）正磷酸盐低于 6ppm；

（8）悬浮固态物低于 10ppm。

五、尿素溶液的输送、稀释系统

1. 设计要求

当采用尿素作为还原剂时，其在喷入分解炉或锅炉之前，根据窑炉烟气中 NO_x 浓度的变化情况，综合考虑尿素溶液喷射穿透力、覆盖范围和热耗的影响，尿素溶液应当与稀释水混合稀释后再喷入分解炉或锅炉内，尿素溶液输送稀释系统主要对 40%～50% 浓度的尿素溶液进行稀释，并将稀尿素溶液输送至炉前，在此过程中需要对输送管道进行伴热，以补充输送过程中热量的损失，确保尿素溶液不结晶。

通常可多台窑炉共用一套尿素溶液输送供给系统，对于每套输送供给系统，输送泵应采用"一用一备"的方案。尿素溶液输送泵可采用多级离心泵。

为满足补偿尿素溶液输送途中热量损失的需要，通常输送供给系统应进行伴热，可采用厂区低压蒸汽伴热或者采用电伴热。

每台分解炉或锅炉通常应配置一套稀释系统，稀释混合器宜采用静态混合器。典型的稀释水压力系统设计由两台不锈钢离心泵和两台过滤器、压力控制阀及压力/（流量）仪表等组成。供尿素稀释用的工艺水中的固形物要低，过滤后水中悬浮物应低于 50mg/L。稀释用水的来源宜为除盐水，也可为去矿物质水、反渗透或凝结水。

2. 尿素溶液的输送、稀释工艺系统

尿素溶液的输送工艺系统（图 4-9）的作用是将储存罐的尿素溶解经输送泵加压后输送到布置在分解炉附近的尿素溶液计量、分配系统，完成与稀释水的混合。两泵入口各设置了一台 Y 形或篮式过滤器；泵出口管道设置了流量计、压力传感器和压力表，便于准确计量输送的尿素溶液流量和测量管道压力。同时还设置了回流系统，通过电动调节阀控制尿素溶液的流量。该系统管道需要保温伴热，以避免管道中尿素结晶沉淀。

图 4-10 为某工程系统尿素溶液输送模块，其功能就是完成尿素溶液的输送，维持还原剂的连续循环。

当窑炉运行情况、NO_x 排放浓度以及氨逃逸量发生变化时，送入炉膛内的尿素溶液的量也应做出相应的改变，这将导致送入喷枪的尿素溶液流量发生变化。若喷枪流量变化过大，会影响雾化喷射效果，从而影响脱硝效率和氨逃逸，因此，系统中增加了在线稀释系统，用以保证运行工况变化时喷嘴中流体流量不变。

在线稀释系统根据窑炉运行情况，NO_x 排放浓度以及氨逃逸情况，将尿素溶液在线稀释成需要的浓度后送入炉前喷射系统中。

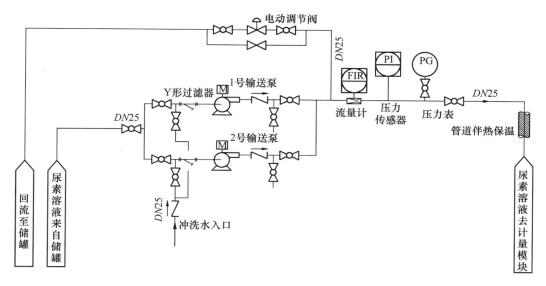

图 4-9 尿素溶液输送系统

图 4-10 某系统尿素溶液输送模块

图 4-11 为某工程稀释水工艺系统，图 4-12 为某工程稀释水模块图。稀释水工艺系统是将主厂提供的稀释水加压后输送到尿素溶液的计量系统中，完成与尿素溶液喷射前的混合。系统中泵入口各设置了一台篮式过滤器；泵出口管道设置了流量计，便于准确计量输送的稀释水流量。在稀释水系统中，50%浓度的尿素溶液从储罐输出后，通过检测在线稀释水流量来调节最终的尿素浓度以满足不同负荷的要求。

通常，每台窑炉应设置两台稀释水泵，一用一备。泵流量设计余量应不小于10%，压头设计余量应不小于20%。

六、尿素溶液计量、分配系统

喷射区的计量分配系统是脱硝控制的核心装置之一，用于计量和控制窑炉每个喷

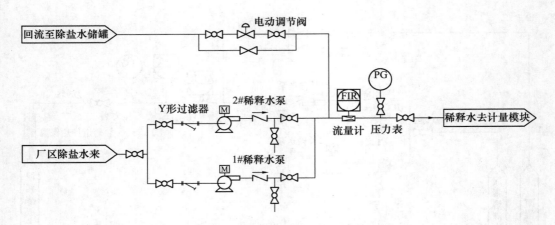

图 4-11　某工程的稀释水工艺系统

图 4-12　某系统稀释水输送模块

射区的尿素溶液流量。通常每层喷枪配置一套计量系统、一套分配系统（一套分配系统中为每只喷枪配置一个控制子单元）。

　　计量系统采用独立的流量和压力控制系统，可根据实际工况，如窑炉烟气量、烟气中 NO_x 浓度及 O_2 浓度的变化等反馈至 PLC 控制系统，实时自动调节喷入窑炉的尿素溶液流量，使喷入还原剂与烟气中氮氧化物的氨氮比，即 NSR 值，可在 1.2～2.0 范围内调节，从而对 NO_x 浓度、窑炉负荷、燃料或燃烧方式的变化做出响应，打开或关闭任意一只或一层喷枪，或调整每只或一层喷枪尿素溶液的流量，从而满足脱硝效率的要求，减轻 NH_3 的逃逸。计量系统装置包括：电动调节阀、电磁流量计或涡街流量计，压力传感器、单向止回阀、手动球阀等。

　　分配系统用来控制分配到每支喷枪的雾化（冷却）空气、稀释后的尿素溶液流量。可在该模块上调节压缩空气流量及稀释后的还原剂流量，以取得最佳的脱硝效率。分配系统装置包括：液路转子流量计、气路手动调节阀、压力表、手动球阀等。

　　通常计量分配系统就近布置在喷射系统附近分解炉及预热器平台上。图 4-13 为 SNCR 工程尿素溶液计量分配及压缩空气系统 PID 图。

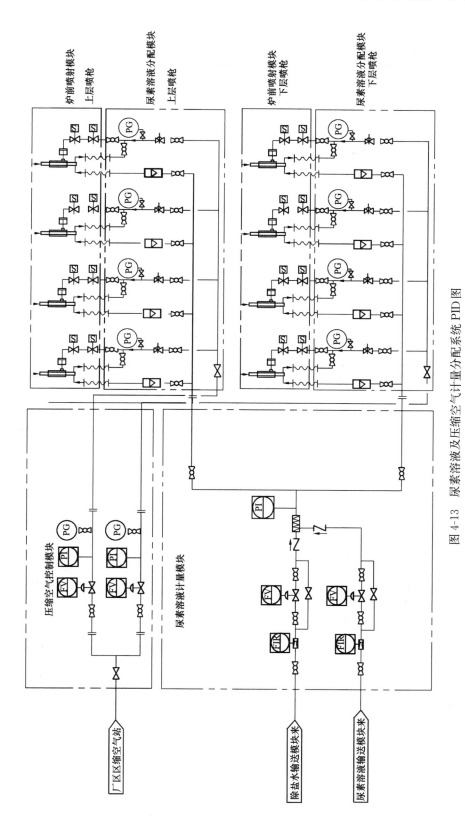

图 4-13　尿素溶液及压缩空气计量分配系统 PID 图

在进行计量分配系统设计中，首先应确定分解炉喷射层数，其次再确定每层的喷射区域（即开孔高度和位置）内设置的喷嘴数量，通常每一个区域设置一个计量系统，输送系统输送的尿素溶液与稀释水由分设在其管路上的流量计计量后，完成充分的混合、稀释、配制成浓度为 10%～20% 的稀尿素溶液（锅炉系统要求稀释后的尿素溶液浓度在 10% 以下）。稀释好的尿素溶液进入分配系统，由分配系统的每个子系统分配到每层区域内每只喷枪。

图 4-14 为某 SNCR 工程计量系统装置图，图 4-15 为 SNCR 系统分配系统装置现场安装图，图 4-16 为分配系统的另外一种布置方式图。即直接环绕分解炉炉体布置，这种方式比较节省空间，但若转子流量计离分解炉太近温度高而导致外壳变形，安装时应注意使转子流量计离开分解炉一定距离或者在分解炉上装上隔热板。

图 4-14　某工程计量系统装置图

图 4-15　某工程 SNCR 系统分配
系统装置现场装置

图 4-16　某工程 SNCR 系统分配
系统另一种布置方式

七、以尿素为还原剂的 SNCR 炉前喷射系统

尿素溶液经过计量、分配系统进行计量分配之后，来到整个 SNCR 脱硝系统的核

心系统——炉前喷射系统。经喷射系统装置雾化后，喷入炉膛内，最终完成 NO_x 的脱除反应。还原剂喷射系统的设计应能适应窑炉负荷和实时工况变化，并能安全连续运行。喷射系统设计应包括以下内容：①喷射区域的选择；②喷射装置类型、数量和位置的选择；③还原剂的雾化效果；④氨逃逸的控制等。具体将在本章第五节进行详细介绍。

在系统设计中，首先应根据分解炉的温度场、流场和化学反应的数值进行 CFD 模拟优化后，结合分解炉的实际情况确定喷射区部位和数量，据此选择喷射装置类型数量，最后进行布置。实际施工时，尽量避免与炉内外部件碰撞。通常对于小中型规模的水泥生产线，即 3200t/d 新型干法熟料水泥生产线以下一般布置 3～6 支喷枪，喷射区域可单层；而对于大型规模的水泥生产线，即 4000t/d 新型干法熟料水泥生产线及以上则一般布置 6～12 支喷枪，喷射区域可为 1～2 层；而对于万吨线，喷枪和喷射区域均可在大型规模生产线基础上增加。一般喷枪多布置分解炉鹅颈管及其出口位置，没有鹅颈管的分解炉可尽量布置在其上部。对于新上线应该在生产线设计时预留开孔位置。布置点应满足以下条件：①在氨水喷入的位置没有火焰；②在反应区域维持合适的温度范围（850～1050℃）；③在反应区域有足够的停留时间（至少 0.5s，900℃）。

在实际工程中，为保证还原剂在喷枪布置的炉膛截面上对 NO_x 进行有效拦截，通常多层、多点布置喷射点，结合采用多种形式的喷枪，使分解炉在不同工况时，都能保证系统的脱硝效率。图 4-17 为某 5000t/d 水泥窑分解炉 SNCR 脱硝喷枪层布置示意图，为满足不同浓度 NO_x 运行需要，共设置了两层喷枪。图 4-18 为某 2500t/d 水泥窑分解炉 SNCR 脱硝喷枪层布置示意图，喷枪共设置了两处。由于 2500t/d 水泥窑炉容量比 5000t/d 小，在实际使用时一层喷枪投入使用后 NO_x 排放浓度已能满足现行国家标准要求。

炉前喷射系统的设备主要包括喷枪、推进器（如气缸）、阀门。喷枪本体上的尿素溶液进口和雾化介质（压缩空气）为螺纹连接，通过两根不锈钢金属软管分别于尿素溶液管路和雾化介质管路连接。软管后面的尿素溶液管路和雾化介质管路上就近各布置一个球阀。通常喷枪安装时，一般需在本体外安装一个喷枪套筒，套筒采用 0Cr25Ni20 不锈钢材质，延长保护喷枪在分解炉的高温高尘环境下的使用寿命，在喷枪套筒上也连接一路压缩空气吹扫，防止套筒内因灰尘沉积而影响喷枪开停时的顺利推进和退出分解炉。由于尿素溶液具有一定的腐蚀性，尿素溶液喷入炉膛的喷枪头部全部用 0Cr25Ni20 不锈钢制造。图 4-19 为某工程喷枪管道连接图。

八、SNCR 压缩空气系统

SNCR 系统中，压缩空气除了常规仪用压缩空气外，还有尿素溶液雾化、管路吹扫或设施冷却（喷枪冷却、套筒冷却等）用的杂用压缩空气。在仪（杂）用压缩空气的主管路上，都必须设置油水分离器。

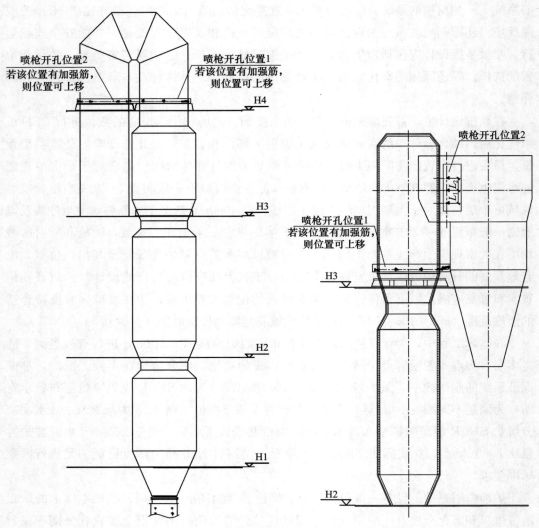

图 4-17　某 5000t/d 水泥窑分解炉
SNCR 脱硝喷枪层布置示意图

图 4-18　某 2500t/d 水泥窑分解炉
SNCR 脱硝喷枪层布置示意图

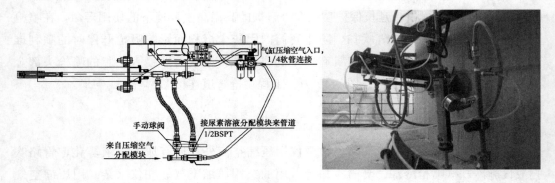

图 4-19　某工程喷枪管道连接图

作为雾化介质的压缩空气主要作用在于加强尿素溶液与炉内烟气的充分混合，充分混合有利于保证脱硝效果，提高尿素溶液利用率，减少尾部氨残余。在此过程中，雾化介质主要是提高尿素溶液喷射速度、增加喷射动量，并非把尿素溶液全部雾化成很小的液滴，而是雾化成一定比例的不同尺寸液滴。小液滴在喷入口炉壁附近的低温区就易挥发、反应，而大液滴则可以深入分解炉内才析出反应，从而还原剂将整个烟气通过截面覆盖。

为提高液滴的喷射动量，取决于喷射速度和喷射物的质量。在液滴尺寸一定的条件下，则主要集中在提高喷射速度上。因此，为保证喷枪的雾化效果，压缩空气系统必须有足够的压力，通常每条水泥窑生产线一层喷枪配置一个压缩空气控制模块，通过调节模块的压缩空气调节阀，可对该层喷枪雾化空气流量、压力进行计量分配。一般要求到喷枪前的压力为 0.4～0.6MPa 较为合适。由图 4-13 可看出，每层喷枪的压缩空气控制模块设置在分配模块之前的压缩空气总管路上，模块内设置了电动调节阀、压力传感器和压力表。可通过调节压缩空气路电动调节阀的开度，再由压力传感器反馈信号确认气路压力进行压力、流量调节。

而在分配模块内压缩空气控制单元则包括手动调节阀、压力表及气路电磁阀（当采用伸缩式喷枪时使用）。压缩空气总管道过来的压缩空气分配至每只喷枪，可通过调节手动调节阀的开度控制每支枪的进气量。气路电磁阀的主要作用则是在使用自动伸缩式喷枪时控制喷枪上气缸的推进和退出。

现行水泥窑生产线在窑尾均设有压缩空气管路，如厂区压缩空气压力有富余，可直接从厂区主管路上引出一路作为 SNCR 脱硝使用。若富余量不大，则应在窑尾增加储气罐，储备一定量的压缩空气量，以保证供气稳定。若气量还不够，则应增加一台小型空气压缩机，给 SNCR 脱硝系统补气。

九、在线监测系统

监测仪器在 SNCR 系统中起到提供初始烟气浓度和实际运行参数的作用。若原厂内原来没有设置在线烟气连续监测装置，则可在窑尾预热器 C1 筒出口处及窑尾烟囱处设置在线烟气连续监测装置，将通过监测取得 NO_x 的实时浓度数据采集到脱硝 PLC 控制柜，并进入中控上位机显示。再参考窑尾尾排风机风量和含氧量等指标来修正 NO_x 的原始参数，反馈到中控上位机，由控制系统自动或人工手动调节还原剂的喷射量。同时，可在窑尾预热器 C1 筒出口及烟囱处设置氨逃逸在线监测仪，对氨逃逸进行实时监测。以上测量信号通过硬接线进 PLC 控制柜，经专用光缆线入中控室，在上位机上进行监测和控制。SNCR 烟气排放连续监测系统的装设应符合 HJ 76—2017 要求，并按照 HJ 75—2017 的要求进行连续监测。

十、废液处理系统

脱硝装置的给水主要包括工业水、设备冷却水及蒸汽冷凝水等。

通常，在尿素溶液制备间设置排水坑，排水坑中设置排污泵，可将排水坑内的水输送出去。在尿素溶液制备过程中，尿素溶解吸热，需要强大的热源，如果采用蒸汽加热或伴热，则将产生大量的蒸汽冷凝水，将蒸汽冷凝水排放至排水坑内，达到一定程度时，用泵将其打至尿素溶解罐中再次利用。而在系统启动和停运期间，将尿素管路的冲洗水也排放至尿素溶液制备间的排水坑，可循环利用，也可在排水坑出口留出一个备用出口接头，根据现场情况业主临时处理，如用来灌溉绿地等。而在设备的冲洗和清扫过程中产生的废水以及尿素溶液制备车间的地面的冲洗也进入车间内设置的排水坑重复使用，没有废水直接排放。注意在排污泵出口设置过滤器，以防止杂质进入管道内导致堵塞。因此，SNCR 系统通常不设独立的废水处理系统。

十一、还原剂为尿素的 SNCR 脱硝系统需注意的问题

SNCR 脱硝系统占地面积小、对分解炉改造的工作量少、施工安装周期短、节省投资，非常适合水泥厂老线改造。同时，SNCR 工艺可与其他烟气脱硝工艺联合使用，如"低氮燃烧技术＋SNCR"联合脱硝和"SNCR＋SCR"联合脱硝等，在优化投资成本的前提下能获得较高的脱硝效率。

建议在脱硝改造前的项目可行性研究报告中，应对水泥厂工业水源、电源、蒸汽源、压缩空气源、除盐水量及其输送能力的备用情况进行详细的调查，从而找到适合本厂的最佳 SNCR 脱硝方案。

1. 改造工程需要核对的原系统（设备）的容量

在系统设计时，如果尿素溶液采用压缩空气作为雾化介质，那么在 SNCR 脱硝工艺中，厂内压缩空气的耗量较大。因为不仅喷射雾化需要压缩空气，部分设备和管路吹扫也需要厂用压缩空气。实际工程中，5000t/d 水泥生产线脱硝系统平均需消耗 2～5m³/min 压缩空气（标态），因此老线改造中需要核算厂区用气量的富余量。

由于在整个脱硝过程中，尿素溶液总是处于被加热状态。若尿素的溶解水和稀释水使用工业水，由于其硬度过高，在加热过程中水中的钙离子、镁离子析出会造成脱硝系统的管路结垢、堵塞。因此，须在尿素中加入阻垢剂或采用除盐水作为脱硝工艺水。通常 SNCR 系统的溶解水、稀释水等采用除盐水或凝结水。

由于尿素颗粒的溶解和尿素溶液的在线稀释均需要用大量的除盐水，而水泥厂内除盐水主要来自余热锅炉，其量往往不大，因此，改造前也需要核算厂区除盐水量富余量是否足够。

尿素溶液容易析出结晶，因此，在尿素溶解、储存和输送过程中需要配置强大的热源。热源可采用厂区低压蒸汽或电伴热等，因此，改造前还须要核算厂区低压蒸汽、是否满足新上电伴热负荷等。

2. 尿素在输送过程中的结晶问题

由于尿素溶解过程是吸热反应，其溶解热高达 $-241.8\mathrm{J/g}$，也就是说，当 1g 尿素

溶解于 1g 水中，仅尿素溶解，水温就会下降 57.8℃，而 50％浓度的尿素溶液的结晶温度是 18℃左右。在尿素溶液的配制过程中须要配制强大的热源，最经济的方式就是利用厂内的蒸汽进行加热。由于最终参加脱硝反应的尿素溶液仅为 10％～20％（电厂为 10％以下）质量百分比浓度，为了降低尿素溶液储存罐中尿素溶液结晶所需的加热能耗，尿素溶液储存罐中配制的溶液浓度也可为 40％（40％尿素溶液的结晶温度为 2℃），当 40％尿素溶液温度低于 10℃以下时，启动在线伴热器（如蒸汽加热盘管等）以提升溶液的温度。

同样，尿素溶液在输送的过程中也容易结晶。因此，在输送系统中需设置补充热源的电伴热器或在尿素溶液的管道输送过程中，采用蒸汽管道伴热方式，即在尿素管道旁伴随一根或两根蒸汽管道，然后把蒸汽管道和尿素溶液输送管道做整体保温处理。

尿素溶液输送管道在布置时，尽量避免 U 形布置。但是受现场原有条件的制约，不得已必须采用这种布置形式时，可以在 U 形管低处设置放空阀门，一旦系统停止运行，马上开启放空阀门，使积存在管道低处的尿素溶液迅速排出，以解决 U 形管布置管道易堵塞的问题。

第五节　还原剂为尿素的 SNCR 喷射装置

以尿素为还原剂的 SNCR 系统中，SNCR 喷射装置是保证还原剂与烟气混合均匀的重要手段，是 SNCR 技术的核心部分。喷射装置的脱硝原理如同干法脱硫的喷水增湿：稀释后的尿素溶液从高效雾化喷嘴喷出，形成很细的雾状液滴，高速流动的液滴对炉膛内部分烟气造成强烈的冲击和混合，并开始脱氮还原反应，降低烟气中氮氧化物的浓度。因此 SNCR 脱硝的关键设备——喷枪（含喷嘴），其选型的好坏，直接关系到整个脱硝系统的运行。喷嘴的雾化效果如果不好，则影响还原剂与烟气的混合接触，降低脱硝效率。本节重点介绍：①喷枪的喷嘴常用的性能指标；②喷嘴的结构和类型；③喷枪形式；④喷枪的雾化、雾化介质与雾化控制；⑤喷枪喷嘴的设置。

一、喷嘴常用的性能指标

喷嘴常用的性能指标包括：流量特性、雾化角和射程、雾化粒径、冲击力等。

1. 流量特性

喷嘴的流量特性是指喷嘴的质量流量（或体积流量）随着液体压力变化而变化的规律，$q_{vf}(q_m) = F(\Delta p_f)$。对于气力雾化喷嘴来说，它还包括气相的流量和压力。它决定了气液质量比，也就是喷嘴的气耗率（气体与液体质量流量之比，AWR），进而影响喷嘴的雾化质量。

目前普遍应用的液体雾化喷嘴有机械式喷嘴、Y 形喷嘴、旋转式喷嘴、组合式喷嘴等几种，其中 Y 形喷嘴由于结构简单、加工方便、气耗率低、雾化质量好等诸多优点，是使用最为广泛的喷嘴。

对于常用的 Y 形喷嘴来说，液体质量流量的计算公式为：

$$q_{mY} = 3600\mu F_2 \sqrt{2\rho_0 \Delta p} \tag{4-18}$$

$$\Delta p = p_Y - \beta p_q \tag{4-19}$$

$$p_h = \beta p_q \tag{4-20}$$

式中　q_{mY}——液体质量流量，kg/h；

　　　F_2——液体通道的横截面积，m^2；

　　　Δp——喷嘴液体通道入口处和混合点（气液相遇开始混合的点）的压差；

　　　p_Y——喷嘴入口液压；

　　　p_q——喷嘴入口气压；

　　　p_h——混合点压力；

　　　μ——喷嘴的流量系数，一般喷嘴设计时取 0.7；

　　　β——比例系数，为 p_h/p_q，一般设计喷嘴时推荐值为 0.94。

对于 Y 形喷嘴来说，气体质量流量的计算式为：

$$q_{mq} = 3600\mu F_2 \varphi \sqrt{p_a/\upsilon_a} \tag{4-21}$$

式中　q_{mq}——气体质量流量，kg/h；

　　　φ——系数，对于过热蒸汽 $\varphi = 2.09$，对于饱和蒸汽 $\varphi = 1.99$，对于压缩气体 $\varphi = 2.14$；

　　　p_a——喷嘴入口处雾化介质的绝对压力，kgf/m^2，也就是 mmH_2O；

　　　υ_a——喷嘴的流量系统，一般喷嘴设计时取 0.45~0.7。

通常喷嘴流量因喷雾压力而异，它随着喷雾压力的增大而增大。在设计喷嘴时一般先确定好液体流量和气耗率，再计算气体流量，再最终确定喷嘴的尺寸。

2. 雾化角和射程

喷雾雾化角是表征喷雾扩张程度的一个量，它直接影响喷雾在整个空间的分布特性。雾化角有两种定义的方法：一种是将喷嘴出口中心点到喷雾外包络线的两条切线之间的夹角定义为出口雾化角 α。出口雾化角的大小与理论计算值比较接近，因为喷嘴炬在离喷口后会有一定程度的收缩。另一种工程常用的表示方法是将以喷口为中心，在距喷嘴端面 L 处与喷雾曲面的交点连线的角 α'，称为条件雾化角，条件雾化角随 L 的取值不同而不同。一般 L 的取值在 20mm 以上，对于小流量喷嘴 L 取 40~80mm；而对于大流量的喷嘴 L 取 100~250mm 为宜，可参照图 4-20。

一般条件雾化角小于出口雾化角，两者有时会相差 20° 以上。条件雾化角随所用距离的变化而变化，它便于测量，能更真实地反映喷雾的运动趋势，因此，实验常常采用，雾化角 α 的大小影响喷雾与燃烧空气的混合、燃烧的质量等。

雾炬射程是指雾化颗粒所能达到的距出口最远的距离，一般将速度衰减到出口速

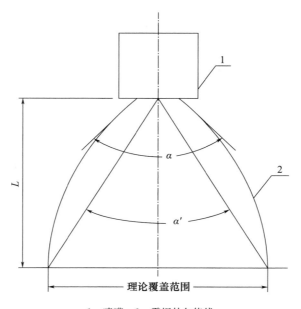

1—喷嘴；2—雾炬外包络线

图 4-20　雾化角定义的示意图

度的 95% 左右的距离作为喷雾射流的射程，从定义上可以看出射程主要决定于喷雾的速度。

　　喷嘴理论覆盖范围是根据喷雾夹角和距喷嘴口距离计算出来的。该数值是假设喷雾角度在整个喷雾距离中保持不变的前提下得出的，使用的液体为水。在实际喷雾中，有效喷雾角度因喷雾距离而异。当液体比水黏时，形成的喷雾角度相对较小，其角度取决于黏度，喷嘴流量和喷射压力。

　　表 4-3 内数值列出不同距离下的喷雾理论覆盖范围，实际应用中，表内的喷雾角度不适用长距离喷雾。

表 4-3　不同距离下（从喷嘴口算起）的喷雾理论覆盖范围　　　　（单位：cm）

喷雾夹角	不同距离下（从喷嘴口算起）的理论覆盖的范围											
	5	10	15	20	25	30	40	50	60	70	80	100
5°	0.4	0.9	1.3	1.8	2.2	2.6	3.5	4.4	5.2	6.1	7.0	8.7
10°	0.9	1.8	2.6	3.5	4.4	5.3	7.0	8.8	10.5	12.3	14.0	17.5
15°	1.3	2.6	4.0	5.3	6.6	7.9	10.5	13.2	15.8	18.4	21.1	26.3
20°	1.8	3.5	5.3	7.1	8.8	10.6	14.1	17.6	21.2	24.7	28.2	35.3
25°	2.2	4.4	6.7	8.9	11.1	13.3	17.7	22.2	26.6	31.0	35.5	44.3
30°	2.7	5.4	8.0	10.7	13.4	16.1	21.4	26.8	32.2	37.5	42.9	53.6
35°	3.2	6.3	9.5	12.6	15.8	18.9	25.2	31.5	37.8	44.1	50.5	63.1
40°	3.6	7.3	10.9	14.6	18.2	21.8	29.1	36.4	43.7	51.0	58.2	72.8

喷雾夹角	不同距离下（从喷嘴口算起）的理论覆盖的范围											
	5	10	15	20	25	30	40	50	60	70	80	100
45°	4.1	8.3	12.4	16.6	20.7	24.9	33.1	41.4	49.7	58.0	66.3	82.8
50°	4.7	9.3	14.0	18.7	23.3	28.0	37.3	46.6	56.0	65.3	74.6	93.3
55°	5.2	10.4	15.6	20.8	26.0	31.2	41.7	52.1	62.5	72.9	83.3	104
60°	5.8	11.6	17.3	23.1	28.9	34.6	46.2	57.7	69.3	80.8	92.4	115
65°	6.4	12.7	19.1	25.5	31.9	38.2	51.0	63.7	76.5	89.2	102	127
70°	7.0	14.0	21.0	28.0	35.0	42.0	56.0	70.0	84.0	98.0	112	140
75°	7.7	15.4	23.0	30.7	38.4	46.0	61.4	76.7	92.1	107	123	153
80°	8.4	16.8	25.2	33.6	42.0	50.4	67.1	83.9	101	118	134	168
85°	9.2	18.3	27.5	36.7	45.8	55.0	73.3	91.6	110	128	147	183
90°	10.0	20.0	30.0	40.0	50.0	60.0	80.0	100	120	140	160	200
95°	10.9	21.8	32.7	43.7	54.6	65.5	87.3	109	131	153	175	218
100°	11.9	23.8	35.8	47.7	59.6	71.5	95.3	119	143	167	191	238
110°	14.3	28.6	42.9	57.1	71.4	85.7	114	143	171	200	229	286
120°	17.3	34.6	52.0	69.3	80.6	104	139	173	208	243	—	—
130°	21.5	42.9	64.3	85.8	107	129	172	215	257	—	—	—
140°	27.5	55.0	82.4	110	137	165	220	275	—	—	—	—
150°	37.3	74.6	112	149	187	224	399	—	—	—	—	—
160°	56.7	113	170	227	284	—	—	—	—	—	—	—
170°	114	229	—	—	—	—	—	—	—	—	—	—

3. 雾化粒径及其分布

液态工质从喷嘴喷射出来以后，会形成尺寸不一的喷雾液滴群，因此液滴的平均雾化粒径是雾化质量的主要指标。在给定的某一种喷雾中，所有雾化液滴并非一般大小。描述一次喷雾中液滴尺寸的方法有：体积中位数直径 $D_v0.5$（VMD）和质量中位数直径（MMD）、索特尔平均直径（SMD）、数目中位数直径表示为（NMD）3 种类型。对于同样的喷雾，如果采用不同的直径平均方法和不同的取样方法，所得到的平均直径是不同的。

（1）体积中位数直径 $D_v0.5$（VMD）和质量中位数直径（MMD）

一种以被喷雾液体的体积来表示液滴尺寸方法。当依照体积测量时，体积中位数直径液滴尺寸是一种数值，即表示喷雾液体总体积中，50％是由直径大于中位数值的液滴，50％是由直径小于该数值的液滴组成的。

（2）索特尔平均直径（SMD）

一种以喷雾产生的表面面积来表示喷雾精细度的方法。索特尔平均粒径是按照平

均直径 D_s 计算的，是假想液滴群的总体积与总表面积的比值恰好同实际液滴群的总体积与总表面积的比值相等来确定的，因此它属于表面平均直径。

用公式（4-22），（4-23）表示如下：

$$\frac{\frac{1}{6}\pi N_s d_s^3}{\pi N_s d_s^2} = \frac{\frac{1}{6}\pi \sum (N_i d_i^3)}{\pi \sum (N_i d_i^2)} \tag{4-22}$$

$$SMD = d_{32} = d_s = \frac{\sum (N_i d_i^3)}{\sum (N_i d_i^2)} \tag{4-23}$$

式中　N_i——实际直接为 d_i 的液滴数；

　　　N_s——假想液滴都为平均直径 d_s 时的液滴数。

（3）数目中位数直径表示为（NMD）

一种以喷雾中液滴数量表示液滴尺寸的方法。表示从数目上来说，50% 的液滴小于中位数直径，50% 的液滴大于中位数直径。

在每一种喷雾液滴中，最小流量产生最细喷雾液滴，最大流量则生成最粗喷雾液滴。

由于 VMD 是以喷雾液滴体积为基础的，所以它被广泛认可作为参考资料，并被引用于表 4-4 中。

表 4-4　各类喷雾在不同压力（流量）下的 VMD 数据

喷雾类型	0.7bar		3bar		7bar	
	流量（L/min）	VMD（μm）	流量（L/min）	VMD（μm）	流量（L/min）	VMD（μm）
空气雾化	0.02	20	0.03	15		
	0.08	100	30	200	45	400
微细喷射			0.1	110	0.2	110
	0.83	375	1.6	330	2.6	290
空心锥形	0.19	360	0.38	300	0.61	200
	45	3400	91	1900	144	1260
平面扇形	0.19	260	0.38	220	0.61	190
	18.9	4300	38	2500	60	1400
实心锥形	0.38	1140	0.72	850	1.1	500
	45	4300	87	2800	132	1720

雾化粒径的分布是影响雾化质量的另一个重要指标，它包括雾化粒径均匀度和雾化粒径在空间上的分布。雾化粒径的均匀度是指某个测量点不同尺寸的液滴的百分比分布，而雾化粒径在空间上的分布是指不同空间测量点上平均雾化粒径（如 SMD）的分布。

4. 喷雾冲击力

喷嘴的冲击力是指喷嘴喷出来的液体对目标表面的打击力度。喷嘴冲击力有几种不同的表示方法，与喷雾喷嘴性能相关的最有用的冲击力值是每平方厘米冲击力。本质上，该值取决于喷嘴的喷雾形状分布和喷嘴的喷雾角度，为获得已知某一个喷嘴每一平方厘米的冲击力（kg/cm^2），首先用公式确定喷雾理论总冲击力。

得出喷嘴的总理论冲击力后，再从冲击力表中查出不同喷雾形状，不同喷雾角度相对应的百分比，然后乘以理论总冲击力，从而得出公斤/平方厘米（kg/cm^3）表示的喷雾冲击力。

液柱流喷嘴产生最大的公斤/平方厘米（kg/cm^3）冲击力，可按公式 4-24 计算。有效的喷雾冲击力按公式 4-25 计算。以水为介质，距离喷嘴 300mm 工作条件时，不同喷雾形状和角度的喷嘴，每平方厘米冲击力占理论冲击的百分比见表 4-5。

$$喷雾水总冲击力 = （kg/cm^2）$$
$$= 0.024（L/min，在喷射压力下）\times \sqrt{喷射压力（kg/cm^2）} \tag{4-24}$$

$$有效喷雾冲击力 = 喷雾水总冲击力 \times 百分比（\%） \tag{4-25}$$

通常，对于某一种特定的喷雾形状分布而言，其喷雾冲击力随着喷雾角度的增大而减小；对于不同类型的喷雾形状分布而言，给定相同的喷雾角度时，扇形喷雾具最大喷雾冲击力，空心锥形喷雾冲击力居次，实心锥形喷雾冲击力最小。

表 4-5　各喷嘴类型在不同角度时的喷雾冲击力

喷射形状分类	喷射角度	每平方厘米冲击力与理论值的百分比
平面扇形	15°	30%
	25°	18%
	35°	13%
	40°	12%
	50°	10%
	65°	7%
	80°	5%
实心锥形	15°	11%
	30°	2.5%
	50°	1%
	65°	0.4%
	80°	0.2%
	100°	0.1%
空心锥形	60°	1%
	80°	2%

注：表中数据以水为介质，距离喷嘴 300mm 工作条件时得出。

5. 其他影响喷嘴喷雾形状的因素

其他影响喷嘴喷雾形状的因素主要包括：液体的密度、黏度和表面张力，喷射温度、喷枪的磨损等。

（1）液体的密度

密度是液体的一定容量与相同容量水的质量之比。密度是物体的固体属性，不同的密度值代表不同的液体类别。以水为介质的液体是计算其他不同液体的基础，根据流量与密度的平方根成反比例的关系，可计算出不同密度液体的流量。

在喷雾中，液体（除水外）密度主要影响喷雾喷嘴的流量。所列数值均以水作为喷射介质而得出的，故当应用水以外的液体时，须应用一个换算系数来确定喷嘴的流量，见表 4-6。

$$Q_{液} = Q_{水} \times K \tag{4-26}$$

流量与密度的一般计算公式：

$$\text{所喷射的液体流量} = \text{水的流量} \times \frac{1}{\sqrt{\text{液体密度}}}$$

即
$$Q_{液} = Q_{水} \times \frac{1}{\sqrt{\rho_{液}}} \tag{4-27}$$

表 4-6　不同密度液体 ρ 的换算系数 K

密度（ρ）	换算系数（K）
0.84	1.09
0.96	1.02
1.00	1.00
1.08	0.96
1.20	0.91
1.32	0.87
1.44	0.83
1.68	0.77

（2）液体的黏度

黏度是液体在流动期间对自身成分的形状或排列改变的抵抗。液体黏度是影响喷雾形状形成的主要因素，它在较小程度上也影响流量。高黏度液体与水相比需要较高的下限压力来形成一种喷雾形状并产生狭窄的喷雾角度。

（3）液体的表面张力

液体往往以最小表面积形式呈现。在这点上，其表面就像张力下的一层膜。液体表面的任一部分都对邻近部分或于它相接触的其他物体施加张力。该力的方向位于其表面上，它的每单位长度的数值是表面张力。表面张力主要影响最小工作压力，喷流角度和液滴大小。

表面张力的性质在低工作压力状态下较明显。较高的表面张力减小喷流角度，在空心锥形和扇形喷雾喷嘴尤其。低表面张力允许喷嘴在低压时工作。

（4）喷射温度

温度的改变不影响喷嘴的喷雾性能，但影响液体黏度、表面张力和密度，从而影响到喷雾喷嘴的性能。

（5）喷嘴的磨损

喷嘴的磨损将会使流量增加，破坏喷雾形状。典型喷嘴材料的近似耐磨比例见表4-7，对影响喷嘴雾化性能的因素总结见表4-8。

表 4-7　典型喷嘴材料的近似耐磨比例

喷嘴材料	耐磨比例
铝	1
黄铜	1
钢	1.5～2
蒙乃尔合金	2～3
不锈钢	4～6
哈斯特洛伊合金	4～6
硬化不锈钢	10～15
斯特莱特合金	10～15
陶瓷	90～120
碳化硅	90～130
碳化钨	180～250

表 4-8　影响喷嘴雾化性能的因素总结

	压力增加	密度增加	黏度增加	温度增加	表面张力增加
喷雾形状	改进	可忽略	变坏	改进	可忽略
流量	增加	减小	—	—	无影响
喷射角度	先增后减	可忽略	减小	增加	减小
液滴尺寸	减小	可忽略	增加	减小	增加
速度	增加	减小	减小	增加	可忽略
冲击力	增加	可忽略	减小	增加	可忽略
磨损	增加	可忽略	减小	—	无影响

二、喷嘴结构功能和类型

1. 基本要求

喷嘴是尿素溶液喷射系统中不可缺少的一个关键设备，喷嘴的特性主要体现在喷嘴的喷雾类型，即液体离开喷嘴口时形成的形状以及它的运行性能。

喷嘴的基本功能是把液体雾化成微小的液滴，并且使液滴按要求分布在一定的雾化角度的横截面上，因此，喷嘴的结构设计首先应保证使尿素溶液具有良好的雾化效果；其次雾化的粒径必须保证足够的动量，以满足与烟气的充分混合；第三应考虑喷嘴本身处于高温高尘部位，应具有良好的耐高温、耐磨损、耐腐蚀性能，不易损坏。

从实际工程中 SNCR 系统要求及喷嘴相关文献得出，比较理想的 SNCR 喷嘴应满足以下条件。

（1）喷嘴形式最好采用气力雾化，喷嘴喷射速度要高，一般要达到 50m/s 以上。

（2）材料性能要求：能抗高温高尘冲刷，抗热变形，耐磨耐腐蚀。

（3）雾化性能要求：雾化的液滴粒径分布合理，不能太粗，也不能太细，粗细结合；喷雾覆盖面要广，能均匀分布到整个炉膛截面；雾化粒度最好在 $50\sim300\mu m$ 范围内，分布要有粗有细；在不出现很多大颗粒的情况下，平均雾化粒度可以再大一点。

（4）根据炉膛的结构尺寸，喷枪喷射距离不能太小，以 5m 以上为佳。

（5）运行控制要求：布置多层多点不同形式的喷嘴组合，根据工况变化选择不同的组合喷射方式，实现覆盖面积最大；能灵活调整整个喷嘴的雾化粒度，改变液滴蒸发时间，以适应温度变化。

（6）喷枪在使用时有防堵塞措施，且喷枪相关部件（如最易磨损的喷嘴等）应能拆卸方便、检修维护简便。

2. 喷嘴结构和类型

雾化喷嘴通常包括：①压力喷嘴：其进液压力高，雾化的动力来自液体的压力能；②气力式喷嘴：靠气体介质气动力来雾化液体，按气液混合的位置不同，又可分为内混式和外混式等，按照喷嘴通道数目可分为二通道、三通道等；以喷雾形状区分时可分为扇形、锥形、液柱流（即射流）、空气雾化、扁平喷嘴等，其中锥形喷嘴又分为空心锥形与实心锥形二大类；③其他还有超声喷嘴等。

由于气力式雾化喷嘴具有结构简单、加工方便、气耗率低、雾化质量好等诸多优点，目前 SNCR 脱硝系统所用喷枪多采用气力式喷嘴。如以尿素溶液为还原剂的 SNCR 脱硝系统，多采用双流体式喷枪，尿素溶液和雾化介质（压缩空气或蒸汽）同时通过喷枪内不同通道进入喷嘴中混合和雾化，最后喷嘴在有压条件下进行喷射，以获得最佳尺寸和分布的液滴，用喷射角和速度控制反应剂运动轨迹，以期喷雾覆盖面广，均匀分布到整个炉膛截面。通常水泥窑炉的喷射系统为低能系统，利用的压缩空气或蒸汽较少，压力也较低；不同于大容量锅炉的喷射系统一般均采用高能系统，反应剂高能系统因需装备较大容量的空气压缩机、制造坚固的喷射系统和消耗较多的电能，其制造和运行费用均较为昂贵。

图 4-21 是合肥水泥研究设计院自主设计开发的、专门用于水泥窑炉的一种双流体二通道喷枪。喷枪包括喷枪本体、喷嘴、喷嘴耐磨套和安装座四部分。其中喷枪本体采用不锈钢制造，耐磨保护套为碳化硅材质，喷嘴前端涂碳化钨涂层，耐热、耐磨损、

耐腐蚀；同时为了防止喷枪枪体损坏，加装喷枪套筒，施工时套筒固定在窑炉上，喷枪安装在套筒中，喷枪可在套筒中手动或自动进退，为防止套筒被大量烟尘堵塞，在套筒上加装压缩空气入口进行定时吹扫。目前，该种喷枪已大量使用在水泥窑炉SNCR脱硝系统中，实践表明，脱硝效果良好。

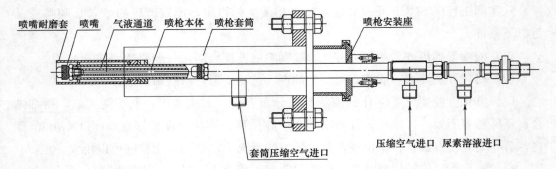

图 4-21　一种喷枪、喷嘴及其套筒的示意图

喷嘴可以按照气雾出口形状［扇形、锥形（实心/空心）、液柱流等］（图 4-22～图 4-25）、不同出水孔径尺寸、出水孔的数量等，分为多种不同规格，通过更换不同规格、型号可以达到不同液体流量的喷出和得到不同液体喷雾形状，还可以得到不同的喷雾角度。

图 4-26、图 4-27、图 4-28 所示为出水孔为单孔、双孔及多孔时的喷嘴图片和喷雾效果。可根据工程实际进行选择，在孔径相同的情况下，实际工程经验发现出水孔为单孔时的脱硝效果要比双孔的好。

空心锥形喷雾类型实质上是一个圆形液体环，一般通过进液口与旋流腔相切形成的离心力发散而成。

图 4-22　空心锥形喷嘴

实心锥形喷雾类型覆盖区域是一个完全充满液滴的圆形，该喷雾类型通常是利用内部叶片使得液体在喷嘴口之前获得湍流而形成。

图 4-23　实心锥形喷雾

扇形喷雾类型的液体分布呈现平面薄片形，该喷雾类型是通过利用一个椭圆形喷嘴口或一个与导流面相切的圆形喷嘴口而形成。

微细喷雾类型实质上是通过压力破碎而形成雾状，该喷雾类型产生的喷雾液滴极小，易受空气摩擦和气流的影响，不能维持长距离。

图 4-24　扇形喷雾

图 4-25　微细喷雾

图 4-26　某工程单孔喷嘴及喷射效果图

图 4-27　某工程双孔喷嘴及喷射效果图

3. 喷嘴问题的常见原因

喷雾喷嘴在使用过程中出现问题的七种最常见的原因如下所示。

（1）磨损：喷雾喷口和内流通道表面的物质逐渐脱落，进而影响流量、压力和喷雾的形状。

图 4-28　某工程多孔喷嘴及喷射效果图

（2）腐蚀：由于喷雾液或环境的化学作用引用的腐蚀破坏了喷嘴材料。

（3）阻塞：污垢或其他杂质阻塞了喷嘴口内部，进而限制流量和干扰喷雾形状。

（4）黏结：喷嘴口边缘内侧或外侧材料上，由于液体蒸发而引起的喷溅、雾气或化学堆积作用而凝结一层干燥的凝固层，阻碍喷嘴口或内流通道。

（5）温度损害：由热引起的对非高温用途设计的喷嘴材料产生的一种有害影响。

（6）错误安装：安装时偏离轴心，过度上紧或改变安装位置，这些问题能导致渗漏的产生，并对喷雾性能产生不良影响。

（7）意外损伤：在安装和清洗中由于应用不正确的工具而对喷嘴造成一种非预期损伤。

三、喷枪的形式

目前，SNCR 脱硝系统炉前喷射喷枪形式主要有固定式喷枪，自动伸缩式喷枪等。通常喷枪采用不锈钢制造，包括喷枪本体、喷嘴、喷嘴耐磨套和支座四部分。

（1）自动伸缩式喷枪，在如图 4-21 所示的喷枪上加装伸缩机构，可以使喷枪在套筒内实现自动伸缩。伸缩机构是通过连杆与喷枪本体连接，其移动时可通过连杆带动喷枪移动，伸缩机构可以采用气动、液动或者电动的推进伸缩装置，具体的如气压缸、液压缸或者丝杆传动机构等。自动伸缩式喷枪的优点：便于自动控制，可中控关停、进退。但同时由于其自动化水平高，电气控制点数多，往往出问题时检修较为复杂，而且造价也比较高。图 4-29 某工程采用自动伸缩式喷枪，采用气缸作为伸缩机构。该种喷枪的特点为：①喷枪采用气动伸缩装置，喷枪不使用时可自动退出炉内，大大延长了喷枪的使用寿命；②采用碳化硅保护套管，具有耐高温、耐磨损等特点，无须另设冷却装置就可确保喷枪长期安全、稳定运行；③喷枪外观漂亮、结构紧凑、拆卸及维护非常方便。

（2）固定式喷枪，如图 4-21 所示喷枪，将其固定在窑炉上，由于不存在自动伸缩机构，其不能自动进退，但可人工操作进退。其优点是简单，体积较小，方便安装，出问题容易检修。缺点就是不能中控控制，窑炉关停后需人工退出喷枪。图 4-30 为某工程采用固定式喷枪。该种喷枪特点为：①喷枪采用保护套管及活动法兰连接，可手动将喷枪伸进或者退出炉内；②采用金属保护套管，套管采用先进热处理技术，保证了保护套管具有耐高温及耐磨损强度。③保护套管设有风冷接口，可确保高温环境下长时间使用。

图 4-29 某工程自动伸缩式喷枪图

图 4-30 某工程固定式喷枪图

四、喷枪的雾化、雾化介质与雾化控制

1. 雾化

雾化是连续液体在内外力的作用下变形、分裂、破碎成为大量离散的液滴颗粒的过程。在工农业生产及航空、军事等领域，雾化得到了广泛的应用。

由于喷嘴形式不同，液体从喷嘴射出的形态互有差异。但是总的来说有两种形态，即圆射流和液膜射流。圆射流是液体从圆孔出口以一定速度射出时的流态，呈圆柱状。液体燃料从柴油机中的孔式喷嘴喷出时就是圆射流。液膜射流是液体以膜状的形式从喷口射出，有平面液膜射流、扇形液膜射流及环状液膜射流等。水煤浆气化炉中的三通道喷嘴，其燃料射流形式就是典型的环状液膜射流。

液体雾化喷嘴是实现燃油等工质雾化最简单的装置，它的基本功能是把液体雾化成微小的液滴，并且使液滴按要求分布在一定雾化角度的横截面上。

2. 雾化介质

雾化介质的主要作用是提高还原剂喷射速度，增加喷射动量，加强还原剂与炉内烟气的充分混合，保证脱硝效率。要求其并非把尿素溶液全部雾化成很小的液滴，而是雾化成一定比例的不同尺寸的液滴。小液滴在喷入口炉壁附近的低温区就挥发反应，而大液滴则可以深入炉膛才析出反应。

目前，常用的 SNCR 系统的雾化介质有过热蒸汽和压缩空气两种。在水泥窑炉、燃煤电站 SNCR 喷射系统中，可供选择的雾化介质有压缩空气和厂用蒸汽，目前，这两种雾化介质在实际工程中都有应用业绩，效果都能满足系统性能要求。

如果喷枪采用厂用蒸汽作为雾化介质，其雾化蒸汽压力最好选择为 0.6～0.9MPa；如果喷枪采用厂用压缩空气作为雾化介质，其雾化气压力最好为 0.4～0.8MPa。

3. 雾化控制

SNCR 脱硝系统要求尿素溶液与 NO_x 必须在很短的时间内完成反应，否则尿素就会流动到较低的温度区域，明显降低尿素还原 NO_x 的反应程度。为了使尿素与 NO_x 的反应在很短的时间内完成，必须对尿素溶液进行良好的雾化。因此，雾化角度要大，覆盖面积要广。在正常环境中，通常雾化颗粒越小，反应表面积就越大，因此普通的喷射器要求雾化粒度细、覆盖面积广即可。但是在分解炉的高温烟气环境中，液滴进入炉内后很快就会蒸发掉，只有大液滴才能穿透一段长的距离深入炉膛中心。因此，SNCR 高温喷射的喷嘴需要一部分速度高的粗颗粒可以抵达炉膛深处反应；另一部分细颗粒分散在喷嘴周围，在喷入点，即炉膛壁面附近就可以充分与烟气混合反应。但还原剂溶液的雾化应注意不能在炉膛壁面附近的冷却区形成特别粗的颗粒，以免反应不完全造成尾部的氨逃逸。

研究表明，以尿素溶液为还原剂时，其在炉膛内反应区间的停留时间为 0.5s 左右，因此应根据不同的窑炉炉内状况对喷嘴的几何特征、喷射的角度和速度、喷射液滴直径进行优化，通过改变还原剂雾化路径达到最佳停留时间的目的。对尿素溶液进行良好的雾化，必须选择喷嘴的结构和喷嘴处的液体、气体压力和流量、对于不同的窑炉，其要求也不一样。经验表明，水泥分解炉所用的喷嘴雾化形式为扇形和实心锥两种雾化较为理想，粒径为 $80 \sim 160 \mu m$，分布要有粗有细，粒径最好为 $100 \mu m$ 左右，且中间粒径大、四周粒径细最佳，速度必须达到 $50 \sim 60 m/s$，雾化角度以喷射粒子不喷射到受热面为宜，且尽可能大。

五、喷枪喷嘴的设置

由于水泥窑炉负荷和燃用煤种的变化，炉内温度场变化情况较大。因此，SNCR系统设计中，应根据分解炉的温度场、流场和化学反应的数值进行 CFD 模拟优化后，结合分解炉的实际情况确定喷射区部位和数量，据此选择喷射装置类型数量，最后进行布置，实际施工时，尽量避免与炉内外部件碰撞。

1. 喷枪（喷嘴）设置时需要考虑的因素

（1）合适的温度条件

SNCR 脱硝技术对于还原剂的反应温度条件非常敏感，分解炉上喷入点的选择，是 SNCR 系统脱硝效率高低的关键之一。不同的还原剂的最佳温度范围与具体的分解炉内烟气环境有关。从目前掌握的水泥窑 SNCR 实际经验来看，氨水作为还原剂的反应温度窗口为 $850 \sim 1050 ℃$，尿素作为还原剂的反应温度窗口为 $900 \sim 1100 ℃$，温度窗口是一个非常窄的范围，水泥窑窑尾烟室至分解炉的控制温度刚好在这两个反应温度窗口内，因为分解炉内温度场比较复杂，选择合适的喷入点尤为重要。还原剂喷入点必须能使其进入水泥窑炉膛内适宜反应的温度区间（$850 \sim 1100 ℃$）。当反应温度低于温度窗口下限时，由于停留时间的限制，往往使化学反应进行的程度较低，反应不够彻底，从而造成 NO 的还原率较低，同时未参与反应的 NH_3 增加也会造成氨气逃逸，NH_3 是高挥发性和有毒的物质，氨的逃逸会造成新的环境污染。而当反应温度高于温度窗口上限时，NH_3 的氧化反应开始起主导作用。从而，NH_3 的作用成为氧化并生成NO，而不是还原 NO 为 N_2。总之，SNCR 还原 NO 的过程是上述两类反应互相竞争、共同作用的结果，如何选取合适的温度条件同时兼顾减少还原剂的逃逸成为 SNCR 技术成功应用的关键。脱硝效率与温度的关系见图 4-31。

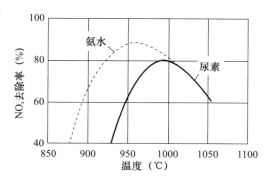

图 4-31　脱硝效率与温度的关系图

对于水泥窑炉、电站锅炉，反应温度窗口处于高温对流受热面区域。在这个区域，烟气温度受燃料、燃烧配风等调整和变化及窑炉负荷变动的影响较大，反应温度窗口会沿着烟气流动方式迁移，因此，在 SNCR 系统设计时可采用多层喷射区（一般采用两层），根据运行情况确定各层喷枪系统的投运。

（2）合适的停留时间

任何反应都需要一定时间来完成，反应完成情况随反应时间的不同而存在差异。因此还原剂必须与 NO_x 在合适的温度区域内有足够的停留时间，才能达到良好的脱硝效果。停留时间指的是还原剂在完成与烟气的混合、液滴蒸发、热解成 NH_3、NH_3 转化成游离基 NH_2、脱硝化学反应等全部过程所需要的时间。延长反应区域内的停留时间，有助于反应物质扩散传递和化学反应，提高脱硝效率。当合适的反应温度窗口较窄时，部分还原反应将滞后到较低的温度区间，较低的反应速率需要更长的停留时间以获得相同的脱硝效率。当停留时间超过 1s 时，易获得较高的脱硝效果，停留时间至少应超过 0.3s。停留时间与分解炉的尺寸、内部结构形式及烟气的流动状况有关。还原反应在分解炉内的停留时间取决于分解炉的尺寸和反应窗口内烟气路径的尺寸和速度，一般控制在 0.5s。

多数研究者都认同，氨与 NO 发生的高温选择性非催化还原反应的时间量级为 0.1s。反应在 0.35s 左右就能进行到一个比较高的水平。停留时间小于 0.3s 时，脱硝效率随着停留时间的上升而上升，在低温区尤其突出。但在高温区，由于反应速率加快，不同的停留时间下，SNCR 反应的差别并不大，脱硝效率-温度曲线基本重合。

（3）保证还原剂与烟气的充分混合

还原剂与烟气的混合程度影响了还原剂与 NO_x 的反应进程和速度，还原剂和烟气在分解炉内时，边混合边反应，混合效果的好坏是决定 SNCR 脱硝效率高低的重要因素。在实验室内，脱硝效率可以做到 80% 以上，而水泥厂、大型锅炉应用 SNCR 技术的实际脱硝效率一般在 50% 左右，主要原因之一就是混合问题。混合效果不好会严重影响反应物的接触，导致某一反应分布不均匀。例如，局部的 NO_x 浓度低，过量的还原剂及其分解产物反而会被氧化，整体脱硝效率低；局部 NO_x 浓度高，不能被充足的还原剂还原，还原剂的利用率低。在不改变现有分解炉结构形式的基础上，可以调整不同位置还原剂的喷入量及雾化效果，来提高还原剂与烟气的混合程度，使脱硝效率升高、氨逃逸率降低。

（4）氨逃逸的影响

在 SNCR 脱硝技术中，还原剂雾化颗粒进入分解炉后，大部分与烟气中的 NO 和 NO$_2$ 进行还原反应，少量的还原剂在烟气中未发生反应就逃逸出去，这些在反应温度区内未反应的还原剂（NH$_3$），成为氨逃逸。未曾反应排出的氨会造成环境二次污染，也增加了脱硝成本。通常脱硝喷枪设置时应控制氨逃逸在 10mg/m^3 以下。

除此以外，脱硝喷枪设置时还应考虑对窑炉设备影响最小，安装、运行和维护要方便等。总之，为了提高脱 NO$_x$ 的效率并实现 NH$_3$ 的逃逸最小化，要满足以下条件：在氨水喷入的位置没有火焰；在反应区域维持合适的温度范围（850～1050℃）；在反应区域有足够的停留时间（至少 0.5s，900℃）。

2. 喷枪的位置和数量

在 SNCR 系统工程中，喷枪的数量和布置方式，会对脱硝性能起到至关重要的作用。

喷嘴数量和布置方式一般称为喷射策略，通常应根据实际的炉膛结构和布置方式进行冷态喷射策略的模拟，并结合计算流体力学的模拟来评价和优化，最终确定一个最佳的喷嘴数量和布置方式。目的是使喷枪射流与烟气的充分混合及使射流获得良好的穿透力，保证整个炉膛截面还原剂均匀分布。一个好的喷射策略应是兼顾炉膛的穿透和壁面附近的混合的。穿透能力增加与壁面附近混合改善同等重要。

实际工程中喷嘴位置的确定：喷嘴具体如何布置，是平均分布还是疏密间隔，是成对分布还是根据炉膛烟气动力场的实际情况进行针对性布置，对混合和脱硝效率的影响非常大。喷嘴布置的一个主要原则是各喷嘴尽可能单独覆盖一个最大的区域，各自覆盖的区域不要重叠，以达到最大化的混合效果。

实际工程中，SNCR 设计和喷射策略是为每位用户"量身定做"的，需要利用 CFD 模拟软件模拟特定分解炉内烟气流场和温度场，根据 CFD 提供的流场和温度场，利用 CKM 模型来计算尿素与 NO$_x$ 的反应速度。根据这两个模型的计算结果，可以确定在不同窑炉负荷和不同煤种条件下炉膛内的最佳温度区域，从而确定最佳的喷射器布置方案。如本章第四节图 4-17、4-18 所示，通常设计多层喷射，并且根据窑炉负荷的变化和燃烧条件的改变自动调节尿素喷射。

实际工程中借助 CFD 模拟解决的问题包括：保持总喷射流量不变的情况下，通过选择使用不同数量的喷嘴进行喷射，来评价喷嘴个数对混合和脱硝效果的差别；通过选择使用不同布置方式进行喷射，来评价布置方式对混合和脱硝效果的差别，再根据负荷的变化，NO$_x$ 浓度的变化最终确定布置方案和不同的控制策略。

第六节　还原剂为尿素的 SNCR 系统工艺布置

SNCR 系统工艺布置包括：尿素溶液制备区、窑尾喷射区装置的布置、氨逃逸监测仪、NO$_x$ 浓度监测仪以及相关管道阀门的布置等。SNCR 系统总图布置应遵循以下原则。

（1）在规划基本的现场布置方案时，建筑和设备的位置应按所需功能来布置，应与水泥厂总体布置相协调，并充分考虑具体场地条件、还原剂运输、全厂道路（包括消防通道）通畅，以及建造难易、所有设备安装、检修方便和安全性。

（2）总平面布置应符合《建筑内部装修设计防火规范》（GB 50222—2017）、《建筑设计防火规范》（GB 50016—2014）、《建筑内部装修设计防火规范》（GB 50222—2017）和《水泥工厂设计规范》（GB 50295—2016）等标准防火、防爆有关规范的规定。

（3）固体尿素储存、尿素溶解罐、尿素溶液储存罐、尿素溶液输送、稀释模块等布置在同一区域，便于尿素及尿素溶液的卸载和输送。

（4）尿素溶液计量模块、分配模块、压缩空气控制模块、尿素溶液喷射模块等就近布置在分解炉相应位置的窑尾预热器框架平台上。

（5）全厂脱硝装置的控制系统布置在主厂控制室内。

（6）平台扶梯及检修起吊设施的布置应尽量利用窑炉已有的设施。

（7）管道及附件的布置应满足脱硝施工及运行维护要求，避免与其他设施发生碰撞。

一、尿素溶液制备区的工艺布置

1. 系统设计与工艺布置、安装的具体要求

（1）尿素溶液制备区的工艺布置应尽可能选择在烧成窑尾框架附近空地，以缩短尿素溶液输送管道的长度。同时该区域应道路通畅，便于尿素输送。注意留出与周围构筑物的安全距离和消防通道。整个设计应符合《水泥工厂设计规范》（GB 50295—2016）相关规定，新建设施尽可能减少对原有地下及地上设施的影响，尽量避开原有基础和沟道。

（2）尿素溶液制备区的面积可根据固体尿素储存面积和尿素溶液储存罐容积确定。

（3）尿素溶液制备区的尿素溶解罐、尿素溶液储存和相应输送管道应进行保温和伴热，区域内设备和管道的布置应按其使用功能、安装维护方便等紧凑布置。

（4）制备区内设置排水沟，冲洗水和其余废液考虑到循环利用或者汇集后排入厂内污水处理系统。

（5）因尿素溶液温度高于 130℃时会分解为氨和二氧化碳，因此在厂区易燃易爆类建（构）筑物、堆场的周边一定距离内布置尿素溶液储罐时，应考虑其火灾危险性对尿素溶液储罐的影响。

2. 尿素制备区工艺布置工程案例

尿素溶液制备区一般布置在 0m 标高层，一般包括固体尿素的卸载及储存、尿素的溶解、尿素溶液的储存、尿素溶液的输送、除盐水的储存及输送等。其中尿素溶解设施可布置为溶解罐，也可以布置为溶解池，溶解罐（池）可地上布置，也可地下布置。可根据现场需要而定。图 4-32～图 4-38 为不同 SNCR 工程尿素制备区的设备布置现场

图。图 4-39 为某工程尿素制备区总图布置方案。

图 4-32　某工程尿素制备间整体外观图

图 4-33　某工程袋装尿素堆放区

图 4-34　某工程袋装尿素堆放区

图 4-35　某工程尿素溶解系统及尿素溶解罐

图 4-36　某工程尿素溶解池布置图

图 4-37　某工程室内布置的尿素溶液储罐　　　　图 4-38　某工程室外布置的尿素溶液储罐

　　如图所示，固体袋装尿素的卸载系统包括斗提、储仓等一般与尿素溶解罐布置在一起，便于固体尿素卸料至溶解罐中，而固体尿素由于易吸潮结块，一般布置在室内，因此，相应的卸载系统与尿素溶解罐一般也室内布置。而尿素溶液储罐由于体积较大，室内布置要求整个车间的面积较大，造成工程土建费用较高，因此，也可采用室外布置，但要做好保温和蒸汽伴热系统的设计，如图 4-38 所示。

　　图 4-40、图 4-41 所示的某工程平面剖面图。该工程尿素制备区车间为封闭式，内设尿素储存区、梁式起重机、尿素溶解罐、尿素溶液循环排污模块、尿素溶液转存模块、尿素溶液储存罐（2 座）、尿素溶液输送、计量模块、除盐水输送模块等设备。车间内冬天通暖气保持室内温度在 5℃左右；制备区域固体尿素卸载采用桥式起重机进行，尿素溶解罐为地上布置，通过桥式起重机将袋装尿素输送至尿素溶解罐提升机入口，

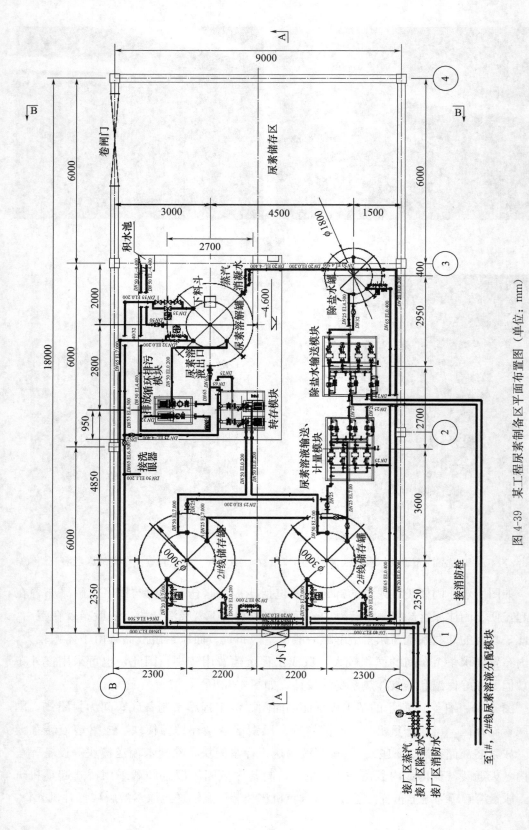

图 4-39　某工程尿素制备区平面布置图（单位：mm）

通过人工破包下料。尿素溶解罐内设置蒸汽盘管进行加热。配置一台搅拌器和一台循环泵，保证尿素溶液浓度均匀。蒸汽冷凝水介质进入除盐水罐内作稀释水用。设置除盐水罐一座，储存一定量的除盐水在线稀释时使用。尿素溶液储罐设置两座，保证脱硝系统正常运行时 7d 的用量。尿素溶液储罐上设置搅拌器，定期搅拌，防止尿素溶液的分层和析晶；内设蒸汽盘管保持尿素溶液的浓度，蒸汽冷凝水排入除盐水罐中再次利用。

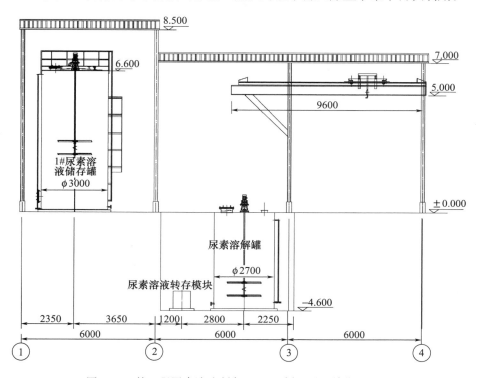

图 4-40　某工程尿素溶液制备区 A-A 剖面图（单位：mm）

二、窑尾分解炉喷射区的布置

SNCR 系统在窑尾分解炉喷射区钢平台上布置的主要工艺设备（设施）有稀释、计量、分配模块，缓冲罐、喷射模块、压缩空气（含吹扫、冷却、雾化、仪用）控制模块、就地控制柜和电气系统设备等。

稀释水泵可布置在尿素溶液制备区内，每台分解炉配置两台泵，一用一备；通过稀释水泵输送除盐水至窑尾，同时与尿素溶液输送泵输送来的尿素溶液在稀释计量模块进行稀释至浓度 10%～20% 的溶液后输送至分配模块。计量、分配模块一般根据喷枪设置的位置，布置在相应高度的钢平台上。如喷枪安装在分解炉上的位置离钢平台距离较高，则需增加喷枪检修平台。

某 5000t/d 水泥窑熟料生产线 SNCR 脱硝工程窑尾喷射区的布置如图 4-42、图 4-43 所示。由图中可知，该工程在窑尾相应喷射平台布置如下设备：尿素溶液缓冲罐、中继喷射模块、尿素溶液/（压缩空气）计量分配模块（每层喷枪各布置一组），尿素溶液/（压缩空气）分配环管及模块、两层喷枪。

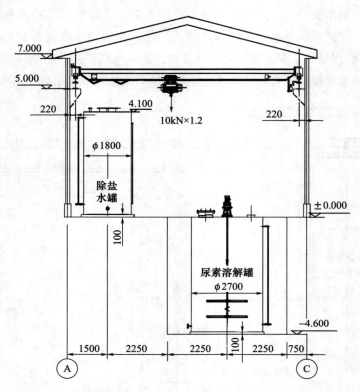

图 4-41　某工程尿素溶液制备区 B-B 剖面图（单位：mm）

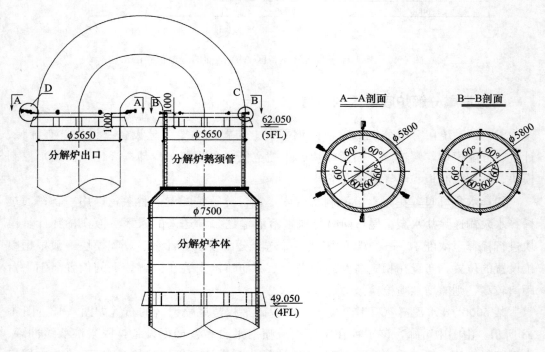

图 4-42　某工程 SNCR 喷枪布置图（单位：mm）

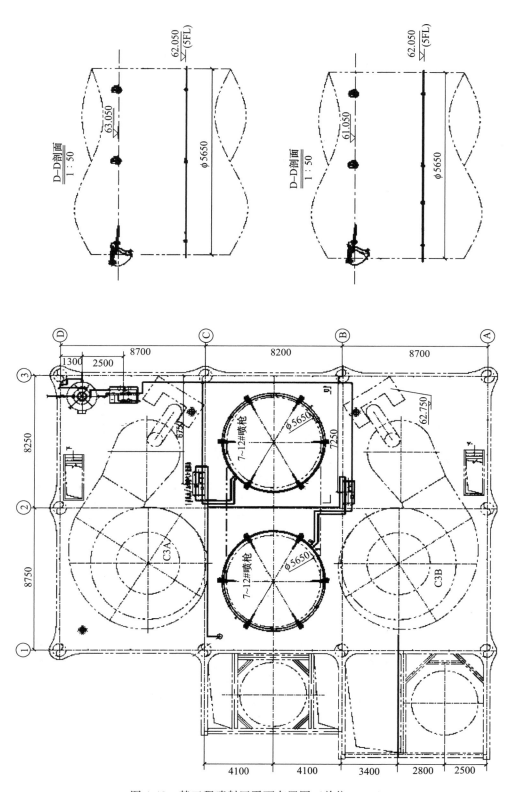

图 4-43　某工程喷射区平面布置图（单位：mm）

该系统在 63.050m 平台布置了一个容积约 6m³ 的尿素溶液缓冲罐，其是一个临时储存尿素溶液的装置，是尿素溶液浓度的调节装置，可同时将尿素溶液与除盐水输送至缓冲罐中进行稀释；在缓冲罐后面增设中继喷射模块，模块中设两台喷射泵，一用一备，通过喷射泵将缓冲罐中的尿素溶液（10%～20%浓度）输送至计量、分配和喷枪系统。该项目设置缓冲罐的原因是因布置的尿素溶液制备区离喷射区非常远，为避免制备区的输送泵由于扬程或其他问题使喷射量不够稳定而设定了缓冲罐和其后的喷射泵。

在中继喷射模块之后设置了计量和分配模块，将尿素溶液和压缩空气的计量并排组装成一组模块（每层喷枪设置一组），由于厂区压缩空气压力足够，直接从厂区原有的压缩空气管路中引出一路支路作为脱硝使用。分配系统采用环形管道进行分配，再从环管上分出控制各支喷枪的子模块，共 12 组尿素溶液分配子模块和 12 组压缩空气分配子模块。系统共布置 12 只自动伸缩式喷枪，分两层布置，一层布置在分解炉鹅颈管上标高 63.050m，另一层布置在分解炉出口与鹅颈管层喷枪相同标高处。安装时，在分解炉上开孔装好喷枪套管，固定后将喷枪通过套管深入炉膛中，喷枪可通过中控制控制自动伸入或退出分解炉膛。若一段时间不使用喷枪时，可将其退出炉内，以延长喷枪使用寿命。图 4-44～图 4-47 为 SNCR 工程喷射区设备（设施）的安装图。

图 4-44　某工程 SNCR 系统窑尾缓冲罐和喷射泵的布置

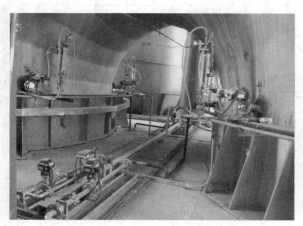

图 4-45　某工程 SNCR 计量分配系统装置图

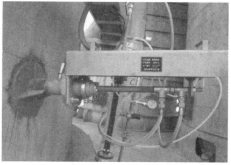

图 4-46　某工程 SNCR 喷枪套筒及安装图

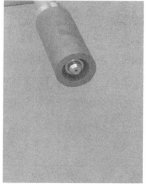

图 4-47　某工程 SNCR 喷枪装置图

三、在线监测仪的布置

在线烟气连续监测装置一般布置在窑尾预热器 C1 筒出口处和窑尾烟囱处，如图 4-48 所示。

图 4-48　某工程氨逃逸监测仪装置图

第七节　主要工艺设备和材料

一、基本要求

以尿素为还原剂的 SNCR 工艺系统主要设备在前文已经提过，主要包括尿素溶解罐、尿素溶液循环输送模块、尿素溶液储罐、输送泵、稀释水泵、计量分配装置、尿素溶液喷射模块等。由于目前水泥厂还未推出脱硝方面的标准，因此设备的选型和设置可参照电厂相关标准，如《火电厂烟气脱硝工程技术规范 选择性非催化还原法》（HJ 563—2010）相关规程规范，有关浓度排放需执行《水泥工业大气污染物排放标准》（GB 4915—2013）中有关氮氧化物排放方面的规定。SNCR 系统主要设备见表 4-9。

材料的选择应本着经济、适用的原则，满足脱硝系统特定的工艺要求，选择具有较长使用寿命的材料；通用材料应在水泥厂、燃煤锅炉常用的材料中选取；对于接触腐蚀性介质的部位，应择优选取耐腐蚀金属或非金属材料。由于尿素溶解中间产物氨基甲酸铵具有较强的腐蚀性，因此在尿素水解系统中，除了固体尿素仓库外，其他的设备和管道均应选择不锈钢材质。

表 4-9　SNCR 系统主要设备

序号	尿素制备区	分解炉喷射区	备注
1	尿素卸载用梁式起重机，一般规格为 1~2t	尿素溶液缓冲罐（据需要设定），用于尿素溶液的临时存储	
2	尿素卸载用斗式提升机，提升量根据所用尿素量确定	尿素溶液中继喷射模块（含喷射泵，相应的压力流量控制仪表），用于将稀释好的尿素溶液喷射至分解炉	
3	尿素溶解罐，含搅拌、伴热装置，同时设置相应的液位计、温度计等	尿素溶液计量模块，含流量计、调节阀、压力仪表等	
4	尿素溶液循环输送模块（含输送泵、相应的流量、压力装置）用于配制好的尿素溶液自身循环以及输送至尿素溶液储存罐中	尿素溶液分配模块，含转子流量计、手动阀、压力表等	
5	尿素溶液储存罐（含搅拌、伴热装置），应满足系统 5~7d 的尿素溶液用量	压缩空气储气罐	
6	尿素溶液输送模块（含输送泵、相应压力流量控制仪表，用于将还原剂输送至窑尾），一用一备	压缩空气计量模块，含电动调节阀，压力表等；压缩空气分配模块，含手动调节阀，压力表，电磁阀等	
7	除盐水储存罐，用于储存一定量的除盐水，用于在线稀释	喷枪（自动或固定式）	
8	除盐水输送泵（含输送泵、压力流量控制仪表，用于在线输送除盐水），进行稀释尿素溶液	NO_x 浓度监测仪，氨逃逸监测仪（可采用水泥线现有的测量仪，现有生产线没有的需要增加气体分析仪）	
9	相应的尿素溶液输送管道、阀门、法兰、保温材料等	相应的输送管道、阀门仪表、法兰、保温材料等	

二、尿素、除盐水的消耗量

以下以某 5000t/d 新型干法熟料水泥生产线的数据来介绍尿素脱硝系统的相关计算和尿素消耗量、除盐水消耗量及主要设备的选型计算。

1. 设计的原始数据

生产线规模：5000t/d，年运行时间按 8000h 计，年熟料产量 170 万吨。

窑尾烟囱烟气量 V_0（标态，干或湿基）：$3.5 \times 10^5 Nm^3/h$，其中 NO 占 95%，NO_2 占 5%。

原始烟气中 NO_x 浓度（以 NO_2 计，标况，10% O_2）：$800mg/Nm^3$；脱硝效率不低于 60%；C1 出口烟气中氧含量为 4%。SNCR 脱硝系统氨逃逸率控制在 $10mg/Nm^3$（标态）。脱硝系统设计运行效率 100%。

2. 尿素消耗量计算

按照反应式（4-28）、（4-29）进行计算：

$$4NO + 2CO(NH_2)_2 + O_2 \longrightarrow 4N_2 + 2CO_2 + 4H_2O \tag{4-28}$$

$$8NO_2 + 6CO(NH_2)_2 + O_2 \longrightarrow 10N_2 + 6CO_2 + 12H_2O \tag{4-29}$$

工程运行时还原剂尿素及除盐水等的消耗量见表 4-10，作为相关设备选型的基本依据。

表 4-10 某 5000t/d 新型干法熟料水泥生产线 SNCR 脱硝工程设计参数及相关原料消耗量

序号	设计参数	项目	单位	数值	备注
1	脱硝工程设计基础参数	窑尾烟囱烟气流量（标况）	Nm^3/h	350000	
2		窑尾烟囱烟气温度	℃	100	
3		预热器出口温度	℃	约 900	
4		烟气温度（C1 筒出口）	℃	约 330	
5		C1 出口烟气中的 O_2	%	0.5~2	
6		C1 筒出口静压	Pa	约 −6000	
7		原始烟气 NO_x 浓度（以 NO_2 计，标况，10% O_2）	mg/Nm^3	800	
8		窑系统年运转时间	h	8000	
9	脱硝工程指标参数	脱硝后烟气 NO_x 浓度（以 NO_2 计，标况，10% O_2）	mg/Nm^3	<320	满足水泥行业最新标准要求
10		综合脱硝效率	%	>60	
11		NH_3 逃逸	mg/Nm^3	<10	
12		脱硝系统年运转率	%	100	与窑同步运行检修
13		NO_x 削减量	t/a	1344	
14		尿素颗粒耗量（折 100%）	kg/h	<360	NRS＝1.5

续表

序号	设计参数	项目	单位	数值	备注
15		尿素溶液耗量（20%）	kg/h	<1800	NRS=1.5
16		压缩空气耗量	Nm³/h	<240	
17		电耗	(kW·h)/h	20	
18	脱硝工程指标参数	工艺水耗量	t/h	<1.6	含冲洗时软水消耗量
19		低压蒸汽消耗量	t/d	<1.0	余热发电尾气，用于尿素溶液配制时加热和储罐保温，冷凝水回用。平均消耗量

三、主要设备的选型

1. 尿素储存与配制

尿素（固体）储存量如按不小于 1 台分解炉正常工况下 7d 用量，则需要的储存量约为 60t。系统设一座尿素溶解罐，可将固体尿素配制成 40% 浓度的溶液或直接配制成 20% 浓度的溶液。由于 1d 的 40% 尿素溶液用量约为 21.6t，20% 尿素溶液用量约为 43.2t。而 40% 尿素溶液密度为 1.112g/cm³，20% 尿素溶液密度为 1.053g/cm³，则每天用量的相应体积约为 19m³ 和 41m³，则取尿素溶解罐体积为 25m³。如配制 40% 质量浓度的尿素溶液，一般配制 1 罐通常即能满足脱硝系统运行 1d 所需尿素溶液量。如配制 20% 质量浓度的尿素溶液，一般配制 2 罐通常即能满足脱硝系统运行 1d 所需尿素溶液量。溶解罐上安装液位计、温度计、搅拌器等。

2. 尿素溶液储存罐

尿素溶液储罐的总储量按照不小于 SNCR 系统脱硝装置正常运行时 5d（每天 24h）的总消耗量来设计，则如配制成 40% 的尿素溶液，则尿素储罐要求能储存的量约为 108t（97m³），20% 浓度的尿素溶液 5d 用量约为 216t（205m³）。一般设置两座储罐，则每个储罐体积可设计为 60m³。储罐上需要安装温度计、液位计等。

3. 尿素溶液循环输送泵

系统布置尿素溶液循环输送泵两台，将尿素溶解罐内的尿素溶液输送至尿素溶液储罐中，一用一备，尿素溶液输送泵采用离心泵。根据溶解罐体积和运行工况，泵的流量可选择为 40~50m³/h。

4. 尿素溶液输送泵

系统共设置尿素溶液输送泵两台，为保证系统有一定的回流量，以便脱硝系统安全运行，泵的流量可选择为 5~10m³/h。

5. 尿素溶液稀释水泵

按照给定的烟气条件和脱硝效率要求，每条生产线需要尿素溶液约 1.5m³/h，如果稀释后浓度控制在 20%，则稀释泵容量可选为 5~10m³/h。

第五章 还原剂为氨水的 SNCR 工艺系统

第一节 氨的基本特性

一、氨的基本知识

氨又称液氨、液态氨,化学分子式为 NH_3。氨是 1754 年由英国化学家普利斯特利在加热氯化铵和石灰石时发现的,氨的工业制法是德国 F·哈伯 1909 年发明的。氮和氢在 15.2~30.4MPa、400~500℃下可直接合成氨。在自然界中,氨是动物体(特别是蛋白质)腐败后的产物,氨是含氮物质腐败的最后产物。

常温常压下,氨是具有强烈刺激性臭味的无色气体,并兼带碱性腐蚀和可燃性。在标准状况下,氨的密度是 0.77g/L,小于空气密度;氨很容易被液化,在常压下冷却至 -33.5℃或在常温下加压至 700~800 kPa,气态氨就会液化成无色液体,同时放出大量热。液态氨气化时要吸收大量的热,使周围温度急剧下降,所以液氨常用作制冷剂;同时氨属于中毒类化合物,要小心接触;氨与水不反应,但极易溶于水,在常温常压下 1 体积水能溶解约 900 体积氨,溶于水后的氨溶液通常称为氨水($NH_3·$ H_2O),用于脱硝的还原剂通常采用的氨水浓度一般在 20%~25%,较无水氨相对安全。其水溶液呈强碱性和强腐蚀性。当空气中氨气在 15%~28% 范围内时会有爆炸的危险。其暴露途径与液氨类似,对人体有害。

二、氨的主要物理化学性质

1. 氨的基本物理性质

分子量	17.031
熔点(101.325kPa)	-77.7℃
沸点(101.325kPa)	-33.4℃
自燃点	651℃
氨的蒸发热为(-33.3℃)	5.5kcal/mol
液体密度(-73.15℃,8.666kPa)	729kg/m³
气体密度(0℃、101.325kPa)	0.7708kg/m³
空气中可燃范围(20℃、101.325kPa)	15%~28%

毒性级别	2（液氨：3级）
易燃性级别	1
易爆性级别	0
火灾危险	中等度

2. 氨的可燃性和爆炸性

液氨在常温常压下能汽化成氨气，此气体在空气中可燃，但一般难以着火，连续接触火源可燃烧，在651℃以上可燃烧，氨气与空气混合物的浓度在15％～28％（体积分数）时，遇到明火会燃烧和爆炸，如果有油脂或其他可燃性物质，则更容易着火。氨气在氧气中燃烧时发出黄色火焰，并生成氮和水，化学反应时为：

$$4NH_3 + 3O_2 \longrightarrow 2N_2 + 6H_2O \tag{5-1}$$

氨在一氧化二氮中也能发生爆炸，爆炸浓度为2.2％～72％。氨被氧、空气和其他氧化剂氧化后生成氧化氮、硝酸等。与强酸或卤素发生激烈反应，并有时引起飞散或爆炸，反应式为：

$$2NH_3 + 3Cl_2 \longrightarrow N_2 + 6HCl \tag{5-2}$$

$$HCl + NH_3 \longrightarrow NH_4Cl \tag{5-3}$$

氨气与空气的混合气体能引起爆炸，其爆炸极限为含氨15％～28％（体积）。虽然其爆炸极限范围比其他可燃性气体窄，危险性较小，但在实际工作中仍须严禁烟火，而且要严防空气侵入储罐、管道、气瓶等设备中形成具有燃烧爆炸性的氨-空气混合气。

3. 氨的腐蚀性

氨呈碱性，具有强腐蚀性，无水氨对大多数普通金属不起作用，但是如果混有少量水分或湿气，则无论是气态或液态氨都会与铜、银、锡、锌及其合金发生强烈侵蚀作用，又易与氧化银或氧化汞反应生成爆炸性化合物（雷酸盐）。与钠、镁等金属发生反应的方程式为：

$$2NH_3 + 2Na \longrightarrow 2NH_2Na + H_2 \tag{5-4}$$

$$2NH_3 + 2Mg \longrightarrow Mg_3N_2 + 3H_2 \tag{5-5}$$

鉴于氨的强腐蚀性，在SNCR脱硝设计时，在选择脱硝系统设备、管材、配件、仪器、仪表时，必须选用不含上述金属的铁及铁合金，或者选用不锈钢或防腐材料。另外，氨水对法兰的橡胶垫腐蚀也很严重，脱硝系统法兰应选用四氟乙烯垫片。

4. 氨的毒性

人体忍受氨的极限是50ppm，当人吸入含氨气浓度达0.5％（5000ppm）以上的空气时，数分钟内会引起肺水肿，甚至呼吸停止窒息死亡。氨对人体生理组织具有强烈的腐蚀作用，对皮肤及呼吸器官具有强烈刺激性及腐蚀性，其危害易达到组织内部。眼睛被溅淋高浓度氨，会造成视力阻碍、残疾。

为保护液氨操作者的健康和车间安全，我国规定车间空气中氨的最高容许浓度为30mg/m³。这个浓度对于每周工作5d、每天接触8h来说是安全的，但如果接触时间长，嗅觉器官的灵敏性会发生改变，表 5-1 所示为不同浓度的氨对人体的作用。

表 5-1　不同浓度氨对人体作用

大气中氨的浓度（ppm）	人体的生理反应
5～10	鼻子可察觉其臭味
20	察觉氨特臭
>25	有毒范围
40	少数人眼部感受轻度刺激
50	人体之容许浓度
100	数分钟之曝露引起眼部及鼻腔刺激，可耐 6h
400	引起喉咙、鼻腔及上呼吸道的严重刺激，可耐 0.5～1h
700	曝露 30min 以上可能引起眼部永久性伤害
1700	严重咳嗽、喘息 30min 内即可致命
5000	严重肺水肿，窒息片刻即可致命

氨主要通过呼吸道吸入人体，此外也可通过皮肤吸收。氨吸入人体内很快转变成尿素。氨的毒害作用主要由三点引起：①减少三磷酸腺苷阻碍三羧酸循环，降低细胞色素氧化酶的作用；②脑氨增加，会引起神经方面的障碍；③高浓度氨的强烈刺激性会引起组织的溶解和坏死。

吸入高浓度氨气会出现打喷嚏、流涎、咳嗽、恶心、头痛、出汗、面部充血、胸部痛、呼吸急促、尿频、眩晕、窒息感、不安感、胃痛、闭尿等症状；刺激眼睛引起流泪、眼痛、视觉障碍；皮肤接触后引起皮肤刺激、皮肤发红，可致灼伤或糜烂。慢性中毒时出现头痛、做噩梦、食欲不振、易激动、慢性结膜炎、慢性支气管炎、血痰、耳聋等症状。

液氨自储罐、气瓶或管道泄漏时，立即汽化成原体积的 884 倍（0℃、标准大气压）的气态氨，并与空气混合形成高浓度的氨-空气混合气，一旦吸入这种混合气，可能在几分钟内就会死亡。

三、氨水的特性

氨水（Ammonium Hydroxide；Ammonia Water）又称氢氧化铵、阿摩尼亚水，是氨气的水溶液，无色透明且具有刺激性气味。易挥发，具有部分碱的通性，由氨气通入水中制得，主要用作化肥。

氨水的特性：氨水与无水氨都属于危险化学品。氨溶液：含氨大于 50％的氨溶液，危险货物编号为 23003。含氨大于 35％且小于 50％为《危险货物品名表》、《危险化学品名录》（2012 版）规定之危险品，危险物编号为 22025。含氨大于 10％且不大于 35％

的氨溶液，危险货物编号为 82503；用于脱硝的还原剂通常采用 20％～25％浓度的氨水，氨水浓度较低，较无水氨相对安全。其水溶液呈强碱性和强腐蚀性。当空气中氨气在 15％～28％范围内时会有爆炸的危险。其暴露途径与液氨类似，对人体有害。

氨水为无色透明液体，易分解放出氨气，温度越高，分解速度越快，可形成爆炸性气氛。若遇高热，容器内压增大，有开裂和爆炸的危险。与强氧化剂和酸剧烈反应。与卤素、氧化汞、氧化银接触会形成对震动敏感的化合物。接触下列物质能引发燃烧和爆炸：三甲胺、氨基化合物、1-氯-2，4-二硝基苯、邻-氯代硝基苯、铂、二氟化三氧、二氧二氟化铯、卤代硼、汞、碘、溴、次氯酸盐、氯漂、氨基化合物、塑料和橡胶。腐蚀铜、黄铜、青铜、铝、钢、锡、锌及其合金等。

1. 氨水的物理性质

表 5-2 所示为氨水的物理性质；表 5-3 为 20℃时不同浓度氨水的密度表；图 5-1 为 20℃时氨水浓度-密度曲线图。

表 5-2　氨水的物理性质

外文名	Ammonia Water	分子量	35.05
别名	氢氧化铵	化学式	$NH_3 \cdot H_2O$
相对密度（水密度＝1）	0.91（不同浓度氨水密度见表 5-3）	最浓氨水氨含量	35.38％
溶解性	溶于水、醇	最浓氨水密度（g/cm³）	0.88
凝固点（℃，25％氨水）	−55	饱和蒸汽压（kPa）	1.59（20℃）
爆炸上限（V/V）（％）	25.0	爆炸下限（V/V）（％）	16.0
10％的氨水比热容［J/（kg·℃）］	4.3×10³	化学品类型	无机物（气态氢氧化物水溶液）
挥发性	随温度升高、浓度增大、放置时间延长而挥发量增加		

表 5-3　20℃时不同浓度氨水的密度表

氨水浓度（％）	密度（g/cm³）	氨水浓度（％）	密度（g/cm³）
19.0	0.9262	30.0	0.8920
20.0	0.9230	31.0	0.8892
21.0	0.9196	32.0	0.8862
22.0	0.9164	33.0	0.8836
23.0	0.9134	34.0	0.8806
24.0	0.9100	35.0	0.8776
25.0	0.9070	36.0	0.8746
26.0	0.9040	37.0	0.8716
27.0	0.9010	38.0	0.8686
28.0	0.8980	39.0	0.8656
29.0	0.8950	40.0	0.8626

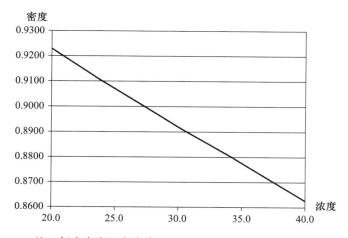

注：氨水密度温度公式：$\rho_1 = \rho_2 + (20 - t) \times 0.00054$

ρ_1 ——$t℃$温度下的密度；

ρ_2 ——20℃下的密度，查此表得；

t ——氨水的实际温度。

图 5-1　20℃时氨水浓度-密度曲线图

2. 氨水的化学性质

（1）弱碱性：具有部分碱的通性。浓氨水与挥发性酸（浓盐酸、浓硝酸等）相遇产生白烟。

（2）还原性：氨水有弱的还原性，如用于 SNCR 或 SCR 工艺，也可被强氧化剂氧化。

（3）沉淀性：氨水是很好的沉淀剂，能与多种金属离子生成难溶性弱碱或两性氢氧化物。

（4）络合性：与 Ag^+、Cu^{2+}、Cr^{3+}、Zn^{2+} 等发生络合反应。

（5）不稳定性：见光受热易分解成 NH_3 和水。实验室氨水应密封在棕色或深色试剂瓶中，并放在冷暗处。

（6）腐蚀性：对铜腐蚀较强，对木材有一定的腐蚀作用，对钢铁腐蚀较差，对水泥腐蚀不大，对锡、铝、锌等金属及塑料、橡胶有腐蚀作用。碳化氨水的腐蚀性更强。

（7）燃烧和爆炸：接触下列物质能引发燃烧和爆炸：三甲胺、氨基化合物、醇类、醛类、有机酸酐、烯基氧化物等。

3. 对人体健康危害及急救措施

吸入后对鼻、喉和肺有刺激性，引起咳嗽、气短和哮喘等。氨水溅入眼内，可造成严重损害，甚至导致失明，皮肤接触可致灼伤。反复低浓度接触，可引起支气管炎。皮肤反复接触，可致皮炎。空气中氨的最高容许浓度为 $30mg/m^3$。

（1）皮肤接触：立即用水冲洗至少 15min，若有灼伤，需就医治疗。

（2）眼睛接触：立即翻起眼睑，用流动清水或生理盐水冲洗至少 15min，或用 3％硼酸溶液冲洗，并就医治疗。

（3）食入：误服者立即漱口，口服稀释的醋或柠檬汁，并就医。

4. 运输与储存

氨水运输时应按规定路线行驶，勿在居民区和人口稠密区停留。氨水应储存于阴凉、干燥、通风处，远离火种、热源，并防止阳光直射。保证储存容器的密封，且与酸类、金属粉末等分开存放。露天储罐夏季要有降温措施（不宜超过 30℃），否则高温下容器内压增大，有开裂和爆炸的危险。

5. 应急处理

如着火，可用雾状水、二氧化碳、砂土等来灭火。

如泄漏，应急处理如下：疏散泄漏污染区人员至安全区，禁止无关人员进入污染区。应急处理人员戴自给式呼吸器，穿化学防护服。不要直接接触泄漏物，在确保安全的情况下堵漏。用大量水冲洗，经稀释的氨水放入废水系统。也可用砂土。蛭石或其他惰性材料吸收，然后加入大量水中，调节至中性，再放入废水系统。如大量泄漏，可利用围堤收容，经收集、转移、回收或无害化处理后废弃。由于氨水的气味非常刺鼻，泄漏时很容易被察觉。氨水储罐的设计应考虑温度计和压力表等检测仪表，并在储存系统处配置气体实时监测系统，保证储罐的安全。

第二节　还原剂为氨水的 SNCR 系统设计规范

鉴于液氨及氨气的危险性，水泥窑炉、燃煤电站在选择脱硝设备和进行脱硝设计时，为了保证系统的安全运行，必须遵守国家有关标准和规范对储氨区和与氨有关的设备和布置位置等作出的相关规定。如《石油化工企业设计防火标准》（GB 50160—2008）中，对工艺设备的布置作出如下规定：设备宜露天或半露天布置，并宜缩小爆炸危险区域的范围等。

一、脱硝设计应执行的规范

做脱硝设计时，氨水储区位置及储氨区的工艺布置需满足现行相关标准，由于氨与氧气混合到一定浓度，遇火后会发生爆炸，因此，储氨区不可与氧气容器置放在一起。

1. 脱硝总体设计

《火电厂烟气脱硝工程技术规范 选择性非催化还原法》（HJ 563—2010，由于水泥行业脱硝标准未出，因此水泥厂 SNCR 可参照此标准）；

《工业企业总平面设计规范》（GB 50187—2012）；

《水泥工厂设计规范》（GB 50295—2016）；

《厂矿道路设计规范》（GBJ 22—1987）；

《自动化仪表工程施工及质量验收规范》（GB 50093—2013，关于氨区施工）；

《石油化工储运系统罐区设计规范》（SH/T 3007—2014，关于氨区安全阀）；

《石油化工储运系统罐区设计规范》（SH/T 3007—2014）；

《石油化工厂区雨水明沟设计规范》（SH/T 3094—2013）；

《压力管道规范》（GB/T 20801.1～20801.6，关于氨输送管道）；

《液体无水氨》（GB/T 536—2017，关于氨的性质）；

《管径选择》（HG/T 20570.6—1995，关于氨管道流速设计）。

2. 脱硝环境保护设计

（1）环境质量主要设计标准

《环境空气质量标准》（GB 3095—2012，环境质量要符合标准中二级标准）；

《地表水环境质量标准》（GB 3838—2002，地表水执行标准中Ⅲ类标准）；

《声环境质量标准》（GB 3096—2008，噪声执行标准中 3 类标准）；

《火电厂氮氧化物防治技术政策》（环境保护部环发〔2010〕10 号）。

（2）污染物排放标准

《水泥工业大气污染物排放标准》（GB 4915—2013，废气及粉尘）；

《火电厂大气污染物排放标准》（GB 13223—2011，废气及粉尘）；

《污水综合排放标准》（GB 8978—1996，废水）；

《工业企业厂界环境噪声排放标准》（GB 12348—2008，噪声）。

（3）环境监测

原国家环保总局颁发的《环境空气质量监测技术规范》；

《固定污染源排气中颗粒物测定与气态污染物采样方法》（GB/T 16157—1996）；

《空气和废气监测质量保证手册》（第四版）；

《固定污染源烟气（SO_2、NO_x、颗粒物）排放连续监测技术规范》（HJ 75—2017）；

《固定污染源烟气（SO_2、NO_x、颗粒物）排放连续监测系统技术要求及检测方法》（HJ 76—2017）。

3. 脱硝消防设计

《石油化工企业设计防火标准》（GB 50160—2008，关于氨区间距和防火堤的相关规定）；

《建筑设计防火规范》（GB 50016—2014）；

《水泥工厂设计规范》（GB 50295—2016，水泥厂相关防火设计可参照 GB 50016 和 GB 50295）；

《自动喷水灭火系统设计规范》（GB 50084—2017）；

《水喷雾灭火系统技术规范》（GB 50219——2014）；

《火灾自动报警系统设计规范》（GB 50116——2013）；

《建筑灭火器配置设计规范》（GB 50140—2005）；

《工业建筑供暖通风与空气调节设计规范》（GB 50019—2015）；

《建筑设计防火规范》（GB 50016—2014，消防设计；消防设施主要为消火栓、自动喷水系统和灭火器。）

4. 脱硝工程劳动安全和职业卫生相关标准规范

（1）行业标准

《电力设施保护条例（98年修正）》（国务院令第239号）；

《建设工程安全生产管理条例》（国务院令第393号）；

《劳动保障监察条例》（国务院令第423号）；

《电力监管条例》（国务院令第432号）；

《生产安全事故报告和调查处理条例》（国务院令第493号）；

《使用有毒物品作业场所劳动保护条例》（国务院令352号）；

《危险化学品建设项目安全监督管理办法》（国家安全生产监督管理总局令第45号）；

《建设项目安全设施"三同时"监督管理暂行办法》（国家安全生产监督管理总局令第36号）。

（2）行业规范

《工业企业设计卫生标准》（GBZ 1—2012）；

《工作场所有害因素职业接触限值 第一部分：化学有害因素》（GBZ 2.1—2019）；

《工作场所有害因素职业接触限值 第二部分：物理因素》（GBZ 2.2—2007）；

《工业企业噪声控制设计规范》（GB/T 50087—2013）；

《爆炸危险环境电力装置设计规范》（GB 50058—2014）；

《建筑设计防火规范》（GB 50016—2014）；

《建筑照明设计标准》（GB 50034—2013）；

《建筑物防雷设计规范》（GB 50057—2010）；

《电力设施抗震设计规范》（GB 50260—2013）；

《机械安全防护装置 固定式和活动式防护装置的设计与制造一般要求》（GB/T 8196—2018）；

《危险化学品重大危险源辨识》（GB 18218—2018，关于氨危险源）；

《危险货物品名表》（GB 12268—2012，关于氨的特性）；

《压力容器中化学介质毒性危害和爆炸危险程度分类标准》（HG/T 20660—2017，氨属于中度危害的化学物质）。

其中，为防止车间噪声和振动对生产人员产生的不良影响，厂内工作场所的连续噪声级应符合《工业企业噪声卫生标准》的要求。为确保电气设备以及运行、维护、检修人员的人身安全，电气设备的选用和设计应符合现行国家标准等有关规程，所有电气设备应有防雷击设施并有接地设施。

作业场所和易爆、易燃的危险场所的防火分区、防火间距、安全疏散和消防通道的设计，均按《建筑设计防火规范》（GB 50016）、《建筑内部装修设计防火规范》（GB 50222）等有关规定设计。

严格按照《爆炸危险环境电力装置设计规范》（GB 50058）等有关规程规范的规

定，对有爆炸危险的设备及有关电气设施、工艺系统和厂房的工艺设计及土建设计，按照不同类型的爆炸源和危险因素采取相应的防爆防护措施。

根据《工业企业设计卫生标准》（GBZ 1）等现行的有关标准、规范的规定，对储存和产生有化学伤害物质或腐蚀性介质等场所及使用对人体有害物质的仪器和仪表设备，应采取相应的防毒及防化学伤害的安全防护设施。

严格遵照《工业企业设计卫生标准》等规程规范。在工艺流程设计中，使运行操作人员远离热源并根据具体条件采取隔热、通风和空调等措施，以保证运行和检修生产人员的良好工作环境。

5. 脱硝工程节能节水相关标准规范

《公共建筑节能设计标准》（GB 50189—2005）；

国家发改委令第 40 号《产业结构调整指导目录（2005 年本）》。

二、我国政府对"氨溶液"的有关管理规定

根据我国政府《危险货物品名表》和《危险化学品名录》的规定如下。

（1）氨水和液氨都属于危险化学品；

（2）含氨＞50％的氨溶液，危险货物编号为 23003；

（3）35％＜含氨≤50％的氨溶液，危险货物编号为 22025；

（4）10％＜含氨≤35％的氨溶液，危险货物编号为 82503。

我国政府对危险品的有关管理法规如下。

（1）《中华人民共和国安全生产法》；

（2）国务院第 344 号《危险化学品安全管理条例》；

（3）国家安全生产监督管理局、国家煤矿安全监督局令（第 17 号）；

（4）《危险化学品生产储存建设项目安全审查办法》；

（5）《危险化学品重大危险源辨识》（GB 18218—2018）。

第三节 还原剂为氨水的 SNCR 工艺系统设计

一、还原剂为氨水时的工艺系统设计设备选型基本要求

（1）氨水的储罐及罐区的设计必须满足国家对此类危险品罐区的有关规定。

（2）氨水储罐除按一般压力容器规范和标准设计制造外，要特别注意选用合适的材料，如不锈钢防腐材料等。

（3）氨水储罐和其他设备、厂房等要有一定的安全防火防爆距离，并在适当位置设置室外防火栓，同时设有防雷、防静电接地装置。

（4）氨水储存和输送系统相关管道、阀门、法兰、仪表、泵等设备选择时，必须

满足抗腐蚀要求，采用防爆、防腐型户外电气装置。

（5）氨水储罐排放的氨气应排入氨气稀释水槽中，经水的吸收排入废水池，再经由废水泵输送至废水处理厂处理，也可由氨水输送泵输送至窑炉进行循环使用。

（6）氨水储区应设置相应高度的围堰，围堰高度的确定按照氨水全部泄漏时全部氨水的体积另有 20％的富余量进行设计。

（7）氨水储区应安装相应的氨气泄漏监测报警装置、防雷防静电装置、相应的消防设施等，以及储罐安全附件、急救设施设备和泄漏应急处理设备。

（8）喷射设备的选择应充分考虑其处于炉膛高温、高灰的区域，所选材料应为耐磨、抗高温及防腐特性。

（9）喷射设备应避免堵塞，具有清扫功能。

（10）考虑设备的防冻。20％氨水的凝固点为－35℃，25％氨水的凝固点为－40℃，即氨的冻结温度很低，因此，设备防冻应重点考虑设备自身的材料和转动设备使用的润滑油脂能够适宜低温的天气。但在东北区域，由于冬季极端温度可能低于－35℃，因此，对于氨水相应设备和管道应采取相应保温防冻措施。

二、还原剂为氨水的水泥窑炉 SNCR 烟气脱硝系统

典型的以氨水为还原剂的 SNCR 系统烟气脱硝过程由下面四个基本过程完成。

（1）氨水接收和储存。

（2）氨水的计量输出。

（3）在分解炉炉合适位置喷入稀释后的氨水。

（4）氨水与烟气混合进行脱硝反应。

系统主要由卸氨系统、罐区、氨水输送稀释系统、计量及分配系统、喷雾系统、烟气监测系统及控制系统等组成。典型的以氨水为还原剂的水泥窑炉 SNCR 烟气脱硝工艺系统如图 5-2，5-3 所示。图 5-2 为设置了氨水缓冲罐和炉前喷射模块的工艺系统，即"二段式"，该系统可减少因泵的扬程阻力问题导致的喷射动力不足的现象，但工艺流程较为复杂，造价较高；而图 5-3 为"一段式"，即氨水直接从储罐区喷射至分解炉内，在氨水输送模块增加了回流系统。整个工艺系统流程简单，造价也较低。可根据厂区实际情况进行选择使用。

两段式的脱硝工艺，其主要目的是将还原剂输送和喷射两个过程分开，将还原剂从氨水储区分两步喷入分解炉反应区，即在还原剂储区设置输送模块，在窑尾框架上专门设置高位还原剂储罐，先将还原剂一级泵送至窑尾框架上离喷射点位较近的高位还原剂储罐，再通过窑尾框架平台上的喷射泵将还原剂输送到分解炉反应区喷枪处。这样喷射泵离喷射点位近，可根据炉内 NO_x 的变化，及时、精确地将还原剂喷入炉内，其中按照流量计的计量及时调节电动回流调节阀，来达到控制量的目的。该过程

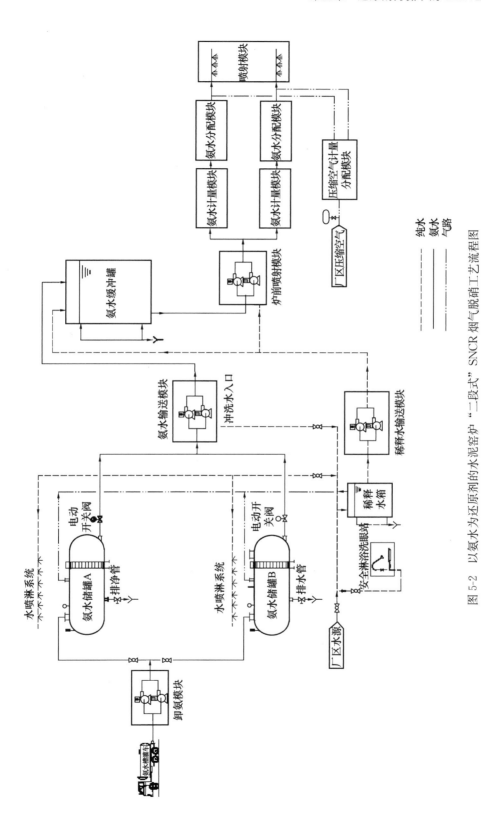

图 5-2　以氨水为还原剂的水泥窑炉"二段式"SNCR 烟气脱硝工艺流程图

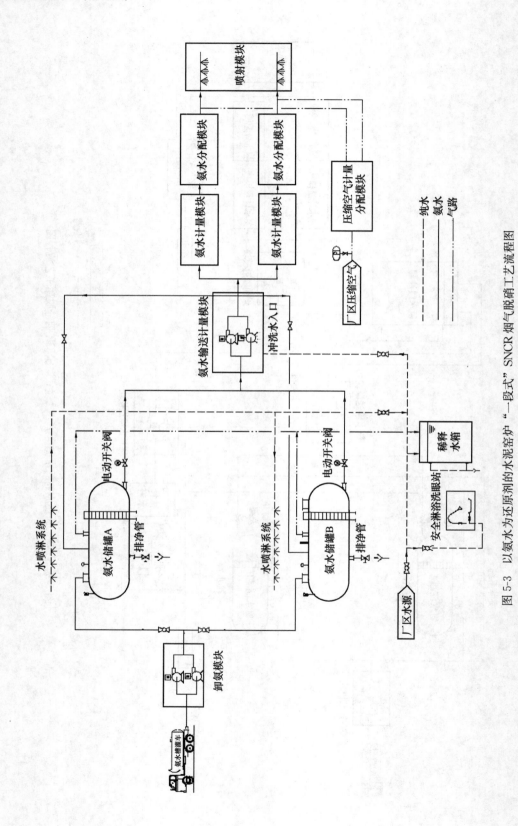

图 5-3 以氨水为还原剂的水泥窑炉"一段式"SNCR 烟气脱硝工艺流程图

是连续运行的。从工程实际对比来看，采用二级泵送流程比一级泵送流程在还原剂流量精确控制一项上可较多减少还原剂的浪费。

由氨水罐、氨水输送泵、调节阀和高位氨水槽组成了第一循环系统，其主要功能是满足氨水的储存、输送及控制，氨水输送泵主要作为克服距离和高度带来的扬程，而流量和时间的误差可以放宽些，且该过程是间隔运行的。

由高位氨水槽、喷射泵、回流调节阀、喷枪和流量计等组成了第二循环系统，其主要功能是根据炉内 NO_x 的变化，及时地、精确地将氨水喷入炉内，其中按照流量计的计量及时调节电动回流调节阀，来达到控制量的目的。该过程是连续运行的。

1. 氨区工艺系统及主要设备

以氨水为还原剂的 SNCR 脱硝系统氨水储存区的主要设备通常包括：卸氨模块、氨水储罐、氨水输送模块、氨气吸收稀释水箱、事故池、氨气泄漏报警仪、水喷淋系统、洗眼器及相应的管道、管件、支架、阀门和附件等。

用于脱硝的还原剂通常采用的氨水浓度一般在 20%～25%，较无水氨相对安全。其水溶液呈强碱性和强腐蚀性。当空气中氨气在 15%～28% 范围内时会有爆炸的危险。因此，系统还必须配备安全装置，以保护周边设施。

（1）卸氨模块

该模块用于将氨水从槽罐车上卸载到氨水储罐中，外购氨水运输至厂区后，通过卸氨泵将槽罐车内的氨水输送至氨水储罐。由于氨水易挥发，氨水储罐内挥发的氨气通过管道连接至稀释水箱内，氨气可被水吸收，从而达到了防止氨气泄漏的目的。

如图 5-4 所示，卸氨模块配备 2 台卸氨泵（一用一备）、过滤器，止回阀、压力表等阀门仪表，预留法兰接口，安装方便。卸氨泵为无泄漏离心泵，卸氨是间歇操作，通过柔性快速接头与槽罐车连接。当设有两个氨水罐时，两个氨水罐轮流充装。卸氨模块的设计要充分考虑排空问题，不能简单地安装一个排空阀对外排空。因为氨水不同于自来水，排空时会有一股很强的气味逸出，使周围环境恶化，让人难以靠近，可排放至事故池内。同样，卸氨结束后，拆管时难免有少量氨水残留或洒出，这时需要启动应急喷淋工艺水装置进行现场冲洗，所以要在就近加装应急喷淋工艺水装置。

（2）氨水储罐

① 设备结构及选型。

氨水储罐是水泥厂脱硝系统氨水储存的设备，如图 5-5 所示。氨水储罐的容量应根据水泥厂正常工况下 NO_x 的排放浓度及设计脱硝效率进行计算，得出氨水日消耗量。一般选用质量分数为 20%～25% 的氨水，按 5～7d 的储量进行设计。对于 5000t/d 新型干法熟料水泥生产线，氨水储罐容积约为 120m³，一般配备 2 台

60m³ 的储罐，对于 2500～3500t/d 生产线，氨水储罐容积约为 60m³，一般配备 1 台 60m³ 的储罐。由于氨水储罐顶部设置呼吸阀与水箱及大气相通，因此氨水储罐不属于压力容器。

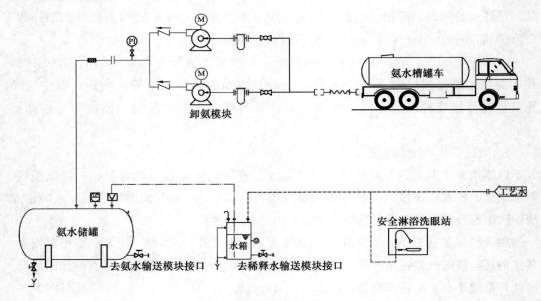

图 5-4 卸氨模块系统图

氨水储罐的设计压力为常压，设计温度为常温，储罐材质使用较多的主要为 304 不锈钢或 FRP 材质储罐，氨水储罐安装形式上有立式和卧式，立式储罐跟卧式储罐相比，占地面积较小。卧式氨水储罐系统如图 5-5 所示。

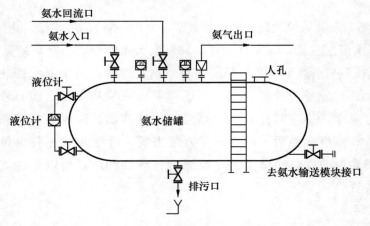

图 5-5 卧式氨水储罐系统图

氨水储罐计算体积估算式为：

$$V'=\frac{\pi}{24}D^3\times 2+\frac{\pi}{4}D^2L \tag{5-6}$$

式中　V'——计算出的储罐体积，m^3；

　　　　D——储罐内径，m；

　　　　L——储罐长度。

为了保证氨水储罐内有足量的氨水，并且温度压力适当，氨水罐需要配置液位计、压力表、温度计、呼吸阀、安全阀、人孔等附属设施。为了便于维护、巡视和操作，氨水储罐顶部需要配置检修操作平台，设置相应的楼梯、爬梯走道等。同时，考虑配置相应的喷淋装置和清洗台。

氨水储罐顶部引出一根管道连接到氨气吸收稀释水箱中，并在管道上安装呼吸阀，当储罐内压力升高，超过呼吸阀工作压力时，呼吸阀工作，外排的氨气被稀释水箱中的水吸收，当稀释水箱中稀氨水达到一定浓度后，将稀释水箱中氨水排到水池中，再循环使用，做到污染零排放；或直接将排污口通过管道连接至氨水输送模块，将废水输送至窑尾喷射至分解炉中。之后稀释水箱再次注满软化水继续使用。氨水储罐侧部设有磁翻板液位计。出于安全因素考虑，在罐区附近设置紧急喷淋装置。储罐采用防爆设计，控制系统设置在氨水储罐液位偏高或偏低时报警、氨水储罐氨水温度高时报警。

② 氨水储罐的管口设置。

氨水储罐进行设计时，通常需要考虑设定如下管口，具体工程设计时，需要根据具体情况进行选择。储罐管口清单、用途及相关信息见表 5-4。

表 5-4　氨水储罐的管口清单

管口名称	用途	注意事项	备注
氨水出口	氨水至氨水输送模块	管口位置一般设置在罐体下方	管口设置手动球阀尽量靠近罐体
氨水进口	从氨水装运车到储罐入口	管口应布置在罐体顶部	
安全阀	为安全目的设置的阀门		
人孔	方便人员进入内部检查	管口应设置在罐体顶部	
备用口	通常不需要留备用口，但是当确定业主扩建计划时，可考虑留备用口		
排污口	用来排放箱内液体及杂质	在罐体底部开设，需安装截止阀	
氨气出口	用来平衡储罐内压力	设置呼吸阀，罐顶开口	
温度计接口	用来接罐内液体温度检测仪器	罐顶开口	
压力表口	用来接罐内压力检测仪器		
液位计口	测量液位	罐体侧面或顶部开口	侧面开口的液位计要注意中心距

（3）氨水输送计量模块

氨水输送计量模块是通过加压泵将氨区氨水向水泥窑尾分解炉喷射区输送氨水的设备。主要由两台输送泵（一用一备）、回流控制装置（调节阀）、压力检测

（压力传感器和压力表）、流量监测系统（流量计等）及相应的阀组、就地控制柜组成。

氨水输送泵设置两台，一备一用，两个泵形成开停连锁，为了防止备用泵长期得不到运转，可设置一运行周期，当1#泵运转一次后，下次应为2#泵运转，两泵交替运行，并且设置故障模式，即如果其中一台出现故障时，另一台自动投入运行，或其中一台泵处于检修状态时，另外一台泵连续工作。整个模块布置在储罐附近，方便输送氨水。

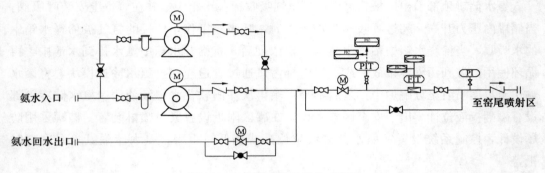

图 5-6　氨水输送计量模块系统图

图 5-6 所示为氨水输送计量模块系统图，当采用"一段式"系统时，设置氨水回流系统；当采用"二段式"系统时，不设置氨水回流系统。系统的稀释水输送模块加压泵及控制系统所含设备与氨水输送模块类同。

（4）稀释水箱

在氨水罐房内设置稀释水箱一个，采用 304 不锈钢制作，主要用于吸收氨水储罐内挥发的氨气和存储稀释用水。从氨水储罐上引出的设置了呼吸阀的管道接至稀释水箱底部。稀释水箱中的稀释水需要周期性地更换，当氨水储罐内氨气浓度达到一定浓度时，呼吸阀工作，氨气通过管道输送至水箱内，氨气被水吸收，从而防止氨气泄漏的隐患。水箱内的水达到一定浓度后，定期开启水箱排污口的阀门，将废水排放至废水池中或通过管道将废水连接至氨水计量分配模块，由输送泵输送至窑尾分解炉内喷射掉，防止水箱吸收的氨达到饱和状态而无法进一步吸收氨气。稀释水箱上设置液位计、温度计、人孔门及相应爬梯等。

（5）氨区废水处理

废水池用于收集氨气稀释水箱排出的含氨废水、卸氨区的地面冲洗水（含雨水）和洗眼器的排水，然后用泵输送至水泥厂工业废水处理系统或通过氨水输送泵输送至窑尾喷射掉。废水池容量可按氨水稀释水箱体积的 1.5 倍设计；废水池的废水输送泵宜按 2 台配置，正常情况下，1 台运行；废水池宜采用地下布置，设在储罐区防火堤外。

2. 窑尾喷射系统及主要设备

以氨水为还原剂的水泥窑 SNCR 脱硝系统窑尾喷射区的主要设备包括：氨水缓冲罐、中继喷射模块、计量分配模块、炉前喷射模块及相应的管道、管件、支架、阀门和附件等。

（1）氨水缓冲罐

当采用"二段式"脱硝系统（图 5-2）时，需要用到氨水缓冲罐。氨水缓冲罐是一个临时储存氨水的装置，也是氨水浓度的调节装置，当外购氨水浓度较高时，可同时将氨水与软化水输送至氨水缓冲罐进行稀释，氨水缓冲罐可设置液位检测装置和氨水浓度仪，根据液位仪的信号反馈，如果高位氨水槽液位低于设定值，则要求氨水输送泵和稀释水输送泵开始工作，根据设定的氨水缓冲罐内氨水浓度值以及液面最高位容积来确定氨水和稀释水的输送量，氨水和稀释水通过各自管路上的电磁流量计和电动调节阀来控制停止或输送，由于这种混合方式存在输送时间差，所以氨水缓冲罐内的氨水浓度不一定是设计要求值，此时通过设置在氨水缓冲罐上的氨水浓度计来校正浓度，计算出氨水喷射量，再反馈给氨水喷射系统。高位氨水槽的存在，避免了泵由于扬程或其他问题使喷射量不够稳定的问题。氨水缓冲罐及中继喷射模块系统如图 5-7所示。

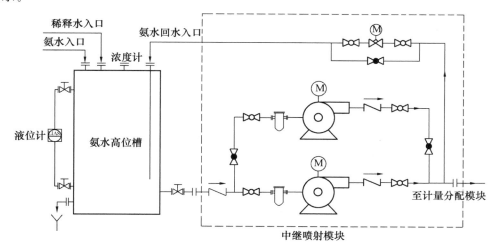

图 5-7 氨水缓冲罐及中继喷射模块系统图

（2）中继喷射模块

当外购氨水浓度相对较高，以及综合考虑氨水喷射穿透力及覆盖范围和热耗的影响，可考虑将氨水适当稀释。氨水稀释浓度范围：10%～20%。

氨水和稀释水分别由两个独立管路进入稀释系统，且两流体的流量可根据实际所需喷氨浓度进行任意调配，最终被同时输送至氨水缓冲罐，在氨水缓冲罐中氨水与稀释水充分混合均匀。整个系统布置在预分解炉相应氨水喷入点位置的平台上。为了保证稀释水对 SNCR 系统管路没有腐蚀性，并且减少结垢堵塞管路，作为稀释水应是具有软化水质量的纯水，满足下列规格：

① pH 值：6～9；

② 全硬度 小于 3 mmol/kg；

③ 钙硬度 小于 2 mmol/kg（作为 $CaCO_3$），最好小于 0.2 mmol/kg；

④ 全碱度 小于 2 mmol/kg，最好小于 0.2 mmol/kg；

⑤ 铁小于 0.5mg/kg；

⑥ 导电度小于 250 μmhos；

⑦ 没有明显的浑浊和悬浮固态物。

该水在 SNCR 系统停机时可作为 SNCR 系统管路清洗水。稀释水整体用量不大，可优先考虑采用水泥窑余热发电系统中锅炉软化水。系统图如图 5-7 所示。

（3）计量分配模块、压缩空气分配控制模块、喷射模块和 CEMS 在线监测系统

喷射区的计量分配模块和喷射模块是脱硝控制的核心装置。计量分配系统采用独立的流量和压力控制系统，可根据实际工况，如窑炉烟气量、烟气中 NO_x 浓度及 O_2 浓度的变化等反馈至 PLC 控制系统，实时自动调节喷入窑炉的氨水流量，使喷入还原剂与烟气中氮氧化物的氨氮比即 NSR 值，可在 1.2～2.0 范围内调节，从而对 NO_x 浓度、窑炉负荷、燃料或燃烧方式的变化做出响应，从而满足脱硝效率的要求，减轻 NH_3 的逃逸。计量系统装置包括：电动调节阀、电磁流量计或涡街流量计，压力传感器、单向止回阀、手动球阀等；分配系统装置包括：液路转子流量计、气路手动调节阀、压力表、手动球阀等。

压缩空气作为雾化介质的主要作用在于加强尿素溶液与炉内烟气的充分混合。压缩空气模块内主要包括电动调节阀、压力传感器和压力表。可通过调节压缩空气路电动调节阀的开度，进行流量调节。

氨水经过计量、分配模块进行计量分配及压缩空气雾化后，通过喷射模块进入分解炉中进行脱氮反应。喷射模块的关键部件为喷枪（喷嘴）。

监测仪器在 SNCR 系统中起到提供初始运行参数的作用。可通过窑尾预热器 C1 筒出口处和窑尾烟囱处设置在线烟气连续监测装置，得到 NO_x 浓度等参数，反馈到中控上位机，由控制系统自动或人工手动调节还原剂的喷射量。同时，可通过在窑尾烟囱处设置氨逃逸在线监测仪，对氨逃逸进行实时监测。

计量分配模块、压缩空气分配控制模块、喷射模块和 CEMS 在线监测系统的设置均与以尿素为还原剂的 SNCR 脱硝系统相同，在此不再赘述，读者可参考第四章的相关内容。

3. 管道、阀门及其附件材质要求

脱硝系统设计时须重点考虑氨水的特性。由于氨水是氨气溶于水后形成的溶液，除了其本身的毒性对人体易造成直接健康的危害外，它的危险性还在于一定温度压力

下易于挥发，具有易燃易爆的特性。

在干燥的氨气氛围中，可以使用奥氏体不锈钢、铁硅合金、铜和锌合金、镁合金、镍、蒙乃尔、耐蚀镍基合金、银和银合金、钽；当氨混有少量水分（小于0.2%）或湿气（使用温度大于−5℃）时，则无论是气态还是液态都会与铜、银、锡、锌及其合金发生激烈作用，因此在潮湿的氨气中不能使用铜和铜锌合金、镍、蒙乃尔、银和银合金，所以氨水储存及供应系统的相关设备、管道、阀门、法兰、仪表、泵等选择时，应满足抗腐蚀要求，所有接触氨水、氨气的材质应全部采用不锈钢材质。

氨水会侵蚀某些塑料制品、橡胶和涂层，所以氨系统应注意材料的选用。避免使用橡胶和塑料，如氨基甲酸酯树脂、氯磺化聚乙烯合成橡胶、氯橡胶、硅树脂、丁苯橡胶；可以使用聚四氟乙烯、聚三氟氯化乙烯聚合体、聚乙烯等。

卸氨用的软管可参照《输送无水氨用橡胶软管及软管组合件 规范》（GB/T 16591—2013）的规定；氨水、蒸汽、喷淋冷却水等管道材质应满足《输送流体用无缝钢管》（GB/T 8163—2018）的要求。

4. SNCR 脱硝的相关计算

以一条 2500t/d 新型干法熟料水泥生产线采用 25%氨水（密度为 0.91g/cm³）溶液为还原剂为例进行 SNCR 脱硝计算。脱硝效率 $\eta=60\%$，氨逃逸率为 8ppm。生产线产量为 2750t/d 时，分解炉出口 NO_x 浓度 C_{NO_x} 为 1000ppm（其中 NO 占 95%，NO_2 占5%），分解炉出口烟气量 V_0 为 170000Nm³/h；窑尾烟囱出口烟气量为生料磨停时205000Nm³/h，生料磨运行时 209500Nm³/h；生料磨停时氧含量为 7.5%，生料磨运行时氧含量 7.8%。

按照氨水作为还原剂的主反应式（5-7）、（5-8）进行反应，不考虑氨水输送过程的损失，氨水全部汽化。理论用氨水量按化学方程式法计算。

$$4NH_3+4NO+O_2 \longrightarrow 4N_2+6H_2O \tag{5-7}$$

$$4NH_3+2NO_2+O_2 \longrightarrow 3N_2+6H_2O \tag{5-8}$$

（1）NO_x 排放量计算：

$$M_{NO_x} = V_0 \times C_{NO_x} \times (30\times0.95/22.4+46\times0.05/22.4)$$
$$=170000\times1000\times(30\times0.95/22.4+46\times0.05/22.4)$$
$$=2.34\times10^8 \, mg/h$$

每小时 NO_x 排放量为 234kg。

式中　30——NO 的分子量；

　　　46——NO_2 的分子量；

　22.4——摩尔气体体积。

其中：

NO 排放量 $M_{NO}=234\times95\%=222.3kg/h$

NO_2 排放量 $M_{NO_2}=234\times5\%=11.7kg/h$

（2）NO_x 处理量计算：

NO 处理量 $M'_{NO}=M_{NO}\times\eta=222.3\times60\%=133.38kg/h$

NO_2 处理量 $M'_{NO_2}=M_{NO_2}\times\eta=11.7\times60\%=7.02kg/h$

（3）氨用量计算：

参与 NO 反应氨用量计算：

$$4NH_3 \quad + \quad 4NO \quad + \quad O_2 \quad \longrightarrow \quad 4N_2 \quad + \quad 6H_2O$$

$$4\times17 \qquad\qquad 4\times30$$

$$m_1 \qquad\qquad 133.38kg/h$$

$m_1=4\times17\times133.38/(4\times30)=75.58kg/h$

参与 NO_2 反应氨用量计算：

$$4NH_3 \quad + \quad 2NO_2 \quad + \quad O_2 \quad \longrightarrow \quad 3N_2 \quad + \quad 6H_2O$$

$$4\times17 \qquad\qquad 2\times46$$

$$m_2 \qquad\qquad 7.02kg/h$$

$m_2=4\times17\times7.02/(2\times46)=5.19kg/h$

氨逃逸计算：

$m_3=170000\times8\times17/(22.4\times10^{-6})=1.03kg/h$

理论氨用量：

$m=m_1+m_2+m_3=75.58+7.02+1.03=83.63kg/h$

理论上，按照 SNCR 反应，还原 1molNO 需要 1mol 尿素。但在实际应用中，还原剂的实际耗量要比理论计算值大，因为实际反应过程比较复杂且还原剂与烟气混合不均匀。要想达到相应的脱硝效率，需要增大还原剂的量。目前，水泥窑 SNCR 系统的 NSR 一般控制在 1.2～1.5。

取 NSR＝1.3，则最终氨水耗量为 $83.63\times1.3kg/h=108.72kg/h$。

25％氨水用量为 434.9kg/h，合 0.47m³/h。

（4）脱硝后烟囱出口 NO_x 浓度（换算成国家规定的烟囱出口 O_2 含量 10％时 NO_2 的排放量 mg/m³）：

① 生料磨停机时：

$C_{NO_2}=[(222.3+11.7)-(133.38+7.02)]\times10^6\times(21-10)/[205000\times(21-7.5)]$
$=372mg/Nm^3$

② 生料磨运行时：

$C_{NO_2}=[(222.3+11.7)-(133.38+7.02)]\times10^6\times(21-10)/[209500\times(21-7.8)]$
$=364mg/Nm^3$

按照上述计算，窑尾烟囱出口 NO_x 排放浓度能满足国家现行规定即拟采用的 400mg/Nm³ 的排放要求。

第四节　还原剂为氨水的 SNCR 工艺系统布置

一、系统布置原则

烟气脱硝工程主要构筑物有：氨水的储存系统的构筑物，氨水喷射系统的设备、管道、阀门和仪器仪表等。SNCR 系统总图布置遵循以下原则。

（1）设计符合《水泥工厂设计规范》（GB 50295—2016），新建设施尽可能减少对原有地下及地上设施的影响，尽量避开原有基础和沟道。总平面布置满足国家有关的防火、防爆、安全、消防、环保、职业卫生等规范、规定的要求。

（2）工艺流程顺畅，物流简洁，满足生产要求，适应内外运输，线路短捷便利，功能分区明确，重视节约用地，布置紧凑合理。

（3）供氨、供水、压缩空气、电缆等管路尽量利用现有管网支架和沟道。

（4）全厂脱硝装置的控制系统布置在主厂控制室内。

（5）考虑风向、朝向、减少环境污染，重视环保要求，考虑绿化。

（6）还原剂储罐和卸氨模块、还原剂输送模块布置在同一区域，便于氨水的输送和卸载。

（7）还原剂混合模块、计量分配模块、还原剂和压缩空气调节阀、还原剂喷入模块就近布置在分解炉相应位置的框架平台上。

二、氨水储存区的布置

1. 一般规划原则

氨水储存区的布置应充分考虑对厂外邻近村庄城镇或居住区、公共建筑物、交通线、邻近江河湖泊的安全影响。根据水泥厂及其相邻的厂外其他厂矿企业或设施的特点和火灾危险性，结合地形、风向等条件，在城镇规划、满足环境保护和防火安全要求的前提下，合理确定氨水储存区在厂区中的位置，并使之符合水泥厂总体规划的要求。可参照标准《工业企业总平面设计规范》（GB 50187—2012）和《水泥工厂设计规范》（GB 50295—2016）进行布置。

氨水储存区宜位于邻近城镇或居住区、公共建筑物全年最小频率风向的下风侧，并最好设置在厂区边缘，远离生产行政管理和生活服务设施人流出入口，相对独立的安全地带；氨水储存区邻近江河湖泊布置时，应采取防止泄漏的氨水液体流入水域的措施；区域排洪沟不宜通过氨水储存区；架空电力线路，严禁穿越氨水储存区；氨水储罐区不宜布置在冷却塔的上风侧，因空气中的氨在冷却塔中与水接触后，会被吸收，导致水质变异；与邻近村庄城镇或居住区、公共建筑物、相邻厂矿企业或设施、江河湖泊岸边、交通线等都要留出安全间距。参照《建筑设计防火规范》（GB 50016—

2014)，应不小于表 5-5 的规定。

表 5-5　甲、乙、丙类液体储罐（区），乙、丙类液体桶装堆场与建筑物的防火间距表

级名称	一个罐区或堆场的总储量（m³）	耐火等级为一级、二级的防火间距（m）	耐火等级为三级的防火间距（m）	耐火等级为四级的防火间距（m）
甲类、乙类液体	1～50	12	15	20
	51～200	15	20	25
	201～1000	20	25	30
	1001～5000	25	30	40
丙类液体	5～250	12	15	20
	251～1000	15	20	25
	1001～5000	20	25	30
	5001～25000	25	30	40

注：(1) 防火间距应从建筑物最近的储罐外壁、堆垛外缘算起，但储罐防火堤外侧基脚线至建筑物的距离不应小于 10m。
　　(2) 甲、乙、丙类液体的固定顶储罐区、半露天堆场和乙类、丙类液体堆场与甲类厂（库）房以及民用建筑的防火间距，应按本表的规定增加 25%，但甲类、乙类液体储罐区、半露天堆场和乙类、丙类液体堆场与上述建筑物的防火间距不应小于 25m，与明火或散发火花地点的防火间距，应按本表四级建筑的规定增加 25%。
　　(3) 浮顶储罐或闪点大于 120℃ 的液体储罐与建筑物的防火间距，可按本表的规定减少 25%。
　　(4) 一个单位如有几个储罐区时，储罐区之间的防火间距不应小于本表相应储量储罐与四级建筑的较大值。
　　(5) 石油库的储罐与建（构）筑物的防火间距可按《石油库设计规范》（GB 50074—2014）的有关规定执行。

氨水不燃，属于腐蚀品其危险货物编号为 82503，UN 编号为 2672。无色透明液体，属于 8.2 类碱性腐蚀品，易分解放出氨气，温度越高，分解速度越快，可形成爆炸性气氛。

根据《建筑设计防火规范》（GB 50016—2014），既然氨水是液体，又不属于闪点小于 28℃ 的易燃液体，则其至少应该不属于乙类火灾危险性。液氨属于乙类火灾危险性，但它和氨水是两码事，不能混淆。

2. 道路管道布置原则

(1) 在氨水的储存和供应的建（构）筑物应设环形消防车道，以混凝土路面与厂区道路相连接。

(2) 水泥厂厂区沿地面或低支架铺设的管道，不应环绕氨水储罐区四周布置；管道及其桁架跨越厂内铁路（从轨顶算起）的净空高度不应小于 6.0m，跨越电气化铁路不应小于 6.55m；跨越厂内道路的净空高度不应小于 5m，在局部的困难地段不应低于 4.5m。

(3) 氨管应架空或沿地铺设，必须采用管沟铺设时，应采取防止气液在管沟内积聚的措施；横穿铁路或道路时，应铺设在管涵或套管内。氨管不应与电力电缆、热力管道铺设在同一管沟内。

（4）氨管与水泥厂厂区其他工艺和共用工程管道共架多层铺设时，宜将热力管道布置在上层；氨管道布置在下层；热力管道必须布置在下层时，可布置在外侧。氨管与电力电缆、气管、油管等共架铺设时，应分开布置在管架的两侧或不同标高层中，之间宜用其他公用工程管道隔开。

3. 氨区内布置原则

（1）为保证火灾危险情况下生产运行人员的安全疏散，应在氨水储存区设置两个及以上安全出口与厂区其他道路相接。

（2）地上布置的氨水储罐或罐组之间的防火间距应符合下列规定。

① 氨水储罐四周应设置不低于 0.5m 的防火堤，设计原则为保证堤内有效容积应为罐区内所有储罐容积的 120％。

② 储罐的基础、防火堤、隔堤均应采用非燃烧材料。

③ 储罐之间的防火间距不应小于相邻较大罐直径，且不宜小于 1.5m。

④ 堤内应采用现浇混凝土地面，并宜坡向四周。

氨水储区一般布置在窑尾预热器框架或生料库附近的空地，要求用地范围内地势比较平坦，无不良地质作用，氨水储区布置力求充分利用原有供水、供电、办公等设施，以节省投资，并且尽量减小对原有生产线的影响。

氨水储存区，属于脱硝工程项目中最主要的土建施工部分，在土建方案设计前，应对所选位置做详细的地质勘探，确保所选场地地质条件满足储区设计要求。储区应满足当地抗震等级要求。氨水储存系统的总储存容量应按照不小于烟气脱硝装置 5～7d 的总消耗量来设计。对于 5000～10000t/d 新型干法熟料水泥生产线，一般储存区面积约 180m²，设置氨水储罐 2～3 个；对于 2500～3500t/d 水泥熟料生产线，一般储存区面积约 100m²，设置氨水储罐 1～2 个。

图 5-8 为某水泥厂 SNCR 工程氨区平面及剖面布置工程实例设计。

一般整个氨水储区基础均采用现浇钢筋混凝土基础，地基根据现场情况选择天然地基或桩基。对于南方区域，如浙江、江苏、安徽、江西、湖南、广东等地的新型干法熟料水泥生产线，还原剂储存区域一般布置为上方设置挡雨棚，四周敞开，保持通风。罐区四周设有约 0.8m 高的混凝土围堰及排水沟，以防止氨水泄漏时向罐区四周厂区溢流扩散，罐区外设有废水池，如图 5-9 所示。而对于北方区域，如吉林、黑龙江、辽宁、内蒙古等地的新型干法熟料水泥生产线，由于当地气候在冬天时可能达到极端最低气温 −35℃ 甚至以下，而 20％ 氨水的凝固点为 −35℃，25％ 氨水的凝固点为 −40℃，因此，考虑到氨水的凝固以及仪器仪表的使用温度范围，氨水储存区域一般布置为密封板房，屋内通暖气，设置排气扇，罐体上方设有活动推拉式气窗进行通风。罐房内四周亦设有排水沟，以便氨水泄漏时能及时用清水冲清后经排水沟进入室外专用池内。当储罐内温度过高时，可启动储罐顶部安装的工业水喷淋管线及喷嘴，对储罐进行喷淋降温，如图 5-10 所示。

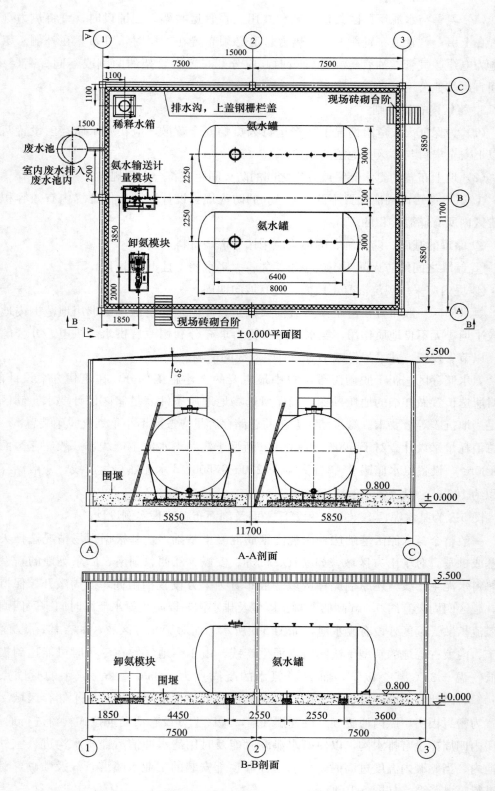

图 5-8　某工程氨水储存区平面、A-A 剖面、B-B 剖面布置图（单位：mm）

图 5-9　敞开式氨水储区布置图

图 5-10　封闭式氨水储区布置图

4. 预热器平台及分解炉氨水喷射区的布置

采用"二段式"脱硝系统时，氨水输送管道、稀释水输送管道从罐区到预热器框架平台输送采用不锈钢无缝钢管架空布置，尽量借助厂区原有的压缩空气管道的桥架铺设，使管路走向尽量简单、紧凑、实用。最终通过输氨和稀释水两条管道把氨水、稀释水送到窑尾高处的氨水缓冲罐，若采用"一段式"布置，则直接将氨水从氨区输送至计量分配模块，进而输送至分解炉中喷射。

系统的氨水缓冲罐、中继喷射模块、计量分配模块、压缩空气分配控制模块、氨水喷射模块一般就近布置在分解炉开孔处相应位置的框架平台上，通过管道连接罐区和各个模块。工艺布置图可参照第四章尿素为还原剂时的相关图纸。

氨水缓冲罐一般放置在此平台某个角落，便于布置管线和不影响人在此平台的通道。分解炉开孔位置根据分解炉上温度及流场模拟来确定（见第四章第五节），一般开孔位置在分解炉中上部，如有鹅颈管，则尽量布置在鹅颈管部出口部分，在温度满足的条件下，分解炉内喷射的截面越小，则氨水的覆盖面越大，脱硝效率就越高。如图5-11、图 5-12 所示。

图 5-11　氨水缓冲罐、中继喷射模块

图 5-12　喷枪开孔位置及布置图

第五节　SNCR 采用氨水与尿素的工艺系统的主要区别

氨水与尿素由于物理化学性质不同，从而导致采用两者作为 SNCR 系统还原剂时，在工艺流程、反应机理、脱硝效率、投资运营成本以及系统操作维护和安全性均有差别。

一、工艺系统差异

由于氨水与尿素的物理化学差异，其工艺流程有差异。主要表现在以下几个方面。

尿素分子式 $CO(NH_2)_2$，分子量 60.06，一般是从化肥厂购买袋装尿素后自行配制成浓度为 40%～50% 的尿素溶液。因此，采用尿素为还原剂时，由于买来的尿素为袋装形式，需增加固体尿素储存区和卸料装置（包括梁式起重机、提升机等）和尿素溶解装置，即通过卸料装置将其输送至溶解装置中配制成相应浓度后输送至储存罐中储存，之后再经输送泵定量输送至窑尾进行喷射。由于尿素溶液使用量较大，一般是先配制成较高浓度进行储存，之后尿素溶液在线再次稀释后再进喷枪进行喷射。同时，由于一定浓度的尿素溶液结晶温度低（40%浓度的尿素溶液结晶温度为 2℃，50%浓度的尿素溶液结晶温度为 18℃），且由于尿素的溶解过程是吸热反应，其溶解热高达 $-57.8cal/g$（负号代表吸热），配制和储存过程需配置功率强大的热源。

而氨水的化学式为 $NH_3 \cdot H_2O$，分子量为 35，一般直接由供应厂商外运入厂，脱硝使用的氨水浓度为 20%～25%，经卸氨泵送入储存罐内储存，后再经输送泵定量输送至窑尾喷枪进行喷射。氨水凝固点低（20% 浓度的氨水凝固点为 $-35℃$，25% 浓度的氨水凝固点为 $-40℃$），使用时主要需保证仪表使用温度范围和设备管道中水的结冰。

因此，尿素为还原剂的 SNCR 系统较氨水为还原剂的 SNCR 系统增加了溶解加热、在线稀释等装置，投资成本和操作复杂性增加。两者主要工艺流程图可参考第四章和第五章的相应章节。

二、系统安全性不同

首先是氨水，氨水在常压下不可燃，沸点较低，常温下易挥发逸出氨气，有强烈的刺鼻性气味，易溶于水，氨气挥发体积浓度爆炸极限为 15%～28%，即氨气与空气混合物的浓度在 15%～28%（体积分数）时，遇到明火会燃烧和爆炸；系统布置时厂房应设置在阴凉、通风良好处。

在氨水卸载及储存时需考虑氨挥发或泄漏的安全防护措施，安全防护措施投资比较高；氨水罐与其他设备、厂房等要有一定的安全防火防爆距离，并设有防雷、防静电接地装置。氨储存区域应装有氨气泄漏报警仪。氨水的腐蚀性强，对铜及其各种合金的腐蚀性最强，对铁、水泥及木材也有一定的腐蚀性。氨水有一定的毒性，因此，储运和输送氨水的设备材质可选用玻璃钢、不锈钢，使用时注意操作安全要求。

相比之下，尿素就安全得多。在 20℃时尿素的饱和溶液的相对密度为 $1.146g/cm^3$，固体时为 $1.335g/cm^3$。常温时，尿素在水中缓慢水解。尿素无味，无毒性，腐蚀性弱，不会燃烧和爆炸，运输、存储、使用都比较简单安全；同时尿素溶液的挥发性比氨水小；尿素溶液中 CO_2、NH_3 以及尿素本身的腐蚀性都很弱，而尿素水解的中间产物尿素-甲胺溶液的腐蚀性却很强，特别是甲胺生成和分解时，是造成金属腐蚀的主要原因。但在 60℃以下，尿素在酸性、中性和碱性溶液中不发生水解。因此，在选择储运和输送尿素溶液的设备材质时亦需考虑防腐蚀性，可选用玻璃钢、不锈钢。

三、反应温度窗口不同

尿素 SNCR 系统和氨水 SNCR 系统的还原剂喷射至炉膛的示意图如图 5-13 所示，两种还原剂的脱硝效率和反应温度的关系如图 5-14 所示。

由图 5-13、图 5-14 可以清楚发现，氨水反应非常直接，氨水溶液喷入炉膛的一瞬间还原反应就会开始。由于氨水是水与氨充分混合的溶液，还原反应链短，小分子氨直接反应，释放出氨基，仅需断 NH_3 和 H_2O 之间的氢键，反应温度要求低（最佳温

度为850~1000℃），反应时间要求较短。氨水的脱硝反应温度窗口比尿素偏低50~
100℃，在低温区有较好的效果。

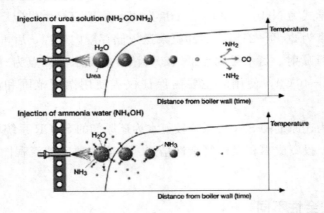

图 5-13　尿素 SNCR 系统和氨水 SNCR 系统还原剂喷射至炉膛示意图

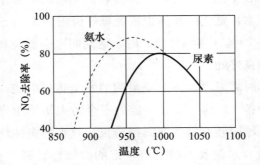

图 5-14　两种还原剂的脱硝效率与反应温度的关系

而由于尿素溶液具有一个固定的核，外层被水分子包裹，在高温下，水分子先蒸
发，然后尿素颗粒再分解成氨基，氨基再和烟气中的氮氧化物进行反应，生成氮气和
水。尿素还原反应链长，分子结构为立体式，大分子反应前需要断链，键能高，反应
温度要求高（最佳温度为900~1050℃），反应停留时间要求长。故同等条件下，氨水
的反应效率会高于尿素，达到相同的脱硝效率所产生的氨逃逸率较尿素低。

由上述对比可知，尿素溶液通常对炉膛内能量损耗高于氨水，并且反应较复杂。
当烟气温度较低的时候，尿素所需要的停留时间很难得到满足，影响系统脱硝效率及
增加氨逃逸。

但由于喷入分解炉内的尿素溶液挥发性要比氨水小，其对大型炉膛的喷射刚性、
穿透能力要比氨水喷射好，混合程度也比较高。尿素溶液进入炉膛深度也比氨水深。

四、系统投资运营成本对比

1. 投资成本
采用不同还原剂的投资成本见表5-6。

表 5-6　采用不同还原剂的投资成本比较

尿素 SNCR 系统投资成本	氨水 SNCR 系统投资成本
固体尿素储存和卸载包括设袋装尿素储区，配备梁式起重机、固体尿素输送（如斗式提升机等）	氨水卸载仅需卸氨模块，占地面积较尿素系统小
尿素溶解与制备单元，包括溶解罐、加热装置和搅拌装置等	无
尿素储存系统：包括尿素溶液转存输送泵、尿素溶液储罐等	氨水储存系统，即氨水储罐
稀释水系统：包括除盐水罐、除盐水输送泵组等	仅吸收氨气的一个容积非常小的稀释水箱
尿素易吸潮，因此，整个制备间应密闭并考虑通风、采暖等	一般为敞开式，在东北极端气候地区才设密闭
任何地方设备、管道均需保温及伴热	一般在东北极端气候地区才需保温
由于模块、设备增多而增加的相应温度计、液位计等阀门仪表	无
喷射区相应设备仪表（含喷枪等）	喷射区相应设备仪表（含喷枪等）
压缩空气系统	压缩空气系统
仪表、电气控制系统	仪表、电气控制系统
NO_x、NH_3 在线监测仪	NO_x、NH_3 在线监测仪

氨水和尿素的投资成本差异主要体现在固体尿素储存和卸载、尿素溶液溶解制备、系统加热保温和尿素溶液在线稀释等。氨水溶液运输和处理方便，不需要额外的加热设备或蒸发设备，使得系统大为简化，工程造价低。总体来说，尿素系统的初期投资成本要高于氨水系统。

2. 运行费用

还原剂成本通常占总运行成本的 90％ 左右。以 5000t/d 生产线 SNCR 运行费用为例，标态下烟气量为 420000Nm³/h（10％O_2，干基），NO_x 原始值为标态下 800mg/m³（10％O_2，干基，以 NO_2 计），脱硝效率 60％，年运行时间按照 8000h 计。使用氨水和尿素作为还原剂的运行费用比较见表 5-7。

表 5-7　采用氨水、尿素为还原剂的水泥窑 SNCR 系统运行费用对比

60％脱硝效率时还原剂运行费用对比		参考价格（元/t）	小时耗量（kg/h）	年运行成本（元）	单位熟料运行成本		单位 NO_x 减排成本	
					（kg/t）	（元/t）	（kg/kg）	（元/kg）
尿素保证值耗量	尿素颗粒	2200	360	6336000	1.6	3.52	1.79	3.93
	排烟热损失折合标煤	850	180	1224000	0.8	0.68	0.89	0.76
	总费用	3050	540	7560000	2.4	4.2	2.68	4.69
氨水保证值耗量	氨水	700	860	4816000	3.82	2.68	4.88	2.99
	排烟热损失折合标煤	850	75	510000	0.03	0.28	0.37	0.36
	总费用	1550	935	5326000	3.85	2.96	5.25	3.35

注：① 氨水、尿素价格各地不同，此处仅供参考；
　　② 燃煤消耗是还原剂喷入后，导致烟气产生的热损失，而需要补充燃煤用量；
　　③ 压缩空气、水、电、蒸汽等成本费用占总运行成本的比例非常低，此表中略去不计。

由表 5-7 可以看出，使用氨水作为还原剂时的年运行费用是尿素作为还原剂运行费用的 70％ 左右。

　　根据以上对氨水和尿素作为还原剂的工艺系统、物理化学性质、反应温度窗口、脱硝效率、投资运行费用等各方面综合比较，氨水作为还原剂比尿素溶液作为还原剂更加稳定，副反应、副产物少，流程更简单，系统设备占地面积小，脱硝效率高及经济性更佳。可根据企业实际情况选择使用何种还原剂。如地处饮用水库上游的水泥企业，由于禁止在饮用水保护区内建设与水源保护无关的项目及可能污染水源的项目，禁止储存、堆放可能造成水体污染的固体废物和其他污染物等。由于氨水作还原剂存在氨泄漏污染饮用水源的危险性。因此，此处需要以尿素为还原剂。

第六章　水泥窑 SNCR 附属系统设计

第一节　SNCR 系统电气设计

一、设计原则

由于水泥窑 SNCR 工艺系统的特点决定了在整个系统内没有高压电机等负荷。脱硝电气系统控制水平应与工艺系统控制水平协调一致，宜纳入工艺控制系统。

SNCR 脱硝工程低压厂用电电压等级与现有水泥生产线一致，通常采用的电压等级为交流 380V/220V 三相四线制，其中中性点直接接地系统与现有水泥生产线一致。

脱硝低压工作电源一般不单独设置低压工作变压器，其工作电源就近引自现有水泥生产线车间电气配电室 MCC 柜备用回路。脱硝电气系统和整个水泥线电气系统设计相协调，并满足相关接口要求。

二、设计依据

相关规程、规范如下：

《继电保护和安全自动装置技术规程》（GB/T 14285—2006）；

《低压配电设计规范》（GB 50054—2011）；

《水泥工厂设计规范》（GB 50295—2016）；

《110kV 及以下电缆敷设》（12D101-5）；

《电力工程电缆设计标准》（GB 50217—2018）；

《交流电气装置的过电压保护和绝缘配合》（DL/T 620—1997）；

《电测量及电能计量装置设计技术规程》（DL/T 5137—2001）；

《建筑物防雷设计规范》（GB 50057—2010）；

《电力工程直流电源系统设计技术规程》（DL/T 5044—2014）；

《工业与民用配电设计手册》。

三、电气系统设计

1. 电气自控设计

通常 SNCR 脱硝工程根据工艺流程分为还原剂制备存储区和 SNCR 区。还原剂制备存储区设置一台配电箱，其电源就近引自现有水泥生产线车间电气配电室 MCC 柜备用回路；SNCR 区根据区域内设备情况确定是否设置配电箱，其电源一般引自现有水泥生产线窑尾电气配电室 MCC 柜备用回路。

脱硝系统的每个工艺模块设置就地控制箱或现场端子箱，电源均引自所属区域配电箱。电气系统设计框图如图 6-1 和图 6-2 所示。

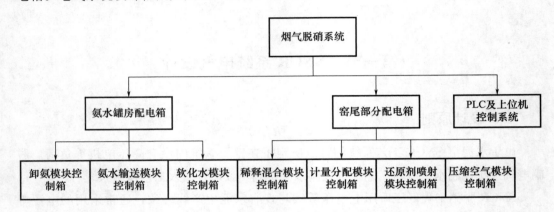

图 6-1　氨水脱硝系统电气系统设计框图

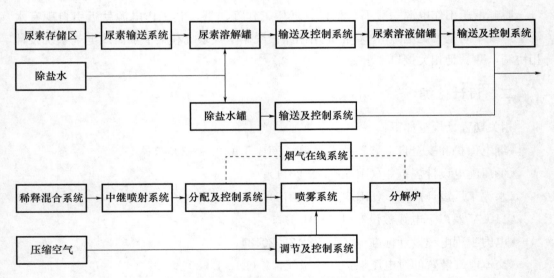

图 6-2　尿素脱硝系统电气系统设计框图

就地控制箱设置有转换开关、设备启停按钮、设备状态指示灯等。由 PLC 控制的设备有"机旁"和"集中"两种控制方式，这两种控制方式由就地控制箱上的转换开关进行切换。转换开关位于"机旁"位置时，电动机的起停由就地控制箱上的按钮控制，机旁控制每台电机单独起停。机旁控制用于设备检修及调试，其设备之间没有联锁。转换开关位于"集中"位置时，电动机的起停控制在中控室操作站进行操作，可实现电机顺序起停和联锁停机。正常生产时转换开关均处于"集中"控制方式，由 PLC 控制整个脱硝系统的运行，就地控制箱上的按钮只用于故障紧急停机，不用于设备启动。设备的开关状态信号至少包含：备妥、运行、故障、驱动、位置等。

仪表系统主要由一次元件、变送单元和执行机构等现场仪表组成。生产过程参数主要包括温度、压力、液位、浓度、流量等信号。仪表采用 4～20mA 信号制。仪表的 4～20mA 信号均经过相应模块的就地控制箱或现场端子箱输送至 PLC 系统，进行实时监测。所有脱硝设备的开关状态信号及监测的各种模拟量信号均送入脱硝 PLC 系统。

脱硝系统电缆敷设以桥架、穿管相结合的方式敷设。电缆敷设依据《35kV 及以下电缆敷设》（94D101—5）实施，所有信号电缆均采用屏蔽电缆，信号屏蔽线做好接地工作，以保证自动化控制系统的正常工作。

还原剂制备存储区照明及检修电源引自还原剂制备存储区配电箱。灯具均为 220VAC，灯具选用三防灯具。SNCR 区照明及检修电源利用现有水泥生产线原有设施。

还原剂制备存储区需根据计算核定是否设置单独的防直击雷保护；但按规程要求，脱硝设备需采取相应的防止雷电感应的措施。由于 SNCR 区脱硝设备布置于窑尾框架上，无须做单独的防直击雷保护。

还原剂制备存储区根据其布置的位置，再确定是否设置单独的接地网。如果单独设置接地网，需与现有水泥生产线接地网相连接。SNCR 区利用现有水泥生产线接地网作设备接地，不设置单独的接地网。还原剂制备存储区和 SNCR 区的所有金属装置、设备、管道、储罐、控制箱等都与接地装置连接。

2. 脱硝控制系统设计

水泥窑 SNCR 烟气脱硝工程采用独立 PLC 控制，脱硝系统设一套 PLC 及上位机控制系统，PLC 布置在还原剂制备存储区和 SNCR 区，上位机布置在现有水泥生产线中央控制室。脱硝控制系统能够完成整个脱硝装置内所有的测量、监视、操作、自动控制、报警、保护和联锁、记录等功能。操作员通过 PC 机画面可监视和控制脱硝装置的运行。

下面分别为用氨水和尿素作为还原剂的 PC 机监控画面，如图 6-3、图 6-4 所示。

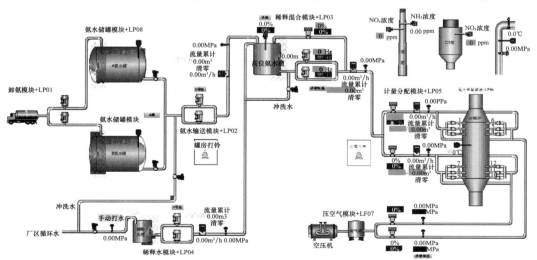

图 6-3　还原剂为氨水的 PC 机监控画面

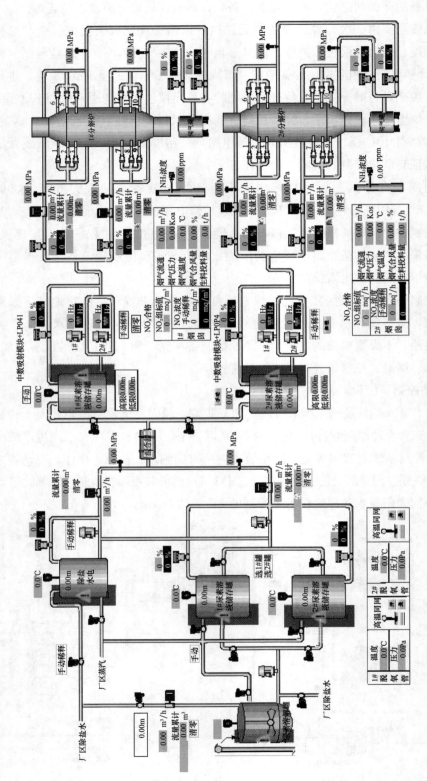

图 6-4　还原剂为尿素的 PC 机监控画面

控制系统的控制范围为项目整套脱硝装置，包括还原剂储存及供应模块、软化水模块、计量混合模块和喷射模块以及相关的辅助设备。

控制系统功能为系统连续采集和处理还原剂储存及供应系统、软化水系统、计量混合模块、喷射模块以及相关的辅助设备运行参数和设备运行状态信号，及时向运行人员提供有关的运行信息，实现还原剂储存及供应系统、软化水系统、计量混合模块和喷射模块设备运行状态的监视。其主要功能有以下几个方面：

（1）工艺设备控制

根据脱硝系统工艺特点和运行要求，控制系统将设有下列调节系统。

① 氨水溶液浓度调节；

② 尿素溶液配置浓度调节；

③ 在线稀释水量的调节；

④ 雾化压缩空气调节；

⑤ 喷枪运行层数的调节；

⑥ 喷枪自动推进及退出控制。

（2）顺序控制

顺序控制系统将按分级设计的原则，设有功能组（子功能组）级、驱动级控制。功能（子功能）组控制的主要项目如下，但不限于此。

① 还原剂储存及供应系统功能组；

② 软化水系统功能组；

③ 计量混合系统功能组——喷射模块功能组；

④ 辅助设备功能组。

（3）PID 控制

控制系统依据确定的 NH_3/NO_x 摩尔比来提供所需要的还原剂流量，进口 NO_x 浓度和烟气流量的乘积产生 NO_x 流量信号，此信号乘上所需 NH_3/NO_x 摩尔比就是基本氨水流量信号，根据烟气脱硝反应的化学反应式，1mol 氨和 1mol NO 进行反应。摩尔比的最终设定是在现场测试操作期间来决定并记录在还原剂流量控制系统的程序上。所计算出的还原剂流量需求信号送到控制器并和真实还原剂流量的信号相比较，所产生的误差信号经比例加积分动作处理后去定位氨水或尿素溶液流量控制阀；若还原剂因为某些连锁失效造成喷雾动作跳闸，届时氨水或尿素溶液流量控制阀关断。控制系统根据计算出的氨水或尿素溶液流量需求信号去定位氨水或尿素溶液流量控制阀，实现对脱硝的 PID 自动控制。

① 控制水平。

还原剂流量可依温度和压力修正系数进行修正。从烟气侧所获得的 NO_x 信号馈入，计算所需氨气流量。控制器利用氨水或尿素溶液流量控制所需还原剂量，使摩尔比维持固定。其主要控制原理如图 6-5 所示。

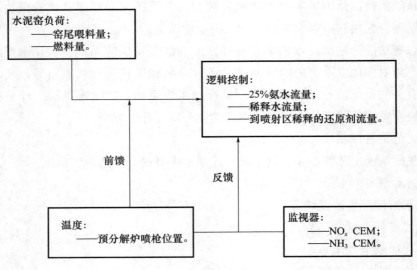

图 6-5 主要控制原理

SNCR 烟气脱硝系统借此具有控制窑炉满负荷时或者部分负荷的脱硝系统模式，以对应不同窑炉负荷条件下的烟气量及温度变化。而窑炉在不同负荷时，反应剂喷射量，可由流体力学模型、动力学模型及物料平衡的计算获得，并通过前馈控制参数（窑炉负荷和生料投料量、炉内的温度）以及反馈控制参数（烟囱出口的 NO_x 和 NH_3 浓度）来进行连续不断的调整，以达到要求的 NO_x 和 NH_3 控制值。根据前馈控制参数确定不同负荷条件下还原剂的喷射量，再以反馈控制参数来调整还原剂的喷射量，而当烟气中未经脱硝时，NO_x 浓度低于设定值下，则可不需喷氨。

在设计和启动期间，控制系统的特性用"查表"模型表示，建立 NO_x 浓度与喷射量的对应关系，在正常运行期间，采取 PID 自动控制不同区域的喷射器与喷射流量。通过在不同负荷下的对氨水或尿素溶液流量的调整，找到最佳的还原剂喷入量。

② 硬件结构。

本工程脱硝控制系统按照功能分散和物理分散相结合的原则设计。硬件采用有现场运行实绩的、新颖可靠的和使用以微处理器为基础的分散型硬件，对于重要的、关键的系统设备，如国内产品暂时不能过关或使用经验不足，建议进口国外合适产品。系统内所有模件均应采用低散热量的固态电路，并为标准化、模件化、和插入式结构。控制系统采用 PLC 控制，PLC 系统选用西门子 300PLC 或 200PLC 系统，设一套 PLC 控制站及上位机控制系统（操作站），PLC 控制站布置于窑尾控制室或还原剂存储区，并根据工艺需要在窑尾模块平台处设远程 I/O 站。所有开关状态信号、电气事故信号及预告信号均送入脱硝 PLC 系统。不设常规测量表计，采用 4～20mA 变送器（变送器装于相关开关柜）输出信号并送入脱硝 PLC 系统。上位机布置在中央控制室，操作员通过 PC 机画面可同时监视和控制脱硝装置的运行。

控制站主要由 CPU、通信模块、I/O 模块、电源模块组成。CPU 处理能力预留有

20％～25％的容量。

控制站与操作站之间均采用 100M 光纤工业以太网连接，传输速度快，可靠性高。

控制站是 PLC 系统与工艺、电气设备之间的接口，直接与现场设备相连接，承担各种信号的输入、输出及信号转换。

控制站的检测功能：检测设备的起停、运行、故障和位置等开关量信号，检测各模块中温度、压力、液位、流量、浓度、阀门开度等模拟量信号。

控制站的控制功能：控制各模块设备的顺序起停、正常运行和故障时联锁停机，控制各阀门电动执行器的开度，控制氨水加入泵的频率等。

操作站是控制系统的人机界面，它输入操作员的控制操作状态及给定值等信号，同时向操作员提供各种工艺、电气和自动化信息，实现人对生产过程的控制。

操作站提供的主要人机界面有：

动态控制流程图：图中显示整个脱硝系统的工艺流程、电机起停状态、电动开关阀的开关状态、电动调节阀开度以及一些工艺参数。

控制调节画面：画面中显示给定值和检测值，设置数字窗口用于输入给定值。

③ 软件开发。

PLC 系统选用西门子 PLC，编程软件为 STEP7 软件（300 PLC）或 STEP 7 MicroWIN SP9（200 PLC），在西门子 300 PLC 编程时，项目中使用的 STEP 7 的版本为 V5.5SP1，在组态编程时将 WINCC 项目集成到 STEP7 下进行统一编程组态，这一方法给项目带来了很大的方便，与以前的单独使用 WINCC 和 STEP7 分别组态相比，明显减少了很大的工作量。

为实现整个脱硝系统的自动化运转，避免在脱硝系统运行时需要过多的人为干预和监控，在软件编程时将能够由软件来实现的环节都加入系统软件开发中。

a. 氨水储罐作为高位氨水槽氨水稀释系统的过渡环节，主要作用是储存一定量的氨水，为高位氨水槽氨水稀释调配提供稳定的氨水供应。SNCR 系统运行时，氨水储罐是间断工作的，需要对两个储罐的液位、温度等进行实时监控。系统运行时，可采用多氨水储罐轮流工作来提供氨水溶液。为了防止储罐内溶液排干而导致故障出现，在两座氨水储罐上设置液位检测装置，监控储罐的液位。通过液位仪比较，当一个储罐液位低于设定值，则自动关闭该储罐出液阀，同时自动打开另一储罐出液阀，切换到另一储罐供氨水，多座氨水储罐出液阀根据液位反馈形成开闭连锁，同时提示及时对空罐充装氨水。

b. 现场设置一座稀释水箱，水箱设置液位检测装置，监控水箱的液位，当水箱液位低于设定值时，打开进水阀，开始进水，当达到液位设定高位后，自动关闭进水阀。水箱出水根据系统设定稀释氨水浓度来定，当设定好高位氨水槽氨水浓度后，系统通过计算，得出所需稀释水量，稀释水输送泵根据高位氨水槽液位检测信号开始工作，向高位氨水槽输送稀释水，从而实现氨水浓度自动调配。

c. 高位氨水槽既是一个临时储存氨水的装置，也是氨水浓度的调节装置，高位氨水槽设置液位检测装置，根据液位仪的信号反馈，如果高位氨水槽液位低于设定值，则氨水输送泵自动启动，如果高位氨水槽液位高于设定值，则氨水输送泵自动停止，同时高位氨水槽设置浓度检测装置，在浓度调节功能投入后，系统根据设定的高位氨水槽内氨水浓度值以及液面最高位容积来确定氨水和稀释水的输送量，氨水和稀释水通过各自管路上的电磁流量计来控制停止或输送，由于这种混合方式存在输送时间差，所以高位氨水槽内的氨水浓度不一定是设计要求值，此时通过设置在高位氨水槽上的氨水浓度计来校正浓度，计算出氨水喷射量，再反馈给氨水喷射系统。

d. 氨水喷射泵位于高位氨水槽后面，负责为喷射系统输送氨水，其为连续运行，氨水喷射泵设置两台，一备一用，两个泵形成开、停连锁，为了防止备用泵长期得不到运转，可设置一运行周期，当1♯泵运转一次后，下次应为2♯泵运转，两泵交替运行，并且设置故障模式，即如果其中一台发生故障时，另一台自动投入运行，或其中一台泵处于检修状态时，另外一台泵连续工作。氨水喷射泵采用回流加变频的方式来控制氨水的输送量，根据喷射系统主管路上的电磁流量计来控制回流阀门的开度，当阀门开到最大时也不能满足流量要求，则通过变频的方式调节氨水喷射泵的输送量，使送入喷射系统的氨水量达到系统要求。同时系统还具备自动调节喷氨量的功能，先固定回流在 $10\%\sim40\%$ 开度，然后将系统调到自动状态，系统将自动根据窑尾或 C1 出口 NO_x 值来调整喷射氨水的量，在 NO_x 浓度较高时，自动增大氨水喷射泵的频率，回流保持不变从而增加喷射量。相反，在 NO_x 浓度较低时，自动减小氨水喷射泵的频率，回流保持不变从而降低喷射量。

e. 尿素溶液制备将稀释水加入溶解罐中，当流量计显示的进水量达到所需的容积时，关闭电动开关阀。由于尿素在水中溶解时需要吸热，溶解后需要保温，为了加快溶解速度缩短配制溶液时间，溶解罐内部设有蒸汽加热盘管。打开蒸汽管道上进溶解罐的电动开关阀，蒸汽加热系统启动，使水温升高，电动开关阀与温度计联锁。然后，现场开启提升机，袋装尿素经人工破包后加料至斗式提升机进料口，并提升至尿素溶解罐中，尿素加入量由人工计数，开包总袋数达到配制设定计量值后，现场关闭提升机。开启搅拌器进行搅拌，以加快尿素颗粒溶解。

尿素溶解罐内的溶液配制是间歇式的，启动搅拌器并运行约半小时后，停止搅拌，开启切换用电动开关阀和尿素溶液输送泵，将尿素溶液输送至1♯或2♯尿素溶液储罐中备用。

现场设置两座尿素溶液储罐，脱硝系统运行时，两罐分别为系统提供尿素溶液，即当其中一个尿素溶液罐液位低至限定值后，切换到另一尿素溶液罐供液。此时可让溶解罐配制好的尿素溶液经输送泵对使用完的尿素溶液罐加液。两尿素溶液罐处于"一用一停"状态。

此外整个系统还有多层保护措施，包括分解炉内温度过低或过高时停止氨水喷射，保护喷枪设备和满足反应要求，在整个储存氨水均用完且未及时进氨水的情况下自动按要求停止脱硝系统运行等。

同时，系统对整个脱硝系统的各项运行参数进行记录归档，归档周期为 1 年，后期可以根据需要查看 1 年内任何时间段的信号曲线，图 6-6 所示，并可以将这些信号生成 Excel 表格导出。

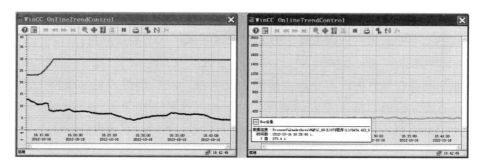

图 6-6　1 年内任何时间段的各项运行参数曲线

第二节　采暖、通风、给排水、消防及安全部分

采暖、通风在 SNCR 系统中的主要工作就是根据国家、地方有关规定对还原剂制备存储区及 SNCR 区域范围内的采暖、通风进行完整设计和安装。

采暖、通风设计方案的选择，应根据厂区地区气象条件、总图布置、工艺和控制要求、区域能源状况及环境保护要求，并应通过技术经济比较后确定。其主要依据如下。

《民用建筑供暖通风与空气调节设计规范》（GB 50736—2012）；

《水泥工厂设计规范》（GB 50295—2016）；

《水泥工厂职业安全卫生设计规范》（GB 50577—2010）。

SNCR 脱硝工程的给水和排水系统主要为还原剂制备存储区的给排水系统，根据现场的实际条件在还原剂制备存储区设计有完善的给水和排水系统，并与相应的厂内的给排水系统联网。给水和排水系统的设计满足相关标准、规程和规范的要求。

SNCR 脱硝工程的消防系统一般可利用现有水泥生产线的消防设施、移动消防车、消防泵。

给排水、消防系统设计主要遵循如下规范：

《建筑设计防火规范》（GB 50016—2014）；

《电力设备典型消防规程》（DL 5027—2015）；

《室外给水设计标准》（GB 50013—2018）；

《室外排水设计标准》（GB 50014—2021）；

《建筑给水排水设计标准》（GB 50015—2019）。

（1）采暖

对于北方地区的水泥线，由于环境温度比较低，使得脱硝系统在无保暖情况下无法正常运行，因此要将还原剂制备存储区建造成封闭的房间，并在房间内设置集中供暖。采暖室内计算温度，应符合《居住建筑节能检测标准》（JGJ/T 132—2009）的有关规定，若工艺系统及生产设备对环境温度另有要求时，室内采暖计算温度可根据要求确定。采暖设备考虑使用热水或蒸汽采暖，其供热热源应与主厂一致。当室外温度较低、散热器不能满足室内温度要求时，可设置暖风机来增加散热量。

（2）通风

还原剂制备存储区内设有还原剂储罐、配电箱、PLC柜等装置，根据工艺专业的要求将设有通风措施以排出室内的刺鼻气体，换气次数不小于15次/小时。同时设有通风措施以排除室内的余热，换气次数不小于12次/小时，室内保持微正压，室内温度不高于40℃。

还原剂制备存储区以自然通风为主，底层门洞、侧窗宜作为自然通风的进风口，上部侧窗宜作为自然通风的排风口，当自然通风无法满足要求时，可以设置机械通风，机械通风排风可采用玻璃钢轴流风机。通风系统的设备、管道及附件均进行防腐。

（3）给排水、消防及安全部分

脱硝系统的给排水、消防主要集中在还原剂制备存储区，工程设计中应根据现场的实际条件，在区域设计有完善的给水和排水系统，并与相应的厂内给排水系统联网。给水和排水系统的设计应满足相关的标准、规程和规范。

还原剂制备存储区给水主要包括紧急冲洗、储罐喷淋降温、还原剂溶液稀释、工艺模块冲洗等。给水一般就近接自现有水泥生产线工艺水。

还原剂制备存储区排水主要包括紧急冲洗废水、喷淋排水、冲洗模块后的废水以及雨水排水等。在还原剂制备存储区内部设置完善的污水排放系统，最后与厂区给排水系统联网。

脱硝工程的消防系统一般可利用现有水泥生产线的消防设施、移动消防车、消防泵。同时可以在还原剂制备存储区设置移动式灭火器系统。

第三节　SNCR系统钢结构、平台及扶梯

在SNCR系统中，还原剂溶液储罐、计量、分配、喷射系统的检修和维护平台的设置应能满足检修和维护工作顺利进行。

用于放置重物的平台和主要平台按实际荷载及活荷载为4kN/m² 设计，其他次要平台按荷载2kN/m² 设计。SNCR区域的平台应采用刚性良好的花纹钢板或防滑格栅板平台，平台及步道之间的净高尺寸应不小于2.5m，平台扶梯按照《固定式钢梯及平台安全要求 第3部分：工业防护栏杆及钢平台》（GB 4053.3—2009），设计制造。

SNCR 爬梯高度大于 3.6m 或爬梯安装在高的地方（垂直高度大于 2.5m）时，必须配备保护圈。扶梯宽度尽量不小于 1.0m，踏步采用花纹钢板或防滑格栅板。所有平台和扶梯应在每边都安装栏杆，栏杆高度按规范设计。SNCR 系统中，应尽量避免设置直爬梯，直爬梯高度大于 3.6m 或爬梯安装在较高的地方（垂直高度大于 2.5m）时，必须配备保护圈。

第四节　SNCR 系统的保温、油漆及防腐

脱硝系统范围内所有设备及管道应根据有关的规程、规范要求进行必需的保温、油漆和防腐工作。

一、SNCR 系统的保温设计

由于 SNCR 的喷射区的工作温度通常为 850～1050℃，因此需要对 SNCR 系统喷射区域进行保温。保温是为了降低散热损失，限制设备与管道的表面温度。一般 SNCR 系统喷射区域的保温主厂已经设计实施。

如果脱硝工程选择的还原剂是尿素溶液，由于尿素的溶解过程是吸热反应，其溶解热高达 $-57.8cal/g$（负号代表吸热），也就是说，当 1g 尿素溶解于 1g 水中，仅尿素溶解，水温就会下降 57.8℃，而 50% 的尿素溶液的结晶温度是 18℃，所以在尿素溶液配制过程中需配置功率强大的热源，以防尿素溶解后的再结晶。尿素输送管道需要保温、伴热，保持溶液温度在 30℃ 以上，避免管道内尿素结晶析出。

一般在尿素溶液储罐中需设置加热盘管，以保证溶液储罐中尿素溶液的温度。尿素输送管道采用电伴热或蒸汽伴热并做保温。避免尿素溶解后再结晶。

在北方寒冷地区的气象条件下，对于循环水的管道也需要有伴热和保温措施，以保证循环水路的正常使用。

二、SNCR 系统的油漆及防腐

脱硝系统的色彩与主体工程一致，为了保证系统的清洁，系统管道交付安装前要进行必要的喷砂、防腐、封口，并保证能在室外储存 6 个月以上。所有加工件（除不锈钢外）都对其表面进行除锈处理。表面除锈处理要求采用溶液清洗或喷砂处理。

除了机械设备外，所有其他钢结构、设备和金属构件在车间涂刷两道优质底漆，并提供现场补漆，最后一道面漆在施工现场完成。对于要进行保温的设备、管道均在工厂内进行涂刷防腐底漆。

干尿素对碳钢无腐蚀，尿素还常常是一些缓蚀剂组分之一，对于活化金属的腐蚀有抑制作用，尿素溶液本身腐蚀性也很弱。但是尿素水解产生甲胺或溶解了 CO_2，对碳钢的腐蚀就较大，因此，低压尿素溶液中往往含有少量甲胺，从而具有一定的腐蚀

性。甲胺很不稳定，有浓氨味，在常压下约 60℃时就会完全分解成 NH_3 和 CO_2。温度小于 60℃、水含量大于 70%（分子）时，甲胺就转化成其他铵盐。甲胺水溶液呈非氧化性或微氧化性的酸。熔化的甲胺在大于 154℃ 和高压下可部分转化成尿素和水。甲胺溶液对大多数金属有强烈的腐蚀作用，特别是在甲胺生成和分解时。尿素腐蚀实际上可以认为是甲胺的腐蚀。总体来看，尿素溶液中 CO_2、NH_3 及尿素本身的腐蚀性都很弱，而尿素水解的中间产物甲胺溶液的腐蚀性却很强，它是造成金属腐蚀的主要原因，在实际工程中需要选择合适的材料。

氨水的腐蚀性也不强，一般可以使用碳素钢制造与之接触的设备。但含 CO_2 5%～10%的氨水对碳钢腐蚀就相对严重，需采用不锈钢。只有氨水中的 CO_2 含量不超过 0.02% 时，才可以使用碳钢。

SNCR 的烟气反应区温度一般为 800～1100℃。由于烟气温度高于其露点温度，故此时的烟气除了对金属有轻微的高温氧化腐蚀外，不具有明显的腐蚀金属的能力。烟气与加入的还原剂混合后，经反应将 NO_x 脱除，同时生成部分对 SNCR 设备具有强腐蚀性的盐。SNCR 装置长期运行在此环境中，不可避免地要遭受物理性和化学性的腐蚀与破坏。

SNCR 装置防腐应考虑以下五个主要因素。

（1）设备及管道的工作环境，如介质成分、温度、设备和管道的腐蚀程度，以及设备和管道是否会受到介质的冲刷及腐蚀等。

（2）设备及管道的结构形式、布置位置和在系统中的重要性。

（3）防腐施工条件。

（4）防腐材料的使用寿命及维护费用。

（5）防腐材料的价格、施工费用及供货的难易程度。

第七章　SNCR脱硝系统安全措施与事故预防

第一节　SNCR脱硝系统危险因素分析及安全措施

水泥窑SNCR脱硝系统目前采用的还原剂主要有20％～25％的氨水和配制成一定浓度的尿素溶液。由于尿素作为还原剂比氨水作为还原剂的危险性要低得多，因此，本章介绍相关安全措施和事故预防以氨水系统为主，尿素系统可参照氨水系统进行必要设置。

一、脱硝工程危险因素分析

1. 脱硝系统主要事故的危险、有害因素及其分布

脱硝工程所用氨水浓度一般为20％～25％左右，据相关资料得出，25％氨水（质量分数）被列入《危险化学品名录》（2012年版）中，属危险化学品，且列入《高毒物品目录》（卫法监发142号）之中，属高毒物品。脱硝工程中的氨水输送系统、相关电气系统等也有泄漏危险。因此脱硝工程的危险、有害因素首先是氨水的泄漏、中毒、火灾等事故，一旦发生事故极有可能造成人员伤害、财产损失和环境破坏。事故的危险、有害因素及其分布见表7-1。

表7-1　脱硝工程危险、有害因素及其分布表

序号	危险、有害因素	主要存在部位	备注
1	火灾	氨水储罐区、电气系统等	—
2	爆炸	氨水储罐区、输送系统等	—
3	中毒	氨水储罐区、输送系统等	—
4	化学灼伤	氨水储罐区、输送系统等	—

氨水储罐区输送管网系统发生意外事故的概率很低，但仍不能排除因种种原因引起氨水泄漏乃至火灾、爆炸事故发生的可能性，因此有必要进行全面、细致的环境风险因素分析，找出事故发生的可能性，提出必要的防范措施，以利于管理部门了解事故发生的可能性，及早地消除事故隐患和预防事故的发生。

（1）管材缺陷：因材料本身有划痕、擦伤、砂眼等瑕疵，而最终导致泄漏的情况。

（2）焊缝开裂：由于焊接质量问题所引发的泄漏事故。

（3）施工不合格：是指在设备安装过程中，因施工质量不合格所造成的工程质量缺陷，而引发的漏气现象。

（4）腐蚀：由于各种原因造成的储罐内、外壁的腐蚀，引起泄漏的情况。

（5）违规操作：主要指人为破坏的情况，其中主要为其他项目施工时的影响。

（6）自然因素：由于地震、洪水、飓风、开春时地面下沉等自然原因而造成的损坏。

（7）夏季高温期间如防护措施不力或冷却降温系统发生故障，易引发易燃液体储罐的火灾、爆炸。

（8）储罐附件，如排气管堵塞、泄漏、压力表、液位计等不密封都会给氨水的安全储存带来严重威胁，造成大量泄漏，从而引起爆炸事故。

通过查阅资料分析，借鉴化工项目的经验，在脱硝项目中各种设备事故的频率以及各种运输过程中和装、卸的过程中出现有毒、易燃物泄漏着火或污染环境的事故频率统计资料见表 7-2。

表 7-2　化工事故频率统计表

序号	工业事故类型	频率（年）
1	储罐着火或爆炸	3.3×10^{-6}
2	储罐泄漏（有害物质释放）	3.3×10^{-4}
3	非易燃物储存事故	2.0×10^{-5}

从表中可见，储罐泄漏事故的发生频率相对较高。另据全国化工行业事故统计和分析结果显示，生产运行的事故比例占 43%，贮运系统占 32.1%，公用工程系统（供水、供电、供气等）占 13.7%，辅助系统占 11.2%。可见脱硝工程环境风险主要发生在生产运行系统和贮运系统。

2. 其他危险、有害因素及其分布

除上所列，脱硝工程同时存在其他危险、有害因素，如机械伤害、触电伤害等，其分布情况见表 7-3。

表 7-3　其他危险、有害因素及其分布表

序号	危险、有害因素	主要存在部位	备注
1	机械伤害	机械设备使用场所，如氨水输送泵等	
2	高处坠落	所有高于基准面 2m 的作业区等	
3	物体打击	机械设备检修，气瓶装卸等	
4	车辆伤害	厂内运输车辆和进入厂外的运输车辆作业区	
5	触电伤害	电气系统、用电设备及其外壳等或检维修作业场所	
6	噪声和振动	转动机械设备、流体运行管道、车辆、人员作业噪声等区域	
7	其他	作业过程中因非生产原因造成的扭、划、戳等伤害，低于 2m 作业区坠落造成的伤害等	

3. 还原剂的理化性质及危险特性分析

（1）还原剂氨水的危险性分类（见表 7-4）

表 7-4　主要氨水 25％氨水（质量分数）的危险性分类

原料名称	危险货物编号	UN 编号	危险性	剧毒品	高毒物品	监控化学品	易制毒化学品	备注
25％氨水（质量分数）	82503	2672	不燃。易分解放出氨气，温度越高，分解速度越快，可形成爆炸性气氛。若遇高热，容器内压增大，有开裂和爆炸的危险，与氟、氯等接触会发生剧烈的化学反应。若遇高热，容器内压增大，有开裂和爆炸的危险	—	高毒物品	—	—	第 8.2 类碱性腐蚀品

（2）还原剂氨水火灾危险性分类

氨溶于水大部分形成一水合氨，是氨水的主要成分（氨水是混合物），易挥发逸出氨气，有强烈的刺激性气味，能与乙醇混溶，呈弱碱性，能从空气中吸收二氧化碳，与硫磺或其他强酸反应时放出热，与挥发性酸放在近处能形成烟雾。相对密度（d_{25}）为 0.90。有毒性和腐蚀性。

挥发出的氨易燃、易爆化学品闪点较低，本身即为气体的易燃、易爆物质与空气混合，浓度处于爆炸极限范围时，遇有一定能量的着火源很容易发生爆炸，爆炸极限范围越宽、爆炸下限越低，爆炸危险性就越大。

（3）氨水的禁忌条件与危险配伍

危险化学品在禁忌条件与危险配伍条件下，会产生严重的后果，甚至引起火灾、爆炸、中毒等重大事故的发生。脱硝项目使用的氨水禁忌条件与危险配伍见表 7-5。

表 7-5　氨水的禁忌条件与危险配伍

危险物质	禁忌条件与危险配伍	可能发生的某些现象
氨水	卤素、酰基氯、酸类、氯仿、强氧化剂	火灾、爆炸、中毒、窒息、化学灼伤

以上氨水的危险特性在工程设计、施工，装置运行、维护、保养，危险品使用、储存、运输等环节中应予以重视，并采取措施，确保在正常状态和任何紧急状态中危险品不暴露在禁忌条件与危险配伍条件下。

（4）有毒、有害物质

本脱硝项目所用还原剂氨水具有一定的毒性，对人体有一定程度的伤害。毒性物质一旦泄漏，经吸入、食入或皮肤吸收等途径进入人体后，将导致人员中毒，造成肌体、器官的损伤、病变，甚至致残致死。主要生产性毒物特性见表 7-6。

表7-6　脱硝系统氨水储存运输中的主要生产性毒物特性

名称	侵入途径	急性毒性	最高容许浓度 （mg/m³）	毒性危害程度级别	备注
氨水	鼻、皮肤、口	高度	30	Ⅱ	—

（5）氨水及氨的理化性质及危险特性：

危险氨水的识别从其理化性质、燃烧及爆炸特性、毒性及健康危害等方面进行识别和分析，脱硝工程氨水的危险、有害因素识别见表7-7。

表7-7　氨气理化性质及危险特性

物质名称	氨		分子式	NH₃
危险性类别	第8.2类 碱性腐蚀品		危规号	82503
相对分子质量	17.03		CAS号	1336-21-6
结构式			化学类别	氨
物化特性				
沸点（℃）	−33.5		相对密度（水=1）	0.82（−79℃）
饱和蒸汽压（kPa）	506.62（4.7℃）		熔点（℃）	−77.7
相对密度（空气=1）	0.92		溶解性	易溶于水、乙醇、乙醚
燃烧热（kJ/mol）	无资料		临界温度（℃）	132.5
临界压力（MPa）	11.40			
外观与气味	无色有刺激性恶臭的气味			
火灾爆炸危险数据				
闪点（℃）	无意义		爆炸极限（%）	15.7～27.4
最小点火能（mJ）	无资料		最大爆炸压力（MPa）	0.580
灭火剂	雾状水、抗溶性泡沫、二氧化碳、砂土			
灭火方法	消防人员必须穿戴全身防火防毒服；切断气源，若不能立即切断气源，则不允许熄灭正在燃烧的气体。喷水冷却容器，可能的话将容器从火场移至空旷处			
危险特性	与空气混合形成爆炸性混合物，遇高热能、明火能引起燃烧爆炸，与氟、氯等接触会发生剧烈的化学反应。若遇高热，容器内压增大，有开裂和爆炸的危险			
反应活性数据				
稳定性	不稳定		避免条件	
	稳定	√		
聚合危害	不聚合	√	避免条件	
	聚合			
禁忌物	卤素、酰基氯、酸类、氯仿强氧化剂		燃烧（分解）产物	氧化剂、氨

健康危害数据

侵入途径	鼻	√	皮肤	√	口	√	
急性毒性	LD_{50}	350mg/kg（大鼠经口）	LC_{50}		1390mg/m³（大鼠吸入）		

健康危害（急性和慢性）：

　　低浓度氨对黏膜有刺激作用，高浓度可造成组织溶解坏死。急性中毒：轻度者出现流泪、咽痛、声音嘶哑、咳嗽、咳痰等；眼结膜、鼻黏膜、咽部充血、水肿；胸部 X 线征象符合支气管炎或支气管周围炎。中度中毒上述症状加剧，出现呼吸困难、紫绀；胸部 X 线征象符合肺炎或间质性肺炎。严重者可发生中毒性肺水肿，或有呼吸窘迫综合征，患者剧烈咳嗽、咯大量粉红色泡沫痰、呼吸窘迫、谵妄、昏迷、休克等。可发生喉头水肿或支气管黏膜坏死脱落窒息。高浓度氨可引起反射性呼吸停止。液氨或高浓度氨可致眼灼伤；液氨可致皮肤灼伤

急救措施：

　　皮肤接触：立即脱去被污染的衣着，应用 2％硼酸液或大量清水彻底冲洗。就医。
　　眼睛接触：立即提起眼睑，用大量流动清水或生理盐水彻底冲洗至少 15min。就医。
　　吸入：迅速脱离现场至空气新鲜处。保持呼吸道通畅。如呼吸困难，给输氧。如呼吸停止，立即进行人工呼吸。就医

泄漏应急处理：

　　迅速撤离泄漏污染区人员至上风处，并立即隔离 150m，严格限制出入。切断火源，建议应急处理人员戴自给正压式呼吸器，穿防毒服。尽可能切断泄漏源，合理通风，加速扩散。高浓度泄漏区，喷含盐酸的雾状水中和、稀释、溶解。构筑围堤或挖坑收容产生的大量废水。如有可能，将残余气或漏出气用排风机送至水洗塔或与塔相连的通风橱内。储罐区最好设稀酸喷洒设施。漏气容器要妥善处理，修复，检验后再用

储运注意事项：

　　氨水储存于阴凉、通风良好的仓间内。远离火种，热源，防止阳光直射。应与卤素（氟、氯、溴）、酸类等分开存放。罐储时要有防火防爆技术措施。配备相应品种和数量的消防器材。禁止使用易产生火花的机械设备和工具。验收时要注意品名，注意验瓶日期，先进仓的先发用。槽车运送时要灌装适量，不可超压超量运输。搬运时轻装轻卸，防止钢瓶及附件破损。运输按规定路线行驶，中途不得停留

防护措施

车间卫生标准	中国	MAC（mg/m³）30	苏联 MAC（mg/m³）20	
	美国	TVL-TWA		
		OSHA　50ppm，34mg/m³		
		ACGIH　25ppm，17mg/m³		
	美国	TLV-STEL		
		ACGIH　35ppm，24mg/m³		
工程控制	生产过程密闭，提供充分的局部排风和全面通风。提供安全淋浴和洗眼设备			
呼吸系统防护	空气中浓度超标时，建议佩戴过滤式防毒面具（半面罩）。紧急事态抢救或撤离时，必须佩戴空气呼吸器		身体防护	穿防静电工作服
手防护	戴橡胶手套		眼防护	戴化学安全防护眼镜
其他	工作现场严禁吸烟、进食和饮水。工作毕，淋浴更衣。保持良好的卫生习惯			

4. 脱硝系统工艺过程危险有害因素分析

　　生产过程安全事故发生，在于过程中能量的意外释放和危险、有害物质的意外泄漏。生产过程危险、有害因素分析，是从工艺操作角度出发，分析生产过程中能量意外释放和危险、有害物质意外泄漏发生的原因、条件、特点、危害程度和控制措施。

　　脱硝装置初次运行中，工艺试车必须谨慎进行。特别是开停车和非正常状态下的处理程序还需更加重视。局部操作条件需要在装置运行过程中调整、优化。而操作条

件调整，可能对装置运行的安全性产生不利的影响，必须引起高度重视。

1）氨水储罐充装过程的危险特性分析

（1）氨水充装前，应设置专人对氨水储罐体、阀门、管路及仪表等进行检查；

（2）储区应设置挡棚，若没有遮阳设施，受阳光曝晒等，有发生气瓶爆炸事故的可能；

（3）槽罐车与储罐通过软管连接，要确保连接管路接头密封，不发生泄漏，充装过程中按规程操作。

2）氨水储存过程危险特性分析

（1）氨水储罐若不按规定由有资质的设计单位进行设计、选型、检查、安装、试运行和验收，一旦遗留隐患，就有可能引起氨水泄漏，造成燃烧、爆炸、中毒等事故的发生；

（2）氨水储罐区若设置不符合要求、未设置防泄池等，一旦氨水泄漏，易造成火灾、爆炸等事故的发生；

（3）氨水泄漏后其中的氨扩散迅速，一旦从储罐等处发生大量泄漏，极易形成很大的危险区，发生灾难性的中毒甚至发生火灾、爆炸事故和造成巨大损失。

3）储罐区建筑危险性分析

（1）地坪

① 地坪如果渗料、跑料，无法回收，不仅会污染水源和农田，还会造成耗损和带来火患。

② 着火的氨水蔓延会危及邻近设施。枯草是火源的媒介，它会扩大火势，增加扑救难度。

③ 较深的洼坑，易积聚易燃氨水，形成爆炸危险浓度等。

（2）水封井及排水闸

① 装置失去作业和不起作用时，跑、冒的氨水回收困难。

② 着火的氨水通过水封井及排水闸外流，扩大灾难范围。

（3）消防道路

道路损坏、不平、堵塞等情况，在火灾条件下，影响消防车辆顺利通行，贻误战机。

（4）储罐基础

储罐基础设计不符合标准或在软硬不一的地基上设计都可能造成基础严重下沉或不均匀下沉，将直接危及罐体稳定，撕裂底板及壁板、附属管线，造成大量氨水泄漏，带来重大火灾隐患。

（5）罐体

储罐是储运系统的关键设备，也是事故多发部位。如罐体变形过大，则影响强度，腐蚀过薄甚至穿孔、焊缝开裂、刚度不足、密封损坏等因素都是安全生产的重大隐患，不可掉以轻心。储存氨水的储罐若不按规定定期检测，长期使用中一旦腐蚀穿孔泄漏，易发生中毒、甚至造成燃烧、爆炸事故的发生。

（6）储罐附件

储罐上的安全附件，若不定期校验或安全附件失灵造成指示错误等，易发生爆炸事故。

（7）储罐防腐及保温

① 储罐防腐层局部受到破坏，个别地方腐蚀加剧，易造成穿孔跑料，或形成裂隙跑料。

② 储罐在低温时会失稳扩张而产生冷脆。

③ 储罐保温层破坏，失去保温作用，同时在破坏处则容易进水，又可加快保温材料的溶解、粉化和老化。

（8）罐区作业

① 罐区作业常会发生事故，随着氨水的输进和输出作业，氨水的液位都在发生上升或下降的变化，如果储罐液位计控制不好、失灵或发生误操作有可能发生冒顶跑料，引发事故。

② 若信号连锁报警装置不符合规范或不按规定检修、保养等，有可能造成储罐冒顶跑料，易发生火灾、爆炸等事故。

③ 若储罐的排污阀未采取上锁等安全措施，很容易遭受人为破坏，造成氨水流散，污染环境，甚至引发火灾、爆炸等事故。

④ 清罐、清洗作业时，若氨水和沉淀物不能被彻底清除，残余氨气遇静电、摩擦、电火花等都会导致火灾事故的发生。

（9）防雷、防静电与接地设施

① 储罐、设备和管道若不按规定采取可靠的防雷、防静电接地措施，或防雷接地失效，达不到规定电阻要求，则有发生燃烧、爆炸事故的可能。

② 接闪器、引下线和接地装置，如发生断裂松脱，影响雷电通路，或土壤电阻增大，影响雷电流散，则可能在雷雨季节，遭受雷击，引起着火爆炸事故。

③ 雷电云的主放电在附近建筑物上引起的静电感应能产生数千千伏电压和 10kA 以上电流，是形成火花的根源。罐区管道、建筑物顶的钢筋混凝土内钢筋，还会因电磁感应产生高电位，故储罐的接地非常重要。

④ 设备管道如不严格执行《防止静电事故通用导则》（GB 12158—2006），极易引起静电积聚，从而引发火灾爆炸事故。

（10）安全监测设施

由于传感元件、安全监测特别是自动监护设施的执行元件和有关设备本身安装方面的原因，精度不符合要求，防爆等级不够，动作失灵，不能起到可靠的监护作用，曾多次发生过高液位不报警而冒顶跑水事故。

5. 工艺设备、装置的危险有害因素分析

（1）新建工程项目使用的设备，若不按规定由有资质的设计单位进行设计、不按规定对设备进行选型、检查、安装、试运行和验收，一旦遗留隐患，就有可能引起氨水泄漏，造成火灾、爆炸等事故的发生。

（2）因氨水具有易挥发的特性，而且有毒，一旦设备、泵、管道之间的阀门、法兰连接不良、松动等均能造成氨水泄漏，易造成人员中毒、窒息等事故。若设备与阀门、管道、安全附件等连接处发生磨损或垫片撕裂、腐蚀或设备设计、安装遗留的缺陷、损伤等任何一种因素都可能引发严重的泄漏事故，由于泄漏事故可造成中毒、火灾、爆炸及其他事故的发生，从而造成人员伤亡和财产损失。

（3）氨水储罐若不按规定定期检测或本身材质问题或储罐安全设施不符合要求等，一旦发生泄漏，易造成中毒、化学灼伤甚至引起燃烧、爆炸事故的发生。

（4）泵等机械设备的使用增加了作业和检修人员机械伤害的可能。机械设备运转时会产生噪声，噪声对人体的危害是多方面的，其不仅可使人患上职业性耳聋，还可能引起其他疾病。这也是不容忽视的一种职业危害。

（5）生产中使用密闭容器，维修人员在维修、检查工作中若不严格按照规定和操作规程执行，易造成中毒、窒息事故发生。在罐、槽等容器清理作业中，如置换不彻底、缺少保护措施、使用工具不当，不严格按规程操作等，会引发爆炸、中毒事故的发生。装置区动火作业，若不按动火制度办理相关手续、不切断氨水来源和传动设备电源、泄压、放尽氨水、未对相对流程进行清洗置换或置换不彻底、未进行动火分析、检测、未采取防范措施、使用工具不当、不按规程操作、误操作等均有造成火灾、爆炸、中毒、窒息等事故发生的可能。

（6）工程建设中设备的装卸、经营氨水等的装运需要使用车辆，若厂内道路、车辆管理、车辆状况、驾驶人员素质等方面存在缺陷，可引发车辆伤害事故，同时可能造成人员中毒、灼伤等事故。

（7）建筑物维修、拆除，储罐、管道等的安装、检修作业，存在高处坠落、物体打击等危险、危害因素。

（8）由于氨水储罐设备容积较大、较高、较重，且系统中使用了各种类型的机械电器机具，装置内有不同高度的操作台、扶梯，而处理氨水有一定的温度和毒性，因此评价项目在正常生产及维修过程中，存在起重伤害、高处坠落、物体打击、触电伤害、机械伤害、噪声危害、灼烫伤害等，这些都必须通过严格的安全管理和规章制度来减少危险、危害因素的发生。

6. 电气设备、设施的危险危害因素分析

（1）脱硝项目的主要电气设备，如输电设备、线路、泵电机、照明设备等，若发生短路、漏电、接地、过负荷等故障时，产生的电弧、电火花、高热极易引燃泄漏的易燃、易爆气体，从而造成事故的发生。

（2）在易燃、易爆场所（如充装区、储罐区等），若使用的电气设备为非防爆型电气设备或防爆等级不符合工艺要求，使用的电气设备没有国家指定机构的安全认证标志，或属于国家颁布的淘汰产品，以及用电管理制度不健全或运行过程中不执行制度，都可能引发电气伤害，甚至造成火灾、爆炸等事故的发生。

（3）氨水卸车过程中，在有易燃、易爆危险的场所，电火花、静电放电、雷电放电均可成为引起燃烧、爆炸的点火源，导致火灾、爆炸事故的发生。若输料管道的阀门无金属跨接、无静电接地，储罐等无防雷设施等有引发火灾、爆炸等事故发生的可能。厂内若防雷、防静电设施或接地损坏、失效遭受雷击，则可能会发生火灾、爆炸、设备损坏、人员触电伤害等事故。

（4）氨水卸车过程中，易燃、易爆化学品的使用增加了对电气设备性能的要求；腐蚀性物品的使用提前了电气设备、线路老化的期限。若电气线路或电气设备安装操作不当、保养不善及接地、接零损坏或失效等，将会引起电气设备各绝缘性能降低或保护失效，有可能造成漏电，引起触电事故。电气设备在潮湿的环境中可引起电化学腐蚀及低压触电事故。触电保护、短路保护、过载保护等系统不完善，带电部分裸露、绝缘损坏、电缆老化等，均能引发触电事故。高压线断落可能造成跨步电压触电事故。

（5）若事故状态照明、消防、疏散用电及应急措施用电不可靠，将影响事故的控制，造成事故扩大。

7. 公用工程的危险有害因素分析

脱硝改造工程公用工程包括供水、供电等。

1）电缆火灾

建设项目厂区内高、低压线路全部采用交联电缆，沿电缆隧道或电缆沟敷设，局部直埋。道路照明线路采用塑料电缆沿电缆沟或直埋地方式敷设。这些动力电缆和控制电缆，易发热产生火灾。电缆还具有着火猛、燃烧快、易于蔓延等特点，可以导致相关的电气设备和开关烧毁。主要危险因素有以下几个方面。

（1）虽然采用阻燃材料，但由于与高温体接触或绝缘破坏、受水浸渍，电缆接地或短路，继电保护未动作发生火灾。

（2）铺设电缆密集的封闭通道场所有油等易燃品，绝缘层过热或遇到漏电火花等点火源，可能发生电缆起火。

（3）电缆中间连接接头处不紧，电流过大局部过热自燃。

（4）电缆防护层在施工中受到机械性损伤，造成气隙引起局部放电，电弧使电缆发生树纹状裂纹，导致接地短路，引起火灾。

（5）开关故障发生爆炸引起母线短路导致电缆起火。

（6）电缆头相间距过小，导致闪络放电起火。

2）电气火灾

电火花是引起可燃气体与空气形成的爆炸性混合物及其他场所可燃物着火爆炸的

常见火源。电气设备和用电设施，如存在防爆电器安装不规范，火灾爆炸危险区域内未使用防爆型电气设备，防爆电气选型不正确，防爆电气因维护不善、老化造成防爆等级降低，防爆电机或接线盒、防爆灯具未按防爆要求接线，运行中有超负荷、短路、过电压、接地故障、接触不良等，均可产生电气火花、电弧或者过热，若防护不当，可能发生电气火灾或引燃周围的可燃物质，造成火灾甚至爆炸事故。

3）触电

（1）供配电设备、设施设计不合理、安装不规范、产品质量不佳、绝缘性能不好、机械损伤、各种电气安全距离不够；无接零、接地保护、或接地不良、未安装漏电保护器、保护失灵、不按规范使用安全电压等安全措施和安全技术措施不完备或违章操作等原因，若人体不慎触及带电体或过分靠近带电部分，都有发生电击、电灼伤的危险。

（2）若电气维护不当、未严格遵守安全操作规程、无电工特种作业证人员从事电工作业，电线乱拉乱接、防护设施和电工工具缺陷、个体防护用品质量缺陷或使用不当等，也可能造成触电事故的发生。

8. 明火、静电、雷击等火源的产生及危险、危害因素分析

1）明火的产生及危险、危害因素分析

氨储罐附近内违章吸烟、动明火、电焊作业等，极易引燃泄漏氨气或引爆弥漫在空气中的氨气，引起燃烧、爆炸事故的发生。

2）静电的产生及危险、危害因素分析

氨水在充装及储存过程中会产生和聚积静电荷，而且消散慢，常常发生静电积聚的情况有：氨水在管道中输送；槽车、储罐的顶部；氨水在泵内通过；运输等晃动、振荡；人体带的静电；穿脱化纤衣服等，一旦放电形成火花，足以引燃或引爆应氨水泄漏而迷漫的易燃、易爆的氨蒸气。

（1）项目从氨水的装卸、充装、输送、储存，整个工艺过程都存在静电危险、危害，一旦因静电而产生燃烧、爆炸，往往不仅造成某一设备受损，而是造成某一场所、某一区域，甚至是整个项目、厂区的安全都会受到威胁。

（2）静电的危险、危害是在瞬间完成的，如静电接地、静电跨接、限制流速等预防措施不到位，静电事故发生的概率将增大。

3）雷击的产生及危险、危害因素分析

若氨水储罐区避雷装置设计不合理或发生故障、金属罐接地电阻过大（大于10Ω），静电荷消除不掉，在雷击时易引起火灾或爆炸事故的发生。

4）其他因素分析

（1）机械伤害事故

项目的机械设备，如泵等，其运动（静止）部件、工具、加工件直接与人体接触可引起夹击、碰撞、剪切、卷入、绞、碾、割、刺等伤害。如果安全防护设施不完善，

防护罩、网，栏杆不齐全、不牢固，操作人员违章作业，防护装置因检修取下未复位，人体触及运转件，很容易发生机械伤害。

（2）高处坠落事故

① SNCR部分装置位于窑尾预热器框架钢框上，如果钢平台、护栏、钢梯未按规定设置，存在缺陷或长时间腐蚀，在框架上进行检查、操作或维修时，有可能发生高处坠落，造成人员伤亡的后果。

② 在项目建设和生产过程中，由于高处作业较多，若管理不善或违章作业，有引起高处坠落的危险。

③ 建筑物维修、拆除，设备、管道的安装、检修等作业，存在高处坠落、物体打击等危险、危害因素。

（3）车辆伤害

企业机动车辆（包括临时进入厂内的厂外机动车辆），在行驶中，若道路、车辆管理、车辆状况、驾驶人员素质等方面存在缺陷，可引起的人体坠落和物体倒塌、下落、挤压伤亡事故（不包括起重设备提升、牵引车辆和车辆停驶时发生的事故，造成人员伤亡、财产损失）。其主要的危险、有害因素如下。

① 翻倒：提升重物动作太快，超速驾驶，突然刹车，碰撞障碍物，在已有重物时使用前刹，在车辆前部有重载时下斜坡，横穿斜坡或在斜坡上转弯、卸载，在不适的路面或支撑条件下运行等，都有可能发生翻车。

② 超载：超过车辆的最大载荷。

③ 碰撞：与建筑物、管道、堆积物及其他车辆之间的碰撞。

④ 地（楼）板缺陷：地（楼）板不牢固或承载能力不够。在使用车辆时，应查明地（楼）板的承重能力（地面层除外）。

⑤ 载物失落：如果设备不合适，会造成载荷从叉车上滑落的现象。

（4）噪声危害

本项目噪声有机械（如泵等）噪声等。长时间在高强度噪声环境中作业，会对人的听觉系统造成损伤，给现场作业人员的健康带来危害。此外，噪声对人的心血管系统、消化系统等均有一定的影响。

二、危险、有害因素分析结论

（1）脱硝建设项目中无监控化学品、易制毒化学品、剧毒物品。脱硝项目使用的氨水为《危险化学品名录》（2012年版）第2项碱性腐蚀品之中，其危险货物编号为82503，UN编号为2672，CAS编号为1336-21-6，属危险化学品。

（2）脱硝工程在项目建设和作业中存在火灾、中毒、窒息、灼伤、触电伤害、机械伤害、高处坠落、物体打击、噪声危害、车辆伤害等危险、危害因素。主要危险有害因素为人员中毒、爆炸事故，主要风险类型也为人员中毒、爆炸，其产生的破坏和危害主要是热辐射、冲击波和爆炸抛射物造成的后果，事故的后果主要是对人员造成伤亡，对厂区内的装置、建（构）筑物造成破坏。

此外，在生产和设备的维修过程中，还存在电气伤害、车辆伤害、机械伤害、中毒、灼烫、高处坠落、物体打击等危险、危害因素。事故后果主要是对人员造成伤亡。

（3）根据《危险化学品重大危险源辨识》（GB 18218—2018）中危险源辨识的依据和方法，脱硝氨水储存区为重大危险源。在危险化学品装卸、储存、充装过程中，储存区中储存的危险物质量较大，一旦发生泄漏等，会造成较大事故的发生。企业必须加强管理，建立监控网络和应急救援预案，并定期开展事故预案演练，提高反事故能力及异常情况下应急处理技能。

第二节　SNCR 脱硝系统安全对策和预防措施

水泥窑烟气脱硝项目具有易燃、有毒、有害等危险、危害性，装置具有一定的潜在危险性。在施工、调试、充装、储存、检修等工作环境中都存在一定风险。新建工程项目中存在着火灾、中毒、窒息、灼伤、噪声、触电伤害、高处坠落、物体打击、起重伤害、机械伤害、车辆伤害等危险、危害因素。因此，建设项目必须安全可靠，布置合理，并严格执行国家防火设计等规范。在设计、施工和今后的充装、经营过程中，都必须高度重视生产安全和职业卫生，切实贯彻"安全第一、预防为主、综合治理"的方针，要严格执行国家有关标准、规范。采取必要的安全对策措施，加强管理，严格操作，确保安全生产和职工健康。

一、选址的安全对策措施与建议

（1）氨水储区的选址、设计、施工、安装应符合《工业企业总平面设计规范》（GB 50187—2012）、《建筑设计防火规范》（GB 50016—2014）的要求。要贯彻工厂布置一体化的原则，按功能相对集中合理安排，特别是要根据项目的危险、有害因素特点，统筹考虑充装流程及装置、设施的平面布置，在满足安全距离和职业卫生要求的同时，还要考虑地形、风向、气候等自然条件，尽量减少危险、有害因素的交叉影响。

（2）储罐区与周边建筑物的间距符合《建筑抗震设计规范》（GB 50011—2010）要求。

二、主要装置、设备、设施布局方面的对策措施与建议

（1）储罐宜布置在全年主导风向的下风向，并选择通风良好的地点单独设置。各项设计内容应符合有关规范的规定；储罐应根据地质勘察情况进行基础建设，要具备良好的地质条件，不得建在有土崩、断层、滑坡、沼泽、流沙及泥石流的地区；储罐区应具备满足生产、消防所需的水源和电源的条件，还应具备排水的条件。氨水储罐区按乙类火险物质要求设置，应设消防车道，储罐区周围应设环形消防道路，消防车

道的宽度不应小于 4m；储罐区与民用建筑防火间距不宜小于 25m；与明火或散发火花地点的防火间距不宜小于 30m；与厂外道路（路边）的防火间距不小于 20m，与厂内道路（路边）的防火间距主要的不小于 15m，次要的不小于 10m；与电力架空线的防火间距不小于 1.5 倍电杆高度。

（2）厂区必须设置消防通道和专用消防栓以及在紧急状况下处理事故的消防设施和器具，保证消防、急救车辆进入厂区内畅通无阻，工艺装置区、可燃氨水装卸区及其仓库区应设环形消防车道，消防车道的宽度不应小于 4m，路面上净空高度不应低于 5m。灭火器的配置应符合《建筑灭火器配置设计规范》（GB 50140—2005）的规定。

（3）厂内的绿化不应妨碍消防操作；罐组防火堤内严禁绿化；工艺装置或可燃气体罐组与周围的消防车道之间，不宜种植绿篱或茂密的灌木丝；生产区不应种植含油脂较多的树木，宜选择含水分较多的树木。

三、工艺技术、装置、设备、设施方面的对策措施与建议

脱硝系统工艺设计要尽量合理、完善，并尽可能实施清洁生产，对氨水予以回收和利用。对使用易燃、有毒的物质设备应加强密闭，并配置防火、防毒设施。在生产过程中要加强对设备及管道的巡视和维修，防止跑、冒、滴、漏、串等现象的发生。要贯彻"预防为主、安全第一、综合治理"的方针，把安全生产的要求切实体现到工艺设计之中。

（1）储区装置的平面布置，除应按工艺流程进行设计外，还应考虑符合有关防火、防爆规范的要求。在进行工艺流程布置、设备定位以及公用工程的设置、储运设施、消防、电气的布置时，要按照《建筑设计防火规范》（GB 50016—2014）的标准要求，由具备设计资质的单位进行设计，并由具备安装资质的施工单位进行安装，参与调试、试生产等。

（2）工艺安全设计必须符合人-机工程原则，以便最大限度地降低操作者的劳动强度以及精神紧张状态。从保障整个充装、储存系统的安全出发，全面分析氨水、充装、储存过程、设备装置等的各种危险因素，以确定安全的工艺路线，尽量采用没有危害或危害较小的新工艺、新技术、新设备，淘汰危险性大、难以治理的落后工艺，选用可靠的设备，采用有效的安全装置和设施，不断提高生产过程中安全化的水平。

（3）在防火设计上，应根据提供的火灾、爆炸危险、有害因素情况和可能的火灾危害程度，采取相应的措施。

（4）为保证设备的安全运行和监控，装置中所配备的各种安全装置和附件（如压力表、流量计、温度计、液位计、安全阀、氨泄漏检测报警器等）必须齐全、完好、灵敏、可靠，定期校验，并有定检签证。

（5）重要的阀、泵要有旁通，设计布局要有利于操作、检修。在生产过程中应加强对各类阀门的日常检查和维修保养，保证阀门严密不渗不漏、开关灵活。安装在设

备周围的配管、阀门、仪表等要留有充分的空间，避免互相碰撞，同时便于操作和维修保护，并且稳妥地固定。

（6）设备、容器管道及附件、阀件应定期检查、检修和检验。动火必须严格执行动火制度的规定；在设备检修前排放液体或气体时，应将排放物排放到通风良好的大气中或专用排放处，必须有专人监护；排放处应设有明显的标志和警告牌，以保证排放安全。

（7）企业要重视设备检修作业的安全，要做到五定，即定检修方案、定检修人员、定安全措施、定检修质量、定检修进度。要按有关规定办理批准手续，如动火作业证、进容器作业证、登高作业证等；停车修理，必须办理"检修工作任务单""设备安全交出修理证明书"，由生产车间的设备员、安全员分别填写各项任务和安全注意事项与安全措施，并指定项目负责人向检修人员交待设备、管线、阀门等氨水介质清理分析合格。检修人员进入现场前要求规定有关停工检修安全管理工作的措施。对参加检修的所有人员有针对性地进行安全思想、安全管理制度、安全操作规程的教育，落实停工检修安全措施。生产与检修要有明确的交接程序，施工人员进入现场必须穿戴个人防护用品。

（8）企业应严格按照《用电安全导则》（GB/T 13869—2017）等有关规定执行，防止火灾、爆炸、触电事故的发生。充装站爆炸危险场所的电力装置（含仪器仪表）的设计、安装、验收应符合《危险场所电气防爆安全规范》（AQ 3009—2007）的规定。

（9）氨水储区应安装浓度自动测量报警装置，当氨气浓度接近爆炸下限的10%时，应能发出报警信号。

（10）氨水储区照明灯具应选用防爆类型的灯具，设置应急照明。

（11）建（构）筑物的防雷设施应满足《建筑物防雷设计规范》（GB 50057—2010）的要求。应定期检测接地电阻，并有检测记录。

（12）汽车罐车应按有关标准设立静电专用接地线，以及时导除卸氨静电。

（13）氨水的装卸应采用密闭操作技术，并加强作业场所通风，配置局部通风和净化系统以及残液回收系统。

（14）有发生坠落危险的操作岗位时应按规定设计便于操作、巡检和维修作业的扶梯、平台、围栏等附属设施。

（15）高速旋转的机械零部件应设计可靠的防护设施或安全围栏。

（16）产生噪声的机械设备应根据生产工艺特点和设备性质，采取综合防治措施，在满足生产的条件下，应选用低噪声的机械设备，对单机超标的噪声源，在设计中应根据噪声源特性采取有效的防治措施，配备必要的个人噪声防护用具，必要时应设置隔声操作室。

（17）设计具有化学灼伤危害物质的生产过程时，应合理选择流程、设备和管道结构及材料，防止氨水外泄或喷溅。

（18）具有化学灼伤危害作业应尽量采用机械化、管道化和自动化，并安装必要的信号报警、安全联锁和保险装置，禁止使用玻璃管道、管件、阀门、流量计、压力计等仪表。

（19）在有毒性危害的作业环境中，应设计必要的淋洗器、洗眼器等卫生防护设施，其服务半径小于 15m。并根据作业特点和防护要求，配置事故柜、急救箱和个人防护用品。

四、事故应急救援措施和器材、设备方面的对策措施与建议

（1）消防设计必须根据工艺过程特点及火灾危险程度、氨水性质、建筑结构，确定相应的消防措施。

① 应由有相关设计资质的单位严格按照消防规范规定进行消防设计，充分尊重消防监督部门的意见，并由地方消防部门审核，按照消防审核要求施工建设。

② 建设单位对重点防火部位（如储罐区、输送系统等）要加强管理，并设置重点防火部位分布图、消防警示牌、应急照明疏散标志。对岗位操作人员进行消防知识培训和演练，做到每个职工都会正确使用消防器材，提高全员的消防安全意识和技能，使其达到能应急处理初始火灾事故的要求。

③ 企业消防水源应可靠，能确保事故状态断电时具有一定压力的消防水量的供应，按《建筑设计防火规范》（GB 50016—2014）中的有关规定要求，设立专用消防给水池、消防泵房（泵房供水系统要采用双电源、双泵）、消防给水管网，根据氨水性质设置室内外消火栓。消防系统应能随时投入正常使用，消防通道畅通无阻，总控制水阀应设置安全地区。

④ 按防火等级要求，采用合理的厂房结构，生产厂房应有足够的防爆泄压面积，乙类厂房泄压面积与厂房体积的比值应满足防火规范要求。

⑤ 根据各建筑物的特征，按《建筑灭火器配置设计规范》（GB 50140—2005）的要求，在充装区、储罐区配置手提式、推车式干粉灭火器以达到扑救初始火灾的要求。

⑥ 消防器材要设置在明显、取用方便及较安全的地方，且不得影响安全疏散。消防器材要经常检查，做到"三定"（定点、定型号和用量、定专人维护管理），不准挪作他用。

（2）应配置防毒面具、防毒衣、橡皮手套、木塞、管夹、柠檬酸等必需的防护用具和抢救药品，并设在便于取得的位置，专人管理，定期检查，确保使用。

（3）应当制订事故应急措施和救援预案。包含以下内容：对可能发生的火灾和爆炸危险事故的基本预测和危害分析；消防器材的设置及分布情况；现场抢救措施和条件保障，如隔离、疏散方式，中毒、烧伤救护方法等，预案演练；事故处理后的善后洗消处理措施，如人员、场地、环境，对事故原因的调查、分析。

五、为氨水运输或储存过程配套和辅助工程方面的对策措施与建议

（1）应根据充装氨水的性质、环境特点以及被保护设施的类型，设计相应的防雷设施，防雷设计应符合《建筑物防雷设计规范》（GB 50057—2010）等相关要求。

（2）正常不带电而事故时可能带电的配电装置及电气设备外露可导电部分。均应按《交流电气装置的接地设计规范》（GB/T 50065—2011）要求设计可靠接地装置。移动式电气设备应采用漏电保护装置。凡应采用安全电压的场所，均应设计为安全电压。

（3）变配电房的设置应符合《低压配电设计规范》（GB 50054—2011）和《10kV及以下变电所设计规范》的要求。

（4）电气设备必须具有国家指定机构的安全标志。

（5）消防用电设备应采用专用的供电回路，当生产、生活用电被切断时，应仍能保证消防用电，其配电设备应有明显的标志，消防水泵房应设双动力源。

（6）电气线路应避开可能受到机械操作、振动、腐蚀及可能受热的地方，不能避开时，应采取预防措施。

（7）设备必须有良好的电气绝缘，以保证设备安全可靠并防止由于电流直接作用所造成的危险。

（8）照明设计应符合《建筑照明设计标准》（GB 50034—2013）。

（9）根据项目危险有害因素及危险源，设置相应的安全标志。

六、风险管理

1. 风险防范措施

1）规范设计

（1）集输管线设置自动截断阀。

（2）选用密闭性能良好的截断阀，保证可拆连接部位的密封性能。

（3）合理选择电气设备和监控系统，安装报警设施和自动灭火系统，做好防雷、防爆、防静电设计，配备消防栓、干粉灭火器等消防设施和消防工具；对可能产生静电危害的工作场所，配置个人静电防护用品。

（4）对于易遭到车辆碰撞和人畜破坏的管线路段应设置警示牌，并应采取保护措施。

（5）除设有就地检测液位、压力、温度的仪表外，尚须考虑在控制室内设置远传仪表和报警装置。当储罐内液面超过容积的85%和低于15%或压力达到设计压力时，立即能发出报警信号，以便采取应急措施。

（6）设有气体浓度报警系统，火灾消防手动报警按钮、压力监测、超高液位联锁切断、现场作业监视双雷达液位监控等系统。

（7）氨水的槽车装卸车场，应采用现浇混凝土地面。

（8）氨水储罐及输送管线的工艺设计满足主要作业的要求，工艺流程简单，管线

短，阀门少，操作方便，安全可靠，避免了由于管线过长而增加发生跑、渗、漏，由于阀门过多而出现操作上的混乱，发生泄漏等事故。

（9）将氨水储罐及输送管线区域设置为专门区域进行安全保护，可设立警示标志，禁止人为火源、禁止使用可能产生火花的工具；可设立围挡，防止汽车或其他碰撞。

2）施工管理

（1）选用优质的钢管及管道附件，确保工程所用材料的质量，在重要部位适当增大管壁厚度。

（2）为保证工程质量，关键部件引进国外先进的技术和设备。

（3）加强工程质量监督，确保施工质量，完工后要进行严格的试压检验。

（4）储罐采取有效的防腐措施，降低因腐蚀而引发事故可能性。

3）运营管理

（1）定期进行安全保护系统检查，截止阀、安全阀等应处于良好技术状态，以备随时利用。

（2）加强日常维护与管理，定期检漏和测量管壁厚度。为使检漏工作制度化，应确定巡查检漏的周期，设立事故急修班组，日夜值班。

（3）保证通信设备状态良好，发生事故及时通知停止脱硝系统运行。

（4）加强维护保养，所有管线、阀件都应固定牢靠、连接紧密、严密不漏。

（5）根据工作环境的特点，工作人员配置各种必需的安全防护用具，如安全帽、防护工作服、防护手套、防护鞋靴等。

（6）应特别注意防止野蛮施工对储罐的破坏。在建设单位领取施工证时，均应经有关部门查明附近有无管线，并提出相应要求后方可施工，并建立相关的责任制度。

（7）储罐进行切割和焊接动明火时，应有切实可行的安全措施。

（8）储罐放空时，应根据放空量多少和时间长短划定安全区域，区内禁止烟火，断绝交通。

（9）燃气的泄漏和爆炸一旦发生，后果严重，其发生与否和危险程度又与设备装置、施工质量、操作规程、人员素质等诸多因素有关，需要对社会各界广为宣传，使人们重视这一潜在的风险，并了解基本的减灾常识。做到燃气泄漏时避免明火，有序地进行自救互救，既要防止火灾引起的爆炸，又要注意防止爆炸引起的火灾并避免二次爆炸。

（10）保持罐区的阴凉、通风，远离火种、热源。氨水储罐和输送管线应严加密闭，避免与酸类、金属粉末接触。

① 氨水罐区配备砂土、蛭石或其他惰性材料，以便于吸收小量泄漏的氨水。

② 氨水罐区地表采用防渗材料处理，铺设防渗及防扩散的材料。

③ 配备事故排水系统：设置高压水枪和水炮及消防应急泵，将泄漏的氨水用大量水冲洗，洗水稀释收集后排入厂区事故水池，待事故结束后，废水处理合格后

外排。

④ 加强原材料管理，确保储罐、设备、管道、阀门的材质和加工质量。所有管道系统均必须按有关标准进行良好设计、制作及安装。

⑤ 在氨水储罐 20m 以内，严禁堆放易燃、可燃物品。

⑥ 氨水储罐应设喷淋措施。

⑦ 对于大量泄漏的氨水，可用泵转移至槽车或专用收集器内，回收或运至废物处理场所处置。

⑧ 加强职工安全环保教育，增强操作人员的责任心，防止和减少因人为因素造成的事故；加强防火安全教育，配备足够的消防设施，落实安全管理责任。建立健全各种规章制度和岗位操作规程，落实安全责任。主要包括：安全生产责任制度、安全生产教育培训制度、安全生产检查制度、动火管理制度、防爆设备的安全管理制度、各种化学危险品的管理制度、重大危险源点的管理制度、各岗位安全操作规程等。

⑨ 定期对氨水储罐和管线进行泄漏安全检查，并做好检查记录。施工和检修按安全规范要求进行。装卸时要严格按章操作，尽量避免泄漏事故的发生。

每年投入足够的资金用于设备修理、更新和维护，使装置的关键设备保持良好的技术状态；建立一套严密科学的检修规程、操作规程和规章制度，实施严格的设备管理、工艺管理、安全环保管理、质量管理和现场管理，实行设备维护保养和责任制度，采用运转设备状态监测等科学管理方法和技术；配备一支工种齐全、素质较高的设备管理队伍，坚持不懈地对操作人员和检修人员进行技术培训。

2. 事故应急措施

（1）成立事故应急指挥中心

成立以生产部门为主和多个部门组成的事故应急指挥中心。负责在万一发生事故时进行统一指挥、协调处理好抢险工作。

（2）建立事故应急通报网络

网络交叉点包括消防部门、环保部门、卫生部门及公安部门等。一旦发生事故时，第一时间通知上述部门协作，采取应急防护措施。

（3）事故应急的具体对策

一旦发生事故，现场操作人员应在发现后立即向负责人报警。

负责人在接报警后立即确认事故位置及大小，及时向事故应急中心报警。

事故应急指挥中心在接到报警后，按照应急指挥程序，立即向环保部门以及消防部门发出指示，指挥抢险工作。

负责人在向指挥中心报警的同时，启动事故应急程序，实施应急对策。

环保部门应在接报警后在出事地点周围对环境状况进行监测。

消防部门应在接报后立即赶赴现场，以确保一旦引发火灾时能及时扑救。

政府部门负责疏散周围可能受影响居民。

（4）处理泄漏事故总则

任何严重的泄漏事故出现时，当班人员或当事人应立即停止所有的工作，消除泄漏区域及下风向 500m 内一切明火源，通知控制室和相关领导，并立即报告上级领导，拨打火警电话 119，按如下步骤处理。

① 现场应急队长应立即指挥应急行动人员采取应急处理措施（关闭隔断阀进行有效隔断、排放滞留氨水至相应管道或事故池、封堵泄漏区的下水道等）。

② 应急行动人员必须正确穿戴个人防护用品（防毒、防窒息）、使用不发火花工具；配备一定数量的导管式防毒面具、化学安全防护眼镜、防酸碱工作服、橡胶手套。

③ 确定风向及紧急逃离线路。

④ 疏散无关人员离开罐区。

⑤ 准备必要的消防设备，如消防水带、移动式消防水炮等。

⑥ 利用喷雾水驱散和稀释泄漏气体（增加空气湿度防止静电产生），保护紧急行动人员。

⑦ 用 LEL 测爆仪确定易燃易爆危险区域（氨气的最易引燃浓度为 17%），保证作业人员及外援车辆处于风向上方。

⑧ 禁止使用非防爆通信工具，防止各种电器火花产生。

⑨ 确定受影响的容器或储罐中的液位。

⑩ 事故处理结束后，用消防水冲洗并检查排水系统及低洼处，消除残余氨水。

（5）处理火灾事故总则

罐区内任何员工当确定是火灾发生后，应立即通知控制室，并报告相关领导及上级领导。由于泄漏而引发的火灾，由当事者确定火灾发生后立即向中控室报告，停止一切作业，并拨打火警电话 119，并按如下方式处理。

① 现场应急队长应立即指挥应急行动人员开启水喷雾（淋）、移动水炮、固定水炮、使用消防软管喷雾等措施，冷却受火灾影响的设备；要特别注意罐体的上部气相空间的冷却保护。

② 采取应急处理措施切断燃料来源（关闭隔断阀进行有效隔断、排放滞留氨水至相应管道或事故池、封堵泄漏区的下水道等），但应注意在燃料来源不能有效切断前，不应扑灭火焰，以防形成"爆炸气团"引发空间燃爆。

③ 应急行动人员必须穿戴正确的个人防护用品（防窒息、消防隔热服）、使用不发火花工具。

④ 确定风向及紧急逃离线路。

⑤ 组织疏散无关人员和抢救受火灾危及伤员。

⑥ 利用喷雾水冷却保护紧急行动人员。

⑦ 禁止使用非防爆通信工具，防止各种电器火花产生，消除一切明火源。

⑧ 确定受影响的储罐中的液位。

⑨ 当储罐紧急放空阀或泄漏点猛烈排气，并有刺耳哨声、罐体震动、火焰发白时即为爆炸前兆，现场人员应立即撤离。

⑩ 着火储罐向外倒送氨水时，严禁形成负压将罐外火焰吸入罐内引起爆炸。

3. 事故应急预案

根据《中华人民共和国安全生产法》《危险化学品安全管理条例》等法律法规要求，通过对污染事故的风险评价，各相关企业单位应制订防止重大环境污染事故发生的工作计划及应急预案，消除事故隐患的发生及突发性事故应急处理方法实施等。报当地区级以上人民政府负责危险化学品安全监督管理综合工作的部门备案。

应急预案一般包括下述内容：工厂项目概况，重大危险源筛选及危险性评估，应急救援指挥机构，应急救援队伍，应急救援程序，事故后现场处理，应急救援设备和器材，社会救援，网络通信，应急救援预案的模拟演习等。具体内容见表7-8。

表7-8　突发事故应急预案

序号	项目	内容及要求
1	总 则	概述、编制目的和目标
2	危险源概况	详述危险源类型、数量及其分布
3	应急计划区	布置区、储存区、邻区
4	应急组织	厂指挥部——负责现场全面指挥； 专业救援队伍——负责事故控制、救援、善后处理
5	应急状态分类及应急相应程序	规定事故的级别及相应的应急分类相应程序
6	应急设施设备与材料	生产装置： 防火灾、爆炸事故应急设施、设备与材料，主要为消防器材； 防有毒有害物质外溢、扩散，主要是水幕、喷淋设备等。 储罐区： 防火灾、爆炸事故应急设施、设备与材料，主要为消防器材； 防有毒有害物质外溢、扩散，主要是水幕、喷淋设备等
7	应急通信、通知和交通	规定应急状态下的通信方式、通知方式
8	应急环境监测及事故后评估	由专业队伍负责对事故现场进行侦察监测，对事故性质、参数与后果进行评估，为指挥部门提供决策依据
9	应急防护措施、消除泄漏措施、方法和器材	事故现场：控制事故，防止扩大、蔓延及连锁反应。清除现场泄漏物，降低危害，相应的设施器材配备。 邻近区域：控制防火区域，控制和清除污染措施及相应设备配套
10	应急剂量控制、撤离组织计划、医疗救护与公众健康	事故现场：事故处理人员对毒物的应急剂量控制规定，现场及邻近装置、人员撤离组织计划及救护
11	应急状态终止与恢复措施	规定应急状态终止程序； 事故现场善后处理，恢复措施
12	人员培训与演练	应急计划制订后，平时安排人员培训和训练
13	公众教育和信息	对工厂邻近地区开展公众教育、培训和演练
14	记录和报告	设置应急事故专门记录，建立档案和专门报告制度，设专门部门负责管理
15	附件	与应急事故有关的多种附件材料的准备和形成

七、氨事故预防与处理

1. 事故预防

氨储存及装卸站区域应严禁烟火，电气设备应采用防爆装置型，氨区有关容器避免阳光直射，且在通风良好的安全场所放置，不可与氧气容器置放在一起，氨的处理人员应穿着适当的防护用具。

2. 氨水危害急救措施

1）氨水泄漏的处置安全要点

（1）氨水泄漏会挥发成比空气轻的氨气（相对密度为 0.597，空气为 1），很容易扩散。

（2）氨水泄漏时，应迅速将其附近（特别是下风侧）的一切火源取走、除去或熄灭。

（3）发出警报警告该区域内与邻近区域（特别是下风侧）内的人员，如果有必要撤离时，应往上风侧撤离躲避。

（4）实施堵漏或修理人员，必须穿戴防毒用品。

（5）如泄漏事故有扩大趋势或可能引发其他事故，则应立即向安全生产监督、特种设备安全监察、公安、消防部门及氨水生产厂家报告求援。

（6）在用水喷淋泄漏部位的同时，必须用大量的水稀释留出的氨水，以免流入江河湖海造成公害。

2）储罐泄漏

（1）如泄漏出自阀门或阀门法兰处，遇到这种情况可用浸水湿布盖在泄漏处，在连续喷淋水的情况下，操作人员站在侧面关闭阀或旋紧螺栓、螺母，所用扳手不得加套加力杆。

（2）如不能用一般方法阻止泄漏，应在阀顶部盖上浸过水的湿布或草席子，继续喷洒水，则应将罐内氨水倒入其他储罐，或通过放空阀将其排空。

（3）如卸氨时储罐泄漏，发现者启动现场手动报警，停止氨水注入，并以最快速的方式报告值班主任或值班工程师。

（4）通知洒水车开至现场待命。

（5）通知相关人员启动消防泵，以增加消防水压力。

（6）消防系统喷水，以稀释空气中氨的浓度。

（7）若无法隔离，人员应迅速疏散至逆风处并作警戒。

（8）若有人员受伤，应将患者由泄漏现场移至新鲜空气处，立即施行急救并送医治疗。

（9）必要时通知氨水供应商支援处理。

3）管道泄漏

（1）管道发生泄漏时，应立即关闭上游阀门切断气源。

（2）如在泄漏时无法进行堵漏，则要用水冲释到常压为止。

4）槽车卸氨时软管破裂

（1）发现者紧急使用氨车上"紧急操作杆"，防止槽车内氨水泄出。

（2）关闭卸氨泵及后端阀门，防止氨罐内氨泄出。

（3）通知相关人员抢修。

5）氨水毒害的急救

（1）安全要点

① 生产设备必须严加密封，加强局部排风和全面通风。由于氨比空气轻，因此，抽风口应装在高处。

② 空气中氨浓度超标时，必须佩戴防毒面具。紧急情况下抢救或逃生时，应佩戴空气呼吸器。戴化学防护眼镜，保护眼镜。必要时，戴防护手套。工作或急救现场，严禁吸烟、进食、吸水。离开工作或急救现场后，应淋浴、更衣。

③ 轻度急性中毒者表现为皮肤、黏膜的刺激反应，出现鼻炎、咽炎、气管炎和支气管炎；也会使角膜或皮肤灼伤。重度者出现头水肿、声门狭窄、呼吸道黏膜细胞脱落，气道阻塞而窒息，会发生中毒性肺水肿和肝损伤。氨会引起反射性呼吸停止。如氨溅入眼内，会致晶体混浊、角膜穿孔，甚至失明。

④ 有的中毒情况是，中毒之初感觉不出有什么症状，而几小时之后会出现严重的肺水肿。

⑤ 救护人员进入事故现场后，应迅速将中毒者移至新鲜空气处。在抢救转移过程中，要注意中毒者人身安全，不能强拖硬拉以造成外伤，致使病情加重，特别是对待中毒后从高处跌落下来的患者，更需倍加注意。

⑥ 转移患者的同时，应迅速请医生前来诊治。在医生到来之前，应安置患者在约20℃的室内休息，松懈患者的颈部、胸部衣服纽扣和腰带，以保持呼吸畅通。同时要注意保暖和保持安静，严密注意患者神志、呼吸状态和循环系统的功能，并根据病情实施急救。

（2）吸入氨气的处置

① 中毒患者若停止呼吸，则应立即进行人工呼吸。人工呼吸方法有压背式、振臂式和口对口（鼻）式三种。最好采用口对口式人工呼吸法，以防刺痛肺部，引起更大的伤害。口对口式，首先应使呼吸道通畅，松解衣服，去掉枕头，抬高额角，除去假牙，除去（吸出）呕吐物或其他异物。

操作方法：抢救者位于患者一侧，用一首捏合患者鼻孔，抢救者深吸一口气，口对患者口密切接触（可覆盖一纱布或手帕），以中等速度均匀地吹气，开始两次速度可快些，可见患者胸部隆起，然后离开，让其胸部收缩自行呼出，然后做下一次吹气，直至自出呼吸恢复。速度：每分钟吹气12～16次，吹气时间约为2s。如口对口呼吸法执行有困难，可改口对鼻呼吸法，即用一手闭合患者口部，口对鼻孔吹气入内。

② 中度患者若深度昏迷，颈动脉或股动脉无搏动，如瞳孔放大，脸呈土灰色或发绀，呼吸停止，可认为心搏骤停，应立即进行胸外心脏按摩急救。

操作方法：将患者放平仰卧在硬地或木板床上，抢救者骑跨在患者身上，将双手手根部叠加，垂直加压在胸骨上 2/3、下 1/3 交界处，手指不要接触胸壁。身体前倾，力加在胸骨上，将胸骨明显压下。此时检查股动脉，应出现明显搏动，才为有效。注意勿用力过大，以免发生肋骨骨折和气胸、血胸。两次间歇期，手不离开胸部。速度与心律相近，每分钟成年人约 70 次，儿童 100～120 次，效果最佳。次数过多，心脏血液回流不够并不增加效果。复苏指示是：停止按压后，自助心搏恢复。

③ 中毒患者若呼吸微弱，为防止发生肺水肿，应使患者呼吸医用氧与二氧化碳（含量为 5%）混合气或高纯医用氧。如使用高纯医用氧，呼吸器的呼气管端应插入蒸馏水过滤瓶内水面下 4cm 处。每小时使患者吸氧 30min，如此至少要连续 3h。

④ 鼻腔和咽喉受害，可用 2% 的硼酸水洗鼻腔。如患者可以进食的话，可以饮用 0.5% 柠檬酸或柠檬水。

（3）氨水溅入眼内的处置

眼睛受害患者应提起眼睑（皮），用流动的洁净清水冲洗眼睛，或将面部浸入盛有洁净清水的面盆里左右摇摆，连续洗 15min，而后在 1h 之内，每 10min 清洗 5min。如果用 5% 的硼酸水，在其配制期间，应不间断用水清洗。未经医生允许，不得随意用眼药膏一类的油脂药膏。

（4）皮肤溅上氨水的处置

皮肤溅上氨水时，不论其吸收与否，均应立即采取下列措施清除皮肤上沾染的氨，防止伤害加重。

① 脱去被污染的衣服、鞋袜、手套等。

② 立即彻底清洗被沾染的皮肤，冲洗时间要求为 15～30min，而后用柠檬水、食醋、5% 的醋酸或 2% 的硼酸溶液清洗，再用水冲洗，然后盖上用 5% 的醋酸、柠檬酒石酸或盐酸浸湿的敷料，也可以用 2% 以上的硼酸水湿敷。

③ 较大面积的冲洗，要避免着凉、感冒，必要时将冲洗剂保持在适当温度，但以不影响冲洗剂的作用和及时冲洗为原则。

八、水泥脱硝安全性设计及设备配置

（1）总平面布置时，氨水储区与电控室和煤磨制备车间等对消防要求较高的区域留出安全防火距离，并留出消防通道，保持卸氨及氨区环境通风良好。

（2）氨区最好采用敞开式独立布置，设遮阳顶棚进行隔热，设置防火堤，最好将氨区布置在阴凉、通风处，防止因温度高而加速氨水的挥发；设置安全淋浴、洗眼器和逃生风向标等安全防护措施。

（3）在氨气可能泄漏处设置氨气泄漏监测仪，加强氨泄漏检测。对于易于出现氨水泄漏的点位，如布置在氨区的卸氨模块、氨水储罐、氨水输送模块等处，设置氨气泄漏监测仪，24h 监测空气中氨的含量，与储罐区自动喷淋系统连锁，可自动启、停喷淋系统。当环境中氨气浓度超过报警上限（50ppm）时，启动系统报警系统和喷淋系统。氨气泄漏监测仪的设置及安装要求可参照相关规定。氨气泄漏检测器的测定范围及报警限制的设置应满足《工作场所有害因素职业接触限值 第1部分：化学有害因素》（GBZ 2.1—2019）的相关要求。

（4）设置喷淋装置，操作室设置就地、远程报警信号显示屏。就地和远程都能24h监控氨储罐的压力和温度。当温度接近40℃或压力接近1.45MPa时发出警报信号，操作人员闻警后可立即采取降温措施。当氨水大面积泄漏或周围有明火、环境温度大于50℃时，氨气浓度大于50ppm时，连锁启动喷淋装置，防止人员中毒和发生火灾。自动喷淋系统按《水喷雾灭火系统技术规范》（GB 50219—2014）规定。氨区消防系统纳入水泥厂消防系统，其消防用水均由水泥厂的消防水系统提供。喷淋水可从厂区消防水管引来，喷淋用水量和水压要能满足消防用水要求。

（5）氨区配置氨气吸收水罐，用于吸收卸氨时储罐排空气体中所含的NH_3。储罐设置有事故池及围堰，事故池设置有事故排出泵，故障排除后，将氨水泵送回氨水储罐，做到节约资源和不产生二次污染。

（6）阀门、仪表选型需为防爆型设备。由于脱硝系统管道阀门接触的介质氨水为腐蚀性介质，因此，对于所选的阀门仪表除了常规要求，如具有良好的产品设计、扭矩小、动作灵活、运行可靠、使用寿命长、维护费用少之外，还要求防腐蚀、耐磨损，采用优质防腐防爆材料。电气、自控设计和设备选型都应满足有关规定。

（7）氨水储罐液位实施集中监控和自动报警，设备应配置所需的维护和检修平台、梯子及护栏；氨水储存区域应设安全警告装置；工作人员在氨水装卸场所应使用不发火花的工具。根据规范要求设置防雷和防静电系统，采取措施与周围系统做适当隔离，保证系统安全运行。

（8）连锁保护，一旦高温风机停止运行，脱硝装置停止运行并启动软化水冲洗系统，对氨水流经的设备和管道上残留的氨水进行冲洗，尽量减少残留氨对设备管道的腐蚀。

（9）此外，还需加强系统外部的安全性配置：①氨区设置安全标识和防护栏避免主干道可能发生的不必要的机械撞击；②卸氨划定专门的区域，卸氨过程中，卸氨区域需放置警示牌；③保证充足的消防用水及处理事故用的通风设施；④配备足够的事故抢救物品专用柜-柜内设有空气呼吸器、防毒衣、过滤罐、防毒面具、橡胶防护手套和胶皮水管等防护用具；配备必要的抢修工具，放置易取处，如管钳子、活扳手、各种规格管卡子、橡胶板、石棉板、阀门、填料、铁丝、改锥和克丝钳子等。配备足够数量的抢救药品，其中包括柠檬酸、硼酸和酸性浓缩柠檬汁、酸梅汁或食用醋等。

九、附件

1. 安全评价依据的国家现行有关安全生产法律、法规和部门规章、文件

（1）《中华人民共和国安全生产法》；

（2）《中华人民共和国职业病防治法》；

（3）《中华人民共和国消防法》；

（4）《中华人民共和国劳动法》；

（5）《中华人民共和国清洁生产促进法》（2003 年 1 月 1 日施行）；

（6）《危险化学品安全管理条例》（国务院令第 344 号）；

（7）《使用有毒物品作业场所劳动保护条例》（国务院令第 352 号）；

（8）《特种设备安全监察条例》（国务院令第 549 号）；

（9）《建设工程安全生产管理条例》（国务院令第 393 号）；

（10）《国务院关于进一步加强安全生产的决定》（2004 年 1 月 9 日）；

（11）国家发展和改革委员会、国家安全生产监督管理局关于加强建设项目安全建设"三同时"工作的通知（发改投资 2003 年 1346 号）；

（12）《消防监督检查规定》（公安部令第 107 号）；

（13）《危险化学品登记管理办法》（国家经贸委令第 35 号）；

（14）《危险化学品包装物、容器定点生产管理办法》（国家经贸委令，第 37 号，2002.10.15）；

（15）《产业结构调整指导目录（2005 年本）》（国家发展和改革委员会令第 40 号）；

（16）《危险化学品生产企业安全评价导则》（试行）（安监管危化字〔2004〕127 号）；

（17）《安全评价机构管理规定》（国家安全生产监督管理局令第 13 号）；

（18）《危险化学品事故应急救援预案编制导则》（单位版）（安监管危化字〔2004〕43 号）；

（19）《关于规范重大危险源监督与管理工作的通知》（安监总协调字〔2005〕125 号）；

（20）国家安全监管总局关于印发《危险化学品建设项目安全评价细则（试行）》的通知（安监总危化〔2007〕255 号）；

（21）《劳动防护用品监督管理规定》（国家安全生产监督管理总局令第 1 号）；

（22）《生产经营单位安全培训规定》（国家安全生产监督管理总局令第 3 号）；

（23）《危险化学品建设项目安全许可实施办法》（国家安全生产监督管理总局令第 8 号）；

（24）《关于督促化工企业切实做好几项安全环保重点工作的紧急通知》（安监总危化字〔2006〕10 号）；

（25）《危险化学品名录》（国家安全生产监督管理局等 8 部门公告，2003 第 1 号）；

（26）《国务院安委会办公室关于进一步加强危险化学品安全生产工作的指导意见》（安委办〔2008〕26 号）；

（27）《高毒物品目录》（卫法监发〔2003〕142 号）；

（28）《职业健康监护管理办法》（卫生部令第 23 号）；

（29）《易燃易爆化学物品消防安全监督管理办法》（公安部令第 18 号）；

（30）《中华人民共和国爆炸危险场所电气安全规程》（劳人护〔1987〕36号）；

（31）《爆炸危险场所安全规定》（劳部发〔1995〕56号）；

（32）《压力管道安全管理与监察规定》（劳部发〔1996〕140号）；

（33）《工作场所安全使用化学品规定》（劳部发〔1996〕423号）。

2. 安全评价依据的国家现行有关安全生产技术规范和标准规范：

（1）《火灾分类》（GB/T 4968—2008）；

（2）《安全色》（GB 2893—2001）；

（3）《机械安全 防护装置 固定式和活动式防护装置设计与制造一般要求》（GB/T 8196—2018）；

（4）《防止静电事故通用导则》（GB 12158—2006）；

（5）《有毒作业分级》（GB 12331—1990）；

（6）《生产过程安全卫生要求总则》（GB/T 12801—2008）；

（7）《用电安全导则》（GB/T 13869—2017）；

（8）《建筑照明设计标准》（GB 50034—2013）；

（9）《危险场所电气防爆安全规范》（AQ 3009—2007）；

（10）《固定式钢梯及平台安全要求 第1部分：钢直梯》（GB 4053.1—2009）；

（11）《固定式钢梯及平台安全要求 第2部分：钢斜梯》（GB 4053.2—2009）；

（12）《固定式钢梯及平台安全要求 第3部分：工业防护栏杆及钢平台》（GB 4053.3—2009）；

（13）《工业企业总平面设计规范》（GB 50187—2012）；

（14）《工业企业厂内铁路、道路运输安全规程》（GB 4387—2008）；

（15）《常用化学危险品贮存通则》（GB 15603—1995）；

（16）《消防安全标志设置要求》（GB 15630—1995）；

（17）《工业建筑防腐蚀设计标准》（GB/T 50046—2018）；

（18）《生产设备安全卫生设计总则》（GB 5083—1999）；

（19）《化学品安全标签编写规定》（GB 15258—2009）；

（20）《易燃易爆性商品储存养护技术条件》（GB 17914—2013）；

（21）《腐蚀性商品储存养护技术条件》（GB 17915—2013）；

（22）《毒害性商品储存养护技术条件》（GB 17916—2013）；

（23）《化学品安全技术说明书 内容和项目顺序》（GB/T 16483—2008）；

（24）《危险化学品重大危险源辨识》（GB 18218—2018）；

（25）《建筑物防雷设计规范》（GB 50057—2010）；

（26）《安全色》（GB 2893—2008）；

（27）《建筑抗震设计规范》（GB 50011—2010）；

（28）《工业管道的基本识别色、识别符号和安全标识》（GB 7231—2003）；

（29）《危险货物分类和品名编号》（GB 6944—2012）；

（30）《危险货物品名表》（GB 12268—2012）；

（31）《建筑灭火器配置设计规范》（GB 50140—2005）；

（32）《储罐区防火堤设计规范》（GB 50351—2014）；

（33）《建筑设计防火规范》（GB 50016—2014）；

（34）《工业企业设计卫生标准》（GBZ 1—2010）；

（35）《工作场所有害因素职业接触限值 第 1 部分：化学有害因素》（GBZ 2.1—2019）；

（36）《工作场所有害因素职业接触限值（物理因素）》（GBZ 2.2—2007）；

（37）《交流电气装置的接地设计规范》（GB/T 50065—2011）；

（38）《化工企业安全卫生设计规范》（HG 20571—2014）；

（39）《化学品生产单位动火作业安全规范》（AQ 3022—2008）；

（40）《化学品生产单位受限空间作业安全规范》（AQ 3028—2008）；

（41）《化学品生产单位设备检修作业安全规范》（AQ 3026—2008）；

（42）《化工企业静电接地设计规程》（HG/T 20675—1990）；

（43）《石油化工企业职业安全卫生设计规范》（SH 3047—2021）；

（44）《生产经营单位安全生产事故应急预案编制导则》（AQ 9002—2006）；

（45）《安全评价通则》（AQ 8001—2007）；

（46）《安全预评价导则》（AQ 8002—2007）；

（47）《中华人民共和国劳动部噪声作业分级》（LD 80—1995）；

（48）《气瓶颜色标志》（GB/T 7144—2016）；

（49）《压缩气体气瓶充装规定》（GB/T 14194—2017）；

（50）《气瓶充装站安全技术条件》（GB/T 27550—2011）；

（51）《危险化学品经营企业安全技术基本要求》（GB 18265—2019）；

（52）其他相关的技术标准和规程。

第八章 水泥窑 SNCR 系统施工与安装

一般来说，SNCR 脱硝装置的安装包括氨水（尿素溶液）储存制备区和脱硝区（主要设备是分解炉反应喷枪、计量分配设施）两部分，这两部分中都包括常规安装的一些内容（如土方工程、给排水管道安装、装修工程、建筑电气工程、开关控制柜安装、电缆敷设等），本章主要对 SNCR 脱硝系统专有的一些设备（设施）——氨水（尿素溶液）储存制备区、喷枪安装等内容进行说明，供读者参考。

第一节 水泥窑 SNCR 工程的施工与验收规定

一、有关施工的基本要求

脱硝工程施工单位应具有国家相应的工程施工资质；脱硝工程的施工应符合国家和水泥行业施工程序及管理文件的要求；应按设计文件进行施工，对工程的变更应取得设计单位的设计变更文件后再进行施工；施工中使用的设备、材料、器件等应符合相关的国家标准规定，并应取得供货商的产品合格证后方可使用；稀释系统、计量系统、分配系统等，设计、施工时应充分考虑冬季防寒、防冻的措施，防止各输液管道冰冻；施工单位应遵守国家有关部门颁布的劳动安全及卫生、消防等国家强制性标准及相关的施工技术规范。

二、有关竣工验收的基本要求

脱硝工程验收应按《建设项目（工程）竣工验收办法》、相应专业现行验收规范、《水泥工厂设计规范》（GB 50295—2016）、火电厂脱硝工程技术规范的有关规定进行组织。工程竣工验收前，严禁投入生产性使用。

脱硝工程验收应依据主管部门的批准文件、批准的设计文件和设计变更文件、工程合同、设备供货合同和合同附件、设备技术说明书和技术文件、专项设备施工验收规范及其他相关文件执行；脱硝工程中选用国外引进的设备、材料、器件应按供货商提供的技术规范、合同规定及商检文件执行，并应符合我国现行国家标准或行业标准的有关要求；工程安装、施工完成后应进行调试前的启动验收，启动验收合格并对在线仪表进行校验后方可进行调试；通过脱硝系统调试（首先需要水压试验，不泄漏方可进行氨水或尿素溶液试运行），各系统运转正常，技术指标达到设计和合同要求后，应启动试运行；对启动试运行中出现的问题应及时消除。在启动连续试运行 72h、技术指标达到设计和合同要求后，建设单位向有审批权的环境保护政府主管部门提出生产试运行申请。经批准后，方可进行生产试运行。

三、安装后的单体调试

单机试运行是安装工作不可缺少的一部分，是检验单体设备安装质量的重要手段，因此，单机试运行应以安装人员为主，根据设备的使用说明书，编制调试运行手册，做好安装调试记录，校准仪器仪表；在单机运行前做好管道的清吹工作，处理完管路中的异物杂质；保证单机试车的顺利进行。现场分工明确，职责落实到个人，确保单机设备运行正常，为后续工作做好准备。

单机试运行应编制措施（安全措施落实到位），措施中分工要明确、各负其责；带电区域内工作应办理工作票，经过认可签发后，方可进入带电区域；带电区域内工作，首先应按工作票的安全措施进行检查，落实后方可工作，工作时设专人监护。

电动机空载前应做好检查，电缆连接及电动机引出线应连接可靠，电动机绝缘合格，润滑脂符合要求，电动机接地良好。

试运行人员应做好试运行记录，记录电动机启停时间、启动电流、运行电流、电动机轴承温度。任何停送电工作，必须有人监护，禁止单独操作，监护人确认操作间隙，监督操作的步骤和方法。

试运行结束或中间停机处理时，必须将开关退出工作位置，断开控制电源。

试运行中，必须确保有可靠的通信联系。

设备试运行前，水、电、照明等必须正式投入，现场环境保持整洁。

第二节　主要安装设施及相关目标

一、相关规程规范

SNCR 脱硝工程的建设过程应本着安全第一的原则，切实做好现场的安全防护设施，创造良好的文明施工环境，全面实现各项安全指标。

以创"精品工程"为目标，树立质量是生命的意识，全面提高施工、技术等各项管理水平，合理配置资源，优化施工方案，合理安排施工工期，严格按计划实施，提高劳动生产率，优质、高效地完成整个脱硝项目。

安装过程应执行的规程规范主要有：

《水泥机械设备安装工程施工及验收规范》（JCJ/T 3—2017）；

《钢结构工程施工质量验收标准》（GB 50205—2020）；

《通风与空调工程施工质量验收规范》（GB 50243—2016）；

《机械设备安装工程施工及验收通用规范》（GB 50231—2009）；

《起重设备安装工程施工及验收规范》（GB 50278—2010）；

《固定污染源排气中颗粒物测定与气态污染物采样方法》（GB/T 16157—1996）。

二、需要安装的主要设施

对于以氨水或尿素为还原剂的脱硝系统工艺主要设备（设施）包括氨水储罐安装、尿素溶解罐安装、尿素溶液储罐安装、氨水输送泵（尿素溶液输送泵）安装、卸氨泵安装、空气压缩机站系统设备安装（如果有）、尿素搅拌装置安装（如果有）、稀释水系统安装（如果有）、氨水输送计量分配系统（尿素溶液计量分配系统）安装、各模块汽水控制组件、液位计、温度计和压力表的安装等。

由于氨对某些金属具有腐蚀性，因此氨系统的管道和附件安装需要给予注意（禁止使用铜质等腐蚀性材料）。

三、安装工程质量目标

安装工程质量目标为：单位工程优良率100％，分项工程合格率100％，分项工程优良率大于90％，受监焊缝一检合格率不低于98％，整体试运行一次成功。

所有工程项目的施工质量将全部受监受检，施工过程受控，将不合格品消除在施工过程中，确保施工结果及成品质量项项符合标准，达到优良。

四、安全及文明施工目标

认真贯彻"安全第一，预防为主，综合治理"的安全生产方针。建立并健全安全管理网络，明确各单位、各级安全第一责任人，加强进厂施工前三级安全教育，工程施工合同签订的同时签订安全责任合同，强化施工现场巡视及重点部位的监控，严格执行各项安全施工、生产的制度规定，加重对违章违纪的处罚力度，努力实现施工企业和工程项目的"事故零标"。

工程应提供全员"三个保护"和"三不伤害"自我保护和相互保护的安全意识，全员无轻伤，安全事故突发率控制在不超过0.1％，力争零目标。

第三节　还原剂为尿素的SNCR系统设备安装

一、主体设备安装

尿素溶解罐、尿素储存罐、尿素溶液缓冲罐、除盐水储罐等均为常规设备，安装方案可参照国家相关标准。喷枪与各子系统的安装参照厂家的说明书进行。

1.尿素溶解罐、尿素储存罐、尿素溶液缓冲罐、除盐水储罐安装

通常尿素溶解罐、尿素储存罐、尿素溶液缓冲罐、除盐水储罐等在车间制作成整体，在现场只需吊装并按规范进行安装和焊接即可。

在尿素溶解罐、尿素储存罐、尿素溶液缓冲罐、除盐水储罐的上部焊上吊耳，用吊机慢慢起吊，中间位置用辅助吊机配合，如图 8-1 所示；竖起后直接就位到底座上，并调好垂直度后进行固定（与预埋钢板或底架焊接固定）；在尿素溶解罐、尿素储存罐、尿素溶液缓冲罐、除盐水储罐主体安装完成后，再进行尿素溶解罐、尿素储存罐、尿素溶液缓冲罐、除盐水储罐附属设备（含护栏）的安装；安装爬梯平台时先做好安全措施，再按规范要求施工。另外，行车的安装按照特种设备相关规范进行，并且需要获得相关部门的验收，取得行车许可证后方可投入使用。图 8-2 为尿素和尿素溶液厂房设备安装实例。

图 8-1　尿素溶解罐　　　　　图 8-2　尿素和尿素溶液厂房设备安装实例

2.泵类设备安装

（1）泵类设备在进行安装找正时，要按照规范及说明书要求进行。

（2）驱动机与泵连接时，以泵的轴线为基准找正；驱动机与泵之间有设备连接，以中间设备轴线为基准找正。

（3）管道与泵连接后，应复查泵的原找正精度，当发现管道连接引起偏差时，应调整管道。

（4）管道与泵连接后，不得在其上进行焊接工作，防止焊渣进入泵内。

（5）对于公用底座泵，调整联轴节对中时，在驱动机下宜垫置耐腐蚀材料薄片，对中应符合随机说明书的要求及规范。

（6）泵安装时，其水平度应符合说明书要求。

（7）泵的拆洗与检查应按说明书和规范要求，检查泵体密封环与叶轮密封之间的径向间隙、支撑环与轴密封，检查前后轴承轴向间隙。

（8）对于滑动轴承，应检查轴承瓦与轴颈的顶侧间隙，检查轴瓦盖上的瓦盖背紧

力；对于滚动轴承，应检查外圈与轴承盖的顶间隙，检查轴承与轴承端盖间的轴向间隙。

（9）泵的轴封件应符合说明书及规范要求，装好轴封后检查转子的轴向是否符合要求。

（10）泵试转前应按说明书要求加入规定强度等级和数量的润滑油，并检查各部位有无松动。

3. 喷枪与各子系统的安装

喷枪安装说明：

（1）安装套管的焊接，设备开孔后将安装套管与设备表面钢板进行焊接，注意法兰螺栓孔为跨中布置，如图 8-3 所示。

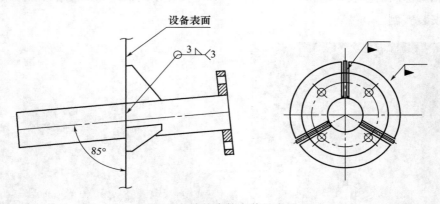

图 8-3　喷枪套管安装示意图

（2）调整好喷嘴喷雾角度，喷雾面与水平面平行（针对扇形喷嘴）。

（3）将喷枪与安装套管的法兰通过螺栓进行连接固定。

（4）连接液路、气路管道和控制气路。

喷枪的液路和雾化气路采用 DN15 金属软管连接，安装时需将聚四氟垫片装到金属软管的活接头内再与喷枪的外螺纹接口连接。控制气路采用塑胶软管连接，安装时只需将软管一端接到二联件的进口，另一端接到气源的快速接头上即可。

首先安装喷枪的套管（图 8-3），将接管焊接在图纸指定的位置，在焊接接管时必须先做好安全措施，防止施工人员高空坠落。待系统管道完成水压试验后再进行喷枪和模块的安装。在装喷枪前应先安装好检修平台及扶手，在有效的安全保障下再进行喷枪的就位工作。结合设计图纸和厂家说明书将喷枪就位在套管上（图 8-4），并用螺栓固定；大喷枪还需安装吊架，将喷枪的尾部固定。

有些模块比较重，需要动用吊机，基建期间在尿素房区域交叉作业较多，吊机可能与主体安装公司的吊机交叉作业，为防止安全事故发生，尽量协调落实好起吊方案。

通常是将各模块吊入指定的安装平台上，再用人力（或借助千斤顶）移动模块定位，找正垂直度后固定。安装时技术人员进行现场指导施工，按厂家（或技术人员）提供方案进行施工验收。

图 8-4　喷枪的安装

表 8-1～表 8-3 所列是喷枪、模块及相关管路的分项工程质量检验评定表。

表 8-1　喷枪装置分项工程质量检验评价表

检验指标	性质	单位	质量指标	
			合格	优良
部件外观检查		mm	无裂纹、变形等缺陷	
喷枪喷口中心至受热面边缘偏差		mm	±6	
合金钢部件材质	主要		无错用	
喷枪转动部分	主要	mm	转动灵活，移动平稳，行程开关动作与喷枪管行程相符	
喷枪的纵向水平偏差			不大于 0.1％长度	
密封防磨装置			符合图纸及规范	
支吊架			符合图纸及规范，安装牢固，位置正确	

表 8-2　模块装置（子系统）安装分项工程质量检验评价表

工序	检验指标	性质	单位	质量指标	
				合格	优良
检修	模块内清洁度	主要	mm	无浮绣和杂物	
模块安装	中心偏差		mm	±10 以内	±5 以内
	水平度				基本水平
	标高变差		mm	±10 以内	±5 以内

表 8-3　喷枪管路安装分项工程质量检验评价表

工序	检验指标		性质	单位	质量指标	
					合格	优良
管子及管道附件检查	管材		主要		符合设计	
	管子外面				无裂纹、撞伤、龟裂、压扁、砂眼、分层；外表局部损伤深度不大于10％管壁设计厚度	
	合金钢元件材质		主要		无错用	
	管子外径、壁厚				符合设计	
	管子内部清洁		主要		无尘土、锈皮、积水、金属余屑等	
	阀门检查				符合水泥行业设计规定	
	弯头配				符合水泥行业设计规定	
	支吊架配置				符合水泥行业设计规定	
安装	管道布置	规划布局			统筹规划，布局合理	
		管线走向			走线短捷，不影响通道，整齐、美观	
		热膨胀补偿			应满足运行要求	
	阀门布置				位置便于操作和检修，阀门排列整齐、间隔均匀	
	支吊架布置				布置合理，结构牢固，不影响管系的热膨胀	
	管子对口				符合相关施工质量检验及评价标准的规定	
	水平管弯曲度	$D_g \leqslant 100mm$		mm	≤0.1％长度，且≤20	
		$D_g \geqslant 100mm$		mm	≤0.15％长度，且≤20	
	立管垂直度偏差			mm	≤0.2％长度，且≤15	
	成排管段				排列整齐，间隔均匀	
	管道坡向、坡度				符合设计	
	管道热膨胀		主要		能自由热补偿，并不影响本体部件的热膨胀	
管道附件安装	阀门				符合相关施工质量检验及评价标准的规定	
	支吊架				符合相关施工质量检验及评价标准的规定	
	法兰连接				结合面平整，无贯穿性划痕，加垫正确，法兰连接平行、同心；螺栓受力均匀，丝扣露出2～3扣	
	焊接				符合相关施工质量检验及评价标准的规定	

二、系统管路的吹扫及清洗

1. 系统管路的吹扫

稀释水管道及雾化空气管道需要进行清扫。吹扫必须用大气量连续吹除，反复吹除，直至吹除口无黑点为止；吹扫工作要按程序分段进行吹除，程序为：①计量分配系统雾化空气管道（拆开阀前法兰）；②氨水输送系统管道（拆开阀前法兰）；③压缩空气管道；④喷射系统雾化空气管道（拆开阀前法兰）；⑤其他区域（拆开阀前法兰）。

2. 系统管路的清洗

（1）蒸汽管道的清洗

将蒸汽管道进水及回水管道接口法兰解开，进行临时短接；打开蒸汽管道进水电动阀、蒸汽管道排放手动阀，检查蒸汽管道回水电动阀为关位；缓慢打开蒸汽管道进口电动阀，观察排放水质由脏到干净。

（2）稀释水管道的清洗

解开稀释水管道与计量子系统的接口法兰，增加临时管道和手动阀进行排水。启动稀释水泵对管路进行冲洗，直至水质变干净。

三、工艺设备（设施）保温主要施工

保温材料选用岩棉制品，要求保温材料敷设牢固，紧贴设备壁面，保温层外表平整，同层保温必须错缝，缝隙严密；多层保温之间必须压缝；保温钉、骨架在设备严密性试验前焊接完毕；金属保护层下料时应考虑必要的搭接余量，以保证密封良好；设备附件等部位的金属罩壳应便于拆卸；金属保护层自下而上安装；金属保护层紧贴保温层；裁剪外保护板时，必须使用专用工具，不准用气割。尿素房选用混凝土结构的，房内保温一般采用暖气保温，暖气片等安装按照相关规范进行安装。

四、尿素溶液制备区设备安装

1. 工艺安装

尿素溶液制备区安装的基本内容与水泥厂余热发电的一些汽水管道的安装基本类似，主要包括尿素溶液制备区设备的安装和管道安装，其主要工作流程如图 8-5 所示。尿素（尿素溶液）设备管道的安装主要是指尿素溶解罐、尿素储存罐、除盐水储罐、尿素溶液输送模块及连接以上设备的管道、阀门及相关附件的安装。

各设备在安装前，需要检查基础以保证安装过程中不会出现问题，管道系统安装过程中不会出现问题，管道系统的安装必须与相关图纸一致，并按相关规定进行水压试验。

2. 电控设备及系统的安装

为了保证系统安全，通常在尿素溶液制备区设置一个单独的就地电控设备间，电控的盘柜通常选择防爆型的元器件，尿素溶液制备区尿素的自动执行机构满足相关规程规范的要求，其安装与主厂（水泥厂）相关设备的安装及要求基本一致，在此不再赘述。

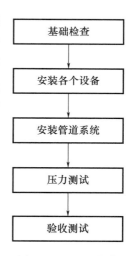

图 8-5　SNCR 安装
工程工作流程

3. 消防系统的安装

尿素（尿素溶液）区安装的另一项重要的工作就是为了保证尿素（尿素溶液）区系统的安全稳定运行而设置消防与相关监控设施的安装。

尿素溶液制备区的消防设备通常应包括安装在尿素溶液制备区各设备水消防喷淋系统、按规范设置消火栓、干粉灭火器等。

消防系统的安装必须选择具有省公安厅颁发的消防工程安装许可证的施工队伍承担消防工程的施工；消防系统的施工图纸经消防监督部门审批后才可施工；设备、管道、阀门及相关附件应符合设计要求，其中消防配件有国家质量监督检验中心的认证文件；施工中管道已按设计校对无误，内部清理干净，无杂物，管道的坡向、坡度符合设计要求，管道焊接符合《火电施工质量检验及评定标准》的规定。

4. 消防系统的调试

通常尿素溶液制备区的消防系统只作为整个水泥厂消防系统的一部分，因此，尿素溶液制备区消防系统的调试应结合主机一起进行，但基本的工作内容和程序如下。

（1）消火栓给水系统的调试在整个系统施工结束和设备、阀门单体调试结束后进行。系统调试负责人与专业技术人员、业主、监理工程师共同研究调试方案后统一实施。

（2）消火栓、消防泵接合器、转盘水枪出水试验 2～3 次，达到设计和规范要求为合格，其中最不利点消火栓的水压和流量应符合规范要求。

（3）自动喷水灭火系统管网安装完毕后，隔离不参加试验的设备、仪表、阀门及附件，加设盲板，后对系统进行水压及水冲洗试验。

（4）对自动消防系统的管道阀件进行单体调试，全部合格后进行系统分部试运行。系统分部试运行由业主指定几个系统进行喷放试验，检测喷水效果及区域是否符合设计要求。

（5）消防给水的联动调试。正常情况下，消防给水管网中的水压，由消防稳压泵维持，稳压泵为 2 台，1 台运行，1 台备用。稳压泵由出水管上的压力控制装置自动控制启停，当出水管上的压力降至 1.15MPa 时，稳压泵自动投入运行，维持消防给水系统的压力，当压力水管网发生故障，出水管的压力降至 1.10MPa 时，消防水泵自动投入运行，同进将消防水泵紧急运行的信号传送到中控楼的控制室。当主消防水泵因故停运时，备用消防水泵能在规定的时间内自动投入运行。

第四节　还原剂为氨水的 SNCR 系统相关设备安装

一、主体设备安装

氨水储存罐、卸氨模块、氨水输送模块、水箱、喷射控制及计量分配模块等均为常规设备，安装方案可参照国家相关标准。

1. 氨水储存罐安装

用吊机将氨水储存罐慢慢起吊，中间位置用辅助吊机配合，氨水储存罐安装示意如图 8-6 所示；竖起后直接就位到底座上，并调好垂直度后进行固定（用地脚螺栓固定）；在氨罐主体安装完成后（用混凝土进行灌浆），再进行氨罐附属设备的安装；安装楼梯平台时先做好安全措施，再按规范要求施工。图 8-7 为氨水储存罐工程实例。

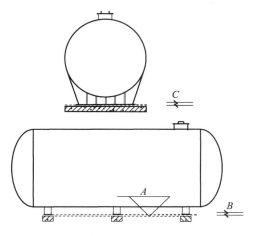

图 8-6 氨水储存罐安装示意图

图 8-7 氨水储存罐工程实例

2. 水箱安装

用吊机将水箱慢慢起吊，竖起后直接就位到底座上，并调好垂直度后进行固定（用钢板焊接固定）；在水箱主体安装完成后，再进行水箱附属设备（液位计等）的安装。图 8-8 为安装后水箱实例。

图 8-8 安装后水箱实例

3. 卸氨模块和氨水输送模块安装

用吊机（或人力）将卸氨模块和氨水输送模块慢慢起吊，吊入指定的安装平台上，再用人力（或借助千斤顶）移动模块定位，找正垂直度后固定（用钢板焊接固定）；在卸氨模块和氨水输送模块主体安装完成后，再进行卸氨模块和氨水输送模块附属设备的安装。基建期间在氨罐房区域交叉作业较多，吊机可与主体安装公司的吊机交叉作业，为防止安全事故，尽量协调好起吊方案。在技术人员进行现场指导施工，按厂家（或技术人员）提供的方案进行施工验收。图 8-9 为安装后卸氨模块实例，图 8-10 为安装后氨水输送模块实例。

图 8-9　安装后卸氨模块实例　　　　图 8-10　安装后氨水输送模块实例

4. 喷射控制及计量分配模块安装

用人力将喷射控制及计量分配模块慢慢移到指定的安装平台上，再用人力（或借助千斤顶）移动模块定位，找正垂直度后固定（用角钢焊接固定）；再进行喷射控制及计量分配模块附属设备的安装。技术人员在现场指导施工，按厂家（或技术人员）提供方案进行施工验收。图 8-11 和图 8-12 为安装后的喷射控制及计量分配模块实例。

图 8-11　安装后喷射控制及计量分配　　　图 8-12　安装后喷射控制及计量
　　　　　模块实例（一）　　　　　　　　　　分配模块实例（二）

5. 其他模块及喷枪等设备安装

其他模块及喷枪等设备安装同本章第三节内容。

二、氨逃逸测量仪的安装

1. 安装前的准备工作

（1）了解项目配置、主机配置、需要测量的参数等。

（2）看现场，确认如下事项：现场开孔位置；取样管线走向；电缆及桥架走向；压缩空气管走向；电源供给；分析小屋的位置及内部布置（包括空调、排风、分析柜位置、操作台位置、标气位置、电缆进线位置等）。

2. 确定采样探头安装位置

确定设备安装位置时遵循以下原则。

（1）能充分反应被测气体浓度的位置。

（2）安装位置不漏风。

（3）便于操作维护的位置。

3. 采样探头法兰焊接

确定安装位置后就可以进行法兰焊接了。采样探头的法兰焊接按照图 8-13 所示施工。注意法兰螺栓孔的方向，以保证测量准确。图 8-14 为安装后的氨逃逸测量仪实例。

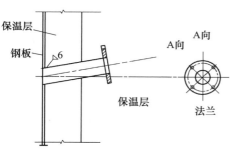

图 8-13　采样探头的法兰焊接示意图

图 8-14　安装后的氨逃逸测量仪实例

4. 分析机柜及标准气钢瓶设备就位

分析机柜及标准气钢瓶。机柜可用膨胀螺栓直接固定在地面上或预埋槽钢和钢板固定。标准气钢瓶固定采用钢瓶架固定，钢瓶架根据钢瓶实际数量现场制作。分析小屋需要考虑如下开孔：采样管线的进线孔要开在机柜顶部的上方；电缆进线孔可采用墙壁上开孔或电缆沟的方式。

5. 管线及电缆敷设

现场电缆敷设方式可走桥架或穿管方式。桥架及穿管的走向根据现场实际定，但应遵循以下原则。

（1）采样管线长度尽量短，一般不要超过 20m，以小于 15m 为佳。

（2）采样管线走向不能出现 U 形弯，防止积水及阻塞管线。

（3）采样管线不能折死弯，大于 $90°$，水平方向大于 $15°$，弯曲半径不小于 400mm。

（4）信号电缆及通信电缆必须带屏蔽。

6. 压缩空气管敷设

现场采样探头吹扫及分析采样需要压缩空气，所以必须提供气源。压缩气源要求：0.4～0.6MPa，干净、无油。若现场气源不洁净时，需增加压缩空气过滤器进行除水、除尘及除油处理。若现场无压缩空气时，可通过增设空压机来完成。

三、系统管路的吹扫及清洗

系统管路的吹扫及清洗同第三节。

四、工艺设备（设施）保温主要施工

工艺设备（设施）保温主要施工同第三节。

五、其他设备安装和调试

其他工艺、电气及消防设备安装和调试同第三节。

第九章　水泥窑 SNCR 脱硝装置的调试、运行与维护

第一节　水泥窑 SNCR 系统调试内容

水泥厂 SNCR 脱硝装置安装完成之后，在正式投运以前，SNCR 系统的承包商需要对该套系统进行一系列的调试。完整的 SNCR 系统调试一般包括单体调试、分部试运、联动调试、整体系统 72h 满负荷试运四个过程。单体调试是指对 SNCR 脱硝系统的各个模块进行检查和试运，该工作一般由安装单位负责完成；为了保证模块与模块之间的联动性，分部试运一般会加上负载，对系统的动力、电力进行检查，同时检查管道及阀门；联动调试是指对 SNCR 脱硝装置进行整体运行，在这个阶段，调试过程中必须要加入负载以保证系统模拟的真实性；72h 满负荷试运是在一切准备工作就绪的情况下，使用氨水或者尿素对 SNCR 脱硝系统的效果进行考核。

一、单体调试

单体调试是在 SNCR 脱硝装置安装完成之后，在安装单位和供货厂家的配合下对系统内的各个泵、阀门、流量计、液位计、温度计、电磁阀等进行现场就地控制，以确保单体设备正常开启、运行和关闭，以及检验设备在连续试运转中的轴承升温、振动及噪声等，并进行各种设备的冷态连锁和保护实验。

在单体调试的过程中，设备厂商和安装单位代表为主要调试人员，承包商、设计等单位代表辅助设备厂商代表进行调试。安装单位负责该阶段调试的方案和措施，并完成单体试运工作及试运后的验收单；提交相应的运行记录和文件资料，并做好试运设备和施工的安全工作。

二、分部调试

对于还原剂为氨水的 SNCR 脱硝系统，分部调试是指对 SNCR 系统的各组成系统（卸氨模块、氨水储罐模块、氨水输送模块、稀释混合模块、计量分配模块、压缩空气系统及喷枪等）进行冷态模拟运行测试，全面检查设备情况，并进行相关的连锁和保护实验。

对于还原剂为尿素 SNCR 脱硝系统，分部调试是指对 SNCR 系统的各组成系统（尿素房尿素溶液配置输送系统、尿素溶液储区、尿素溶液稀释计量输送系统、高位尿

素溶液槽控制系统、尿素溶解喷射泵系统以及喷枪系统）进行冷态模拟运行测试，全面检查设备情况，并进行相关的连锁和保护实验。

脱硝部分试运主要分为工艺、电气、自控三大专业类，每个专业分为若干系统。安装单位相应成立若干试运小组，配有工艺、电气、自控人员，分别负责系统分部试运工作，水泥厂运行人员配合。

三、联动调试

联动调试分为两个部分，分别为使用纯水进行的联动调试和使用氨水或尿素溶液进行的联动调试。在使用纯水进行联动调试的阶段，调试的主要目的是确保溶液可以持续稳定地进入水泥窑内，各个设备和系统都起停正常。在使用氨水或尿素溶液进行联动调试的阶段，调试的主要目的是考察各关键仪表及是否达到所预期的性能指标。

四、72h 满负荷试运

水泥窑 SNCR 脱硝系统 72h 满负荷运行是调试的最后阶段，这个阶段主要由水泥厂相关操作人员进行操作，确保整套系统在 72h 内稳定连续运行，并且确保整套系统在此阶段可以达到合同所承诺的脱硝效果。在这个阶段，如果系统出现任何问题，承包商、设计单位、施工方、设备厂家都有责任配合整改。水泥窑 SNCR 脱硝系统调试内容及程序见表 9-1。

表 9-1　水泥窑 SNCR 脱硝系统调试内容及程序

序号	步骤
1	设备检查
2	仪表校准
3	仪表线路检查，检查中控信号
4	管道，阀门，模块查漏
5	模块间调试（水试），冲洗管道及设备
6	联动调试（水试）
7	联动调试（NH_3 试），并检验喷氨效果，调整氨（NH_3）摩尔比
8	72h 满负荷连续运行（验收测试）

第二节　水泥窑 SNCR 系统调试准备

调试工作是脱硝装置建设过程中十分重要的一道工序，是由安装转为生产的重要环节，调试工期直接影响装置的投产时间，调试质量控制将决定装置是否能够长期安全、稳定、高效运行。因此，在调试过程中，必须严把质量关，严格执行审定的调试大纲的条款，科学合理地组织脱硝装置启动调试工作，提高调试质量，达到国家、地方有关法律法规标准及合同的要求，使脱硝装置尽快投入运行并发挥其经济、环境、社会效益。

一、适应规范的确认

在开始脱硝系统的调试以前，为了保证调试的有效性，调试经理应检查和确认与 SNCR 系统调试相关的依据性文件，依据性文件如下。

（1）与设备供应商签订的技术规范。

（2）应用于水泥窑 SNCR 系统调试的测试程序规范。

（3）相关的规则和法律，如各级政府颁发的关于污染控制的法规、规章等。常用的规范主要有：

《固定污染源排气中颗粒物测定与气态污染物采样方法》（GB/T 16157—1996）；

《固定污染源烟气（SO_2、NO_x、颗粒物）排放延期连续监测系统技术要求及监测方法》（HJ 76—2017）；

《环境空气质量标准》（GB 3095—2012）；

《大气污染物综合排放标准》（GB 16297—1996）；

《水泥工业大气污染物排放标准》（GB 4915—2013）；

《污水综合排放标准》（GB 8978—1996）；

《工业企业厂界环境噪声排放标准》（GB 12348—2008）；

《工业企业噪声控制设计规范》（GB/T 50087—2013）；

《工业建筑供暖通风与空气调节设计规范》（GB 50019—2015）。

二、安全预防

安全文明生产是开展一切工作的前提，调试工作中的安全文明生产是保证顺利且高质量调试不可替代的基础，在调试执行过程中必须保证人身、设备安全，必须严格执行各项安全法规，制订和执行事故防范措施，贯彻"安全第一，预防为主，综合治理"的方针，做到防患于未然。

在系统开始运行或设备试运时，为保证设备及人员的安全，调试经理应进行如下事项。

（1）将调试时间进度表告知所有可能进入操作设施区域的运行人员及现场施工人员，并包括正在施工的建筑项目的工作人员。

（2）在开始调试前，将警示信息以警示牌或警示标签形式放在相关的地方。这些警示牌或警示标签上面注明进行的工作性质、开始和结束的时间和工作人员的职责。

（3）确定危险地带的限制范围的设定，确认和标记危险地带。

（4）如果有必要，应制定临时的通行线路以便记录数据，运行或巡视。

（5）应制订预案，以保证调试操作人员、辅助工作人员和从外面进入的参观者的安全。

（6）针对不同的设备和系统，制订不同的紧急预案，以保证设备运行安全。

三、自控仪表的标定

1. 根据 SNCR 系统的特点，在开始调试前工作人员应考虑并了解如下事项：

（1）熟悉掌握相关仪表的效用和使用。

（2）检查所有的仪表（包括气体分析仪）是否已经校准，$NO_x/O_2/NH_3$ 气体分析仪的标度应与相关的使用守则或标准及厂家的用法说明书一致。

2. 水泥窑 SNCR 系统调试常用的监测仪器有：

（1）氨逃逸监测仪表。

（2）NO_x 氮氧化物监测仪。

四、通信和组织系统的确定

为了保证调试的有效及时沟通，应明确如下几点。

（1）明确现场和控制室之间采用临时的电话和收发器等进行交流的形式。

（2）明确在调试期间的运行和维护负责的负责人。

（3）应制定好包含每一项工作每一个方面的职责组织机构表格，如图 9-1 所示。

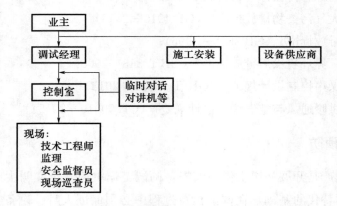

图 9-1　调试过程某项目工作组织机构图范例

五、设备安装及系统的检查

1. SNCR 系统试运前应具备的主要条件

SNCR 系统分部试运前应具备的主要条件如下。

（1）相应的建筑、安装工程已经完工并验收合格，试运需要的建筑和安装工程的记录等资料齐全。安装完成后形成详细且系统的安装结束状态文件包，并经安装单位之间部门审阅后，移交试运小组审定。

（2）试运范围内土建施工结束，地面平整，照明充足，无杂物，通道畅通，具备安全消防设施，事故照明可靠投入。

（3）试运专业小组人员已经过培训；试运计划、方案措施已经编制并审批、交底；

实验器具已具备。

（4）电、气、水、油等物质条件已满足系统分部试运的要求（一般将具备设计要求的正式电源）。

（5）现场设备系统命名、挂牌、编号工作结束。

（6）相关系统设备与相邻或接口的系统及设备之间已有可靠的隔离，并挂有警告牌，必要时加锁。

（7）脱硝系统的保温、油漆工作已完成，各工序验收合格。

（8）尿素溶液制备和存储系统静态调试已结束，满足热态试运要求。

（9）喷射系统静态调试已结束，满足热态试运要求。

（10）脱硝系统内的所有安全阀均已校验合格，满足试运要求。

（11）在分系统调试期间发现的缺陷均已处理完毕，并验收合格。

（12）脱硝系统出口的氮氧化物分析仪、氨气分析仪等所有仪表已完成静态调试，并经标定合格，满足热态试运条件。

（13）脱硝系统的所有连锁保护在各个分系统调试时已实验合格。

（14）尿素存储和制备区域已安排好专人值班，以防止无关人员进入该区域内。

（15）有关脱硝系统的各项制度、规程、图纸、资料、措施、报表与记录齐全。

2. 试运前的设备检查

在开始调试前，应检查和确认安装施工、SNCR 喷射系统、尿素溶液配置系统或氨供应系统已具备调试运行条件。

（1）脱硝系统所有设备已准确命名，并已正确悬挂设备标识牌。

（2）检查以下脱硝辅助系统能正常投运：

①脱硝压缩空气系统能为整个脱硝系统供应合格的雾化空气。

②冷却水源、稀释水源压力及流量能充分保证。

（3）SNCR 喷射系统的检查：

①喷射系统的保温、油漆已安装结束，妨碍运行的临时脚手架已拆除。

②喷枪及其前后烟道内部杂物已被清理干净，将喷枪置于固定插口。

③窑尾烟囱出口的氮氧化物分析仪、氨气分析仪，可以正常工作。

④SNCR 系统的相关检测仪表已校验合格，投运正常。

⑤稀释水泵试运合格，转动部分润滑良好，绝缘合格，动力电源已送上，可以随水泥窑系统一并启动。

⑥检查各泵体入口在开位，检查各区供水阀、尿素溶液供给手动阀在开位，检查各分配模块雾化空气总阀及每支喷枪所对应的手动阀在开位，检查每路尿素溶液手动阀在开位。

（4）尿素制备及储存系统的检查：

①系统内的所有阀门已送电、送气，开关位置正确，反馈正确。

②溶解罐及储罐内部杂物已清理干净，并把人孔门关闭。

③调试期间所需要的尿素已备好，满足试运要求。

④尿素溶液循环泵及尿素溶液输送泵、稀释水泵等设备机封水满足要求，阀门位置正确，开关满足送电条件。

（5）对于氨水为还原剂的氨水供应系统：

①系统内的所有阀门已送电、送气，开关位置正确，反馈正确。

②储罐内部杂物已被清理干净，并把人孔门关闭。

③调试期间所需要的氨水已备好，满足试运要求。

④氨水溶液输送泵、稀释水泵等设备机封水满足要求，阀门位置正确，开关满足送电条件。

（6）连锁和报警测试检查：

①氨水、尿素溶液关断阀正常。

②报警测试正常。

（7）脱硝系统相关的自控设备已送电，工作正常。

（8）脱硝地坑来的溶液满足循环及外排的要求。

六、调试阶段需要控制的关键节点

根据合同的要求，脱硝装置调试程序为分部试运和整套启动试运行。分部试运是指设备系统安装完毕开始设备调试起至整套系统启动开始为止这一段的调试工作，包括设备单体试运和分部调试。整套启动试运行阶段是指从分部调试结束后的脱硝装置整套启动调试和对各项参数进行优化的工作，宣布满负荷72h试运行结束，脱硝装置全面进入临时移交代管阶段。

调试阶段需要控制的关键节点有以下几个方面。

（1）电气系统受电。

（2）DCS内部调试。

（3）脱硝装置各工艺系统分部试运。

（4）脱硝装置冷态整套启动。

（5）脱硝装置热态整套启动试运。

（6）72h试运行。

（7）脱硝装置临时移交。

第三节　还原剂为尿素的 SNCR 系统调试

一、分系统调试管理程序

分系统试运调试措施作为分系统试运、调试的指导性文件，由安装、调试单位根据系统实际情况进行编制、审核、批准。重要调试措施报试运指挥部，由试运总指挥批准。

根据单体调试情况，对具体分系统调试的系统编制好相应的分系统调试方案及措施，填写调试方案报审表和分部试运指挥部提出分系统调试申请。试运指挥部组织水泥厂、总包单位（或调试单位）、监理公司、建设安装单位对申请项目检查并做好记录，申请经会签后由总包单位（或调试单位）组织实施，调试中做好分系统试运技术记录。调试完成后，由试运指挥部组织各有关单位对调试项目做出评价，并会签分项调整试运质量检验评定表及分部试运后签证验收卡。试运指挥部根据调试完成情况及各相关单位意见，决定是否进入整套启动调试。

经分系统试运合格的设备和系统，当由于生产和调试需要继续运转时，可交生产单位代行保管，由生产单位负责运行、操作、检查，但消缺、维护工作及未完成项目仍由施工、安装单位负责。

设备及系统的代保管，由施工、安装单位填写"设备（系统）代保管交接表"。水泥厂组织代保管签收后，由水泥厂代保管，在调试人员的指导下进行运行监护操作。

二、分部试运的内容

分部试运的内容包括电气系统受电调试、DCS 或 PLC 系统调试、脱硝装置工艺系统分系统调试。其中脱硝装置工艺系统分系统调试主要包括 SNCR 尿素喷射系统、雾化空气系统、尿素制备及存储系统、稀释水系统、冷却水系统和排放系统等。

三、尿素溶液制备与储存系统

1. 系统功能描述

尿素溶液配制系统是实现尿素储存、溶液配制和溶液储存的功能。需要解决尿素溶液配比的自动控制，溶液加入泵运行的自动控制，尿素溶液储罐液位、温度的自动控制，以及一些关键阀门的自动控制。目前，以尿素为还原剂的 SNCR 脱硝系统中的尿素溶液配制系统主要还是由现场操作人员进行人工控制，系统只能集中采集一些关键的控制值，不能根据采集的信息发出相应的指令。

干尿素通过卡车运输至尿素储存间，固体尿素经人工拆袋后投放到尿素溶解罐进行溶解，保持溶解罐温度在 35℃以上，避免尿素结晶析出。在尿素溶解罐中，干尿素与水充分混合搅拌（同时使用溶解罐内的蒸汽盘管进行加热）成 50% 的尿素溶液，由尿素溶液加入泵送到尿素溶液储罐中。

尿素溶液制备及储存系统的主要设备有电动小型车、尿素溶解罐、尿素溶液加入泵、尿素溶液储罐、管道附件（阀门、测量仪表等）及有关管道等。

在实际工程中，设置一台溶解罐，溶解罐上安装有搅拌器、蒸汽（或热水）加热盘管、液位计、温度计、液位变送器等。设两台储罐，尿素溶液储存罐上安装有蒸汽（或热水）加热盘管、温度计、液位计、液位变送器等。设两台离心式尿素溶解加入泵，将尿素溶解罐中的尿素溶液输送到尿素溶液储罐中，一用一备。

2. 尿素溶液制备系统调试

（1）尿素溶液配比系统控制

尿素溶液配比系统的控制可分为尿素溶液的配比控制和尿素溶液的输送充装控制两部分。尿素溶液的配比是将尿素颗粒和除盐水配比成一定浓度的尿素溶液，主要涉及溶解罐液位的控制、搅拌电机的运行控制；而尿素溶液的输送充装则是将配制好的尿素溶液，由尿素溶液加入泵充装到尿素溶液储罐中，主要涉及加入泵的控制。

尿素溶液系统的溶解和充装过程只在需要时进行，相对于整个脱硝系统的运行，不是一个连续的过程，目前，此过程中的大部分环节为现场操作，如袋装尿素颗粒的填充，溶解罐搅拌电机的开启和关闭，尿素溶液加入泵的启动和关闭等操作。除尿素颗粒填充外，整个系统的其他环节均可以用自动控制代替，如溶解罐液位的控制、尿素溶液储罐液位的控制等，以保证所配尿素溶液的质量和溶解充装系统的安全。在一些重要工序的操作上，系统需要设置一些连锁和闭锁控制，以保证关键设备的安全运行，如在溶解罐液位达到加料液位前，手动开启溶解罐搅拌机的操作应视为无效，以防止搅拌机在溶解罐液位过低的情况下运转；又如系统应在确认尿素溶液加入泵出口阀开的情况下，才能允许启动溶液加入泵，从而保证溶液加入泵的安全运转。

通常是计算好制备 50% 浓度的尿素溶液所需要的合适水量及尿素总量，先向溶解罐中加入适量高度的工艺水，然后向其中导入固体尿素，待液位接近设计液位时，测量尿素溶液的密度和浓度，待满足条件后停止加尿素。图 9-2 为某工程尿素溶解系统 PLC 控制画面。

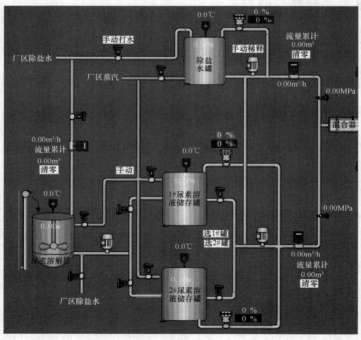

图 9-2　某工程尿素溶液系统 PLC 控制画面

溶解罐液位控制如图 9-3 所示。根据事先确定好的尿素溶液浓度和溶解罐的液位，可计算出所需的尿素颗粒量，从而确定出所需填充的尿素颗粒袋数。每次配料时直接向溶解罐添加定量的袋装尿素颗粒，然后通过控制溶解罐的液位，配得所需浓度的尿素溶液。

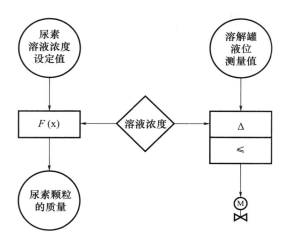

图 9-3 溶解罐液位控制

尿素溶液配料过程的控制方案如图 9-4 所示。系统开始尿素溶液配比过程后，在打开溶解罐除盐水阀前，系统需要检测加热介质（如蒸汽或热水）的温度是否符合设计要求、检测溶解罐的剩余液位（下限）是否符合要求，如果均符合设计要求，则系统发出信号，打开溶解罐的热水阀开始向溶解罐中注入热水。在溶解罐液位达到一定的设计值（加料所需的液位）后，关闭除盐水阀，打开加热介质阀门，当罐内液体温度大于 80℃时，系统启动溶解罐搅拌电机，并提示尿素站工作人员向溶解罐中添加一定数量的袋装尿素颗粒（袋数事先确定）。当尿素颗粒添加结束后，可由工作人员向系统发出信号，然后再由系统发出信号重新开启除盐水阀，向溶解罐中继续注水。当溶解罐水位达到设计水位（上限）时，系统自动切断除盐水阀；当溶液温度稳定在不低于40℃时，关闭加热介质阀门。通过溶解罐内浓度检测仪表，检测罐中尿素颗粒的溶解情况，当溶解罐浓度达到设计要求时，系统自动停止搅拌电机。此时，尿素溶液配料完成。

图 9-4 尿素溶液配料过程控制方案

在配料过程中，如果系统没有接收到除盐水阀的打开状态反馈信号或关闭状态反馈信号，则系统应自动发出报警，提示除盐水阀门故障，并停止后面的操作流程。

在尿素溶解过程中，主要是除盐水阀和溶解罐液位之间的连锁控制，包括与溶解罐液位下限液位、加料所需液位、上限液位之间的关系。同时，还有搅拌电机的闭锁控制，即防止其在溶解罐液位不足时启动搅拌器，造成搅拌器负荷异常，损坏搅拌器电机。

尿素溶液配制完成后，由尿素溶液加入泵将溶解罐中的尿素溶液输送到尿素溶液储罐中储存，为在线稀释系统提供稳定的尿素溶液供应。

溶解过程的启动顺序如下。

首次启动（全部手动）：开启除盐水进水控制阀，累计进水为设计值5t（假设值，下同）时，关闭除盐水进水控制阀。

①关闭尿素溶液加入泵去尿素溶液储罐控制阀和尿素溶液密度计入口控制阀。

②打开加热蒸汽进尿素溶解罐控制阀。

③当尿素溶解罐温度达到80℃时，启动尿素溶解罐搅拌器。

④开始倒（装）入适量的尿素颗粒。

⑤启动尿素溶液输送泵A。

⑥打开尿素溶液密度计入口控制阀。

⑦当尿素溶液密度不低于1140mg/m³、尿素溶解罐温度不低于40℃、稳定2min后（延时）（假设值，下同），关闭加热蒸汽进尿素溶解罐控制阀，关闭尿素溶液密度计入口控制阀，打开尿素溶液加入泵去尿素溶液储罐控制阀。

⑧当尿素溶解罐液位显示液位不高于0.35m（假设值，下同）时，停止尿素溶液加入泵；关闭尿素溶液加入泵去尿素溶液储罐控制阀。

⑨打开除盐水进水控制阀，向尿素溶解池中注水。

⑩累计进水为设计值时，关闭除盐水进水控制阀。

启动尿素溶液加入泵，打开尿素溶液密度计入口控制阀持续2min，停止尿素溶液加入泵，关闭尿素溶液密度计入口控制阀，溶液制备完成。

加热蒸汽进尿素溶解罐控制阀、尿素溶解罐搅拌器、尿素溶液加入泵与尿素溶解罐液位连锁。液位低于0.5m时，加热蒸汽进尿素溶解罐控制阀保护关；液位低于0.5m时，尿素溶解罐搅拌器保护停；液位低于0.35m时，尿素溶液加入泵保护停。

尿素溶解罐温度与加热蒸汽进尿素溶解罐控制阀连锁，当温度低于40℃时，自动开加热蒸汽进尿素溶解罐控制阀；当温度高于60℃时，自动关加热蒸汽进尿素溶解罐控制阀。

加热蒸汽进尿素溶解罐控制阀开允许条件是，溶解罐液位高于0.5m且溶液温度低于40℃。

（2）尿素溶液充装过程控制

结束尿素溶液配比过程后，溶解罐中的尿素溶液由尿素溶液加入输送到尿素溶液储罐中储存。在加入泵启动前，应按照现有的转动设备的泵阀启停与连锁的规程，对加入泵进行例行的检查。加入泵启动后，应检查泵出口压力是否升至正常值，然后打开加入泵出口阀。在加入泵运行时，应检测其出口压力，当压力异常时，系统报警并执行相关动作。

由于储罐的容积一般较大，而溶解罐的容积较小，一般需要进行多次充装。第一次尿素溶液充装前，系统先判断 1 号、2 号两个尿素溶液储罐液位，确定需要充装尿素溶液的储罐，并打开对应储罐的进液阀，同时系统需要确认另一储罐的进液阀已经关闭，使两个储罐的进液阀形成开、闭的连锁。在充装过程中，系统应同时检测溶解罐和储罐的液位，当溶解罐液位低于下限值或储罐液位高于上限值时，均要自动关闭尿素溶液储罐进液阀。如果是溶解罐液位低于下限值，则进行下一次配料过程；如果是溶解罐液位高于上限值，则整个配料过程结束；在关闭加入泵出口阀的情况下，关闭尿素溶液储罐进液阀后，关闭加入泵，结束溶液输送过程。加入泵的停运与溶解罐液位及尿素溶液储罐液位之间的连锁控制，是尿素溶液充装过程自动控制的关键。

（3）尿素溶液储罐控制

尿素溶液储罐作为配料系统和在线稀释系统的过渡环节，主要作用是储存一定量的尿素溶液，为在线稀释系统提供稳定的尿素溶液供应。系统运行时，储罐是连续不间断工作的，因此需要对两个储罐的液位、温度进行实时监控，确保系统的正常运行。

系统运行时，可采用 1 号、2 号尿素溶液储罐轮流工作来提供尿素溶液。由于尿素储罐容量远大于溶解罐的容量，因此需要适时充装尿素溶液储罐。需要对尿素溶液储罐的储罐液位进行连续监控，防止因溶液排干而导致故障出现。如图 9-5 所示，由尿素溶液储罐上的液位检测装置，监控尿素溶液储罐的液位，当液位在高低限之间时，尿素溶液储罐正常工作。储罐液位高于限值出现在尿素溶液充装时，如前所述。当储罐液位低于设定值时，则关闭储罐出液阀，并切换到另一储罐进行工作，然后再启动配料工序充装该储罐，从而保证两个储罐连续供应尿素溶液。

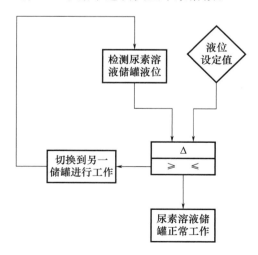

图 9-5　尿素溶液储罐液位控制

当尿素溶液储罐液位达到低限值、开始进行两个储罐之间的切换时，首先要关闭正在工作的储罐的出液阀，然后再打开另一储罐的出液阀，使两个储罐的出液阀形成开、闭的连锁。在此过程中，应继续监测尿素溶液储罐的液位，并设置一个最低限，如果储罐液位达到最低限，则应启动报警装置，提醒操作人员检查系统设备，同时关停储罐出口处的尿素溶液泵，防止因储罐出液阀未关闭等原因导致储罐液位排干而出现故障。

（4）尿素溶液储罐温度控制

另一个需要控制的尿素溶液的变量是尿素溶液储罐的温度。由于20％尿素溶液的结晶温度约为0℃，一旦储罐中溶液温度低于此值时（考虑冬天的情况），将出现尿素结晶颗粒，可能会堵塞尿素喷射系统中的喷枪，造成系统故障。

因此，在系统实际运行时，应确保储罐中溶液温度高于结晶温度5～10℃。如果温度过低，系统应报警，提醒操作人员打开尿素站的暖气系统。

3. 尿素溶液输送及循环系统调试

尿素溶液输送管道的流量决定了喷入水泥窑的尿素量，因此需要根据燃烧烟气中的 NO_x 含量来决定，如果喷入的尿素溶液过少，则将会导致 SNCR 反应不完全，影响脱硝效率。如果喷入的尿素溶液过多，则将会导致氨逃逸量增加，造成新的污染。整个尿素输送管道的控制包括尿素溶液泵的控制和尿素溶液的流量控制两个环节。

（1）尿素溶液泵的控制

尿素溶液泵一般设有两台，用于对尿素溶液进行加压，一备一用，并在正常运行情况下两泵构成开、停连锁。由于两台泵的功能相同，因此应防止出现主泵长期运行而备用泵得不到运行的情况，否则会造成备用泵生锈，可能污染尿素溶液，产生的铁锈还可能堵塞喷枪。为了解决备用泵长期得不到运转而产生的负面影响，可以使尿素溶液泵的运行与尿素溶液储罐进行连锁，当尿素溶液储罐液位达到下限值、切换到另一储罐继续工作时，同时切换尿素溶液泵到另一台进行工作。当主泵运转一次后，下次应为备用泵运转，当备用泵停止运转时，接着又为主泵运行，两泵交替运行，自动进行新的循环，当其中一台泵故障时，另一台泵自动投入运行。

如图 9-6 所示，在尿素溶液泵运行时，需要对泵出口压力进行检测，当出口压力不正常时，应及时切换到另一台泵进行工作，同时系统报警，等待工作人员对泵进行检查。如果在尿素溶液泵运行时遇到故障，也应采取同样的措施。如果泵的运行正常，则在尿素溶液储罐液位达到下限、切换到另一储罐工作时，同时切换到另一台尿素溶液泵工作，从而保证两台尿素溶液泵交替工作。图 9-7 为尿素溶液输送系统控制 PLC 画面。

打开尿素溶液输送泵 A 入口阀，启动尿素溶液输送泵 A，打开尿素溶液输送泵出口阀。或打开尿素溶液输送泵 B 入口阀，启动尿素溶液输送泵 B，打开尿素溶液输送泵出口阀。尿素溶液输送泵 A 和尿素溶液输送泵 B 与尿素溶液储罐液位连锁，尿素溶液储罐液位低于 0.3m 时，尿素溶液输送泵 A 入口阀和尿素溶液输送泵 B 入口阀自动关闭。尿素溶液储罐液位高于 0.5m 时，尿素溶液输送泵 A 入口阀和尿素溶液输送泵 B 入口阀允许启动。当尿素溶液储罐温度低于 40℃时，自动开加热蒸汽进尿素溶液储罐控制阀；当尿素溶液储罐温度高于 60℃时，自动关闭加热蒸汽进尿素溶液储罐控制阀；尿素溶液储罐液位低于 0.5m 时，自动关闭加热蒸汽进尿素溶液储罐控制阀。

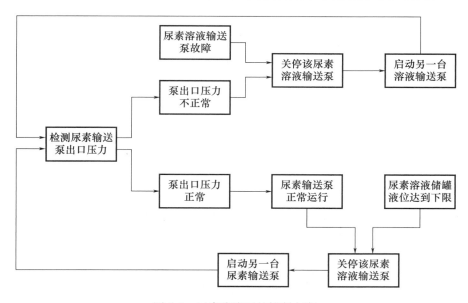

图 9-6　尿素溶液泵的控制方案

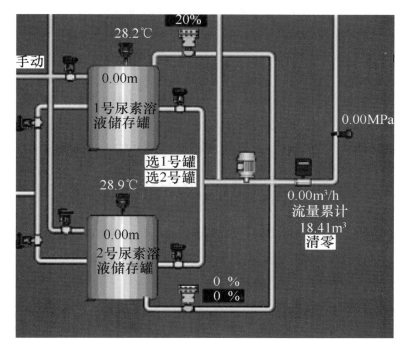

图 9-7　尿素溶液输送系统的控制 PLC 画面

（2）尿素溶液的流量控制

尿素溶液输送泵为炉前喷射系统入口提供稳定的压力以保存喷射系统正常运行，这是一个单回路调节系统，通过调节尿素溶液输送泵的转速达到稳定尿素溶液回尿素溶液储罐管线压力的目的。尿素溶液回尿素溶液储罐管线压力调节设定值 0.4MPa（假设值，下同），回流液自动返回尿素溶液储罐，尿素输送管道需要保温、伴热，保持溶液温度在 35℃ 以上，避免管道内有尿素结晶析出。

四、尿素溶液在线稀释系统调试

由于尿素溶液管道的流量由烟气中 NO 和 NH_3 的浓度共同决定，因此，可能会存在须要调节尿素溶液浓度的情况。设置稀释水管路就是为了可以调节尿素溶液浓度，通过混合器进入高位水槽。

稀释水泵共有一台，用于对稀释水进行加压。图 9-8 为尿素溶液在线稀释系统 PLC 控制画面。

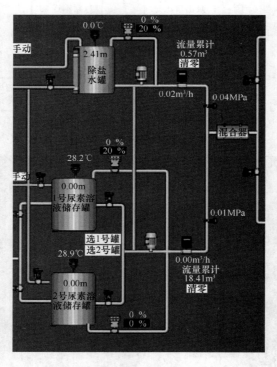

图 9-8　尿素溶液在线稀释系统 PLC 控制画面

五、尿素溶液的计量与分配系统

1. 分解炉中需要的还原剂——尿素溶液量

要确定进入在线喷射系统的尿素量，首先要知道烟气中 NO 的量，然后根据 NSR 值计算得到使用的尿素量。可认为烟气中 NO 的浓度为一定值 [NO]，烟气流量为 q_{vy}，则 NO 的含量可表示为 q_{vy}[NO]。根据尿素总量的守恒，喷入烟气中与 NO 反应的尿素量与尿素管路中的尿素量相等，即分解炉脱硝所需要的尿素流量计算式为：

$$q_{v1}=1.34\times10^{-6}\times\frac{NSR\times q_{vy}[NO]}{\mu_1\times\rho_1}\tag{9-1}$$

式中　μ_1——储罐中尿素溶液浓度（质量分数），%；

　　　ρ——尿素母管溶液密度，kg/m^3；

　　　q_{v1}——尿素母管溶液流量（标态），m^3/s；

　　　q_{vy}——烟气标量（标态），m^3/s；

　　[NO]——尿素喷射处 NO 浓度，ppm；

　　NSR——标称氨氮比。

　　储罐尿素溶液浓度系统已事先设定，尿素总管溶液密度可根据尿素溶液浓度查表得到，尿素总管溶液流量由系统中的流量计测得，烟气流量可根据分解炉负荷计算得到，尿素喷射处 NO 浓度已由系统事先设定，氨氮比则由系统运行时根据实际情况在一定范围内调节。

　　根据式（9-1），通过检测分解炉负荷，计算出烟气流量，就可以确定尿素总管的流量。通过分解炉负荷来控制尿素溶液流量，可以作为尿素溶液流量控制的前馈部分。如图 9-9 所示，分解炉负荷检测的信号，直接通过前馈控制器进行前馈补偿。由于尿素溶液在通过尿素管路控制阀后，还要经过稀释管路、炉前喷射系统才能与烟气混合，而 NO_x 的浓度检测在烟囱出口处及 C1 筒出口处，所以整个控制系统的滞后性很大。采用前馈控制以后，系统可根据分解炉负荷的变化，立即对尿素管路调节阀进行操作，不必等到尾部烟气中 NO_x 浓度变化时再操作，可提高系统的控制精度。

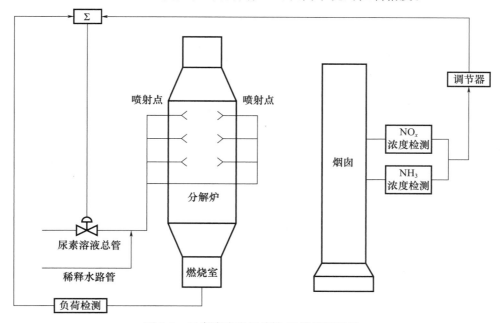

图 9-9　尿素溶液流量前馈-反馈控制系统

但是只采用前馈控制是不够的，因为前馈控制是开环控制系统，对补偿效果没有检验，控制的结果无法消除被控变量的误差。在 SNCR 的尿素喷射脱硝过程中，其他因素的变化也会影响 NO_x 的脱除效果，例如，尿素输送管路上的压力波动、炉前喷射时雾化空气的压力波动，均会影响 NO_x 的脱除效果。如图 9-9 所示，系统还需通过烟囱尾部设置的 NO_x 浓度检测和 NH_3 在线检测仪表，检测尾部烟气中 NO_x 和 NH_3 的浓度，作为尿素溶液流量控制系统的反馈信号，从而对尿素溶液流量做进一步的精确控制。反馈控制主要是根据尾部烟气中的 NO_x 浓度和 NH_3 浓度值调节 NSR 值或切换喷氨投运层。

因此，尿素溶液流量控制采用前馈-反馈控制。这样既可以降低对分解炉负荷前馈控制的进度要求，又能对未选做前馈信号的干扰产生校正作用。同时由于前馈控制的存在，对干扰起了及时粗调作用，大大减轻了反馈控制的负担。尿素溶液的流量控制系统方框图如图 9-10 所示。烟气流量的波动作为干扰之一，主要受分解炉负荷、燃料、氧量的影响，因此系统反馈控制信号，通过仪表输入 DCS/PLC，DCS/PLC 根据 PID 算法，对稀释后尿素溶液阀进行控制。

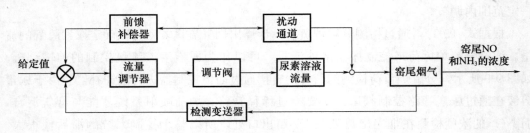

图 9-10　尿素溶液流量控制系统方框图

2. 稀释水流量控制阀

稀释水管路的流量由分解炉需要稀释后尿素溶液总流量和该分解炉 50% 尿素溶液稀释前流量之差决定，稀释后尿素溶液总流量由投入尿素喷射的运行层数、投入的喷枪数量决定，稀释后尿素溶液流量由系统的前馈-反馈控制系统决定，即

$$q_{v1} = q_v - q_1 \tag{9-2}$$

稀释后尿素溶液的浓度为

$$\mu_2 = \frac{\mu_1 q_{v1} \rho_q}{q_{v1} \rho_1 + q_{v2} + \rho_2} \tag{9-3}$$

式中　q_{v1}——稀释前尿素溶液流量，m^3/s；

$\qquad q_{v2}$——稀释水流量，m^3/s；

$\qquad q_{v2}$——稀释后尿素溶液流量（根据投运层数设定），m^3/s；

$\qquad \rho_1$——稀释前尿素溶液密度，kg/m^3；

$\qquad \rho_2$——稀释水密度，kg/m^3；

$\qquad \mu_1$——储罐中尿素溶液密度（质量分数），%；

$\qquad \mu_2$——稀释后尿素溶液密度（质量分数），%。

3. 计量系统管路调节和检测

（1）计量系统管路调节原理

计量系统管路调节原理如图 9-11 所示。根据前文介绍的脱硝系统运行调节的原理，首先确定稀释前尿素溶液管道的流量，从而对尿素管道的控制阀开度进行控制。稀释前尿素溶液的流量由分解炉负荷（通过前馈控制）和分解炉尾部烟气中 NO 和 NH$_3$ 的浓度（通过反馈控制）共同决定，而稀释后尿素溶液的流量则根据脱硝系统运行时启动的喷氮投运层数及喷枪数决定。稀释水流量由稀释后尿素溶液流量和尿素溶液稀释前流量的差值决定。各区支管尿素总管调节阀的开度由本区尿素溶液总管流量决定，稀释水管调节阀开度由稀释水管流量决定。

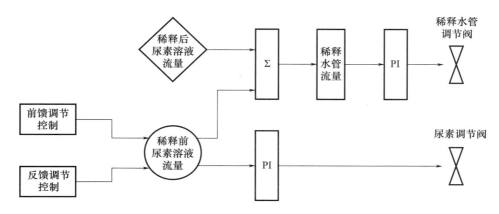

图 9-11　计量系统管路调节原理

（2）计量系统运行检测

计量系统是一个连续运行的系统，一般处于无人监控的状态，因此系统需要设置一些自动监控点，防止系统因为压力、流量或温度的异常波动而出现意外。如果管道内的压力过高，则可能对阀门产生冲击，造成其损坏；如果压力过低，则可能会影响后面尿素溶液的喷射动力，使尿素溶液和烟气混合不充分，从而影响 NO 的脱除效率。流量如果频繁地大范围波动，则会降低系统运行的稳定性，从而影响脱硝过程。如果管道内的温度过低，则会造成尿素溶液的结晶，并造成尿素溶液喷枪的堵塞。因此，系统采取如图 9-12 所示的监测形式，通过系统设定值与系统实测形式，通过系统设定值与系统实测值进行比较，如果比较结果在系统设定值的范围之内，则计量系统正常运行；如果某一检测结果超出或低于系统的设定值，则系统发出报警，并采取进一步的措施，防止发生意外。

系统运行时的检测对象包括：来自尿素溶液储罐的尿素溶液的浓度，经尿素溶液输送泵后的尿素溶液的压力、温度及流量，从主厂总管输送来的稀释水压力和温度，经水加压泵加压后的稀释水压力。实测值与系统设定值之间的误差允许的具体范围由实施自动控制改造时现场实际调试决定。

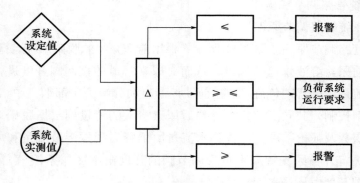

图 9-12　计量系统运行检测

六、炉前喷射系统控制方案

炉前喷射系统实现各喷射层的尿素溶液分配和雾化喷射包括：各喷射层的启动、关停、切换，喷射层喷枪的保护控制，以及一些电磁阀、调节阀的控制。

七、喷枪保护控制

为减少尿素喷枪暴露于高温烟气中的时间，对于可伸缩式喷枪，当喷射层停运时，将喷枪退出运行。在 SNCR 系统的运行过程中，喷枪保护可分为喷枪启动和停运的保护、喷枪运行的保护两个部分。

1. 尿素溶液喷枪进位的保护控制

尿素溶液喷枪进位保护主要是确定喷枪进位、尿素溶液电磁阀、雾化压缩空气、冷却水等电磁阀几者之间启动的先后关系。

喷枪在进位时，如果管道内存在液体，容易导致喷枪进位失败，从而引发事故，造成喷枪损坏。因此，在系统确定启用某一喷射层时，在尿素溶液喷枪进位前，系统应确保该喷射层的尿素溶液电磁阀处于关闭状态。同时，由于分解炉内温度较高，雾化空气等可以充当喷枪的冷却介质，故应确保在喷枪进位时，雾化空气电磁阀处于开启状态，且雾化空气调节阀的开度应大于 10%。

单层（支）喷枪进位时的保护控制如图 9-13 所示。当系统确认尿素溶液电磁阀处于关闭状态、雾化空气电磁阀处于开启状态、雾化空气调节阀的开度大于 10% 时，系统发出喷枪进位指令。得到进位指令后，喷枪延迟 10ms 后开始进位。当喷枪进到位后，分别向系统发出喷枪进到位的信号。控制系统接受到这个信号后，确定喷枪已进到位，否则系统应自动报警，提示操作人员对喷枪进行检查，然后系统才能发出打开尿素溶液电磁阀的指令。

同时系统在启动本层喷枪之前，需要先检查雾化空气管路的压力，只有当管路压力处于正常值范围，才能正常开启雾化空气电磁阀，否则雾化空气电磁阀不能开。

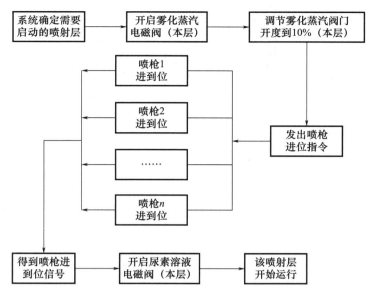

图 9-13 单层（支）喷枪进位保护控制

2.尿素溶液喷枪退位的保护控制

尿素溶液喷枪退位保护主要是确定喷枪退位、尿素溶液电磁阀关闭和雾化空气电磁阀关闭三者之间的先后关系。

喷枪在退位时，如果管道内存在尿素溶液，则容易导致喷枪退位操作失败，从而引发喷枪退位事故，并有可能造成喷枪损坏。因此，在系统决定关停某一喷射层时，系统在发出尿素喷枪退位指令前，应先关闭尿素溶液电磁阀。同时，由于喷枪深入炉膛内有一定的距离，长时间受到高温烟气的冲击，在尿素溶液停止喷射后，如果没有冷却介质通过喷枪，极易造成喷枪因高温烧坏，所以在喷枪退到位之前，雾化空气将作为喷枪冷却介质，故雾化空气电磁阀必须一直保持打开状态，同时雾化空气调节阀必须保持一定的开度。

当系统确认本层的尿素溶液电磁阀已关闭、本层雾化空气电磁阀和雾化空气调节阀均处于开启状态时，系统可发出喷枪退位指令，延时 10ms 后，喷枪开始退位。当喷枪均退到位后，分别向系统发出喷枪退到位的信号。控制系统接受到这个信号后，确定喷枪已退到位，否则系统应自动报警，提示操作人员对喷枪进行检查，然后系统再关闭雾化空气电磁阀，并将雾化空气调节阀阀门开度调到零。

3.系统运行时的喷枪保护

如图 9-14 所示，由于喷枪需要深入分解炉内部，长期经受高温烟气的冲击，因此，在尿素喷枪运行时，需要通过雾化空气（蒸汽）对喷枪进行冷却，故雾化空气（蒸汽）必须保持一定的压力。当压力不足时，需要停止尿素喷射，并进行喷枪退位保护操作。同时，系统应检测投运喷射层中尿素溶液的压力、流量和温度，当压力或流量值过低时，可能会导致喷射压力不足，这时喷枪进行停运操作。因此，喷枪运行时，当尿素溶液温度低于结晶温度，或喷射管路的压力、流量低于系统设定的警戒值时，系统自动进行喷枪停运操作，同时系统报警，提示操作人员进行相关检查。

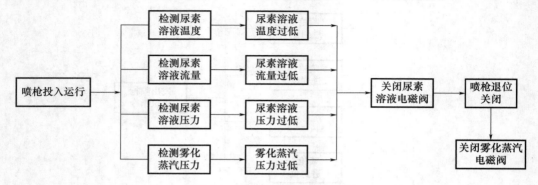

图 9-14　喷枪运行时的保护控制

4. 单层喷枪运行的控制

如图 9-15 所示，在系统确定需要启动的尿素喷射层后，按照喷枪进位的保护控制，先开启本层的雾化空气电磁阀，然后开始喷枪进位，最后再开启尿素溶液电磁阀。在开启雾化空气电磁阀时，还需要调节雾化空气调节阀到适合的开度；开启尿素溶液电磁阀时，还需要调节尿素溶液电磁阀到适合的开度。此时该喷枪层投入运行，计量系统控制尿素溶液喷射流量。而炉前喷射系统主要检测喷射系统中管道的尿素溶液压力、流量是否正常，如果这些值超过系统警戒值，则启动关闭程序，同时系统报警提示操作人员进行检查。

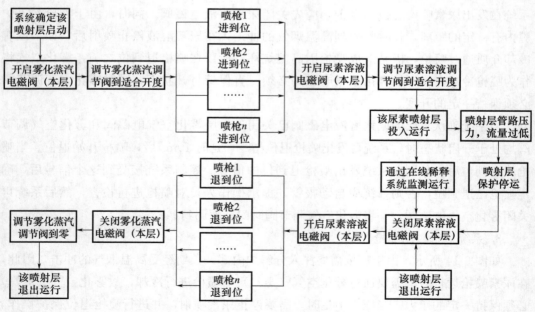

图 9-15　单层喷枪运行控制

如果系统运行正常，则当系统确定该喷射层停运时，应按喷枪退位的保护控制，先关闭本层的尿素溶液电磁阀，然后进行喷枪的退位操作，最后关闭雾化介质电磁阀。在关闭尿素溶液电磁阀时，还需调节尿素溶液电磁阀到零开度；关闭雾化介质电磁阀时，还需调节雾化介质调节阀到零开度。完成后，该喷射层退出运行。

八、单层喷枪切换运行控制

由于分解炉的容量较大，分解炉负荷变化及其他因素都会导致烟气的温度场发生变化，因此，适合喷射尿素的 SNCR "温度窗口" 位置也在不断变化。单一喷射层很难做到准确将尿素溶液从 "温度窗口" 喷入烟气中，因此，整个尿素系统设置了二层喷射，布置在分解炉的不同位置，脱硝系统运行时启动其中的一层喷射即可。具体启动哪层喷射层，则需要根据分解炉运行监控来确定。检测炉膛出口温度，然后根据现有炉膛出口温度和实验数据算出真正炉膛出口温度，再根据 SNCR 反应的 "温度窗口"确定需要投入运行的喷射层。

系统运行时，当尾部烟气中 NH_3 和 NO 浓度同时偏高时，也需要切换喷射层，使尿素溶液以适合的 "温度窗口" 喷入烟气中，最后系统从当前喷射层切换到其他合适的喷射层。

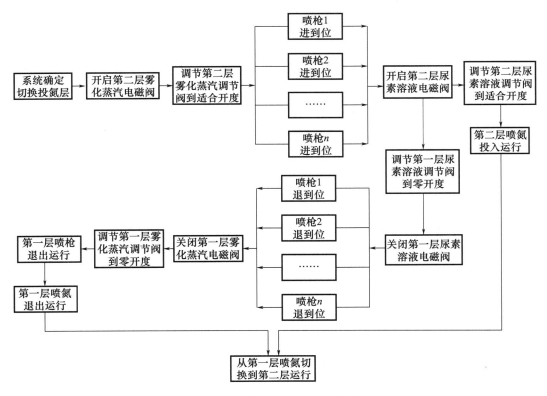

图 9-16　单层喷枪切换运行控制

单层喷枪切换运行如图 9-16 所示，以第一层喷枪切换到第二层喷枪为例介绍。当系统确定切换喷枪层后，先开始启动第二层喷枪，第二层喷枪启动控制逻辑与单层喷枪运行控制逻辑中的启动程序一致。当第二层喷枪启动完毕、尿素溶液电磁阀打开时，系统开始关停第一层喷枪。第一层喷枪的关停控制逻辑与喷枪层运行控制逻辑中的退出程序相同，先关闭尿素溶液电磁阀，将尿素溶液调节阀开度调到零，然后进行喷枪退位；最后关闭雾化空气电磁阀，并将雾化空气调节阀的开度调到零。当系统确定第二层喷枪已投入运行、第一层喷枪已退出运行时，表明从第一层喷枪切换到第二层喷枪的运行控制成功。

第四节　还原剂为氨水的 SNCR 系统调试

本章所述内容不仅适用于 SNCR 烟气脱硝系统新建后的第一次运行，也适用于日常停机检修后的正常开机运行。本节主要介绍氨水系统与尿素系统不同部分的相关内容。

一、冷态调试

在整个系统所有模块都安装完毕之后，包括卸氨、氨罐、氨水输送模块、软水输送模块、高位氨水槽、稀释混合模块、计量分配模块以及喷枪管路连接。进行以下步骤：

第一步：用压缩空气对所有焊接管道进行清吹。把管道里面的焊渣以及铁锈吹干净。

（1）卸氨模块至氨罐，氨罐至氨水输送模块，将管道连接法兰卸下，从附近厂区压缩空气源接管道至氨罐房使用，将气管连接至管道进行清吹。清吹时注意把管道移开离模块一段距离，以免残渣洒在模块上。

（2）氨水输送模块、软水输送模块至高位氨水槽部位，将两端法兰卸下，利用窑尾原有压缩空气源接管道至氨水输送管道及软水输送管道，从上往下吹管道，将残渣吹干净，同时也须注意把管道移开离模块一段距离，以免残渣洒在模块上。

（3）高位氨水槽至稀释混合模块、稀释混合模块至计量分配模块均采用此办法对管道进行清吹。

第二步：用水进行冲洗以及检查是否有漏点。

（1）从附近水源接管道至卸氨模块，开启卸氨泵，将水输送至氨罐，此时先将氨罐连接至氨水输送模块的法兰先卸下，检查卸氨模块、氨罐及管道是否有漏点。

（2）完成步骤（1）后，将氨罐至氨水输送模块、软水管至软水输送模块法兰连接起来，分别开启软水和氨水输送泵，往高位氨水槽打水，关闭高位氨水槽出口球阀，人工由下往上检查是否有漏点，记录下来以补漏。

（3）从高位氨水罐至稀释混合模块管道，开启氨水输送泵，检查稀释混合模块、计量分配模块是否漏水。

第三步：喷枪的试水。先将喷枪放地面上，暂不接电磁阀，将液路、气路软管连接后，开泵进行喷枪试射。随后检查管路是否有漏点以及检查雾化效果，此过程通过现场的控制柜进行操作。之后加上电磁阀，现场控制开停效果，然后再通过中控控制操作，看中控是否能够准确控制各个喷枪喷停，最后没问题后才能将喷枪装至分解炉。

二、整体热态调试

整体热态调试是指 SNCR 系统在水泥窑系统正常运行的状态下对系统所做的调试工作，其主要内容是校验关键仪表（如 NO_x 分析仪、氨逃逸分析仪、流量计等）在工作环境中的准确性，并进行整个系统的运行优化实验，包括 PLC 的模拟量调节及顺序控制系统在工作环境中可靠性等，同时检查系统各部分设备、管道、阀门的运行情况。一般采用中控或现场手动控制。

SNCR 系统 72h 试运转：72h 试运转是 SNCR 脱硝系统调试运行的最后阶段，即在水泥窑标准运行状态下，SNCR 系统全面自动运行，检查系统连续运行能力和各项性能指标。

1. 脱硝控制系统操作

（1）脱硝控制系统上位操作界面（图 9-17）

（2）水泵状态显示及启停操作。

当电机有备妥信号时，电机显示为蓝色 图标；当电机有备妥和运行信号时，电机显示为绿色 图标；当电机没有备妥，有运行信号时，电机显示为青色 图标；当电机启动失败时，电机显示为黄色 图标；当电机故障时，电机显示为红色 图标。当界面显示电机备妥之后，即可通过点击电动机弹出如下对话框：

根据提示来完成启停操作。

（3）电动调节阀门开度的给定操作及状态显示

正常生产时调节阀门的开度，是在操作站的流程图画面中，点击需要调节的阀门旁边的开度给定控件 按钮，通过键盘输入数字的方式调整阀位开度。当电动调节阀门开度大于 0% 时，显示为绿色 图标，否则显示为灰色 图标。

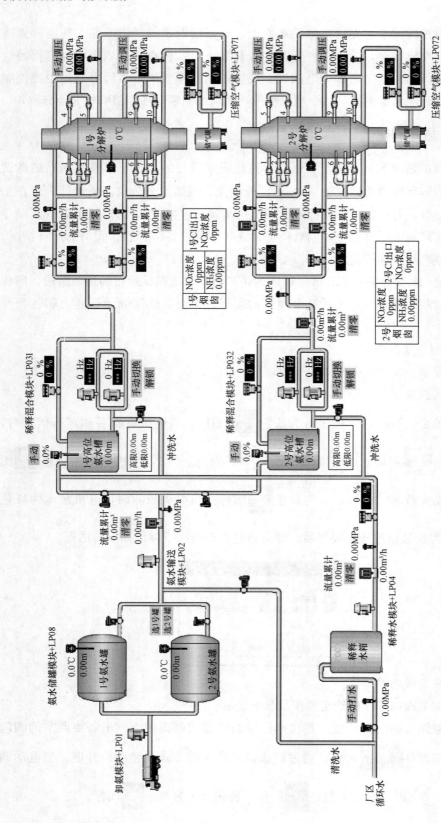

图 9-17　氨水系统脱硝控制系统操作界面

（4）泵频率的给定操作

泵频率的给定在流程图画面中点击控件 30 Hz 按钮，通过键盘输入数字的方式调整泵的频率。

（5）电动开关阀状态显示及开关操作

当电动开关阀打开时，显示为绿色 图标；当电动开关阀关闭时，显示为灰色 图标；当电动开关阀无位置反馈信号时，显示为黄色 图标。在画面中点击电动开关阀弹出如下对话框：

根据提示来完成启停操作。

（6）模拟量状态显示

在操作站的流程图画面中，温度正常显示绿色 图标，温度不正常显示红色 图标；压力正常显示绿色 图标，无压力显示蓝色 图标，压力异常显示黄色 图标；流量正常显示绿色 图标，无流量显示蓝色 图标，流量异常显示黄色 图标；浓度正常显示绿色 图标，浓度不正常显示红色 图标；液位状态通过 3D 棒图指示 ，其中绿色范围表示液位正常，黄色范围表示液位上限或下限，红色区域表示液位上上限或下下限。

（7）喷枪操作及状态显示

在操作站的流程图画面中点击喷枪，喷枪显示为绿色 ![icon] 图标，并开始闪烁，此时喷枪液路电磁阀和推进电磁阀打开，喷枪开始推进并且喷射氨水，当喷枪前进到位时，喷枪显示为绿色 ![icon] 图标，并停止闪烁，喷枪持续喷射氨水；再点击喷枪时，喷枪显示为灰色 ![icon] 图标，并开始闪烁，此时喷枪后退电磁阀打开，喷枪开始后退，当喷枪后退到位时，喷枪显示为灰色 ![icon] 图标，并停止闪烁，喷枪结束喷射。当喷枪前进或后退一段时间后无到位反馈信号则喷枪状态异常，显示为黄色 ![icon] 图标。

（8）模块控制说明

①卸氨模块及氨水储罐模块：

现场设置两座氨水储罐，脱硝系统运行时，两氨罐分别为系统提供氨水，即当其中一个氨水罐液位低至限定值后，切换到另一氨水罐供氨水。此时可让氨水车对使用完的氨水罐加氨水。两氨水罐处于一用一停的状态。

卸氨模块处设置就地控制箱，设置自吸泵卸氨启动、停止按钮，可就地控制自吸泵启停。当卸氨自吸泵出口流量为 0 时（氨水卸载完毕，但卸氨泵没有手动停止），卸氨自吸泵出口处的流量开关动作，蜂鸣器报警，工作人员应立即停止卸氨泵，再次启动卸氨自吸泵后，手动旋起系统报警复位按钮。

当 1 号氨水储罐氨水温度小于 $-20\ ℃$，1 号氨水储罐氨水温度低报警，当 1 号氨水储罐氨水温度大于 65 ℃，1 号氨水储罐氨水温度高报警；当 2 号氨水储罐氨水温度小于 $-20\ ℃$，2 号氨水储罐氨水温度低报警，当 2 号氨水储罐氨水温度大于 65 ℃，2 号氨水储罐氨水温度高报警。图 9-18 为氨水储罐模块界面图。

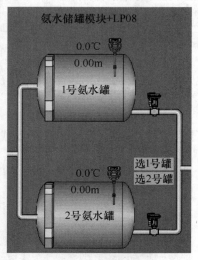

图 9-18　氨水储罐模块界面

②氨水输送模块：

在氨水输送过程中，如果氨水储罐内液位计显示低于设定值，则要停止氨水输送，并切换到另一个氨水储罐进行氨水输送。当氨水储罐需要排空时，停止卸氨和氨水输送模块。

氨水输送模块泵站处设置就地控制箱，设置氨水输送泵启动、停止按钮，可就地手动启停氨水输送泵。中控设置氨水输送瞬时流量、氨水液路压力、累积氨水输送量显示窗口。图 9-19 为氨水输送模块界面图。

图 9-19　氨水输送模块界面

按下氨水输送泵开启按钮，并且 1 号或 2 号氨水储罐液位不小于 0.3 m，同时高位槽溶液液位小于设定低位达到设定时间 10s，氨水输送泵启动；高位槽溶液液位大于设定液位达到设定时间 10s，或 1 号、2 号氨水储罐液位小于 0.3m 时，氨水输送泵停止。氨水输送模块工艺冲洗水管路上设有电动开关阀。当整个脱硝系统停止运行较长时间，氨水输送模块需冲洗时或检修，中控开启电动开关阀。

③稀释水模块、稀释混合模块：

通过高位氨水槽上液位计控制氨罐房内氨水输送泵的开启，通过高位氨水槽上浓度计检测稀释氨水的浓度，以及稀释氨水的流量（SNCR 喷射系统实际消耗量），调节进口 25％氨水和软水的流量来配置所需设定浓度的稀释氨水溶液。

软化水系统模块泵站处设置就地控制箱，设置稀释水泵启动、停止按钮，可就地启停稀释水泵。中控设置软化水输送瞬时流量、软化水输送压力、累积软化水输送量显示窗口。稀释水模块界面图如图 9-20 所示。稀释混合模块界面如图 9-21 所示。

稀释混合模块系统泵站处设置就地控制箱，设置氨水加入泵启动、停止按钮，按下氨水加入泵开启按钮，收到 1 组（1～5 号喷枪气路）或 2 组（6～10 号喷枪气路）雾化气路备妥信号（雾化气路压力正常），同时收到 1 组（1～5 号）喷枪或 2 组（6～10 号）喷枪处于喷射备妥状态，并且确认炉膛温度满足喷射温度条件后，启动氨水加

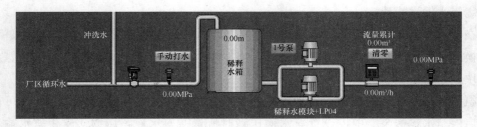

图 9-20　稀释水模块界面

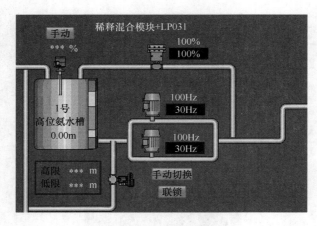

图 9-21　稀释混合模块界面

入泵（启动频率为 30Hz，可设定），氨水加入泵的 30～50Hz 频率输出由操作员调节（但不得低于 30Hz），当烟囱出口 NO 浓度高于设定值，加大喷射量；远低于设定值，减少喷射量。

　　在氨水加入泵运行，且泵频率不变情况下，调节稀释混合氨水溶液回水路电动调节阀开度（0～100％开度，可设定），也可调节稀释混合氨水喷入量。当整个脱硝系统停止运行较长时间，稀释混合模块系统需冲洗检修时，中控开启稀释混合模块软化水冲洗路电动开关阀。

　　④计量分配模块、氨水喷射模块：

　　收到 1 组雾化气路备妥信号（雾化气路压力正常）及启动信号后，开启喷枪推进气缸（向前进），喷枪处于喷射备妥状态，2 组喷枪控制同 1 组喷枪。计量分配模块、氨水喷射模块界面图如图 9-22 所示。

　　确认雾化气路压力正常、喷枪处于喷射备妥状态，同时炉膛温度满足喷射温度条件后，开启氨水加入泵，1 组喷枪（1～5 号喷枪）和 2 组喷枪（6～10 号喷枪）之间喷氨量比例分配，可通过分别调节两个分配模块中液路手动球阀开度来实现（可观察转子流量计读数）。

　　主动关停顺序同系统保护动作顺序。

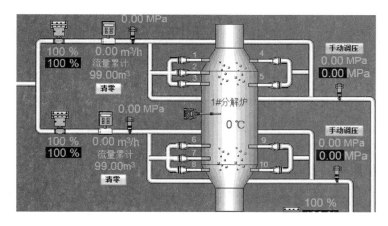

图 9-22　计量分配模块、氨水喷射模块界面

⑤压缩空气模块：

收到系统备妥信号及启动信号后，100％打开雾化气路电动调节阀。图 9-23 为压缩空气模块界面图。

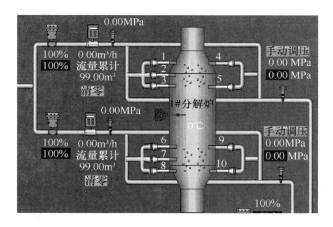

图 9-23　压缩空气模块界面

确认喷枪溶液路电动调节阀已关闭后，延时 3min（可调整），退出喷枪，气路电动调节阀开至 30％开度状态。

喷枪退出状态下：

喷射点温度小于 800℃；

喷射点温度大于 1100℃。

2. SNCR 脱硝系统调试

（1）氨水储区氨水罐充装过程调试

现场设置 1 号、2 号两座氨水储罐，脱硝系统运行时，两氨罐分别为系统提供氨水，即 1 号氨水罐向系统提供氨水，当该 1 号氨水罐液位低至限定值后，自动通过罐口电动开关阀切换到 2 号氨水罐供氨。此时可让氨水车对使用完的 1 号氨水罐加氨。

两氨水罐处于一用一停的状态。

充装氨水前，系统先判断 1 号、2 号两个氨水储罐的液位，确定需要充装氨水的储罐。在充装过程中，系统应检测储罐的液位，当储罐液位高于上限值时关闭卸氨泵。

卸氨过程：用快速接头将软管与氨水槽罐车连接上，开启卸氨泵，氨水由槽罐运输车通过 1 号、2 号罐进口手动阀切换，实现向 1 号或 2 号氨水储存罐内输送。当氨水储存罐的液位仪显示液位高于设定值时，关闭卸氨泵，结束卸氨。

（2）氨水储区氨水罐输送调试

氨水储罐作为高位氨水槽氨水稀释系统的过渡环节，主要作用是储存一定量的氨水，为高位氨水槽氨水稀释调配提供稳定的氨水供应。SNCR 系统运行时，氨水储罐是间断工作的，须要对两个储罐的液位、温度等进行实时监控。

系统运行时，可采用 1、2 号氨水储罐轮流工作来提供氨水溶液。为了防止储罐内溶液排干而导致故障出现，在两座氨水储罐上设置液位检测装置，监控储罐的液位，通过液位仪比较，当一个储罐的液位低于设定值，则关闭该储罐出液阀，同时打开另一个储罐出液阀，切换到另一个储罐供氨水，两座氨水储罐出液阀根据液位反馈形成开闭连锁，同时提示及时对空罐充装氨水。

（3）喷枪的控制调试

喷枪由电磁阀控制是否投运，喷枪为伸入式，在不投运时由气动推进装置驱动退出。喷枪是否投运和喷射状态根据窑尾烟气中 NO 和 NH_3 的浓度由在线监测仪器反馈信息以及氨逃逸监测数据决定，并且根据每层喷枪所在的位置的温度窗口决定，温度窗口（设定为 850～1050℃，由铂热电偶反馈温度信号），合适该层喷枪投运，温度窗口不合适则关闭该层喷枪。喷枪定为单支可控，根据窑尾烟气中 NO 和温度窗口决定某一层是否运行。

每支喷枪均可通过中控手动控制其喷射及伸缩。可同时使用多层喷枪，也可使用单独一层喷枪。喷枪带伸缩装置，能由中控对每把喷枪进退分解炉进行控制，喷枪可安装多层，可根据需要同时推出某一层的全部喷枪。当系统不运行时，喷枪全部退出。

喷枪退出分解炉后，氨水入口电磁阀关闭停止氨水喷射，但压缩空气继续喷射，起到降温防堵保护喷枪的作用。

（4）SNCR 系统开关机步骤

①系统开机步骤：

打开压缩空气气源，当供气压力达到要求值并稳定后，将喷枪推进分解炉，打开氨水喷射泵，打开液路电动调节阀，根据检测窑尾 NO 排放浓度，调节所需喷氨水量，SNCR 系统启动完毕。

②系统停机步骤：

高位氨水槽在自动进水状态下，关闭氨水喷射泵，关闭液路电动调节阀，同时退出喷枪，保持压缩空气通气。

第五节　SNCR 脱硝系统热态试运行及性能验收

脱硝系统安装完毕，且完成各个单体、分系统调试后，需进行整套启动试运行，以及设计、施工和设备质量进行动态检验。检验脱硝系统的设计是否合理，能否达到设计的脱硝效率。整个脱硝系统安全稳定地通过 72h 满负荷试运行，发现并解决系统可能存在的问题，使之投产后能安全稳定运行，尽快发挥投资效益，为环保作贡献。

一、整套启动调试管理程序

整套启动试运是指设备和系统在分部试运合格后，脱硝系统第一次整套启动开始，至完成 72h 试运结束、移交为止的启动试运工作。

1. 整套启动程序

整套启动程序如下。

整套启动前必须完成的分系统调试项目完成签证 ——
学习已审批的整套试运方案措施 —— 编制整套启动计划 —— 提出整套
启动申请 —— 整套启动前质量监督检查 —— 启委会审议启动前准备工作 ——
整套启动前系统检查 —— 实施整套启动试运调试
整套试运结束 —— 办理移交签证 —— 移交，进入试运阶段
—— 整理试运记录 —— 填写验收文件 —— 编制总结报告

2. 文件编写

（1）整套启动调试措施、计划

整套启动调试措施、计划由调试单位负责编写，建设、生产、监理、安装等单位共同讨论、修改。整套启动调试措施、计划需经试运指挥部批准后方可实施。

（2）整套启动申请报告

整套启动申请报告由调试单位向试运指挥部提出。由安装、调试、建设、生产、监理分别试运指挥部提出相关工作报告并向指挥部汇报。由试运指挥部向启动委员会报告，由启动委员会决策。

3. 启动委员会审议启动前的准备工作

试运指挥部负责安排启动委员会在整套启动前，审议试运指挥部有关整套启动准备情况的汇报、协调整套启动的外部条件、决定整套启动的时间和其他有关事宜。

4. 整套启动前的系统检查

由工厂负责组织生产、建设、监理、调试、安装等单位组成检查组，根据整套启动调试措施的要求对启动前的条件、系统进行全面检查。

5. 整套启动试运实施

（1）由调试单位组织各专业组实施整套启动试运调试计划，完成合同要求的各项试验内容，做好各项调试记录。

（2）72h 稳定试运行。

整套启动试运阶段完成各项调整、试验后，由试运指挥部向启动委员会申请进行72h 试运行。试运行期间，做好电气及热工保护投入记录、满负荷试运阶段技术经济指标记录、自动装置投入情况记录、主要保护投入情况记录、介质品质记录。

6. 整套启动试运结束

由试运总指挥上报启动委员会同意后，宣布 72h 试运结束。对暂时不具备处理条件而又不影响安全运行的项目，由试运指挥部上报启动委员会确定负责处理的单位和完成时间。

7. 办理移交签证

整套启动试运结束后，由试运指挥部安排召开启动委员会会议，听取并审议整套试运和移交工作情况的汇报，办理移交试生产的签字手续。

8. 缺陷处理管理

各参建单位均有发现缺陷和及时处理缺陷的义务，对不影响调试工作的问题，应及时处理。对存在的重大问题，发现单位向调试单位提缺陷通知单，由调试单位归口向试运指挥部提出整改意见，试运指挥部组织各有关单位讨论决定后由消缺单位实施，对存在的设计问题则须由设计单位确认后实施。处理缺陷时，应按现场缺陷管理办法办理相应手续。

缺陷管理程序如下：发现缺陷——填写缺陷通知单——调试单位接受申请——通知相关单位采取安全措施——消缺单位消缺——填写缺陷消除回执单——消缺系统或设备投入调试。

9. 定值及软件修改流程

发现保护、连锁定值及软件有必要修改，应汇报给调试单位，由调试单位填写定值修改申请单，提出修改意见，试运指挥部同意后，交 DCS/PLC 厂商负责上机修改。若定值属设计问题，应经设计单位确认后才能修改；若定值属设备问题，应经设备厂家认可后才能修改。

在 DCS/PLC 厂商组织执行时，对重大问题必须经业主、监理、设计、调试单位讨论确认后方可进行修改，所有修改必须记录在案，对修改的软件进行及时备份。

二、整套调试应具备的条件

（1）系统设备包括各喷射区均已安装完毕，并经监理验收合格，文件包齐全。

（2）现场设备系统命名、挂牌、编号工作结束。

（3）脱硝系统的保温、油漆工作已经完成，各工序验收合格。

（4）试转现场周围无关脚手架拆除，垃圾杂物清理干净，沟洞盖板齐全。

（5）试转现场通道畅通，照明充足，事故照明可靠投入。

（6）还原剂溶液制备和储存系统静态调试已结束，满足热态试运的要求。

（7）喷射系统静态调试已结束，满足热态试运的要求。

（8）脱硝系统内的所有安全阀均已处理完毕，并验收合格。

（9）在分系统调试期间发现的缺陷均已处理完毕，并验收合格。

（10）脱硝反应出口的氮氧化物分析仪、氨气分析仪已完成静态调试，并经标定合格，满足热态试运的条件。

（11）脱硝系统的其他所有仪表均调校完毕，能满足系统热态运行的需要。

（12）脱硝系统的所有连锁保护在各个分系统调试时已实验合格。

（13）通信设施齐全。

（14）还原剂存储和制备区域已安排好专人值班，以防止无关人员进入该区域内。

（15）共用系统（包括压缩空气系统、消防水系统、生活水系统等）投入运行。

（16）有关脱硝系统的各项制度、规程、图纸、资料、措施、报表与记录全齐。

三、SNCR 烟气脱硝系统整套启动前的检查

（1）脱硝系统所有设备已准确命名并正确悬挂设备标识牌。

（2）检查以下脱硝辅助系统能正常投运

① 脱硝压缩空气系统能为整个脱硝系统供应合格的雾化空气。

② 冷却水源、稀释水源压力及流量能充分保证。

（3）SNCR 喷射系统的检查

① 喷射系统的保温、油漆已安装结束，妨碍运行的临时脚手架已被拆除。

② 喷枪及其前后烟道内部杂物已被清理干净，喷枪置已被放于固定插口。

③ 脱硝系统出口的氮氧化物分析仪、氨气分析仪，可正常工作。

④ 系统的相关检测仪表已校验合格，投运正常，CRT 参数显示准确。

⑤ 稀释水泵试运合格，转动部分润滑良好，绝缘合格，动力电源已送上，可随分解炉一起启动。

⑥ 检查各泵体入口在开位，检查各区供水阀、还原剂溶液供给手动总阀在开位，检查各分配模块雾化空气阀总门及每支喷枪所对应的手动门在开位，检查每路还原剂溶液手动阀在开位。

（4）还原剂制备及储存系统的检查

① 系统内的所有阀门已送电、送气，开关位置正确，反馈正确。

② 溶解罐及储罐内部杂物已被清理干净，并关闭人孔门。

③ 调试期间所需要的还原剂已备好，满足试运要求。

④ 加入泵及还原剂溶液输送泵等设备机封水满足要求，阀门位置正确，开关满足送电条件。

⑤ 脱硝系统相关的热控设备已送电，工作正常。

⑥ 脱硝地坑来的溶液满足循环及外排的要求。

四、脱硝系统的正常启动（以某氨水脱硝工程为例）

1. 机组的启动

投入 SNCR 喷枪时应及时投入雾化空气，防止炉膛温度过高烧坏喷枪。在投入雾化空气前，要注意压缩空气的压力，只有压缩空气的压力达到要求后，才能达到理想的雾化效果。必须保证压缩空气的最低压力达到 0.5MPa 以上。

分解炉运行后，就可以对喷射系统进行检查，准备还原剂溶液的制备，当脱硝系统入口温度满足喷还原剂条件后，就可以向系统喷入还原剂。

2. 喷射区及喷枪调试

喷射区共由计量模块和分配模块及喷枪组成，二层布置可伸缩喷枪共 10 根。

对喷枪进行调试前，需通过 PLC 单点强制，对计量模块与分配模块的各个电动阀、调节阀进行启动，确保动作无误。对喷枪和分配模块分别进行就地和远方启动，确保动作无误。

3. SNCR 系统的首次投运

（1）如果分解炉已具备了一定的负荷，值长通知脱硝系统可以投入。

（2）根据分解炉负荷状况选择先投入一层或二层。

（3）投入运行前，先检查系统阀门位置反馈有无错误，报警信号有无恢复。确定投运时，先将该层切换到"投入"，然后选择"手动启动"。

（4）顺序控制的顺序按照以下步骤启动喷射系统：

① 打开该区氨水溶液输送电动阀；

② 打开稀释水供水阀；

③ 启动氨水溶液输送泵；

④ 启动稀释水输送泵；

⑤ 待高位水槽中的氨水溶液达到要求容量，打开喷枪气路电动阀，推入喷枪，开启氨水加入泵。

（5）调整氨水溶液流量调节阀及稀释水调节阀开度，保证合适的氨水溶液混合后的浓度在 20%～25%。

五、脱硝系统 72h 满负荷试运

在完成所有试验后，各方确认脱销系统已具备进入 72h 满负荷试运条件，开始脱销系统72h满负荷试运。72h满负荷试运期间，脱销效率设定在60％。在此期间，应定时详细记录机组负荷、脱销效率、还原剂溶液储罐液位及温度、还原剂溶液循环回路压力、还原剂流量、稀释水流量及压力、窑尾烟囱出口氮氧化物含量等参数。

六、SNCR 系统的停运

1. SNCR 系统的短期停运（分解炉不停，可能因为相关条件不满足而停止喷还原剂）

（1）将要停止的各层还原剂按钮切换到水，对各分配模块和喷枪进行冲洗，约3～5min。

（2）分别点氨区"手动停止"按钮，顺序执行如下程序

① 停稀释水泵及入口电动阀；

② 关闭还原剂溶液电动总阀；

③ 关闭稀释水供水阀；

④ 关闭还原剂混合溶液电动阀。

（3）分别点窑尾模块"手动停止"按钮，顺序执行如下程序

① 停氨水加入泵及入口电动阀；

② 关闭高位氨水槽供水阀；

③ 退出喷枪；

④ 3～5min 后关小气路电动阀。

2. SNCR 系统的长期停运（分解炉停运）

（1）将要停止的各层还原剂按钮切换到水，对各分配模块的喷枪进行冲洗，约需3～5min。

（2）分别点氨区"手动停止"按钮，顺序执行如下程序

① 停稀释水泵及入口电动阀；

② 关闭还原剂溶液电动总阀；

③ 关闭稀释水供水阀；

④ 关闭还原剂混合溶液电动阀。

（3）分别点窑尾模块"手动停止"按钮，顺序执行如下程序

① 停氨水加入泵及入口电动阀；

② 关闭高位氨水槽供水阀；

③ 退出喷枪；

④ 3～5min 后关小气路电动阀。

（4）若在冬季长期运行，要做好防冻措施，将各模块中残留的水或溶液排干净。

七、SNCR 系统的正常运行维护

（1）每天定期检查整个系统，检查是否存在泄漏，特别是涉及还原剂溶液的所有设备和管道，如有泄漏，要及时联系安装单位进行处理。

（2）重点监视分解炉反应区间温度、还原剂溶液储存罐的压力和温度、循环压力等重点参数，若发现异常，要及时分析原因，即使排除隐患，将系统恢复至正常的运行状态。

（3）每天检查输送泵及稀释水泵的运行情况，包括其噪声、振动、轴承温度、润滑情况等；每周要检查稀释水泵入口滤网的污染情况、连接部件的紧固情况。

（4）每周要定期检查 SNCR 喷枪及固定卡套等是否被损坏。

（5）每周要定期检查系统各阀门是否有裂纹，是否有渗漏痕迹，工作状态是否正常，阀门行程是否充足；每月要定期检查系统内的阀门是否有被腐蚀，设备标签是否丢失。

（6）每天要定期检查系统内所有管道是否存在振动过大现象；每周要定期检查系统内的管道是否有泄漏痕迹，膨胀情况是否良好；每月要定期检查系统内的管道是否出现连接不良而弯曲的现象，是否有堵塞，支吊架是否正常工作。

（7）对系统内的仪表每天要检查是否存在振动大现象，是否存在泄漏痕迹，数据是否准确；每周要定期检查是否有堵塞，连接部位是否松动，电缆连接是否正常，传感器工作是否正常，控制柜是否干净；每月要定期检查是否有标签丢失，是否有丢失零部件，是否已到了检验日期。

（8）每月还要定期对系统内所有的平台、护栏、人行道、梯子等通行设施进行检查，确保上述设施完好，可正常使用。

八、水泥厂 SNCR 系统的性能验收试验

在 SNCR 系统经过 72h 满负荷试运后，应按合同规定的期限，组织 SNCR 脱硝系统性能保证值的验收试验，确认系统的设计是否合乎合同规定的相关性能。如果各项指标都达到要求，即意味着竣工验收测试完成，移交业主正式商业运行。

1. 准备工作

为了确保测试工作的顺利实施，应同业主在合同规定的基础上，明确性能测试适用的法规、标准和测试方法，同时准备好以下仪表。

（1）在性能测试实验中将适用到的所有安装在实际设备上的永久分析器。为了保证测试结果的有效性，在测试前后，对 NO_x/O_2 分析器都应经标准气体标定后才能适用。

（2）临时测试用仪表（如 NO_x、O_2、SO_x、NH_3、H_2O、烟气速度、烟气温度等的测试仪表）。

2. 性能试验需要测量的项目

在确定的各测试负荷下，不投入 SNCR 系统装置，同时对以下参数进行测试。

（1）分解炉出口烟气 NO_x 浓度（mg/m^3，标态）（包括其他主要烟气成分，具体测点位置为窑尾烟囱，同下）。

（2）分解炉热效率（%）。

（3）分解炉运行主要参数。

（4）燃烧系统运行参数。

（5）分解炉温度场。

（6）氨逃逸率（ppm）。

（7）还原剂的消耗量（kg/h）。

（8）其他物料消耗（电、蒸汽、压缩空气、水等）。

（9）控制系统的负荷跟踪能力。

3. 测试程序

（1）确认分解炉正在额定负荷的条件下运行。

（2）在系统稳定运行后开始进行测量和取样。

（3）记录好分解炉的负荷情况和 SNCR 系统的过程数据。

（4）在整个性能测试中，应保持机组连续稳定运行，尽可能不改变燃料成分和分解炉系统设备的运行状态。

在性能测试运行时，应做好作为确认脱硝性能的基本数据的过程记录：烟气流速、反应前后 NO_x 浓度、出口 NO_x/O_2 浓度、分解炉烟气温度、还原剂流量、系统出口氨浓度、分解炉负荷、燃料种类、冷却水流量、雾化空气流量等。

4. 试验分析

（1）当测试的条件偏离规定的设计条件时，测得的数据都应根据修正曲线进行修订。

（2）如果性能测试的结果经过修正值后仍不符合保证值，则性能测试应重新进行。

（3）若在第二次试验中保证值还不理想，则应重新完成喷射系统的参数设置、NH_3/NO_x 摩尔比的变化试验，以保证还原剂的分布均匀性，然后再重新进行性能测试。

（4）若经过步骤（3）重新试调后，SNCR 脱硝效率等设计值要求仍得不到满足，则可按下列程序寻找原因。

① 检查 NO_x 检测器的标度是否精确，特别是检查气体取样管是否堵塞或是有气体泄漏。

② 检查氧气分析器是否精确，并检查取样管。

③ 检查气体流场是否改变。

④ 检查还原剂流量计和气体流量计是否精确。

⑤ 修正和（或）调解控制其设定值和摩尔比。

（5）若多次试验测量的数据仍超过保证值，则应考虑对系统的相关内容进行重新设计或修改。

5. 性能考核试验的一般要求及项目内容

（1）性能考核试验的一般要求，应对水泥窑不同负荷下脱硝系统的性能进行测试。

（2）性能考核实验的项目至少应包括：脱硝效率（%），氨逃逸率（ppm），还原剂消耗量（kg/h），脱硝系统电耗、水耗、压缩空气、蒸汽等消耗量、控制系统的负荷跟踪能力，噪声。

6. SNCR 系统竣工环境保护验收要求

脱硝工程竣工环境保护验收除应满足《建设项目竣工环境保护验收管理办法》规定的条件外，在生产试运行期间还应对脱硝系统进行性能试验，性能试验报告应作为环境保护验收的重要内容。脱硝系统性能试验包括功能试验、技术性能试验、设备和材料试验，各试验要求如下。

（1）功能试验。在脱硝系统设备运转前，应先进行启动运行试验，以确认这些装置可靠。

（2）技术性能试验参数至少应包括脱硝效率、还原剂利用率和 NH_3/NO_x 比、烟气排放温度、电能消耗等。

（3）设备试验和材料试验。确认在分解炉额定负荷下及在实际运行负荷下的性能（根据需要）。

脱硝系统竣工环境保护验收的主要技术依据有以下几点。

① 项目环境影响报告书审批文件；

② 各类污染物环境检测报告；

③ 批准的设计文件和设计变更文件；

④ 脱硝性能试验报告；

⑤ 试运行期间烟气连续监测报告；

⑥ 完整的启动试运（验）、试运行记录等。

第六节　水泥窑 SNCR 系统的运行

由于各工程的系统配置不尽相同，本节主要介绍水泥窑典型 SNCR 系统正常启动前的检查、正常启停的基本程序、紧急停运操作及相关的注意事项等，供读者在实际工作中参考。

一、脱硝系统的启动

1. 启动前的准备工作

虽然在分部调试前，各系统都进行了检查，但在整个 SNCR 系统启动前，仍需要对所有的设备、喷枪、管道和 SNCR 系统的电控设施进行检查，以确定它们处于能无障碍工作的状态。

（1）系统投运前的检查准备

① 检查系统溶液管道和蒸汽管道，无损坏，不外漏，蒸汽管道保温良好。

② 测量仪表正常无故障，阀门开关（调节）灵活无故障，所有设备正常无故障，设备操作控制置于远方控制。

③ 待投运喷枪前的还原剂手动阀和蒸汽阀打开。

④ 泵类（还原剂泵、稀释泵）设备状态（绝缘合格）全面良好。

⑤ 还原剂溶液储罐状态良好，内存有合格的尿素（氨水）溶液，液位不低于 600mm。

⑥ PLC 柜供电正常，给待运行设备及阀门供上电（平时运行必须保持送电的设备及阀门、泵、蒸汽门、PLC 控制柜、操作台、二次回路、NH_3 仪表、照明）。

⑦ PLC 控制系统运行正常，能实现远程设备操作，所有数据显示正确。

⑧ CRT 控制室保持适温干爽，空调机常开"自动"模式，电源来自照明总开关。

⑨ 确保所有电机都已受电且试运正常，相关系统防雷接地设施完好。

⑩ 管道系统中，确保在法兰和连接处没有松动，每个阀门都可以打开或关闭。

（2）尿素（氨水）溶液泵的启动准备工作

① 尿素（氨水）输送泵状态良好。

② 待运尿素（氨水）溶液储罐的出口阀门全开。

③ 开启出料阀门的尿素（氨水）溶液储罐液位高于 600mm（假设值，根据工程需要确定）。

④ 待开启尿素（氨水）溶液泵的进口手动阀全开（出口手动阀要等泵启动后才缓慢打开）。

⑤ 全关尿素（氨水）溶液管道电动（流量）调整阀，全关尿素（氨水）溶液稳压回路电动调整阀，待运尿素（氨水）溶液储罐旁路罐顶入口手动球阀全开。

⑥ 炉前喷射系统的手动球阀全开。

⑦ 炉前喷射系统的放水阀门（排污阀门）全关。

⑧ 关闭稀释水电动调节阀和其后的手动球阀。

（3）稀释水泵的启动工作

① 稀释水泵状态良好。

② 系统自来水母管的总阀全开。

③ 待开启泵的进出口手动球阀全开，泵入口压强为 0.3～0.6MPa。

④ 尿素（氨水）泵停运且尿素（氨水）溶液泵后的电动（流量）调节阀和旁路电动调节阀全关。

（4）喷枪投运前的准备工作

① 检查推进器的电源（气源），确保能正常驱动。

② 喷枪软管完好无泄漏，能在行程内正常移动无阻碍。

③ 喷枪前尿素溶液和蒸汽的手动阀门正常调节，处于开启状态。

④ 喷枪无卡死，能随推进器正常进退。

⑤ 喷枪内部流道无堵塞。

⑥ 喷射层的各层就地压力表无损坏，电动调节阀门能正常调节，电动阀能正常开启。

2. 检查中禁止和预防的事项

为保证启动前检查和准备工作中人员和设备的安全，在检查工作中应注意一下事项。

（1）所有负责操作和维护工作的人员应配适合的工作服装和安全设备。

（2）在对 SNCR 反应区、输送管、箱罐等进行检查或维修时，应严格遵守下列规定。

① 事先要使设备内部彻底通风，保证氧浓度始终大于 18%。

② 必须将 NH_3、N_2、易燃气体和其他危险的流体完全与设备隔离。

③ 至少两个人一组工作，一个人作为观察者留在外面。

3. 脱硝系统的启动

脱硝系统投运稳定后（10min），再根据排放烟气中 NO 浓度的反应变化作比较，改变各调门的开度，调整稀释水和尿素（氨水）流量的比例，尽可能用最少的尿素（氨水）量来控制各参数在最佳值。

需要特别注意的是：在喷枪推进前，一定要保证喷枪中通有一定压缩空气冷却；在喷枪"通水"前，一定要保证喷枪进到位。

二、系统的运行和调节

1. 调节目的

运行调节 SNCR 系统的投运状态以设备安全和 NO 排放浓度达到标准为最终目的，同时运行成本最低。

2. 调节手段

（1）主要调节手段（根据反应效果）

① 喷射层尿素（氨水）溶液电动调节阀，调节喷射层稀溶液流量；

② 炉尿素（氨水）溶液母管电动调整阀，调节浓尿素（氨水）溶液流量；

③ 炉稀释水母管电动调整阀，调节稀释水流量；

④ 切换喷射层。

（2）辅助调节手段

① 稀释水稳压回路电动调整阀，调节稀释水母管压力（MPa）；

② 尿素（氨水）溶液母管稳压回路电动调整阀，调节尿素（氨水）溶液母管压力；

③ 喷射层压缩空气电动调整阀，调节喷射层压缩空气压力。

3. 调节原理及方法

通过改变投运喷射层、调节喷射层尿素（氨水）溶液电动调整阀、炉尿素（氨水）溶液母管电动调整阀和分解炉稀释水母管电动调整阀的开度，达到 NO 排放浓度达标的目的。正常运行时，分解炉负荷和 NO 排放浓度会在小范围内波动，这是正常的，无须因参数波动而进行投运调整，只有当 NO 浓度变化幅度较大时才进行调整。

4. 其他调整

（1）稀释水稳压回路电动调整阀

通过调整稀释水稳压回路电动调整阀的开度，可实现稀释水母管压力在一定范围内的调节，能更好地实现稀释水和浓尿素溶液在线可控比例稀释。由于稀释水源头压强一般为 0.4～0.6MPa，通过调整此阀门，可实现稀释水母管压强在 1.4～2.0MPa 的范围内调节。当浓尿素溶液流量偏小而分解炉尿素溶液母管电动调整阀开度很大、分解炉稀释水母管电动调整阀开度很小时，可开打此阀门；当浓尿素溶液流量偏大而炉尿素溶液母管电动调整阀开度很小、炉稀释水母管电动调整阀开度很大时，可关小此阀门。

（2）尿素母管稳压回路电动调整阀

通过调整尿素母管稳压回路电动调整阀的开度，可实现尿素溶液母管压力在一定范围内的调节，能更好地实现稀释水和浓尿素溶液在线可控比例稀释。当浓尿素溶液流量偏小而炉尿素溶液母管电动调整阀开度很大、炉稀释水母管电动调整阀开度很小时，可关小此阀门；当浓尿素溶液流量偏大而炉尿素溶液母管电动调整阀开度很小、炉稀释水母管电动调整阀开度很大时，可开大此阀门。

（3）喷射层压缩空气电动调整阀：

通过调整喷射层压缩空气电动调整阀门，可实现喷射层压缩空气压力在一定范围内的调节。若母管压力偏高，则可减小此阀门开度使层压强不大于 0.7MPa；若母管压力偏低，则可开大此阀门开度，使层压强不小于 0.5MPa。

改变压缩空气压力时，可能会对喷射层流量略有影响，这是正常的。

5. 配制尿素溶液

（1）配料前的准备工作

① 确认有足够的袋装尿素。

② 确认脱硝水源和气源的总阀已开，有蒸汽和除盐水供给配料。

③ 溶解罐液位不在高位。

④ 溶解罐和储罐的各阀门正常，管道密闭无外漏，保温良好。

⑤ 溶解罐搅拌电机有足够合格的润滑油，搅拌电机绝缘合格后送上电。

⑥ 尿素溶液循环输送泵检查正常无故障，绝缘合格，操作模式在远方控制，给配料输送泵送上电。

⑦ 明确配置溶液的浓度，一般为 50%。

（2）尿素溶解

① 记录溶解前溶解罐液位 L1。

② 配置溶液完成后液位为 L2。

③ 若溶解罐液位 L1 低于最低液位，则开启入口水门补水至 N_m（N 值，需根据工程确定，下同）液位。

④ 向溶解罐倒入适量的尿素，加料时注意不要让缝包线或包装袋碎片等杂物进入溶解罐。

⑤ 加料完成后，启动搅拌电机，盖上加料孔。

⑥ 开启溶解罐入口蒸汽电动阀和手动阀，通入蒸汽加热。

⑦ 搅拌 20min 左右，直到尿素完全溶解，停止搅拌电机，也可转输溶液至罐内液位剩下将近 N_m 时才停止搅拌电机。

⑧ 检查液位是否低于 L2，若是则开启入口水阀补水至 L2 液位。

⑨ 关闭入口水阀和蒸汽阀，关闭入口水阀手动阀和蒸汽阀的手动阀。

（3）尿素溶液输送至储罐

① 检查待入储罐的罐顶入口手动阀打开，底部排污手阀全关，出口电动阀关闭。

② 开启尿素溶液循环输送泵入口管道二次阀。

③ 开启输送泵入口 Y 形过滤器反冲洗阀和配料输送泵入口管道一次阀，向配料输送泵入口管道注水。

④ 待注水 1min 后开启配料输送泵，开启输送泵出口手动阀，开启待灌入储罐的入口电动阀，向储罐中输送溶液。

⑤ 关闭输送泵入口 Y 形过滤器反冲洗阀。

⑥ 待液位低于最低液位时，停止输送泵。

⑦ 关闭储罐入口电动阀、输送泵入口管道一次阀和二次阀。

⑧ 结束。

（4）配制结束

① 可开始重新另一个配制过程。

② 配制过程全部结束后，若喷射系统不在运行，则通知水泥窑炉运行人员关闭供

气阀和供水阀，并确认已关闭。关闭 PLC 设备电源，结束。

6. 推荐运行方式

下文介绍系统设计、调试和试运行情况推荐的几种运行方式，以供运行人员参考。推荐的运行方式并不是最优的，运行人员可根据自己的运行经验寻找更优的运行方式，特此说明。

分解炉喷枪根据不同的负荷对应不同的喷枪投运层。具体如下。

（1）50％负荷的时候投入一层。

（2）75％～100％负荷的时候投入一层或二层。

需要说明的是：不同负荷下，不同层的还原剂用量也不一样；不同负荷下，同一个层的还原剂用量也不一样。

每层的具体还原剂用量都由流量计控制，具体的数值需要通过热态调试时，结合 NO_x 的排放和氨的逃逸量来确定，从而建立一个不同负荷对应的不同层的流量数据库，实际运行时只要读取这个数据库就可以控制每层的流量。

三、脱硝系统停止

1. 长期停运（水泥窑停运）

（1）停溶液

① 停止尿素溶液泵，为较全面地疏通尿素溶液管路，至少 3min 后，关闭炉尿素溶液电动调整阀，关闭储罐出口阀，关闭炉尿素溶液电动调整阀前的手动球阀。

② 调节保持稀释水流量冲洗管路，运行超过 5min，这时 NO 排放浓度明显升高并趋于稳定。

③ 停止稀释水泵，关闭炉稀释水电动调节阀，关闭炉稀释水稳压回路电动调整阀，关闭炉稀释水电动调整阀前的手动球阀。

（2）退出喷枪

① 关闭喷射层尿素溶液电动球阀和电动调整阀。

② 通压缩空气吹扫 5min。

③ 退出所有喷枪，并务必确认喷枪全部退出。

④ 打开喷射层尿素溶液疏水（排污）管道一次阀和二次阀。

（3）停压缩空气

① 关闭喷射层压缩空气电动球阀和电动调整阀。

② 关闭压缩空气总调整阀开度。

（4）切断水源和气源

① 通知水泥窑运行人员关闭脱硝系统的供水阀。

② 通知水泥窑运行人员关闭脱硝系统的供气阀。

③ 确认供水和供气阀已关闭。

（5）其他

① 确认溶解罐入口处盐水阀（包括其前手动阀）和入口蒸汽阀（包括其前手动阀）关闭。

② 关闭 PLC 系统。

③ 关闭设备电源。

④ 系统停止结束。

需要注意的是：在喷枪退出前，一定要确认无尿素溶液通入；一定要在喷枪退出后再断压缩空气；停运后一定要通知水泥窑运行人员切断水源和气源。

2. 短期停运（水泥窑不停）

这里的系统停止指的是系统的正常停止。当水泥窑负荷过低或因某种原因影响时，按正常顺序停止 SNCR 系统。

（1）停溶液

① 停止尿素溶液泵，为较全面地疏通尿素溶液管路，至少 3min 后，关闭窑尿素溶液电动调整阀，关闭储罐出口阀，关闭窑尿素溶液电动调整阀前的手动球阀。

② 调节保持稀释水流量冲洗管路，运行超过 5min。

③ 停止稀释水泵，关闭窑稀释水电动调整阀，关闭窑稀释水稳压回路电动调整阀，关闭窑稀释水电动调整阀前的手动球阀。

（2）退出喷枪

① 关闭喷射层尿素溶液电动球阀和电动调整阀。

② 通压缩空气吹扫 5min。

③ 退出所有喷枪，并务必确认喷枪全部退出。

④ 打开喷射层尿素溶液疏水（排污）管道一次阀和二次阀。

（3）关小压缩空气

关小喷射层压缩空气电动球阀和电动调整阀。

3. 紧急关闭

（1）停止电源供应，将所有运行中的设备的开关切换到"停止"状态。

（2）停止控制（仪器）空气。

四、启动与停运时的注意事项

（1）水泥窑 SNCR 系统在操作过程中应主要考虑维护人员和设备的安全，如果有任何威胁安全和安全运行状态的情况出现，操作者应立即采取适当的措施使 SNCR 系统回到一个已知的安全运行的条件，即使它会引起 SNCR 系统跳闸。

（2）水泥窑故障的事件发生时，水泥窑停机并应尽快停运还原剂的喷射。

（3）水泥窑负荷发生变化或 NO_x 波动较大时，应及时调整运行的喷射层及各喷嘴喷射量，保证 NO_x 的出口浓度在合适的范围内。

第九章　水泥窑 SNCR 脱硝装置的调试、运行与维护

（4）只有在 SNCR 系统的连锁试验通过后，才能启动 SNCR 系统的运行。当任何连锁系统暂时失去可用性时，为保证运行，该期间应尽量减少关闭次数并增加监视的频率。脱硝系统的各种设备都配有不同的连锁系统来保证安全和对设备的保护。

（5）如果发现水泥窑烟气或氨气泄漏，则应注意以下 3 点。

① 应立即用警示牌和安全绳索确定危险区。

② 熄灭危险区域内的所有明火。

③ 在危险解除以前，泄漏区域不要点燃任何火焰。

（6）任何设备关闭后的第一次运行时，应注意以下 2 点。

① 确保所有仪表的探测器安装正确、仪表管线连接正确、报警器和安全装置设置已完成，然后再运行前使联锁电路回到最初状态。

② 检查相关的部分，保证设备重启运行的安全。

第七节　水泥窑 SNCR 系统的检查和维护

由于 SNCR 系统的箱罐、搅拌器、泵与阀组、管道和电气设备等与水泥窑其他系统的设备是一样的，因此本节主要介绍 SNCR 系统在运行和关闭期间与 SNCR 系统紧密相关的检查维护的典型内容，供读者参考。

一、检查和维护工作内容

SNCR 系统的维护工作一般都是在定期关闭系统时进行的，若有必要，维护人员应记录检查和维修的结果，主要维修工作如下，SNCR 烟气脱硝系统需要检查的内容和检查间隔时间见表 9-2。

（1）喷枪驱动机构的检查。

（2）氨水、尿素溶液喷嘴的检查。

（3）计量、分配装置的检查。

（4）所有热工仪表设备的校准。

（5）各安全阀的检查。

表 9-2　SNCR 烟气脱硝系统需要检查的内容和检查间隔时间

需检查的设备	检查内容	检查周期								
		Op	Sh	Op/Sh	时间间隔					
					S	D	W	M	Y	O
泵、搅拌器	检查每个叶轮部件磨损情况	√						√		
	材质的老化		√						√	
	检查部件腐蚀情况	√						√		
	检查机封磨损情况	√						√		

259

续表

需检查的设备	检查内容	检查周期								
		Op	Sh	Op/Sh	时间间隔					
					S	D	W	M	Y	O
尿素溶液、NH₃喷嘴	检查喷嘴内部堵塞的外部原因		✓						✓	
	检查变形或腐蚀		✓						✓	
固定式喷枪 自动伸缩式喷枪	确保每部分没有泄漏	✓				✓				
	检查驱动机构是否运行灵活		✓						✓	
	检查内部件的腐蚀及烧损情况		✓						✓	
	检查内部件变形情况		✓						✓	
尿素溶液、NH₃系统的控制阀、关断阀	功能确认	✓			✓					
	设定压力、温度	✓			✓					
	检查气体泄漏	✓			✓					
	检查任何的异常		✓						✓	
	压盖填料的检查或更换		✓						✓	
供电设备的中央控制盘	检查 ANN 和指示灯	✓		✓						
	确认指示	✓		✓						
	压缩空气源头的排水	✓		✓						
	检查和清洁内部		✓						✓	
	检查和维护主要开关的接触点		✓						✓	
	接线端子上紧（颜色是否变化）		✓						✓	
	绝缘电阻的测量		✓						✓	
	检查辅助的继电器电路并测试顺序		✓						✓	
供电设备继电器	检查复位	✓		✓					✓	
	继电器的二次测试		✓	✓					✓	
	检查转动体并上油		✓						✓	
	确认触点的连接		✓						✓	
供电设施的仪表	用眼睛检查内部	✓	✓							
	刻度测试和指示检查								✓	
电磁阀、安全阀	噪声和加热的检查	✓			✓					
	阀门的检查维护及内部清洁（O 形圈的更换）		✓						✓	
	润滑剂的更换		✓						✓	
	绝缘电阻的检查		✓						✓	
	功能的测试			✓					✓	

续表

需检查的设备	检查内容	检查周期								
		Op	Sh	Op/Sh	时间间隔					
					S	D	W	M	Y	O
压力开关	检查电线是否露出	✓		✓						
	再次上紧		✓					✓		
	绝缘的测量		✓					✓		
	功能的确认测试		✓							
限位开关	检查腐蚀和磨损	✓		✓						
	再次上紧接线端		✓						✓	
	绝缘电阻的测量		✓						✓	
	功能的确认		✓						✓	
中央控制面盘	ANN 和指示灯的确认	✓				✓				
	控制系统的任何故障	✓				✓				
	电缆的确认	✓				✓				
	内表面的检查和清洁		✓						✓	
	上紧接线端子		✓						✓	
	顺控测试		✓						✓	
指示控制器、计算指示器	控制系统的任何问题	✓		✓						
	交互仪表指示误差测试		✓					✓		
	上紧接线		✓					✓		
	内部的检查、清洁和上油		✓					✓		
	控制系统回路的确认		✓					✓		
变送器	清洗探测器管、清除空气			✓		✓				
	检查内部并清洁		✓						✓	
	上紧接线端		✓						✓	
	确认输入和输出		✓						✓	
	误差检查		✓						✓	
NO$_x$ 仪表	标准气体的校准									
	取样回路的检查			✓		✓				✓
	过滤器的检查和替换			✓						
	内部的检查和清洁		✓	✓						
尿素溶液、NH$_3$ 仪表	标准气体的校准			✓		✓				
	检查清洁取样回路			✓						✓
	过滤器的检查和替换			✓						
	内部的检查和清洁		✓						✓	
	上紧接线端		✓						✓	

需检查的设备	检查内容	检查周期								
		Op	Sh	Op/Sh	时间间隔					
					S	D	W	M	Y	O
热电偶	清除附着物质			✓						✓
	校准测试	✓							✓	
压力测量和指示器	指示值的确认	✓		✓						
	校准测试	✓		✓						
	检查损坏情况			✓					✓	
运行记录	SNCR 系统还原剂耗量和堵塞情况的判断	✓					✓			
	NOₓ 含量的测量并定期检查脱硝效率	✓					✓			
	尿素溶液浓度、压力	✓					✓			
	雾化介质的流量、压力	✓				✓				

注：Op—运行中；Sh—关闭时；S—每次变化；D—每天；W—每周；M—每月；Y—每年；O—其他。

二、喷枪检查和维护时需要注意的问题

（1）停运时，先停尿素溶液或氨水泵，再用自来水冲洗管路，然后停稀释水泵停止供液体。继续通气吹扫干燥 5min 后再退枪。

（2）退枪前开启喷射层溶液排污阀放水，放空喷射层管路中的残余液体，以保持喷枪孔不形成积灰结块影响进退。

（3）喷枪推出运行时，运行人员应现场巡视，以确保喷枪已完全退位。

（4）定期（3 个月）检查喷枪的喷孔是否有堵塞现象。

（5）如运行时发现喷枪或喷枪伸缩装置损坏，应先手动退出喷枪，关闭喷枪对应的尿素溶液或氨水入口阀门，保持通气 10min，取出喷枪，待喷枪完全冷却后方能进行维修、更换。

三、SNCR 脱硝系统检查和维护时需要注意的问题

（1）巡检时应确保人员安全，在维修、更换部件设备时应告知中控以及分管领导，在检修位置做出醒目的提示。在无法判断问题时，不能盲目拆卸，应及时与相关技术方沟通。

（2）系统中各个电动阀门均设有旁路，阀门异常时，开通旁路，电动阀门可以进行检修。连续运行泵送系统设置两台泵，一备一用，系统运行时当一台泵发生故障时，关闭故障泵前后阀门，启用备用泵，对故障泵进行检修。

（3）在定期的检查中，如果发现磨损加速情况，应该根据实际的磨损情况缩短维护的时间间隔。

（4）涉及电气方面的检修须由厂内电工完成。

四、岗位巡检员的主要职责

（1）启动前的设备检查：设备检修后是否恢复原位，现场是否清理，各阀门是否处在要求的开度，各仪表、泵是否处在待机状态等。

（2）启动前的现场条件准备：现场控制开关的切换（由机旁或现场操作位置转到中控位置），电源开关的合闸，阀门的开关和调整，压缩空气进出口阀门的开关、压力的检查及底部放污等。

（3）启动过程对关键设备的现场监视：启动过程有无异常声响；启动后运转是否平稳，有无不正常的振动；各仪表指示是否正常。

（4）设备运行时的巡检：各部件设备的运行情况；仪表数据、阀门动作情况，系统脱硝效率、尿素溶液或氨水消耗、氨逃逸等指标记录。

（5）系统全线停机后的现场检查处理工作：电源开关拉闸，检修时应挂上断电标识牌；关断压缩空气进口阀门，并排放油水分离器的油水；检查喷枪、阀门、仪表等。

（6）记录设备运转状况，及时向值班长报告异常情况，提出设备检修保养建议。

总之，巡检员（辅助岗位工）是中控操作员的耳目，是开机条件的准备员，是开机过程和运转状态的辅助监视员，是停机后的检查处理员。巡检的目的是保证系统设备的安全运转，及时发现处理问题，协助中控操作员，维护系统正常运行。

第八节　水泥窑 SNCR 系统的常见问题分析

一、SNCR 烟气脱硝系统设备（仪器仪表）常见问题分析

SNCR 系统在运行过程中如遇到一些问题和故障，这时就需要操作人员和巡检人员及时去做相应的处理来解决故障，保证系统的正常运行。根据相关工程设计建设经验总结了 SNCR 烟气脱硝系统一些常见故障分析和解决的措施与方法见表 9-3、表 9-4。

表 9-3　尿素为还原剂 SNCR 系统中设备常见故障分析和解决的措施与方法

问题位置	故障现象	可能的原因或解决措施与方法	备注
尿素溶液输送泵（溶解罐后）	无法启动	（1）确认现场控制柜中电源开关已合闸； （2）确认泵前后手动阀门已打开； （3）控制箱"远程/就地"开关切换位置； （4）检查泵内是否充满液体及泵上电机	
	泵出口压力过高或出口管道温度过高，泵体发热	（1）确认泵前后手动阀门已完全打开； （2）确认尿素溶解罐液位正常； （3）确认过滤器是否被堵住	

续表

问题位置	故障现象	可能的原因或解决措施与方法	备注
尿素溶液输送泵（储罐后）	无法启动	（1）确认尿素溶液储罐液位正常； （2）确认尿素溶液储罐出口阀门工作正常； （3）确认现场控制柜中电源开关已合闸； （4）确认控制箱"远程/就地"开关切换位置； （5）确认泵前手动阀门已打开； （6）检查泵内是否充满液体及泵上电机	
	泵出口压力过高或出口管道温度过高，泵体发热	（1）确认泵前后手动阀门已完全打开； （2）确认尿素溶液储罐液位正常； （3）确认过滤器是否被堵住	
稀释水泵	无法启动	（1）确认稀释水罐液位正常； （2）确认稀释水罐前总管阀门工作正常； （3）确认现场控制柜中电源开关已合闸； （4）控制箱"远程/就地"开关切换位置； （5）确认泵前手动阀门已打开； （6）检查泵内是否充满液体及泵上电机	
	泵出口压力过高或出口管道温度过高，泵体发热	（1）确认泵前后手动阀门已完全打开； （2）确认稀释水罐液位正常； （3）确认过滤器是否被堵住	
尿素溶液喷射泵	无法启动	（1）确认高位尿素溶液槽液位正常； （2）确认高位尿素溶液槽出口阀门打开； （3）确认现场控制柜中电源开关已合闸； （4）控制箱"远程/就地"开关切换位置； （5）确认泵前后手动阀门已打开； （6）检查泵内是否充满液体及泵上电机	
	泵出口压力过高或出口管道温度过高，泵体发热	（1）确认泵前后手动阀门已完全打开； （2）确认高位尿素溶液槽液位正常； （3）确认泵出口尿素溶液调节回流阀门按照要求打开； （4）确认喷枪前所有手动阀否打开； （5）检查泵配套变频器	
喷射系统	喷射系统流量不准	（1）检查喷嘴是否堵塞，若堵塞须取下喷嘴进行清洗； （2）检查进入喷枪的压缩空气压力是否大于0.4MPa； （3）检查喷枪是否推进炉膛； （4）检查喷枪尿素溶液管路、阀门是否开启； （5）检查喷枪前流量计	
	喷枪进（退）受阻不畅	（1）确认进入喷枪伸缩装置的压缩空气压力是否大于0.4MPa； （2）检查伸缩装置电磁阀运行是否正常； （3）检查伸缩装置是否被异物卡住； （4）检查喷枪伸缩装置电源及控制系统线路； （5）检查喷枪安装是否到位； （6）检查驱动气缸是否损坏	

问题位置	故障现象	可能的原因或解决措施与方法	备注
控制系统	中控系统上无法操作或喷枪系统远程控制系统失灵	（1）测试中控系统的命令输出是否正常； （2）检查控制电缆是否损坏； （3）检查控制箱"远程/就地"开关切换位置； （4）现场检查喷枪的进退，检查控制柜	
	中控信号故障	（1）运行中出现控制台中控信号故障，电脑呈死机状态时，立即检查现场所有设备运行状态，确认无异常后，可将电脑重启，系统重新开机并恢复； （2）若就地设备跳停，应检查并退出电源开关，关闭所有泵的出口手动阀门，手动退出喷枪，检查所有电气设备，停水、停气检查，直到故障排除	

表 9-4　氨水为还原剂 SNCR 系统中设备常见故障分析和解决的措施与方法

问题位置	故障现象	可能的原因或解决措施与方法	备注
卸氨泵	无法启动	（1）确认现场控制柜中电源开关已合闸； （2）确认泵前后手动阀门已打开； （3）检查泵上电机	
	泵出口压力过高或出口管道温度过高，泵体发热	（1）确认泵前后手动阀门已完全打开； （2）确认氨水罐车及氨水储罐液位正常； （3）确认过滤器是否被堵住	
氨水输送泵	无法启动	（1）确认氨水储罐液位正常； （2）确认氨水储罐出口阀门工作正常； （3）确认现场控制柜中电源开关已合闸； （4）控制箱"远程/就地"开关切换位置； （5）确认泵前手动阀门已打开； （6）检查泵上电机	
	泵出口压力过高或出口管道温度过高，泵体发热	（1）确认泵前后手动阀门已完全打开； （2）确认氨水储罐液位正常； （3）确认过滤器是否被堵住	
喷射系统	喷射系统流量不准	（1）检查喷嘴是否堵塞，若堵塞需取下喷嘴进行清洗； （2）检查进入喷枪的压缩空气压力是否大于 0.4MPa； （3）检查喷枪是否推进炉膛； （4）检查喷枪氨水管路、阀门是否开启	
控制系统	中控系统上无法操作	（1）测试中控系统的命令输出是否正常； （2）检查控制电缆是否损坏； （3）检查控制箱"远程/就地"切换开关位置	
	中控信号故障	（1）运行中出现控制台中控信号故障，电脑呈死机状态时，立即检查现场所有设备运行状态，确认无异常后，可将电脑重启，系统重新开机并恢复； （2）若就地设备跳停，应检查并退出电源开关，关闭所有泵的出口手动阀门，手动退出喷枪，检查所有电气设备，停水、停气检查，直到故障排除	

二、SNCR 烟气脱硝系统运行问题

SNCR 烟气脱硝系统在运行过程中出现脱硝效率波动或脱硝率达不到设定指标、窑尾烟囱氨逃逸超标时应及时分析原因采取措施。SNCR 烟气脱硝系统效率偏低的原因分析和解决的措施与方法见表 9-5。

表 9-5　SNCR 烟气脱硝系统效率偏低的原因分析和解决的措施与方法

问题	可能现象或原因	解决措施与方法	备注
SNCR 烟气脱硝系统效率低	喷射系统运转在最大能力时，氨水供应还是不能满足系统要求	（1）检查氨水自动喷射控制系统运行是否正常； （2）确认供气和供氨水模块的压力和流量； （3）检查氨水泵后的手动阀门是否开启； （4）检查流量计及相关控制器是否正常工作	
	窑尾烟囱 NO$_x$ 监测值超标	（1）检查氨水喷射量调节系统，或手动调节喷射量； （2）检查喷射点位温度是否在合适范围（850～1050℃）； （3）检查供气和供氨水模块； （4）窑系统工况是否超过脱硝系统设计范围	
	氨水分布不均匀	（1）重新调整喷射策略，尝试不同的喷枪组合方式； （2）检查氨水管路及阀门是否堵塞以及泵的运行状况； （3）检查压缩空气管路及阀门是否堵塞以及供气压力； （4）检查管路各个仪表是否准确； （5）窑系统运行是否正常	
窑尾烟囱处氨逃逸超标	氨逃逸超过 10mg/m^3	（1）降低喷入分解炉内的氨水浓度； （2）采用两层喷枪同时工作的喷射策略模式； （3）在满足 NO$_x$ 排放要求的前提下减少氨水的喷射量，降低氨氮比； （4）检查喷射点的温度； （5）对氨逃逸检测仪进行校验	

第十章　低氮燃烧脱硝技术

由 NO_x 的形成条件可知，对 NO_x 的形成起决定作用的是燃烧区域的温度和过剩空气量。因此，低氮燃烧技术就是通过控制燃烧区域的温度和空气量，以达到阻止 NO_x 生成及降低其排放的目的。低氮燃烧技术是一类简单和经济的脱硝技术，其主要方法是采用改变燃烧气氛和调整燃烧温度及温度分布等手段，通过对燃烧过程的监控，如回转窑的过量空气系数和烟气温度等，优化燃烧过程降低热力型 NO_x 的生成，不需要加入还原剂，因此一次投资成本和运行成本较低。其缺点是：低氮燃烧技术的脱硝效果受到水泥熟料煅烧所需气氛制约，脱硝空间十分有限，脱硝效率一般为 $10\%\sim20\%$。低氮燃烧技术要点及存在的问题见表 10-1。

现代低氮燃烧技术将煤质、制粉系统、燃烧器、二次风及燃尽风等技术作为一个整体考虑，以低 NO_x 燃烧器与空气和燃料分级为核心，在炉内组织适宜的燃烧温度、气氛与停留时间，形成早期的、强烈的、煤粉快速着火欠氧燃烧，利用燃烧过程产生的氨基中间产物来抑制或还原已经生成的 NO_x。

表 10-1　低氮燃烧技术要点及存在问题

燃烧方法		技术要点	存在的问题
二段燃烧法 （空气分级燃烧）		燃烧器的空气为燃烧所需空气的 85%，其余空气通过布置在燃烧器上部的喷口送入炉内，使燃烧分阶段完成，降低 NO_x 生成量	二段空气量过大，会使不完全燃烧损失增大，一般二段空气比为 $15\%\sim20\%$，煤粉分解炉由于还原性气氛易结渣，或引起腐蚀
再燃烧 （燃料分级燃烧）		将 $80\%\sim85\%$ 的燃料送入主燃区，在 $\alpha\geqslant1$ 条件下燃烧；其余 $15\%\sim20\%$ 在主燃烧器上部送入再燃区，在 $\alpha<1$ 条件下形成还原性气氛，将主燃区生成的 NO_x 还原为 N_2，可减少 80% 的 NO_x	为减少不完全燃烧损失，需加空气对再燃区的烟气进行三段燃烧
低 NO_x 燃烧器	混合促进型	改善燃料与空气的混合，缩短在高温区的停留时间，同时可降低空气剩余浓度	需要精心设计
	自身再循环型	利用空气抽力，将部分炉内烟气引入燃烧器，进行再循环	燃烧器结构复杂
	多股燃烧性	用多股小火焰代替大火焰，增大火焰散热面积，降低火焰温度，控制 NO_x 生成量	
	阶段燃烧型	让燃料先进行浓燃烧，然后送入余下的空气，由于燃烧偏离理论当量比，故可降低 NO_x 浓度	容易引起烟尘浓度增加
	喷水燃烧型	让油、水从同一喷嘴喷入燃烧区，降低火焰中心高温区温度，可减少 NO_x 浓度	喷水量过大时，将造成燃烧不完全

一、分级燃烧脱硝技术的原理

分级燃烧脱硝的基本原理是在烟室和分解炉之间建立还原燃烧区，将原分解炉用煤的一部分均布到该区域内，使其缺氧燃烧（第一级燃烧区域内空气过剩系数小于1）以便产生 CO、CH_4、H_2、HCN 和固定碳等还原剂。这些还原剂与窑尾烟气中的 NO_x 发生反应，将 NO_x 还原成 N_2 等无污染的惰性气体。此外，煤粉在缺氧条件下燃烧也抑制了自身燃料型 NO_x 产生，从而实现水泥生产过程中的 NO_x 减排。其主要反应如下。

$$2CO + 2NO \longrightarrow N_2 + 2CO_2 \tag{10-1}$$

$$NH + NH \longrightarrow N_2 + H_2 \tag{10-2}$$

$$2H_2 + 2NO \longrightarrow N_2 + 2H_2O \tag{10-3}$$

分级燃烧脱硝技术具有以下优点。

（1）一次投资相对较小，有效降低 NO_x 排放，可达到 5%～20% 的 NO_x 脱除率。

（2）无运行成本，且对水泥正常生产无不利影响。

（3）无二次污染，分级燃烧脱硝技术是一项清洁的技术，没有任何固体或液体的污染物或副产物生成。

分级燃烧脱硝技术缺点：需要适当停窑周期实施改造，同时要有经验中控操作人员进行调整。

二、分级燃烧脱硝技术应用的影响因素

影响分级燃烧脱硝技术应用及效果的主要因素包括：原（燃）料的情况、煤粉在脱硝区的停留时间、窑尾的氧含量等。

（1）严格控制原料、燃料中的有害成分，生料中的 $Cl^- < 0.015\%$（0.02%max），$K_2O + Na_2O < 1\%$，硫碱比：0.6～1，燃料中的 $S < 1.5\%$，以保证系统的正常稳定。

（2）相对无烟煤而言，烟煤的高挥发性能够提供更多还原物质，提高分级燃烧的脱硝效率。

（3）窑尾烟室的氧含量越低（$O_2 < 0.8\%$），分级燃烧的脱硝效果越好。在窑尾氧含量高于 3.5% 时，分级燃烧难以取得明显效果。

（4）脱硝区空间需能够满足煤粉及还原性物质还原 NO_x 所需的停留时间。

三、分级燃烧脱硝系统

1. 分级燃烧四个阶段

分级燃烧是将燃料、燃烧空气及生料分别引入，以尽量减少 NO_x 形成并尽可能将 NO_x 还原成 N_2。分级燃烧涉及 4 个燃烧阶段：

（1）回转窑阶段，可优化水泥熟料煅烧；

（2）窑进料口，减少烧结过程中 NO_x 产生的条件；

（3）燃料进入分解炉内煅烧生料，形成还原气氛；

（4）引入三次风，完成剩余的煅烧过程。

2. 空气分级燃烧

空气分级燃烧技术是目前应用较为广泛的低 NO_x 燃烧技术，它的主要原理是将燃料的燃烧过程分段进行。该技术是将燃烧用风分为一次、二次风，减少煤粉燃烧区域的空气量（一次风），提高燃烧区域的煤粉浓度，推迟一次、二次风混合时间，这样煤粉进入炉膛时就形成了一个富燃料区，使燃料在富燃料区进行缺氧燃烧，充分利用燃烧初期产生的氨基中间产物，提高燃烧过程中的 NO_x 自还原能力，以降低燃料型 NO_x 的生成。缺氧燃烧产生的烟气再与二次风混合，使燃料完全燃烧。

该技术主要通过减少燃烧高温区域的空气量，以降低 NO_x 的生成技术。它的关键是风的分配。传统的燃烧器要求燃料和空气快速混合，并在过量空气状态下充分燃烧。从 NO_x 的形成机理可以知道，反应区内的空燃比对 NO_x 的形成影响极大，空气过剩量越多，NO_x 生成量越大。空气分级燃烧降低 NO_x 几乎可用于所有的燃烧方式，其基本的思路是希望避开温度过高和大过剩空气系数同时出现，从而降低 NO_x 的生成。

空气分级燃烧将分解炉燃烧用的空气分两阶段分级加入，先将一部分空气送入主燃烧区，使燃料在缺氧的条件下燃烧，燃烧速度低，生成 CO，且燃料中的 N 大部分分解为 HCN、HN、CN、CH_2 等，使 NO_x 分解，抑制炉内 NO_x 生成，同时 CO 可还原部分窑气的 NO_x。然后将燃烧用空气的剩下部分以分级风的方式送入分解炉，使燃料燃尽。燃烧区的氧浓度对各种类型的 NO_x 生成都有很大的影响。当过量空气空气系数 $\alpha<1$，燃烧区处于"贫氧燃烧"状态时，抑制 NO_x 的生成有明显的效果。根据这一原理，把供给燃烧区的空气量减少到全部燃烧所需用空气量的 70%～80%，降低燃烧区的氧浓度，也降低燃烧区的温度水平。因此，第一次燃烧区的主要作用就是抑制 NO_x 的生成，并将燃烧过程推迟。燃烧所需的其余空气则通过燃烧器上面的燃尽风喷口送入炉膛与第一级所产生的烟气混合，完成整个燃烧过程。

水泥新型干法生产线中，分解炉内空气分级燃烧包括：空气分级将燃烧所需的空气分两部分送入分解炉。一部分为主三次风，占总三次风量的 70%～90%；另一部分为燃尽风（OFA），占总三次风量的 10%～30%。炉内的燃烧分为 3 个区域，即热解区、贫氧区和富氧区。空气分级燃烧是在与烟气流垂直的分解炉截面上组织分级燃烧的。空气分级燃烧存在的问题是二段空气量过大，会使不完全燃烧损失增大；分解炉会因还原性气氛而易结渣、腐蚀；由于燃烧区域的氧含量变化引起燃料的燃烧速度降低，在一定程度上会影响分解炉的总投煤量的最大值，也就是会影响分解炉的最大产量。空气分级燃烧系统对分解炉调整如图 10-1 所示。

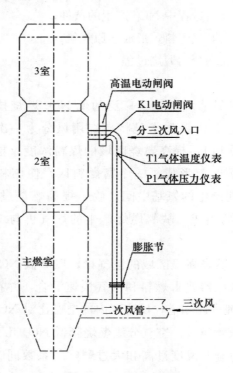

图 10-1　预分解炉空气分级燃烧改造示意图

3. 燃料分级燃烧

燃料分级燃烧脱硝系统主要由煤粉输送系统和煤粉均布喷射系统组成。系统主要包含：三次风管调整和改造、脱硝风管配置、C4 筒下料调整、煤粉储存、输送系统、分解炉用煤粉燃烧器和相应的电器控制系统。

脱硝系统的用煤经煤粉秤精确计量后，由罗茨风机送到窑尾烟室的脱硝还原区，在脱硝还原区的合适位置均布着一套燃烧喷嘴，煤粉经燃烧喷嘴高速（具体速度与该处空间结构密切相关）进入还原区内并充分分散开，一方面保证了分级燃烧的脱硝效率，另一方面减少了煤粉在壁面燃烧出现结皮的负面影响。此外，将部分 C4 下料分配到脱硝区，以控制脱硝区温度在合适范围内。根据还原区操作温度、C1 出口 NO_x 等系统参数，可及时调整脱硝用煤量。

在窑尾预分解炉建立专门的脱硝还原区，采用煤粉均布和生料温控技术，能够有效地控制脱硝区的用煤和脱硝区的温度。图 10-2 为煤粉分级燃烧流程。

目前分级燃烧脱硝系统已应用于很多条新型干法水泥生产线。对投产厂的调试显示，采用燃烧技术后水泥窑氮氧化物排放量较之前约有 10%～30%的下降。另外，实践证明：窑尾系统氧含量高低直接影响分级燃烧的脱硝效果。一般情况建议窑尾系统氧含量控制在 1%以内。

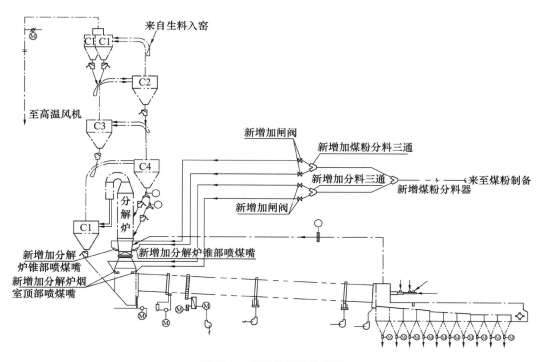

图 10-2 煤粉分级燃烧流程

4. 低氮燃烧器

采用新型的低氮燃烧器也是降低水泥窑氮氧化物的途径之一。研究表明，NO_x 的最大形成速率发生在挥发分燃烧阶段，在需要空气量约 10％过剩空气的条件下速率最高。因此，在燃烧过程中，采用最小的一次风量，对于减少两种 NO_x 都是有利措施。影响 NO_x 量的最主要的参数是着火点喷射流中的氧含量。一次风量在 5％～7％时最有利于降低 NO_x 的形成。普通的燃烧器，一次风用量大多在 10％以上，有的甚至高达 20％。不仅对降低燃料消耗、提高熟料质量、减少有害气体排放都有显著影响，而且影响到回转窑的优化操作和稳定安全运行。因此，采用先进低氮燃烧器对于降低氮氧化物生成有一定的抑制作用。

1）低氮氧化物燃烧器的分类

（1）阶段燃烧器

根据分级燃烧原理设计的阶段燃烧器，使燃料与空气分段混合燃烧，由于燃烧偏离理论当量比，形成局部的缺氧环境，故可降低 NO_x 的生成。

（2）自身再循环燃烧器

一种是利用助燃空气的压头，把部分燃烧烟气吸回，进入燃烧器，与空气混合燃烧。由于烟气再循环，燃烧烟气的热容量大，燃烧温度降低，NO_x 减少。另一种自身再循环燃烧器是把部分烟气直接在燃烧器内进入再循环，并加入燃烧过程，此种燃烧器有抑制氧化氮和节能双重效果。

（3）浓淡型燃烧器

其原理是使一部分燃料作过浓燃烧，另一部分燃料作淡燃烧，但整体上空气量保持不变。由于两部分都在偏离化学当量比下燃烧，因而 NO_x 都很低，这种燃烧又称为偏离燃烧或非化学当量燃烧。

（4）分割火焰型燃烧器

其原理是把一个火焰分成数个小火焰，由于小火焰散热面积大，火焰温度较低，使热反应 NO_x 有所下降。此外，火焰小，缩短了氧、氮等气体在火焰中的停留时间，对热反应 NO_x 和燃料 NO_x 都有明显的抑制作用。

（5）混合促进型燃烧器

烟气在高温区停留时间是影响 NO_x 生成量的主要因素之一，改善燃烧与空气的混合，能够使火焰面的厚度减小，在燃烧负荷不变的情况下，烟气在火焰面，即高温区内停留时间缩短，因而使 NO_x 的生成量降低。混合促进型燃烧器就是按照这种原理设计的。

（6）低 NO_x 预燃室燃烧器

预燃室是近 10 年来我国研发的一种高效率、低 NO_x 分级燃烧技术，预燃室一般由一次风（或二次风）和燃料喷射系统等组成，燃料和一次风快速混合，在预燃室内一次燃烧区形成富燃料混合物，由于缺氧，只是部分燃料进行燃烧，燃料在贫氧和火焰温度较低的一次火焰区内析出挥发分，因此减少了 NO_x 的生成。

2）三种低氮型燃烧器简介

（1）低 NO_x 型系列煤粉燃烧器

采用过低量空气燃烧（高风压、小风量），也就是利用低氮燃烧技术所描述的"缺氧燃烧、富氧燃尽"来降低 NO_x 的生成。在"缺氧燃烧"阶段，由于氧气浓度较低，燃料的燃烧速度和温度降低，抑制了热力型 NO_x 生成，氮燃料不能完全燃烧，中间产物，如 HCN 和 NH_3 会将部分已生成的 NO_x 还原成 N_2，从而抑制了燃料 NO_x 的排放；然后再将燃烧所需空气的剩余部分以二次风形式送入，即"富氧燃尽"阶段，虽然空气量增多，但此阶段的温度已经降低，新生成的 NO_x 量十分有限，因此，总体上 NO_x 的排放量明显减少，可降低 NO_x 排放 20％～30％。当氧系数含量小于 3％，产生的 CO 剧增，热效率会降低。如何合理选择助燃风量，在保证低过量空气燃烧的同时，必须考虑熟料产量不受影响，对低 NO_x 型燃烧器的调节范围，做到双重调节来满足需要（即风机变频调速和喷嘴出口面积调节）。对风量和风速的配备，在不同的工艺环境，不同的煤种燃料，合理选用各风道风速。传统的内外风供给，即靠一台风量大、压头低的风机来完成，用风碟阀分配内外风、中心风的风量，调节范围小，无明显调节效果，又无法找到平衡点，造成一次风过量使用，不但高能耗，同时又人为增加 NO_x 的生成。

为实现低过量空气极限燃烧，内外风、风机分道供风，在设计低 NO_x 型燃烧器时，采用了为拉法基、海德堡公司制造加工的新技术，以及完善的成功经验，以低单燃烧器技术的特定要求，一次风采用一台风机单独供风，二台风机均配有变频调速电机。在海拔高度小于 800m 的情况下，其风机参数见表 10-2。

表 10-2 风机参数

产量（t/d）	外净风机		内净风机		低过量极限用风量	
	风量（m³/min）	风压（kPa）	风量（m³/min）	风压（kPa）	风量（m³/min）	风压（kPa）
2500	35	49	45	29.4	60～80	50～70
5000	80	49	70	29.4	55～75	50～70

二台风机分别向指定的风道送风，使每个风道均能达到理想的出口风速，对火焰形状、长短、粗细真正能达到调节灵活，得心应手。低 NO_x 型系列煤粉燃烧器外形图如图 10-3 所示。

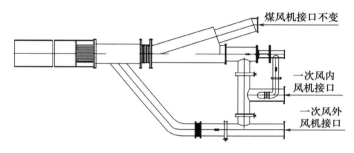

图 10-3 低 NO_x 型系列煤粉燃烧器

低 NO_x 燃烧器采用了"二高二大二低一强"的设计理念。风速、风压对照表见表 10-3。

"二高"是指端部净风喷嘴出口风速高——其包裹性能好，火焰四周更光滑，有效控制局部高温点和窑衬的使用寿命。内外净风压头高为高风速提供保障。

"二大"是指端部出口的集体风速与二次风速相比，速差大有利于动能和热能的交换。抗干扰气流，穿透性能推力大，火焰更强劲。

"二低"是指低过剩空气系数燃烧（占总风量的 6%），低 NO_x 排放。

"一强"是指强旋流，强旋流产生强涡流，强涡流吸卷循环二次热风能量强，风煤混合更充分，有效缩短煤粉燃尽时间，对高硫高灰分煤、低挥发分、低热值煤的煅烧，与其他结构形式的燃烧器相比，能起到更好的效果。

表 10-3 风速、风压对照表

各风道风速风速、风压	外净风		煤风		内净风		中心风	
	风速（m/s）	风压（kPa）	风速（m/s）	风压（kPa）	风速（m/s）	风压（kPa）	风速（m/s）	风压（kPa）
单风机燃烧器	180～200	15～25	25～35	58～68	160～180	13～20	40～60	5～10
低 NO_x 双风机燃烧器	250～340	35～45	25～35	58～68	200～280	25～35	60～100	10～15

（2）PYROJET 四风道燃烧器

PYROJET 四风道燃烧器可烧劣质褐煤，喷嘴中心装有点火用液体或气体燃料喷嘴，其外部第一环形风道鼓入 0.06MPa 低压风顶住回流风。而第二层环形风道出口装有螺旋风翅（相当于三风道喷嘴内旋流风），风量为 2.4％，风速为 160m/s。第三层环形风道是送煤粉风道，其风量为 2.3％，风速为 24m/s；最外环不是环形风道，而是一圈环状布置的 8～18 个独立喷嘴。由一台旋转活塞风机供以 0.1MPa 左右的高风压，通过这些喷嘴，喷出风速高达 440m/s，风量为 1.6％。喷出高速射流，可将高温二次风卷吸到喷嘴中心，可加速煤粉燃烧。煤粉着火速度与喷射嘴数，即与喷射风量有关。

一般三风道燃烧器，设计一次风量是燃烧空气总量的 10％～15％，而 PYROJET 设计一次风量是 6％～9％，大量降低了一次风量，可以增加高温二次风量和热回收率，有利于提高窑系统热效率和窑产量。

试验结果证实，采用 PYROJET 喷嘴的燃烧器，由于喷嘴外风高速喷射卷吸高温二次风进喷嘴中心，使煤粉着火速度加快，使氮和氧来不及化合，可以减少 NO_x 形成。根据试验可使窑尾废气 NO_x 含量降低 30％。在严格限制 NO_x 排放量的要求下，PYROJET 喷嘴是低排放 NO_x 的最好燃烧器，因而获得了广泛应用。

（3）Duoflex 燃烧器

1996 年推出的新型第三代回转窑用 Duoflex 燃烧器，利用煤风管的伸缩，改变一次风出口面积调节一次风量。该燃烧器具有以下特点。

① 保证总的一次风量 6％～8％，选择恰当的一次风机风压，以获得要求的喷嘴出口风速，大幅度提高一次风压的冲量达 1700N·m/s 以上，强化燃料燃烧速率，能满足燃烧各种煤质的燃料。

② 为降低因提高一次风喷出速度而引起风道阻力损失，在轴向风和涡流风道出口较大空间内使两者预混合，然后再由同一环形风道喷出。燃烧器喷嘴前端的缩口形状，使相混气流的轴向风具有趋向中心的流场，而涡旋风具有向内旋转力，有助于对高温二次风产生卷吸回流作用。

③ 将煤风管置于轴向风和漩涡风管之中，可以提高火焰中部煤粉浓度，使火焰根部 CO_2 浓度增加，O_2 减少，在不影响燃烧速度条件下维持较低的温度水平，可以有效地抑制 NO_x 生成量。

④ 为了抵消高涡旋外部风在火焰根部产生剩余负压，防止未燃尽的煤粉被卷吸而压向喷嘴出口，造成回火，影响火焰稳定燃烧，在煤风管内增设中心风管，其中心风量约为一次总风量的 1％。在中心风管出口处设有多孔板，将中心风均匀地分散成许多风速较高的流束，以防止煤粉回火，实为一个功能良好的火焰稳定器。此外，中心风管起保护和冷却点火油管的作用。

⑤ 煤风管通过手动涡轮驱动可前后伸缩，有精确刻度指示伸缩位置。只伸缩煤风

管可维持轴向风和涡旋风比例不变，使调节一次风出口风道面积达 1：2，即一次风量调节范围为 50%～100%，且可以无级调节。这样可适应煤质变化，灵活调节火焰形状。除这种伸缩煤风管调节方式外，还有另一调节轴向风和涡旋风管闸门，在窑点火时，需要调节轴向风和涡旋风比例时才调节这两个阀门。正常运转时，该两阀门完全打开，只通过伸缩煤风管就能调节火焰形状以满足生产需求，既降低了一次风管道通风阻力，又简化了调节手续。

⑥ 煤风管伸缩处用膨胀节相连，确保密封性能良好，其伸缩距离约为 100mm，当其退缩至最后端位置时，喷嘴一次风出口面积最大，其风量也最大，这样喷嘴出口端形成长约 100mm 的拢焰罩，对火焰根部有聚束作用。相反煤风管伸至最前端，喷嘴一次风出口面积最小，其风量也最小，拢焰罩长度等于零。一般生产情况下，拢焰罩长度应居中以便前后调节。

⑦ 在燃烧器结构设计方面，加大各层风管直径，提高了喷煤管强度和刚度。风管后端用法兰连接，前端用定位凸块、恒压弹簧和定位钢珠，具有良好的对中定位和锁定功能，保证各层风道同心度。加大了煤风管进口部位空间，可降低煤风速，减少了煤风进入角度，以及易磨损部分堆焊耐磨层可减小磨损，喷嘴用耐热合金钢制成，燃烧器使用寿命可达 15 年。

Duoflex 燃烧器为了达到低 NO_x 燃烧的目的，一般都采用低温燃烧或低氧燃烧技术，对燃料的适应性比较差，在我国优质煤产量降低价格过高的情况下，水泥生产企业对劣质煤、无烟煤的使用积极性很高。这些劣质煤要么就是热值较低，需要通过约束燃烧器火焰加速燃料的燃烧，要么需要高温高氧的条件来实现快速燃尽，对于水泥熟料的原料易烧性较差的生产系统而言，更需要通过加大一次风量提高火焰温度才能生产出合格的熟料，这使得低 NO_x 燃烧器的推广难度大大增加，也对此技术提出了更高的要求。

四、工程实例

1. 贵州西南水泥 2500t/d 水泥熟料生产线低氮燃烧技术改造

以贵州西南水泥 2500t/d 水泥熟料生产线低氮燃烧技术改造工程为例，图 10-4 为该项目改造后窑尾煤粉输送管道系统图。上层 2 个喷煤嘴为水泥窑原有喷煤嘴，下层新增 2 个喷煤嘴。另外，同时改造分解炉锥体，缩小锥体直径，从而提高烟气流速。本工程主要是对喷煤管道进行改造，先通过原有煤粉输送管道上的三通分料器，把原有管道一分为二，再通过每个支管上的三通分料器把原有管道一分为四，再把四条支管连接到分解炉的喷煤嘴套管上。在每个支管上设有管夹阀和刀型手动单向闸阀，以便对各条支管进行独立开关控制。悬空管道可由吊架固定在上层框架上。图 10-5 为该线低氮燃烧技术改造工程工艺施工图。图 10-6 为该线低氮燃烧技术改造工程现场实例。

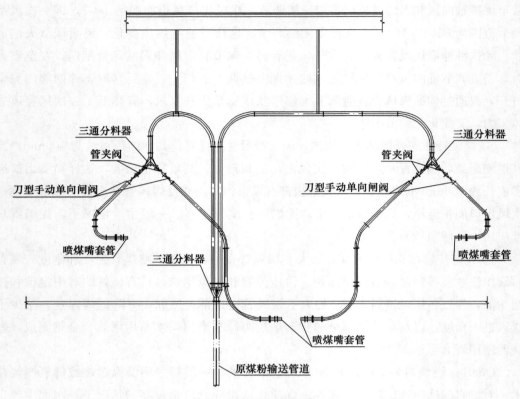

图 10-4　改造后窑尾煤粉输送管道系统图

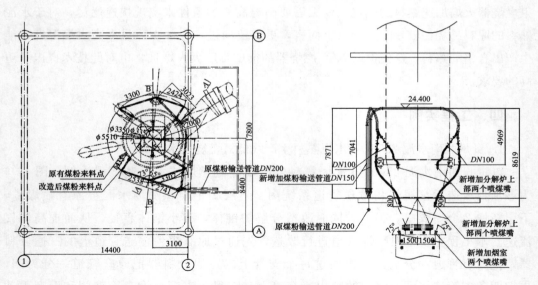

图 10-5　低氮燃烧技术改造工程工艺施工图

2. 龙元建设安徽水泥有限公司脱氮管改造工程

龙元建设安徽水泥有限公司脱氮管改造工程是在三次风管和 40.070m 平台以上的分解炉区域之间加一节脱氮风管，脱氮风管的下端连接三次风管，上端连接进入分解炉中上部，从而实现将分解炉燃烧用的空气分两阶段分级加入。脱氮风管下方设有膨胀节，上方设有高温闸

图 10-6 低氮燃烧技术改造工程现场实例

阀，在 40.070m 平台上为水平风管设有支撑，在竖直风管处设有支座。本项目改造内容包括：三次风管调整和改造、脱氮风管配置、高温闸阀控制系统，支撑和窑尾框架加固。图 10-7 为该项目脱氮风管改造工艺施工图。图 10-8 为该项目脱氮风管改造现场照片。

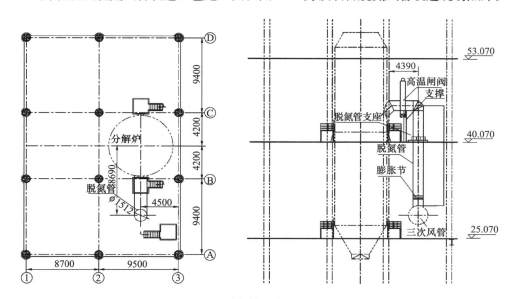

图 10-7 脱氮管改造工艺施工图

图 10-8 脱氮风管改造现场

第十一章　选择性催化还原法（SCR）烟气脱硝技术

第一节　水泥窑 SCR 脱硝工艺

一、SCR 烟气脱硝基本原理

SCR 脱硝技术是 20 世纪 50 年代由美国人最先提出，该技术的实用化是在日本完成的，日本于 1978 年实现了 SCR 在工业锅炉和电厂机组上的工业化应用。SCR 脱硝的主要应用领域有火力发电厂、垃圾焚烧、燃气轮机、水泥厂、钢铁厂、生物质锅炉及各类发动机等。近 20 多年来选择性催化还原烟气脱硝技术（以下简称 SCR）发展很快，在欧洲和日本已得到了广泛应用，近十多年来国内也已得到了普遍应用。目前 SCR 脱硝技术是环保领域应用最多的工业技术之一。

SCR 工艺主要分为氨法 SCR 脱硝和尿素法 SCR 脱硝。此两种方法都是利用氨对 NO_x 的还原功能，在催化剂的作用下将 NO_x（主要是 NO）还原为对大气无害的 N_2 和 H_2O。还原剂为 NH_3，其不同点则是在尿素法 SCR 中，先利用一种设备将尿素转化为氨之后输送至 SCR 反应器，它转换的方法为将尿素溶液注入一分解室中，此分解室提供尿素分解所需的混合时间、驻留时间及温度，由分解室分解出来之氨基产物即成为 SCR 还原剂通过触媒实施化学反应后生成氨及水。尿素分解室中分解成氨的方法有热解法和水解法，主要化学反应方程式为：

$$NH_2CONH_2 + H_2O \longrightarrow 2NH_3 + CO_2 \tag{11-1}$$

在氨法 SCR 整个工艺设计中，通常是先使氨蒸发，然后和稀释空气或烟气混合，最后通过分配格栅喷入 SCR 反应器上游的烟气中。

在 SCR 反应器内，NO 通过以下反应被还原：

$$4NO + 4NH_3 + O_2 \longrightarrow 4N_2 + 6H_2O \tag{11-2}$$

$$6NO + 4NH_3 \longrightarrow 5N_2 + 6H_2O \tag{11-3}$$

当烟气中有氧气时，反应第一式优先进行，因此，氨消耗量与 NO 还原量有一对一关系。

在窑炉烟气中，NO_2 一般约占总的 NO_x 浓度 5%，NO_2 参与反应如下：

$$2NO_2 + 4NH_3 + O_2 \longrightarrow 3N_2 + 6H_2O \tag{11-4}$$

$$6NO_2 + 8NH_3 \longrightarrow 7N_2 + 12H_2O \qquad (11-5)$$

上面两个反应表明还原 NO_2 比还原 NO 需要更多的氨。

在绝大多数窑炉烟气中，NO_2 仅占 NO_x 总量的一小部分，因此 NO_2 影响并不显著。

SCR 系统 NO_x 脱除效率通常很高，喷入烟气中的氨几乎完全和 NO_x 反应。有一小部分氨不反应而是作为氨逃逸离开了反应器。一般来说，对于新的催化剂，氨逃逸量很低。但是，随着催化剂失活或者表面被飞灰覆盖或堵塞，氨逃逸量就会增加，为了维持需要的 NO_x 脱除率，就必须增加反应器中 NH_3/NO_x 摩尔比。从新催化剂开始使用到被更换这段时间称为催化剂寿命。

二、SCR 脱硝工艺流程

SCR 脱硝工艺流程简图如图 11-1 所示。

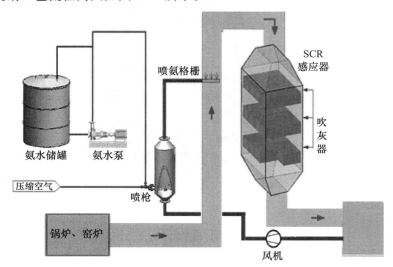

图 11-1　SCR 脱硝工艺流程简图

三、关键技术

SCR 关键技术框图如图 11-2 所示。

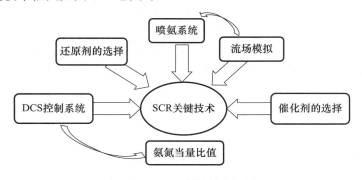

图 11-2　SCR 关键技术框图

四、SCR 反应器及催化剂

SCR 反应器充分考虑各种窑炉系统特点，采用独特布置方式，能高效、稳定地除去烟气中的氮氧化物，并最大程度减轻烟尘对催化剂的堵塞、磨损、毒化，增加催化剂的使用寿命，可承载不同类型的催化剂，从而减低 SCR 系统运行成本。图 11-3 为 SCR 反应器结构示意图。

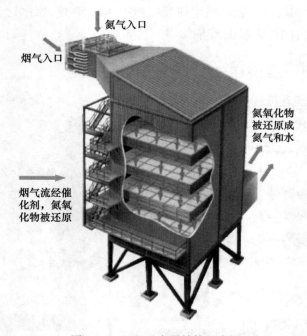

图 11-3　SCR 反应器结构示意图

新型催化剂，它以超细 TiO_2 为基材，以钒氧化物为活性组分，同时添加钨、钼等氧化物为助剂，具有活性高、脱硝效率高、抗中毒性能强、耐磨损、使用寿命长等特点。图 11-4 为常用催化剂类型。

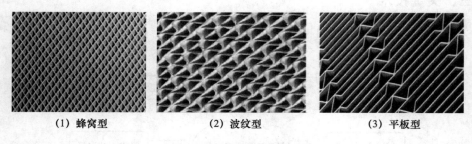

(1) 蜂窝型　　　　　　(2) 波纹型　　　　　　(3) 平板型

图 11-4　常用催化剂类型

五、水泥窑 SCR 脱硝工艺

近年来国家生态环境部与各地方政府签订排放总量的责任要求越来越严，各地根据排放总量的限制，出台了新的水泥工业氮氧化物排放地方标准，在地方标准中对水泥窑氮氧化物的排放控制要求比现有国标更为严格。如安徽省《水泥工业大气污染物排放标准》（DB 34/ 3576—2020）、河南省《水泥工业大气污染物排放标准》（DB 41/ 1953—2020）、河北省《水泥工业大气污染物超低排放标准》（DB13/2167—2020）、四川省《水泥工业大气污染物排放标准》（DB51 2864—2021）等出台的地方标准，水泥窑氮氧化物的排放均要求控制在 $100mg/Nm^3$ 以下。江苏省《水泥工业大气污染物排放标准》（DB32/4149—2021）、2021 年浙江省《水泥工业大气污染物排放标准》（征求意见稿），其水泥窑氮氧化物的排放均要求控制在 $50mg/Nm^3$ 以下。面对如此严格的排放标准，只有水泥窑 SCR 脱硝工艺才能真正满足企业实际所需的可靠稳定排放要求。

SCR 技术的脱硝效率主要取决于反应温度、反应空气速度、NH_3/NO_x 比值和烟气在催化剂床层的停留时间以及气流分布等因素。SCR 脱硝普通催化剂的反应温度一般为 $280\sim450℃$，目前在新型干法熟料水泥生产线上，该温度区间正好对应水泥窑尾预热器 C1 筒出口烟温，此温度区间为水泥窑 SCR 烟气脱硝的应用提供了合适条件。

水泥窑 SCR 技术较流行工艺为在预热器 C1 筒出口管道上将烟气（$280\sim360℃$）引入 SCR 反应器，在进入反应器前的管道上喷入混合好的氨气或预热器 C2 筒处喷入氨水，氮氧化物在催化剂作用下被氨还原为无害的氮气和水。

SCR 法具有较高反应效率，可以保证废气中 NO_x 浓度降到 $100mg/Nm^3$ 以下，NO_x 的减排效果高达 80% 以上，与电力等行业相比，水泥企业废气的粉尘浓度高，碱金属含量较高，易使催化剂中毒和堵塞，一次性投资成本和运行成本均较高。

在水泥行业 SCR 脱硝项目中，SCR 反应器有四种布置方式，即高温高尘、高温中尘、中温中尘、低温低尘。

1. 高温高尘布置

SCR 系统安装在窑尾预热器 C1 筒出口处，烟气温度在 $280\sim360℃$，可以满足 SCR 所需要的反应温度窗口，但是 C1 筒出口处粉尘浓度高，有堵塞催化剂的风险，也会加快催化剂的磨损，烟气中含有碱金属、重金属，可导致催化剂中毒，影响 SCR 系统效率，对水泥窑系统的稳定运行有一定的影响。图 11-5 为高温高尘布置方案图。

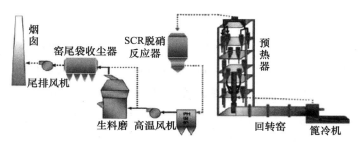

图 11-5　高温高尘布置方案图

2. 高温中尘布置

在预热器 C1 筒后，SCR 反应器前，安装一台高温电除尘器，降低烟气中粉尘浓度，减轻催化剂堵塞的风险，可采用常规催化剂，但相对于高尘布置方案，此布置的投资高，占地面积大。图 11-6 为高温中尘布置方案图。

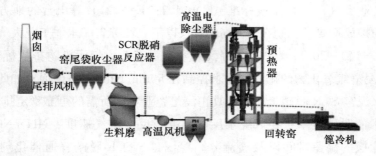

图 11-6　高温中尘布置方案图

3. 中温中尘布置

SCR 反应器布置在窑尾 SP 余热锅炉后，这时烟气中含尘浓度降低了，烟气温度也降低了，需要采用中低温催化剂才能满足工艺要求。在考虑中低温方案过程时，若烟气中 SO_2 含量较高时，需充分认识和控制催化剂对 SO_2 氧化生成 SO_3，与脱硝还原剂 NH_3 反应生成的硫酸氢铵对催化剂及下游设备造成的严重影响。目前国内外水泥企业采用该方案的 SCR 脱硝案例不多。图 11-7 为中温中尘布置方案图。

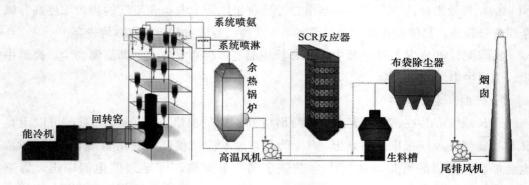

图 11-7　中温中尘布置方案图

4. 低温低尘布置

该布置方案是将 SCR 脱硝系统放置于窑尾收尘器之后，脱硝烟气中的粉尘浓度可控制在 $20mg/Nm^3$ 以下，粉尘对催化剂的磨损和堵塞可忽略。催化剂可选用小孔薄壁高比表面积的蜂窝式催化剂或波纹式催化剂。该脱硝工况烟气温度仅为 $80\sim130℃$，催化剂活性较低，国外相关案例是利用蓄热体和补充热源将烟气再加热至催化剂反应温度区间，但工艺结构复杂，运行能耗大，建设费用高，在国内水泥企业应用存在较大难度。图 11-8 为低温低尘布置方案图。

目前国外水泥窑主流的 SCR 脱硝工艺是高温（高尘）布置法，即反应器布置在窑尾预热器 C1 筒之后。此时烟气中的全部粉尘均会通过反应器，反应器的工作条件是在"原始"的高尘烟气中。由于这种布置方案的烟气温度在 280～360℃ 的范围内，适合于常规催化剂的反应温度，所以脱硝反应的效率很高，而且增加的设备较少，仅需要采取应对烟气高浓度粉尘的技术手段。

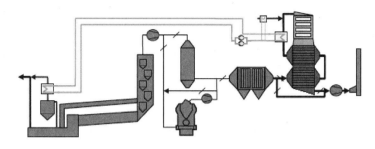

图 11-8　低温低尘布置方案图

目前国内水泥窑应用较多的 SCR 脱硝工艺是高温（高尘）布置法和高温（中尘）布置法。各种水泥窑布置条件下对 SCR 系统的限制因素因运行环境和工艺过程而变化。这些制约因素包括系统压降、烟道尺寸、窑尾空间、烟气微粒含量、逃逸氨浓度限制、SO_2/SO_3 氧化率、温度和 NO_x 浓度等，都影响催化剂寿命和系统的设计。各种布置条件下催化剂活性的劣化趋势示意如图 11-9 所示。图 11-9 显示，烟气中飞尘越多，催化剂的劣化就会越快。同时催化剂更换得越频繁，催化剂的成本也会越高。实际上各种水泥窑 SCR 工艺布置的取舍不是根据单项成本来考虑，而是根据整个水泥生产线的综合效率来进行比较和选择的。水泥窑尾烟气中飞灰的含量不同，对催化剂的开孔孔数要求也不同。根据国内外水泥行业使用经验，笔者总结了常用催化剂开孔孔数与烟尘含量的基本关系（见表 11-1）。这些可以用来供设计水泥窑 SCR 项目时参考，但在实际应用中还需要根据不同水泥窑具体工况来综合考虑，包括有关配套部分的设计、功效等都会对 SCR 系统有影响。一般来说，含尘量越大，催化剂的劣化就越快。同时 SCR 脱硝在水泥窑应用也在很大程度上受到烟气中 SO_2 含量的制约（见图 11-10）。SO_2 含量越高，操作时的烟气温度要求也就越高，不然就会因为硫酸氢铵的沉积过多而堵塞蜂窝催化剂的孔道。

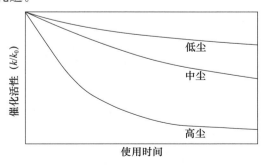

图 11-9　各种使用条件下催化剂活性劣化示意图

表 11-1　各种使用条件下催化剂开孔尺寸范围

类型	孔数（$n \times n$）	间距（mm）	开孔（mm）	内壁厚（mm）	比表面积（m²/m²）	开孔率（%）	配置方式
10/12.56	10×10	14.6	12.56	2.0	225	70.1	高尘
13/9.88	13×13	11.3	9.88	1.5	300	73.4	
15/8.43	15×15	9.8	8.43	1.4	335	71.0	
16/6.98	16×16	9.2	6.98	1.2	365	73.4	中尘
18/6.98	18×18	8.2	6.98	1.2	405	70.2	
20/6.40	20×20	7.4	6.40	1.0	455	72.8	
30/4.34	30×30	4.9	4.34	0.6	700	75.2	低尘
35/3.68	35×35	4.2	3.68	0.6	845	73.7	

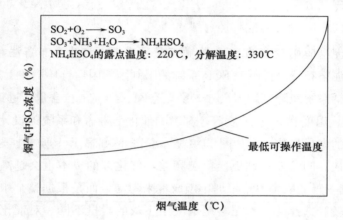

图 11-10　烟气中 SO_2 含量与可操作温度关系示意图

第二节　水泥窑 SCR 系统催化剂基本选型

催化剂是 SCR 工艺的核心部件，其性能的优劣直接影响到脱硝效率和运行寿命。催化剂的选取主要根据反应器的布置、入口烟气成分及其温度、烟气流速、NO_x 浓度、烟尘含量与粒度分布、脱硝效率、允许的氨逃逸率、SO_2/SO_3 转化率以及使用寿命等因素确定。

水泥窑 SCR 催化剂与传统的电厂锅炉、玻璃窑炉等 SCR 催化剂在选型上有一定的区别。催化剂的合理选型关系到整个 SCR 系统的性能，因此需对各项性能指标（如脱硝效率，SO_2/SO_3 转化率，抗磨性等）进行实验室测试，确保能适应现场水泥窑工况运行要求。与一般的燃煤锅炉应用不同，水泥窑的飞灰含量高且存在大量的碱土金属 CaO，在 C1 出口（SCR 反应器入口）的飞灰浓度高达 $80 \sim 120 g/Nm^3$，针对上述问题应采用特别的措施以确保 SCR 系统的高效稳定运行。

由于水泥窑烟气中的烟尘含量高，在反应器的设计和催化剂的选择上应采取相对较低的催化剂通流速度，来平衡飞灰对催化剂的冲蚀磨损和防堵灰两方面的问题，通过对催化剂节距、孔径、体积的选择来满足催化剂通流速度、脱硝效率、运行寿命等方面的要求。

一、碱（土）金属中毒机理

1. 碱金属（K、Na）

对催化剂影响最严重的是 K、Na 两种碱金属，而其在烟尘中的存在形式又以金属氯盐和氧化物的中毒效果最为严重。金属氯盐 KCl 可使钒基催化剂化学中毒，其机制主要是 K 在 V 或 W 的 Brønsted 酸位点形成 V（W）—O—K 键，导致 Brønsted 酸位点减少，影响 NH_3 的吸附活化，此外，KCl 可使钒基催化剂烧结，从而导致催化剂活性下降。

碱金属氧化物 K_2O 碱性比金属氯盐强，其毒化作用强于金属氯盐。研究指出，钒基催化剂 K_2O 中毒机理如图 11-11 所示，K_2O 与 SCR 催化剂表面的活性位点 Brønsted 酸位（V—OH）发生反应，生成 V—OK，削弱了催化剂表面 Brønsted 酸位的酸性，使催化剂吸附 NH_3 能力下降，抑制 SCR 反应活性中间体 NH_4^+ 的生产，催化活性随之下降。研究发现当 K_2O 负载量大于 1％ 时催化剂完全失活。

图 11-11　SCR 催化剂碱金属 K^+ 中毒机理

碱金属钠盐的中毒机理与钾盐类似，可引起催化剂物理中毒和化学中毒，以化学中毒为主。物理中毒主要是引起催化剂表面颗粒的沉积和孔道的堵塞。而化学中毒主要是因为碱金属 Na 与催化剂表面的 Brønsted 酸性位点上的 V—OH 发生反应，生成 V—ONa，使 V_2O_5 和 WO_3 等金属氧化物的化学环境发生变化，从而影响其催化性能。

2. 碱土金属（Ca、Mg）

CaO 是碱性物质，目前使用的 V_2O_5/TiO_2 基催化剂的活性位是具有 Lewis 酸或 Brønsted 酸性质的物质，烟气中游离态 CaO 和催化剂表面的酸位中和，减少催化剂的活性位，从而降低催化剂的活性。当然 CaO 与催化剂表层酸性位物质之间的反应属于固固反应，反应速度较慢，所以单纯的 CaO 碱性使得催化剂酸性下降并不会造成催化剂活性的大幅下降。但沉积在催化剂表面的 CaO 还与烟气中的 SO_3 反应生成致密的 $CaSO_4$ 盲层，造成催化剂微孔堵塞却是催化剂活性下降的主要原因。另外，CaO 可以造成催化剂微孔堵塞，使得催化剂活性下降，工艺上一般通过提高吹灰频次缓解催化剂的堵塞。

烟气中的水分会对碱（土）金属中毒产生协同作用。催化剂在干燥状态下，因为固固反应速度缓慢，碱（土）金属中毒不明显。催化剂失活的速度主要取决于催化剂表面的碱（土）金属的表面浓度，而碱（土）金属的表面浓度主要取决于飞灰在催化剂表面的沉积速度、停留时间和沉积量。当催化剂表面有液体水生成时，碱金属会在水中溶解，加速向催化剂内部扩散，并与活性位发生反应，导致催化剂活性位快速丧失。

二、催化剂抗堵性

抗堵性一般受下列因素影响：①灰的本身特性，如碱性灰，一般在较低的温度，有水参与的情况下，容易黏结和板结；如硫铵，一般具有较强的黏滞性，易和其他灰黏附一起，难以清除。②灰的含量，较高的灰含量导致灰不容易及时排除，造成大量的沉积和堵塞，一般需要选择合适的吹灰形式和加强吹灰频次。③脱硝催化剂的结构选型。

三、水泥窑窑尾烟气特性

水泥窑窑尾烟气特征如下所述：①灰分含量高。预热器后灰尘含量高达 $80\sim120g/Nm^3$，比燃煤火电厂烟气的灰分含量高出 5 倍多，高灰含量容易导致催化剂堵塞。②CaO 含量高。研究表明，烟气中的 CaO 含量对催化剂活性有重大影响，催化剂失活速率随 CaO 含量的增加而迅速递增。多数水泥窑烟气中高浓度的 CaO 易与 SO_3 生成 $CaSO_4$，覆盖在催化剂表面，降低了催化剂活性。一些水泥窑预热器出口烟气中 CaO 含量可高达 40％以上，如此高含量极容易导致催化剂快速失活。因此，一方面需要提高催化剂的抗 CaO 能力，另一方面必须提高吹灰效果。③烟气成分复杂，细粉量多有黏性。④与火电厂的煤灰相比，水泥烟气中的颗粒对催化剂的磨损相对较小。

水泥窑烟气 SCR 脱硝一般布置在窑尾预热器出口的 280～360℃的烟气温度区间。在窑尾预热器出口测出的某水泥窑烟气成分见表 11-2 和表 11-3。

表 11-2　某水泥窑窑尾预热器出口烟气成分

序号	项目	单位	数值	备注
1	水含量	％	8～16	
2	NO_x	mg/Nm^3	300～1300	干基
3	粉尘浓度	g/Nm^3	60～120	干基
4	碱金属	％	70～80	

表 11-3　某水泥窑窑尾飞灰与燃煤锅炉飞灰主要成分对比

含量	水泥熟料窑	电厂燃煤锅炉
Fe_2O_3	3.72	5.81
Al_2O_3	4.78	20.75
SiO_2	9.54	62.07

续表

含量	水泥熟料窑	电厂燃煤锅炉
CaO	78.24	3.14
Na_2O	0.12	1.74
K_2O	0.9	2.68
Cl	0.15	0
SO_3	0.6	0.08

从表 11-2 和表 11-3 可看出，该水泥窑烟气中水含量为 8％～16％，粉尘含量 60～120g/Nm³，其中碱土金属 CaO 高达 78.24％。这样高的灰含量和碱土金属含量，会导致如下情况：

（1）脱硝催化剂物理中毒和化学中毒，以物理钝化为主，$CaSO_4$ 及 CaO（可与烟气中的 SO_3/SO_2 生成 $CaSO_4$）会堵塞催化剂微孔。

（2）催化剂在含高钙飞灰的烟气中长期运行会加快催化剂的磨损。

（3）烟气中水分会对碱（土）金属中毒产生协同作用，导致催化剂活性位快速丧失。

因此，水泥窑 SCR 脱硝需要选择耐磨、抗堵、抗碱中毒的催化剂。

四、催化剂选择原则

催化剂是 SCR 工艺的核心，水泥窑 SCR 工艺应优先采用国产成熟技术的脱硝催化剂。为了使水泥窑系统安全、经济运行，对 SCR 工艺使用的催化剂应达到下列要求：

（1）低温度时在较宽温度范围具有较高的活性。

（2）SO_2 向 SO_3 转换率低和副反应少。

（3）对二氧化硫（SO_2）、卤族酸（HCl，HF）和碱金属（Na_2O、K_2O）和重金属（如 As）具有化学稳定性。

（4）克服强烈温度波动的稳定性。

（5）对于系统压力损失小，寿命长、成本低。

（6）能防止催化剂碱中毒。水泥窑尾预热器出来的烟气中粉尘含量高达 80～120g/Nm³，且存在大量的碱土金属 CaO，既易堵塞催化剂，又易加快催化剂的磨损，同时催化剂在含高钙飞灰的烟气中长期运行会逐渐失活，这是水泥窑尾烟气 SCR 脱硝必须要解决的关键点。

（7）较强的防堵灰能力。水泥窑烟气中的粉尘，比燃煤电厂黏性大，会在催化剂的表面和孔道内堆积，造成脱硝效率降低，同时阻力不断上升，造成催化剂堵塞风险。

五、催化剂的种类

SCR 脱硝普遍采用 TiO_2 基催化剂，根据外观形状可分为蜂窝式、板式与波纹式三种。这些催化剂的矿物组成比较接近，一般都是以 TiO_2（含量 $80\%\sim90\%$）作为载体，以 V_2O_5（含量 $1\%\sim2\%$）作为活性材料，以 WO_3 或 MoO_3（含量 $3\%\sim7\%$）作为辅助活性材料，具有相同的化学特性，但外观形状的不同导致物理特性存在较大差异。

（1）蜂窝式：世界范围内有许多家公司在生产这种催化剂。采取整体挤压成型，单位体积的催化剂活性高，相同脱硝效率下所用催化剂的体积较小。为增强催化剂迎风端的抗冲蚀磨损能力，上端部约 $10\sim20$mm 长度采取硬化措施。

（2）板式：以金属板网为骨架，采取双侧挤压的方式将活性材料与金属板结合成型。开孔率为 $80\%\sim90\%$，防灰堵能力较强，适合于灰含量高的工作环境。但因其比表面积小（$280\sim350m^2/m^3$），要达到相同的脱硝效率，需要较大体积数。采用板式催化剂设计的 SCR 反应器装置，相对荷载大（体积大）。

（3）波纹式：它以玻璃纤维或者陶瓷纤维作为骨架，非常坚硬。孔径相对较小，单位体积的比表面积最高。此外，由于壁厚相对较小，单位体积的催化剂重量低于蜂窝式与板式。在脱硝效率相同的情况下，波纹式催化剂的所需体积最小，且由于比重较小，SCR 反应器体积与支撑荷载普遍较小。由于孔径较小，一般适用于低灰含量的烟气环境。

这三种类型催化剂的加工工艺不同，但其化学特性接近，都能够满足不同的脱硝效率要求，并有大量的应用业绩。为了加强不同类型催化剂的互换性及装卸的灵活性，均将催化剂单体组装成标准化模块尺寸（每个模块截面尺寸约 $1.9m\times0.96m$）。各种形式的催化剂比较参见表 11-4。

表 11-4 不同形式催化剂比较

项目	蜂窝式	板式	波纹板式
结构形式			
基材	整体挤压成型	不锈钢网	纤维
加工工艺	均匀挤出式	涂覆式（钢架构支撑）	覆涂式（玻璃纤维架构支撑）
比表面积	$1.5\sim1.8$	1	1.27
同等条件下所需体积	1	1.4	1.2
开孔率	80%	87%	75%
抗堵性	强	强	中等
抗磨性	强	强	中等
压损	1.12	1	1.48
全球业绩	$\approx65\%$	$\approx33\%$	很少

蜂窝式催化剂由于具有较大的比表面积，因而，在同等工程设计条件下，需要的体积量较小，从而可以减小反应器尺寸，降低建设 SCR 脱硝装置的初期投资成本。因此，根据水泥窑 SCR 工程的烟气特性，推荐使用蜂窝式催化剂。

六、水泥窑催化剂设计选型

1. 催化剂设计需考虑事项

催化剂的设计应由水泥窑窑尾烟气的流量、温度、组分、飞灰含量、有毒元素含量以及催化剂使用寿命等方面综合考虑，如图 11-12 所示。

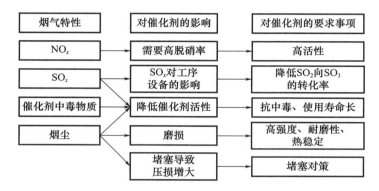

图 11-12　催化剂设计需考虑的因素

2. 催化剂的孔数选择

根据水泥窑烟气工况特性，为了降低高飞灰工况造成催化剂孔道的堵塞概率，优选大节距催化剂。采用"高温高尘"或"高温中尘"布置时，根据烟气中粉尘浓度，催化剂可选 10~18 孔规格。目前，水泥窑 SCR 系统催化剂大多使用蜂窝式催化剂。目前，国内外水泥窑 SCR 系统蜂窝式催化剂一般使用 13 孔催化剂，其节距为 11.3mm，孔径为 9.88mm×9.88mm。表 11-5 所示为催化剂产品规格参数。

表 11-5　蜂窝式催化剂产品参数

孔数	节距（mm）	几何比表面积（m²/m²）	孔隙率（%）
8	18.4	186.0	76.5
10	14.8	237.5	79.3
11	13.4	258.0	78.0
12	12.3	281.8	77.6
15	9.9	348.3	75.8
16	9.2	370.6	75.5
18	8.2	415.7	75.0

3. 催化剂的壁厚等参数选择

蜂窝式催化剂是一种陶瓷制品，具有表面粗糙、微孔多及易碎特点。受烟气及水泥炉窑的高浓度飞灰的影响，催化剂活性随运行时间逐渐降低，运行初期惰化速率最快；超过 2000h 后惰化速率趋缓。为了充分发挥每层催化剂的残余活性，最大限度利用现有催化剂，应采用"$X+1$"或"$X+2$"模式布置催化剂，初装 X 层。需要强调指出，水泥窑烟气中粉尘浓度高，粉尘主要由 CaO、未煅烧分解的 $CaCO_3$ 以及 SiO_2、Al_2O_3 等物质组成，市面上的催化剂产品均会对催化剂迎风面做断面硬化处理，但在高浓度粉尘的长期冲刷下，仍然会造成催化剂磨损，因此在催化剂选型时，应考虑选择内壁厚在 1.1mm 以上的催化剂，以保证催化剂运行时的机械强度，以便将来采用再生技术，延长催化剂的使用寿命。

4. 气流速度的选择

反应器内气流速度过快，烟气中的粉尘长期冲刷催化剂迎风面，催化剂的机械强度会下降；气流速度过慢，高浓度的粉尘会沉积在催化剂表面，催化剂孔道堵塞概率增大。结合水泥窑烟气中粉尘浓度、粉尘特性及催化剂壁厚、开孔率等参数综合考虑，建议反应器内空塔流速选取 3.0～4.0m/s，催化剂孔内流速选取 4.5～5.5m/s。同时完善均流、混合和整流措施，在第一层催化剂上表面的速度分布偏差控制在 10% 以内，角度偏差控制在 5° 以内，减少飞灰对催化剂表面的冲刷。催化剂前端采用表面硬化处理，防止烟气中粉尘冲刷。

5. 催化剂体积的选择

水泥窑灰中含有较高的碱土金属 CaO，一般化学分析其含量 40%～80%，CaO 会造成催化剂中毒，导致催化剂活性下降，脱硝效率降低。国外研究发现，SCR 催化剂中 CaO 含量越高，对催化剂的毒化作用越大，CaO 和 SO_3 反应生成的 $CaSO_4$ 沉积在催化剂表面，之后在高温及长期积累下发生颗粒团聚并不断长大，导致 $CaSO_4$ 体积膨胀，堵塞催化剂孔道，活性位不能参与反应，催化剂活性下降。

国外学者研究表明：Ca 通过占据催化剂表面的 V—OH 和 V=O 活性位，影响 NH_3 在催化剂表面的吸附量，降低催化剂催化还原 NO_x 的能力。碱土金属引起的催化剂化学中毒与催化剂表面钒酸性位被占据相关，可以通过提高催化剂载体的酸性来提高催化剂抗碱金属中毒的能力。国内学者提出一种能抗碱金属中毒的催化剂制备方法，通过在催化剂中加入 CeO_2 改性，形成更多的表面酸性位和表面化学吸附氧，更有利于 NH_3 在催化剂表面的吸附和氧化，V 与 Ce 之间协同作用形成的 V—O—Ce 活性中心，可有效地抑制 V 的活性中心被碱金属破坏，进而极大地提高了催化剂的脱硝性能和抗碱金属中毒性能。国内学者采用辊压涂覆成型工艺制得一种能抗碱金属和硫中毒性能的平板式催化剂，这种催化剂载体为二氧化钛固体超强酸，活性成分为五氧化二钒，催化助剂为三氧化钨、三氧化二锑和硫酸铜。

综上所述，能有效抵抗碱金属中毒能力的催化剂目前仍处于工业性研究阶段，少量商业投运。针对高碱土金属的烟气工况，采用增加普通钒钛类催化剂体积裕量的方法来满足设计使用寿命是合理的，根据水泥窑烟气工况，催化剂体积应比正常工况下的增加 25%～30%。表 11-6 为催化剂推荐的面积速度（单位表面积的催化剂处理的烟气量）。

表 11-6　催化剂推荐面积速度

脱硝效率（%）	面积速度（m/h）	
	化学寿命 16000h	化学寿命 24000h
50	11.4～12.6	10.0～11.1
60	10.3～11.3	9.0～10.0
70	9.1～10.1	7.9～8.8
80	8.0～8.8	7.0～7.7
90	6.5～7.1	5.7～6.3

6. 催化剂防堵灰措施

根据水泥窑烟气高尘工况特性，应采取声波和耙式组合吹灰方式，对催化剂进行清洁处理。水泥厂内余热锅炉产生的蒸汽量较少，因此 SCR 吹灰系统需配备专用空压机组，压缩空气经耙管对催化剂表面进行移动吹扫，保持催化剂孔道畅通。耙式吹灰器吹灰压力一般控制在 0.6 MPa 以上，每层催化剂的吹灰频次根据系统压差情况进行设定。膜片式声波吹灰器一般控制压缩空气压力在 0.5～0.7MPa，每层催化剂每小时的吹灰频次建议 3～4 次，一次运行时间持续 10s。另外，催化剂内增加防止大颗粒丝网、导灰锥和防尘罩等的特殊设计。

七、水泥窑 SCR 催化剂防中毒措施

1. 催化剂孔隙的堵塞

极小的颗粒灰会沉积在催化剂的孔隙中，并且阻拦 NO_x、NH_3 和氧进入催化剂内部反应，从而引起催化剂的失活。由细小飞灰引起的催化剂失活是正常的，设计催化剂的体积时，已经考虑到此因素。

2. 水、硫的酸性物质和硫酸氢铵的凝结

凝结在催化剂上的水会将飞灰中的有毒物（碱金属、钙、镁）转移到催化剂上，从而导致催化剂失活，飞灰硬化并阻塞催化剂，使吹扫清灰能力下降。

停机时，温度的波动也会引起水蒸气的冷凝，所以保持温度在烟气露点以上是非常重要的。当低于露点温度运行时，含硫的酸性物质会凝聚在催化剂上，从而导致催化剂失活。由于不会发生长期低于露点温度下的连续运行，且可限制在露点温度下的启动次数，所以硫酸不会引起明显的催化剂失活。

3. 未燃烟气与催化剂的接触

未燃烟气与催化剂接触时，会严重降低催化剂的活性，而且破坏催化剂内部的物理结构。因此，水泥窑运行时，尽量减少不完全燃烧，特别是水泥窑启停时注意防止此类情况发生。

4. CaO 等碱性物质引起催化剂毒化

CaO 造成 SCR 催化剂中毒的几种可能原因：①CaO 造成微孔的堵塞。②飞灰中 CaO 和 SO_3 反应，吸附在催化剂表面，并形成 $CaSO_4$，会阻塞催化剂的微孔，减小催化剂的比表面积，抑制反应物向催化剂表面的扩散，从而影响催化剂的活性。

以上的问题，除了研制催化剂时，在化学成分、总体积、流速、孔径、表面处理等方面进行专门的设计及制造工艺处理以外，都可以充分利用吹灰器的有效运行来消除、减弱这些负面因素对催化剂带来的影响。

八、水泥窑 SCR 催化剂防堵塞和防磨损措施

1. 防止催化剂表面堵塞的技术措施

催化剂的堵塞主要是由于铵盐及飞灰的小颗粒沉积在催化剂小孔中，阻碍 NO_x、NH_3、O_2 到达催化剂活性表面，引起催化剂钝化。造成催化剂堵塞的原因一般如下。

（1）催化剂选型有误，孔径选取过小，造成大颗粒灰在催化剂孔内搭桥，形成严重堵灰。

（2）吹灰系统设计不合理，不能及时进行吹扫，造成飞灰和氨盐的沉积。

（3）系统设计不合理，反应器内部流场不均匀，局部存在涡流区，使得部分位置出现逆向流动，长时间运行后，催化剂孔内挂灰得不到烟气的冲刷，造成堵灰。

针对上述造成堵灰的原因，将采取下列措施，保证系统安全运行。

（1）催化剂孔径将根据水泥窑烟气参数进行选取，并留有一定安全裕量。

（2）设置有效合理的吹灰系统，定期对催化剂孔内的浮灰进行吹扫。

（3）通过设计催化剂表面的正确流量分布，能够将飞灰沉积的问题最小化。此项工作通过正确的 SCR 系统烟道设计、建立流场模拟（CFD）来完成。确保催化剂入口前流场均匀，减少死角造成的积灰。

（4）催化剂上部密封装置设置成屋脊型，避免催化剂模块间及催化剂模块与反应器间的积灰。

（5）铵盐沉积的问题可以通过合理地设计和运行 SCR 系统来解决。铵盐形成的原理是，NH_3 与 SO_3 在一定的低温下形成黏性杂质覆盖催化剂表面导致其失效。因此，首先要设计合适的催化剂体积，避免 NH_3 的逃逸，同时设计合理的催化剂配方，降低 SO_2/SO_3 转化率；再加上合理的系统设计，特别是混合装置的设计，使催化剂表面烟气浓度达到均布。运行上，注意停止喷氨的温度，使 SCR 运行温度在氨盐形成之上，同时选择合适的 NH_3/NO_x 摩尔比，就能避免氨盐沉积的问题。

2. 防止催化剂表面磨损的技术措施

催化剂的磨蚀主要是飞灰撞击在催化剂表面形成的。磨蚀强度与气流速度、飞灰特性、撞击角度及催化剂本身特性有关。

经验表明，当系统设计正确、催化剂材料耐久性适宜和催化剂边缘硬化后，不会

发生明显的腐蚀。催化剂入口处的烟气流场不均是大多数问题的起因，在进行流场模拟（CFD）同时，一定要注意设计整流格栅以便使流向催化剂的烟气以直线进入催化剂。由于大多数的催化剂腐蚀是发生在直接暴露在尘粒冲击的催化剂边缘，所以催化剂在入口部分应加以硬化，以提供更进一步的保护。为了保证催化剂在水泥窑烟气工况下的抗磨损能力，采用了表面特殊涂层处理和前端硬化处理来提高耐磨和防堵灰措施。如图 11-13 和图 11-14 所示。

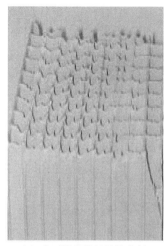
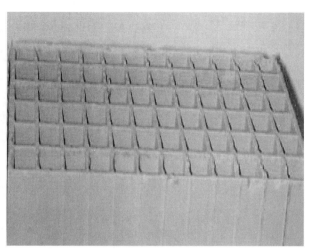

(a) 表面没有涂层的催化剂　　　　　　(b) 表面有涂层的催化剂

图 11-13　表面有无涂层的催化剂示意图

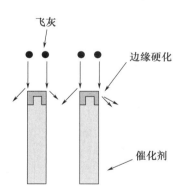

图 11-14　边缘硬化的催化剂示意图

九、水泥窑烟气 SCR 催化剂失效后处理方式

（1）蜂窝式催化剂的原材料制备由混合、挤压、成型、干燥等工序组成。由于蜂窝式催化剂的本体内外全部是由催化剂材料制成，因此，即使催化剂表面遭到灰分等的破坏磨损，仍然能维持原有的催化性能，因此，蜂窝式催化剂可以再生。催化剂的再生可以分为在线和离线两种再生技术，如图 11-15 和图 11-16 所示。

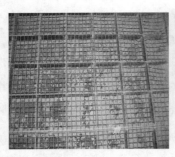

图 11-15　催化剂的在线再生技术

图 11-16　催化剂的离线再生技术

（2）催化剂再生的步骤

① 首先在实验室对失活的催化剂进行测试。

② 然后对同类失活的催化剂进行再生。

③ 对再生后的催化剂进行活性测试。

④ 通过比较找出最好的再生方法。

⑤ 然后根据现场的实际情况选择是现场再生还是离线再生。

再生后的催化剂催化性能可以恢复到最初性能的 60%～80%，催化剂再生的成本一般是新催化剂的 30%～50%（在线方法）或者 40%～60%（离线方法）。

（3）废弃催化剂的处置

失活的催化剂若不想再利用，则按照危险固体废弃物相关的标准进行处置。

十、水泥窑 SCR 催化剂清灰

我国水泥窑排放的烟气中灰分含量普遍较高，进入 SCR 系统反应过程中，对催化剂的活性和寿命都产生了不利的影响，为了预防灰粉堆积在催化剂表面，需要选择适当的吹灰器。根据水泥窑 SCR 反应器内的烟气成分和催化剂的性质，目前普遍应用的是声波吹灰器和压缩空气吹灰器组合的清灰形式。

1. 工作原理

（1）声波吹灰器工作原理

声波吹灰器（膜片式）是利用金属膜片在压缩空气的作用下产生声波，高响度声波对积灰产生高加速度剥离作用和振动疲劳破碎作用，积灰产生松动而落下。它的基本原理是通过声波发生器将压缩空气调制成声波，将压缩空气的能量转化为声能（声波）。声波在弹性介质（反应器内空间）里传播，声波循环往复的作用在催化剂表面的积灰上，对灰粒之间及灰粒和催化剂壁之间的结合力起到减弱和破坏的作用，声波持续工作，那种结合力必然会减弱，当它减弱到一定程度之后，由于灰粒本身的质量或烟气的冲刷力，灰粒会掉下来并被烟气带走。

（2）压缩空气吹灰器工作原理

压缩空气吹灰器则是利用一定压力和一定流量的压缩空气，从吹灰器喷口高速喷出，对积灰面进行吹扫，以达到清除积灰的目的。

2. 机理比较

声波吹灰技术是利用声波发声器，把调制高压气流而产生的强声波，馈入反应器空间内。由于声波的全方位传播和空气质点高速周期性振荡，可以使表面上的灰垢微粒脱离催化剂，而处于悬浮状态，以便随烟气流带走。声波除灰的机理是"波及"，吹灰器输出的能量载体是"声波"，通过声场与催化剂表面的积灰进行能量交换，从而达到清除灰渣的效果，作用力为"交流"量。而传统的压缩空气吹灰器，是"触及"的方法，输出的能量载体是"压缩空气射流"，靠"压缩空气射流"的动量直接打击催化剂表面上的灰尘，使之脱落，作用力为"直流"量。

3. 在 SCR 应用技术特点分析

（1）对催化活性影响

声波吹灰器是预防性的吹灰方式，阻止灰粉在催化剂表面形成堆积，而压缩空气吹灰是待灰形成一定的厚度后，再进行吹扫清除。声波吹灰器能够保持催化剂的连续清洁，最大限度利用催化剂对脱硝反应的催化活性。

（2）对催化剂寿命影响

经试验和现场测试证明声波吹灰器对催化剂没有任何毒副作用，压缩空气吹灰方式由于温度湿度的影响，长期运行对催化剂的失效有一定影响。

声波吹灰器对催化剂没有磨损，延长催化剂使用寿命，是非接触式的清灰方式，降低 SCR 的维护成本。压缩空气吹灰方式依靠机械地压缩空气的冲击力来实现清灰，高速的压缩空气流夹杂着粉尘，对催化剂的表面产生磨损，导致催化剂的使用寿命缩短，维护成本变高。

（3）吹灰覆盖范围

声波吹灰器不存在清灰死角问题，声波吹灰器由于是依靠非接触式的声波，实现灰尘从结构表面脱落而被烟气带走，声波在结构的表面能来回地反射及衍射，从而不存在死角，清灰非常彻底。压缩空气吹灰方式依靠的是机械地压缩空气的冲击力来实现清灰，在压缩空气流的末端，压缩空气的冲击力衰减，吹灰效果变差，存在一定的清灰死角。

（4）两种吹灰系统在设计、安装、调试比较

声波吹灰器结构简单、重量轻、安装简便。没有复杂的控制系统、运动机构，也不需要大功率耗电。在 SCR 反应器设计中，可以大量减少平台及平台支撑钢结构的设备，节省大量的钢材。声波吹灰器的平台只需要 1.5～2m，而同样布置的压缩空气吹灰器需要 6～7m 的平台。压缩空气吹灰器的管路设计相对复杂。

根据水泥窑烟气中粉尘的特性，目前均采用"声波吹灰器＋压缩空气吹灰器"联合清灰方式。

第三节　水泥窑 SCR 中低温催化剂研究与应用

一、中低温 SCR 催化剂研究与应用现状

近年，水泥窑等非电行业 NO_x 排放已经成为重要的大气污染源。"十三五"期间，"超低排放""蓝天保卫战"等规划措施相继实行，对于水泥等非电行业烟气污染排放有了更严格的要求。针对水泥、钢铁、玻璃等非电行业烟气温度低的特性（如二代新型水泥窑 C1 筒出口温度 240～260℃，SP 余热锅炉后出口温度 180～220℃，窑尾布袋收尘器后出口温度 80～120℃；钢铁烧结/球团烟温 120～180℃；日用玻璃炉窑烟温 180～240℃），传统的 SCR 脱硝技术因催化剂工作温度高、无适宜热源、加热运行成本高等原因不宜被直接采用，必须对催化剂进行有针对性的改良，以提高其在中低温烟气脱硝领域的适用性。

1. 中低温 SCR 催化剂的研究

目前，国内外对于中低温 SCR 催化剂的研究主要集中在钒基（V）、锰基（Mn）和其他金属氧化物（如 Fe、Ce）等，并通过相关工程应用取得一定的进展。

有研究表明，传统的钒钛催化剂通过掺杂过渡金属或者优化载体结构可以一定程度拓宽催化剂的中低温性能。同时，以 MnO_x 为主要组分的催化剂是目前研究的重点之一。MnO_x 由于含有大量游离的氧，使其在催化过程中能够完成良好的催化循环，这是其表现低温活性的主要原因。但是实际烟气中 H_2O 和 SO_2 的存在是连续且不可避免的，对 MnO_x 催化剂的 SCR 反应具有明显的抑制作用。为了解决催化剂抗性问题，有学者采用共沉淀法制备了 $MnO_x－CeO_x－MeO_x$ 三元催化剂，实验结果显示，Co/Ni 掺杂后提高了双组分 $MnO_x－CeO_x$ 催化剂的抗中毒能力，在通入浓度为 $400mg/m^3$ 的 SO_2 约 1h 后活性仍维持在 78％左右，比其他样品高 10％。另外，催化剂的性能与形态、结构密切相关，研发特殊形貌的 SCR 催化剂是未来重要的发展方向，研究者往往

通过利用先进材料合成技术来制备结构、晶型更完美的催化剂。国内学者制备了具有核壳结构的 $CeO_x@MnO_x$ 催化剂，并用于 NO 的催化氧化。结果表明，$CeO_x@MnO_x$ 催化剂比传统方法（柠檬酸法）制备的 $CeMnO_x$ 催化剂具有更高的 NO_x 催化活性。

2. 中低温 SCR 催化剂工程应用现状

近年来，国外几家公司（荷兰壳牌公司、丹麦 Topsoe、日本日挥触媒化成、奥地利 Ceram 等）已将中低温 SCR 催化剂应用到实际生产中，并在国内垃圾焚烧等相关行业进行了工业应用。

国内对低温 SCR 催化剂的研究及工程应用也取得一定的成效，目前，中低温催化剂的工业应用已经在国内垃圾焚烧、钢铁、水泥等行业率先展开，但还存在一些问题尚需进一步完善，如 Mn 基催化剂的抗水抗硫性，其他类型催化剂因制作工艺复杂、商用成本较高等。表 11-8 列出了国内部分企业生产中低温 SCR 催化剂及其工程应用情况。另外，国内某课题组研发的新型 Mn 催化剂在河北某钢铁企业中试中也取得优良试验效果，在 150℃，空速 4000～6000h^{-1} 范围内连续运行 720h，活性始终维持在 90%以上。

表 11-8　部分中低温催化剂投运情况

催化剂	公司	合作单位	适用范围	应用实例
"方信"钒钛催化剂	北京方信立华科技有限公司	北京工业大学	160～400℃	云南钛业、宝钢湛江钢铁
低温蜂窝型和泡沫型非钒催化剂	中能国信（北京）科技发展有限公司	清华大学	150～400℃	水泥窑低温 SCR 脱硝
Mn/FA-PG 非钒系催化剂	合肥晨曦环保工程有限公司	合肥工业大学	180～300℃	山东铁雄新沙能源有限公司焦炉烟气
MnO_x-CoO_x（CeO_x）TiO_2 蜂窝/堆垛式棒状催化剂	上海瀚昱环保材料有限公司	浙江大学	130～260℃脱硝效率60%～90%	玻璃窑和石油化工领域

3. 复旦大学研制中低温 SCR 催化剂

复旦大学近期开发的低温、耐硫、抗堵塞和抗碱金属脱硝催化剂，在富阳南方水泥 5000t/d 水泥窑生产线上进行了中低温 SCR 中试，取得了较好的试验效果。该催化剂具有适用温度在 150～500℃，耐受 2000mg/m^3 以内硫环境，自动分解硫酸氢铵，防止堵塞，延长催化剂寿命 2～3 倍等特点。

（1）建立抗 ABS 中毒离子拆分－催化还原机理解决硫酸氢铵中毒难题

中低温且烟气含硫情况下，易形成 ABS（硫酸氢铵）覆盖催化剂表面，导致中毒失活。ABS 易形成，难分解；ABS 黏性强，易吸附在催化剂表面，覆盖活性位，导致催化剂失活；ABS 会在催化剂表面沉积，并黏附烟气粉尘，易导致催化剂孔道堵塞。

复旦大学中低温催化剂采用双活性位中心，利用抗 ABS 中毒的离子拆分-催化还原机理，有效提高催化剂低温活性并在低温下能分解硫酸氢铵，实验室条件下能耐受二氧化硫浓度高达 $2000mg/m^3$。图 11-17 为抗 ABS 中毒的离子拆分-催化还原机理。

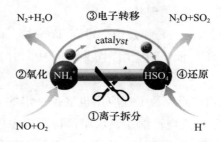

图 11-17　抗 ABS 中毒离子拆分-催化还原机理

（2）建立了碱金属离子交换－配位机理解决碱金属中毒难题

烟气中碱（土）金属离子易占领催化剂活性位，导致中毒失活。碱（土）金属与催化剂表面接触会与 NH_3 产生竞争吸附，由于其碱性更强，会优先吸附在催化酸性位上。碱（土）金属的吸附会降低参与反应的酸性活性位数量及酸强度，从而大大降低催化反应速率，缩短催化剂寿命。复旦大学中低温催化剂建立了碱金属离子交换-配位机理，具有碱金属离子捕获位，抗碱金属中毒能力超过普通催化剂。图 11-18 为碱金属离子交换-配位机理图。

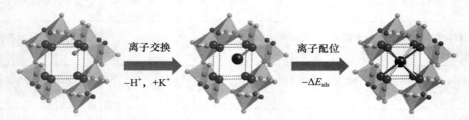

图 11-18　碱金属离子交换-配位机理图

中低温 SCR 催化剂是未来脱硝领域发展的重要方向，在提高催化剂抗性和稳定性的同时，继续开发新材料、新构型，提高效率，降低成本，在技术上赶超国外，是该领域发展的重要一步。

二、水泥窑中低温 SCR 催化剂研究与工业应用

SCR 技术目前常采用钒系催化剂，其反应活性温度在 $280\sim400℃$，而这个温度范围对应的水泥生产工艺环节正好处于窑尾预热器 C1 筒出口位置，该处烟气含尘量极高，对催化剂形成冲刷磨损且催化剂通道易被堵塞。与此同时，由于烟气中含有碱金属等复杂成分，容易引起催化剂中毒失活。目前，国内外众多学者都在致力于中低温 SCR 催化剂的研发，以避开 C1 筒出口的高尘环境，其中中国建筑材料科学研究总院在这方面取得了很好的研究进展，在国家重点研发计划项目的支持下建立了浙江长兴南

方水泥 5000t/d 水泥生产线中低温 SCR 脱硝示范工程。中低温 SCR 脱硝技术的核心是中低温催化剂材料技术。研究团队对传统的高温催化剂材料进行改进性研究，通过添加强吸附功能材料，使催化剂材料对 NH_3 分子和 NO_x 分子吸附能力增加了数倍；通过添加微量过渡金属元素，使 NH_3 分子与 NO_x 分子反应的电子转移加速，反应速率大幅度提高；通过新的加工制备工艺，使催化剂材料的表面积和孔容增加，耐磨性能也有显著提高，最终实现了高性能中低温催化剂材料的商业化生产。

第四节 几类典型水泥生产线 SCR 设计选型

一、3200t/d 水泥生产线 SCR 系统设计选型

国内某 3200t/d 生产线脱硝超低排放采用"氨水蒸发＋中低温中尘 SCR 脱硝装置"，根据现场实际运行情况，在 SNCR 投运时现出口排放 NO_x 浓度为 150mg/Nm³（标态，干基，10％O_2），SO_2 平均浓度约为 2000mg/Nm³（标态，干基，10％O_2）考虑，SCR 脱硝装置出口 NO_x 排放浓度不大于 50mg/Nm³（标态，干基，10％O_2）。

1. 3200t/d 水泥窑主要参数

（1）窑尾 SP 锅炉出口相关参数

粉尘：55g/Nm³；NO_x：小于 150mg/Nm³（已上 SNCR）；SO_2：0～2000mg/Nm³（正常为 1mg/Nm³ 以下，偶尔会到 2000mg/Nm³）；温度：200～220℃。

（2）高温风机相关参数

温度：320℃；风量：630000m³/h（工况）；全压：8500Pa；电机：10kV，2240kW。

2. 设计基本参数

（1）SCR 脱硝系统设计参数，见表 11-9。

表 11-9 SCR 脱硝系统主要设计参数表

序号	项目名称	单位	参数值
1	脱硝装置入口烟气量	Nm³/h	260000
2	SCR 入口烟气温度	℃	200
3	处理前烟气中 NO_x 浓度	mg/Nm³	150
4	烟气中含尘浓度	g/m³	55
5	SCR 脱硝效率	％	≥67％
6	脱硝装置负荷适应范围	％	50％～100％
7	处理后烟气中 NO_x 浓度	mg/Nm³	≤50
8	NO_x 削减量	kg/h	19.4
9	脱硝系统总阻力	Pa	≤1000
10	反应器内烟气流速	m/s	≤4

序号	项目名称	单位	参数值
11	氨逃逸量	ppm	≤3
12	20%氨水耗量	kg/h	61
13	系统可用率	%	≥98

（2）还原剂消耗量

在额定出力运行时消耗氨水（浓度20%时）不大于61kg/h（单台），工艺水耗量约为200kg/h，电量消耗约为135（kW·h）（含空压机，不含高温风机），压缩空气消耗约为24Nm³/min。

3. 工艺系统和设备

（1）氨水卸载及存储

与原SNCR氨水储存区共用。增设一套氨水输送计量系统。

（2）氨水输送系统

来自于氨水罐的氨水经氨水泵升压后通过阀门、过滤器、流量计、调节阀后进入窑尾预热器C2筒上升烟道内，并通过喷枪雾化为$60\mu m$左右的液滴与约400℃热烟气混合蒸发，氨水以完全气态形式输送到后方SCR系统中使用。氨水输送模块设置两台立式离心泵以及配压力、流量、阀门等仪表设备，用于将氨水按照工艺要求定量输送到喷枪。根据窑尾出口烟气中的NO_x含量反馈到控制系统，通过控制系统控制氨水泵电机频率达到控制喷射量的一个控制过程。图11-19为氨水输送模块。

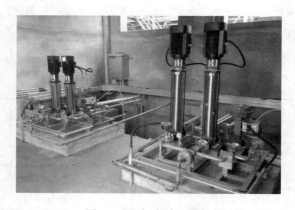

图11-19　氨水输送模块

（3）计量分配模块

计量分配系统中对氨水、压缩空气分别进行计量和分配，通过对NO_x浓度、生产工况的变化做出响应，控制调节适当的空气/氨水质量比率，以取得最佳的NO_x还原效果。本系统中控制单元采用模块化设计，采用DCS进行控制。

用来测量和控制正常运行时需要的氨水溶液量的组件被装配在计量混合柜中。这些模块配有控制阀和流量变送器等，用来自动控制到喷枪的溶液总流量。图 11-20 为计量分配模块。

图 11-20　计量分配模块

（4）氨水蒸发模块

本系统采用脱硝专用喷枪，将氨水溶液、压缩空气经分配和计量后，定量送至喷枪，经喷枪雾化后，喷射入窑尾预热器 C2 筒上升烟道中。系统中设置温度探测仪及流量控制阀，可根据窑尾预热器内实际工况、温度、NO_x 的浓度来对氨水溶液喷入量进行有效控制，以达到最佳脱硝效果。

当负荷及 NO_x 浓度变化时，DCS 实时调整控制氨水溶液喷射量以保证系统经济有效的运作。一旦喷枪出现故障，入口处的流量计及压力计将会发生异常压力和流量，巡检人员可以及时处理故障。

喷枪采用双液喷嘴内部混合。每支喷枪由外部的压缩空气管和内部的氨水溶液管组成。喷枪具有高的冲力，可以调节喷雾效果和液滴的尺寸。对于有角度的喷枪，喷射角度可以在运行期间进行改变。图 11-21 是氨水蒸发双流体喷枪。

图 11-21　氨水蒸发双流体喷枪

（5）SCR 烟道及输灰

脱硝 SCR 入口烟道从窑尾 SP 余热锅炉出口烟道单独电动挡板门接出，随后进入 SCR 脱硝装置，经脱硝催化剂处理反应后，通过 SCR 出口烟道，并设置出口电动挡板门，随后接入高温风机入口烟道。保留原窑尾 SP 余热锅炉出口至高温风机烟道及挡板门，与脱硝装置形成旁路，确保水泥窑炉运行安全。烟道流速按不大于 15m/s 设置。

本项目烟气含尘量较高，在脱硝反应器底部不可避免地产生积灰。在反应器底部设置收集灰仓、插板阀、星形卸料器和链式输送机等组成的输灰系统，送至窑尾 SP 余热锅炉输灰系统。输灰能力按 8t/h 设计。

（6）催化剂选型

考虑到本脱硝工程的条件及特点，催化剂首选蜂窝式。鉴于水泥烟气粉尘碱金属含量高的特点，本设计工艺路线将 SCR 脱硝设置在窑尾 SP 余热锅炉后，该工艺要求脱硝催化剂的中低温活性高，且耐受较高浓度二氧化硫和碱金属，项目采用新一代中低温环保脱硝催化剂。图 11-22 为催化剂模块及单元；表 11-10 为中低温催化剂选型参数。

图 11-22　催化剂模块及单元

表 11-10　中低温催化剂选型参数

性能保证	单位	数据	备注
催化剂型式		蜂窝式	
设计出口 NO_x 浓度	mg/Nm³	50	标况，干基，基准氧
最低脱硝效率	%	66.7	
初始催化剂体积	m³	129.276	
烟气空间速度	h⁻¹	2011	
面积速度	m/h	6.7	
活性	m/h	18.0	K0
反应器内流速	m/s	3.37	
催化剂孔内流速	m/s	5.55	

续表

性能保证	单位	数据	备注
氨逃逸	ppm	3	标况，干基，10%O_2
NH_3/NO_x 摩尔比		0.7144	
氨耗量	kg/h	8.51	理论消耗量（100%纯度）
氨耗量（20%氨水）	L/h	109.2	理论消耗量
SO_2/SO_3 转化率		≤1%	
允许运行温度内化学寿命	h	24000	3年
催化剂单体技术参数			
催化剂孔数	孔	13	
催化剂单体长度	mm	150	
催化剂单体宽度	mm	150	
催化剂单体高度	mm	950	
外壁厚	mm	1.8	
壁厚	mm	1.3	
节距	mm×mm	11.4	
催化剂单体体积	m^3	0.021375	
催化剂比表面积	m^2/m^3	302.3	
催化剂体积密度	g/cm^3	450	
催化剂空隙率	%	76.0	
催化剂模块技术参数			
催化剂单体排布（长）	块	12	
催化剂单体排布（宽）	块	6	
催化剂单体排布（高）	块	1	
每个模块包含单体数量		72	
模块类型（材质）		碳钢	
模块的尺寸长度	mm	1910	
模块的尺寸宽度	mm	970	
模块的尺寸高度	mm	1160	
每个模块的重量	kg	995	
SCR反应器技术参数			
催化剂模块布置层数	层	4	4+1
长度方向模块数量	个	3	
宽度方向模块数量	个	7	
每层催化剂模块数量	个	21	3×7
反应器长度	mm	5930	
反应器宽度	mm	7190	

续表

性能保证	单位	数据	备注
反应器截面积	m²	42.6	
脱硝系统技术参数			
入口 NO_x 浓度分布偏差	%	±10	
设计使用温度范围	℃	150～450	
化学寿命期催化剂层压降	Pa	200	
催化剂层总压降（含预留）	Pa	800（新）～1000（旧）	按照层数设计
整个脱硝反应器压降总预留	Pa	1000	

4. 控制系统

本工程采用"窑尾 C2 筒氨水蒸发＋中低温 SCR 脱硝工艺"，设置一套独立 DCS 控制系统，并与水泥窑 DCS 通信。

脱硝装置出口烟道上设置 NO_x/O_2 及 NH_3 逸逸取样分析仪，信号纳入水泥窑的 DCS 系统中。控制系统能实现喷射还原剂自动控制，并保证脱硝系统能跟随水泥窑运行负荷变化而变化。使水泥窑脱硝系统长期、可靠地安全运行。

在正常工作时，每隔一个时间段记录窑烧成系统及脱硝系统运行工况数据，包括热工实时运行参数、设备运行状况等。当故障发生时，系统将及时记录故障信息。操作员终端可存储大量信息，自动生成工作报表及故障记录，存储的信息可通过查询键查询。

根据从温度测量和 NO_x 分析仪的信息，控制系统可以实时调整氨水喷入量。氨逸逸量也作为实时氨水喷入量的依据之一。表 11-11 为 SCR 脱硝系统 I/O 点数统计。

表 11-11 为 SCR 脱硝系统 I/O 点数统计

I/O 类型	AI	AO	DI	DO	总计
数量	16	6	108	88	218

5. 电气系统

本烟气脱硝处理站为连续性用电负荷，单台水泥窑配电动力一览表详见表 11-12。

表 11-12 单台水泥窑配电动力一览表

序号	负荷名称	安装台数（台）	电机额定容量（kW）	换算系数	负荷等级	安装地点	运行方式	电负荷汇总			
								台数（台）		容量（kW/kVA）	
								安装	运行	安装	运行
一	氨水输送系统										
1	氨水输送泵	2	1.1	0.85	Ⅱ	氨水站	经常、连续	2	1	2.2	0.935
2	压缩机	2	150	0.85	Ⅱ	SCR 区	经常、连续	2	1	300	127.5
3	星型卸料器	1	3	0.5	Ⅱ	SCR 区	不经常、断续	1	1	3	1.5

续表

序号	负荷名称	安装台数（台）	电机额定容量（kW）	换算系数	负荷等级	安装地点	运行方式	电负荷汇总			
								台数（台）		容量（kW/kVA）	
								安装	运行	安装	运行
4	链板机	1	7.5	0.5	Ⅱ	SCR 区	不经常、断续	1	1	7.5	3.75
	小计									312.2	132.635
二	检修起吊设备										
1	催化剂起吊电动葫芦	1		0.5	Ⅲ	SCR 区	不经常、断续				
2	大车	1	0.75	0.5				1	1	0.75	0.375
3	提升	1	3	0.5				1	1	3	1.5
	小计									3.75	1.875
三	合计										134.5

注：照明、检修、仪控、压缩空气、阀门、空调等的用电未计入。

二、5000t/d 水泥生产线 SCR 系统设计选型

本设计为 5000t/d 水泥熟料生产线 SCR 脱硝项目，采用中低温耐硫抗碱催化剂，其工艺路线为水泥窑窑尾烟气在余热锅炉后进行中温中尘 SCR 脱硝，主要包括烟气系统、氨水输送计量及喷氨系统、SCR 反应器、吹灰系统、回灰系统、压缩空气系统和控制系统等。

1. 基础条件及要求

本项目适用于 5000t/d 水泥熟料生产线窑尾烟气脱硝工程。脱硝采用中温中尘 SCR 工艺，SCR 反应器设置在余热锅炉后，经过余热锅炉后的烟气温度约为 $180 \sim 200℃$，入 SCR 反应器的烟气温度约为 $180℃$。

（1）烟气主要参数见表 11-13。

表 11-13 烟气主要参数

序号	参数项目	单位	参数值	备注
一	烟气量	Nm^3/h	350000	
二	NO_x 含量	mg/Nm^3	300	标态，干基，$10\%O_2$
三	SO_2 含量	mg/Nm^3	<1000	
四	烟尘	g/Nm^3	50	
五	入口温度	℃	180	反应器入口
六	烟气组分			
1	O_2	%	~7.5	
2	H_2O	%	<10	

（2）排放指标见表11-14。

表 11-14　排放指标

序号	项目	单位	参数值	备注
1	NO_x 含量	mg/Nm³	＜50	标态，干基，10％O_2
2	脱硝效率	％	83.4％	
3	氨逃逸	mg/Nm³	＜3	

2. 设计参数

设计主要技术参数、SCR 脱硝催化剂性能设计参数、SCR 脱硝工艺设计参数、SCR 脱硝性能参数分别见表11-15～11-18。

表 11-15　设计主要技术参数表

序号	参数	单位	参数
1	脱硝装置入口烟气量	Nm³/h	350000
2	入口温度	℃	180
3	处理前烟气中 NO_x 浓度	mg/Nm³	300
4	烟气中含尘浓度	g/m³	≤50
5	SCR 脱硝效率	％	≥83.4％
6	脱硝装置负荷适应范围	％	80％～130％
7	处理后烟气中 NO_x 浓度	mg/Nm³	＜50
8	脱硝反应器总阻力	Pa	≤900
9	反应器内烟气流速	m/s	3.09
10	氨逃逸量	mg/Nm³	＜3
11	20％氨水耗量	kg/h	～150
12	催化剂寿命	h	24000

表 11-16　SCR 脱硝催化剂性能设计参数

性能保证	单位	数据	备注
催化剂型式		蜂窝式	
设计出口 NO_x 浓度	mg/Nm³	＜50	标况，干基，10％O_2
最低脱硝效率	％	83.4	
初始催化剂体积	m³	190.5	
烟气空间速度	h⁻¹	1837	
面积速度	m/h	6.1	
反应器内流速	m/s	3.09	
催化剂孔内流速	m/s	5.09	
氨逃逸	mg/Nm³	＜3	标况，干基，10％O_2

性能保证	单位	数据	备注
SO_2/SO_3 转化率		≤1%	
允许运行温度内化学寿命	h	24000	3 年
催化剂单体技术参数			
催化剂孔数	孔	13	
催化剂单体长度	mm	150	
催化剂单体宽度	mm	150	
催化剂单体高度	mm	1050	
外壁厚	mm	1.8	
壁厚	mm	1.3	
节距	mm×mm	11.4	
催化剂单体体积	m^3	0.023625	
催化剂比表面积	m^2/m^3	302.3	
催化剂体积密度	g/cm^3	450	
催化剂空隙率	%	76.0%	
催化剂模块技术参数			
催化剂单体排布（长）	块	12	
催化剂单体排布（宽）	块	6	
催化剂单体排布（高）	块	1	
每个模块包含单体数量		72	
模块类型（材质）		碳钢	
模块的尺寸（长）	mm	1910	
模块的尺寸（宽）	mm	970	
模块的尺寸（高）	mm	1260	
每个模块的质量	kg	1288	估算值
SCR 反应器技术参数			
催化剂模块布置层数	层	4+1	1 层备用层
长度方向模块数量	个	4	
宽度方向模块数量	个	7	
每层催化剂模块数量	个	28	4×7
反应器长度	mm	7890	
反应器宽度	mm	7190	
反应器截面积	m^2	56.7	
脱硝系统技术参数			
入口 NO_x 浓度分布偏差	%	±10	

性能保证	单位	数据	备注
设计使用温度范围	℃	150～450	
化学寿命期催化剂层压降	Pa	150	
催化剂层总压降（含预留）	Pa	750（新）～900（旧）	
整个脱硝系统压降总预留	Pa	900	

表 11-17 SCR 脱硝工艺设计参数

序号	名称	单位	参数	备注
一	工艺性能指数			
1	烟气量	Nm³/h	350000	
2	脱硝效率	%	＞83.4	
3	SO_2/SO_3 转化率	%	＜1	
4	NH_3 逃逸率	mg/Nm³	＜3	
5	允许运行温度内化学寿命	hr	24000	
6	催化剂层压降	Pa	＜200	
7	催化剂活性	Nm/h	＞18.4	
二	催化剂设计参数			
1	催化剂型式		蜂窝式	
2	催化剂型号		13 孔	
3	催化剂基材		TiO_2	
4	催化剂活性物质		V_2O_5	
5	催化剂孔数		13×13	
6	催化剂节距	mm	11.4	
7	催化剂壁厚	mm	1.3	
8	催化剂开孔率	%	76	
9	每台反应器催化剂初始体积	m³	190.5	
10	催化剂高度	mm	1050	
11	催化剂单元尺寸	mm×mm×mm	150×150×1050	
12	催化剂比表面积	m²/m³	302.3	
13	催化剂磨耗率	%	＜0.08	
14	催化剂硬化高度	mm	20	
15	催化剂轴向机械强度	N/cm²	＞1.5	
16	催化剂横向机械强度	N/cm²	＞0.6	
17	催化剂空速	h⁻¹	1837	180℃
18	催化剂表面烟气流速	m/s	3.09	

续表

序号	名称	单位	参数	备注
19	催化剂孔内流速	m/s	5.09	
20	初装层总压降	Pa	＜200	
21	允许运行温度内机械寿命	a	10	
22	设计温度	℃	150～400	
23	停止喷氨温度	℃	＜150	
三	反应器及模块设计参数			
1	反应器数量	个	1	
2	每台反应器初装催化剂层数	层	4	
3	每台反应器备用催化剂层数	层	1	
4	模块尺寸（$L \times W \times H$）	mm×mm×mm	1910×970×1260	
5	每个模块的毛重	kg	1288	
6	催化剂模块材料		碳钢	
7	每个模块包含催化剂单元排列	个	6×12	
8	每层催化剂包含模块排列	个	7×4	
9	反应器尺寸	m×m	7.89×7.19	
四	SCR入口烟气要求			
1	催化剂要求最大温升速度	℃/min	20	
2	催化剂要求最大温降速度	℃/min	20	
3	SCR入口要求烟气速度偏差	%	15	
4	SCR入口要求烟气温度偏差	℃	10	
5	SCR入口要求烟气氨氮混合偏差	%	5	

表 11-18　SCR 脱硝性能参数表

序号	项目名称	单位	数据	备注
一	一般数据			
1	烟气量	Nm³/h	350000	
2	NO_x 原始浓度	mg/Nm³	300	干基，标态，10%O_2
3	NO_x 出口浓度	mg/Nm³	＜50	干基，标态，10%O_2
4	脱硝效率	%	≥83.4	
5	氨逃逸率	mg/Nm³	≤3	干基，标态，10%O_2
6	脱硝装置可用率	%	≥98	
7	年运行小时数	h	8000	
二	消耗品			
1	电耗	kW	160	

序号	项目名称	单位	数据	备注
2	20%氨水	kg/h	136.2	SCR
3	杂用压缩空气	Nm³/min	12	
4	仪用压缩空气	Nm³/min	1	
5	催化剂平均年耗量	m³/a	63.5	
三	噪声等级（最大值）			
1	距声源 1m 处测量	dB（A）	≤85	

三、6000t/d 水泥生产线 SCR 系统设计选型

1. 概述

本设计 6000t/d 水泥窑烟气采用高中温中尘 SCR 脱硝，SCR 反应器设置在余热锅炉前，经过电除尘器后的烟气温度为 250℃。

2. 设计依据

（1）烟气参数条件见表 11-19。

表 11-19 烟气参数条件

序号	参数项目	单位	参数值	备注
一	烟气量	Nm³/h	435000	
二	NO_x 含量	mg/Nm³	200	标态，干基，10%O_2
三	SO_2 含量	mg/Nm³	<1500	
四	烟尘	g/Nm³	30	
五	入口温度	℃	250	余热锅炉前
六	烟气组分			
1	O_2	%	3.6	
2	CO_2	%	14.4	
3	N_2	%	75	
4	H_2O	%	7	

（2）设计排放指标见表 11-20。

表 11-20 设计排放指标

序号	项目名称	单位	参数值	备注
1	NO_x 含量	mg/Nm³	<50	标态，干基，10%O_2
2	脱硝效率	%	75%	
3	氨逃逸	ppm	<3	

3. 设计参数

根据烟气参数，脱硝采用"氨水蒸发＋高中温中尘 SCR"工艺，脱硝后烟气进入余热锅炉。设计主要参数、催化剂设计参数、SCR 脱硝工艺设计参数见表 11-21～11-23。

表 11-21 设计主要参数表

序号	项目	单位	参数值
1	脱硝装置入口烟气量	Nm^3/h	435000
2	入口温度	℃	250
3	处理前烟气中 NO_x 浓度	mg/Nm^3	200
4	烟气中含尘浓度	g/m^3	＜30
5	SCR 脱硝效率	%	≥75%
6	脱硝装置负荷适应范围	%	50%～100%
7	处理后烟气中 NO_x 浓度	mg/Nm^3	≤50
8	脱硝反应器总阻力	Pa	≤1000
9	反应器内烟气流速	m/s	3.59
10	氨逃逸量	ppm	≤3
11	20%氨水耗量	kg/h	136.2
12	催化剂寿命	h	16000

表 11-22 催化剂设计参数

序号	名称	单位	参数
1	孔数		18×18
2	比表面积	m^2/m^3	415.7
3	开孔率	%	75
4	单元催化剂尺寸	mm	150×150×750
5	每个催化剂模块中催化剂单元数	个	72
6	催化剂模块尺寸	mm	1920×960×960
7	布置方式		4×9
8	布置层数		4层，预留1层
9	催化剂体积	m^3	174.96
10	催化剂化学寿命	h	16000

表 11-23 SCR 脱硝工艺设计参数

序号	名称	单位	参数	备注
一	工艺性能指数			
1	烟气量	Nm^3/h	435000	
2	脱硝效率	%	＞75	

序号	名称	单位	参数	备注
3	SO_2/SO_3 转化率	%	<1	
4	NH_3 逃逸率	mg/Nm³	<2.28	
5	允许运行温度内化学寿命	hr	16000	
6	催化剂层压降	Pa	<200	
7	催化剂活性	Nm³/h	>18.4	
二	催化剂设计参数			
1	催化剂型式		蜂窝式	
2	催化剂型号		18 孔	
3	催化剂基材		TiO_2	
4	催化剂活性物质		V_2O_5	
5	催化剂孔数		18×18	
6	催化剂节距	mm	8.2	
7	催化剂壁厚	mm	$1.0 \sim 1.5$	
8	催化剂开孔率	%	75	
9	每台反应器催化剂初始体积	m³	174.96	
10	催化剂高度	mm	750	
11	催化剂单元尺寸	mm×mm×mm	$150 \times 150 \times 750$	
12	催化剂比表面积	m²/m³	415.7	
13	催化剂磨耗率	%	<0.08	
14	催化剂硬化高度	mm	20	
15	催化剂轴向机械强度	N/cm²	>1.5	
16	催化剂横向机械强度		>0.6	
17	催化剂空速	h⁻¹	~ 2486	250℃
18	催化剂表面烟气流速	m/s	3.19	
19	催化剂孔内流速	m/s	5.29	
20	初装层总压降	Pa	<200	
21	允许运行温度内机械寿命	a	10	
22	设计温度	℃	>250	
23	停止喷氨温度	℃	<150	
三	反应器及模块设计参数			
1	反应器数量	个	1	
2	每台反应器初装催化剂层数	层	4	

续表

序号	名称	单位	参数	备注
3	每台反应器备用催化剂层数	层	1	
4	模块尺寸（L×W×H）	mm×mm×mm	1920×960×960	
5	每个模块的毛重	kg	860	
6	催化剂模块材料		碳钢	
7	每个模块包含催化剂单元排列	个	6×12	
8	每层催化剂包含模块排列	个	9×4	
9	反应器尺寸	m×m	9.14×7.93	
四	SCR 入口烟气要求			
1	催化剂要求最大温升速度	℃/min	20	
2	催化剂要求最大温降速度	℃/min	20	
3	SCR 入口要求烟气速度偏差	%	15	
4	SCR 入口要求烟气温度偏差	℃	10	
5	SCR 入口要求烟气氨氮混合偏差	%	5	

四、7500t/d 水泥生产线 SCR 系统设计选型

1. 烟气条件

熟料生产线设计产量不小于 7500t/d。余热锅炉停、SCR 开时，工作温度 260℃（最大工作温度为 300℃），SCR 反应器处理风量 1100000m³/h；余热锅炉开，SCR 开时，工作温度 190℃，SCR 反应器处理风量 1000000m³/h。表 11-24 为设计烟气参数表；表 11-25 为 SCR 脱硝系统主要设计指标。

表 11-24 设计烟气参数

序号	名称	单位	数值
1	SCR 反应器入口烟气量	m³/h	1100000m³/h（最大值）
			1000000m³/h（正常工况值）
2	SCR 反应器入口温度	℃	180～240℃
			正常工况温度 190℃
3	SCR 反应器入口粉尘	g/Nm³	≤80
4	SCR 入口 NO$_x$ 浓度（标态 10% 基准氧）	mg/Nm³	≤200
5	SCR 入口 SO$_2$ 浓度（标态 10% 基准氧）	mg/Nm³	≤50

表 11-25　SCR 脱硝系统主要设计指标

序　号	项目名称	单位	保证值	备注
1	脱硝后氮氧化物排放浓度	mg/Nm³	＜100	
2	脱硝设施总压损	Pa	＜800	
3	催化剂的使用寿命	a	≥3	
4	氨逃逸浓度	mg/Nm³	＜5	满足国家规范要求
5	氨水用量	kg/吨熟料	＜1	

2. 设计选型表

设计主要参数与催化剂具体参数见表 11-26 和 11-27。

表 11-26　设计主要参数

序号	项目	单位	参数值
1	脱硝装置入口烟气量	Nm³/h	517358
2	SCR 入口烟气温度	℃	190
3	处理前烟气中 NO_x 浓度	mg/Nm³	200
4	烟气中含尘浓度	g/m³	80
5	SCR 脱硝效率	%	≥50%
6	脱硝装置负荷适应范围	%	50%～100%
7	处理后烟气中 NO_x 浓度	mg/Nm³	≤100
8	NO_x 削减量	kg/h	49.7
9	脱硝系统总阻力	Pa	≤1000
10	反应器内烟气流速	m/s	≤4
11	氨逃逸量	mg/Nm³	≤5
12	20% 氨水耗量	kg/h	103

表 11-27A　催化剂具体参数（工程项目信息）

项目	单位	数据	备注
湿烟气标况流量	Nm³/h	517358	标态，湿基，实际氧
干烟气标况流量	Nm³/h	496664	标态，干基，实际氧
烟气温度	℃	190	
烟气含 NO_x 浓度	mg/Nm³	200	标况，干基，基准氧
烟气含 SO_2 量	mg/Nm³	50	标况，干基，基准氧
烟气含水量	%	4.0	vol%，标况、湿基
烟气含 O_2 量	%	10	vol%，标况、干基
烟气基准 O_2 量	%	10	vol%，标况、干基
烟气含尘量	g/Nm³	80	标况，干基
当地大气压	Pa	88905	
烟气工况流量	m³/h	1000000	随温度变化（$V=nRT/P$）

表 11-27B　催化剂具体参数（SCR 脱硝催化剂性能设计参数）

性能保证	单位	数据	备注
催化剂型式		蜂窝式	
设计出口 NO_x 浓度	mg/Nm³	100	标况，干基，基准氧
最低脱硝效率	％	50.0	
初始催化剂体积	m³	188.96	
烟气空间速度	h⁻¹	2738	
面积速度	m/h	9.1	
活性	m/h	26.2	K0
反应器内流速	m/s	3.81	
催化剂孔内流速	m/s	6.26	
氨逃逸	ppm	3	标况，干基，基准氧
NH_3/NO_x 物质的量比		0.5293	
氨耗量	kg/h	20.44	理论消耗量（100％纯度）
氨耗量（20％氨水）	L/h	110.7	理论消耗量
SO_2/SO_3 转化率		≤1％	
允许运行温度内化学寿命	h	24000	3 年
催化剂单体技术参数			
催化剂孔数	孔	13	
催化剂单体（长）	mm	150	
催化剂单体（宽）	mm	150	
催化剂单体（高）	mm	1080	
外壁厚	mm	1.8	
壁厚	mm	1.3	
节距	mm×mm	11.4	
催化剂单体体积	m³	0.0243	
催化剂比表面积	m²/m³	302.3	
催化剂体积密度	g/cm³	450	
催化剂空隙率	％	76.0％	
催化剂模块技术参数			
催化剂单体排布（长）	块	12	常规催化剂排列
催化剂单体排布（宽）	块	6	常规催化剂排列
催化剂单体排布（高）	块	1	常规催化剂排列
每个模块包含单体数量		72	
模块类型（材质）		碳钢	
模块的尺寸（长）	mm	1910	

性能保证	单位	数据	备注
模块的尺寸（宽）	mm	970	
模块的尺寸（高）	mm	1290	
每个模块的质量	kg	1087.32	估算值
SCR 反应器技术参数			
催化剂模块布置层数	层	3	3+1
长度方向模块数量	个	4	
宽度方向模块数量	个	9	
每层催化剂模块数量	个	36	4×9
反应器（长）	mm	7890	
反应器（宽）	mm	9230	
反应器截面积	m²	72.8	
脱硝系统技术参数			
入口 NO_x 浓度分布偏差	%	±10	
设计使用温度范围	℃	150～450	
化学寿命期催化剂层压降	Pa	200	
催化剂层总压降（含预留）	Pa	600（新）～800（旧）	按照层数设计
整个脱硝反应器压降总预留	Pa	800	

3. 压缩空气吹灰系统

本项目 SCR 装置配套独立压缩空气系统，共设置 3 台空压机（2 用 1 备），并配套压缩空气储罐及干燥器。同时为保证吹灰器的使用效果，分别为耙式吹灰器和声波吹灰器配置独立压缩空气储罐，并配备将压缩空气预热至 200℃ 左右加热盘管（利用脱硝出口的烟气作为加热热源），并备用一套能够将压缩空气加热至 150℃ 以上的电加热器。表 11-28 为压缩空气及加热系统主要技术参数。表 11-29 为耙式吹灰器主要技术参数。

表 11-28　压缩空气及加热系统主要技术参数

设备名称	项目	参数	备注
空气压缩机	形式	无油永磁变频双螺杆	
	流量	30Nm³/min	
	压力	～0.7MPa	
	功率	185kW	
	数量	3 套	
		配套冷冻式干机，一级、二级过滤装置，就地控制柜	
压缩空气罐	容积	(10+10+6) m³	
	压力	1.0MPa	

设备名称	项目	参数	备注
压缩空气罐	数量	3 台	
	材质	碳钢	
	备注	配安全阀组件等	
管式换热器	形式	盘管	
	规格	$\phi32\times2$	
	换热面积	300m²	
	材质	碳钢	
	温度	～200℃	
	压力	～1.0MPa	
电加热器	形式	管式	
	功率	100kW	
	数量	2（1用1备）	
	温度	～200℃	
	压力	～1.0MPa	

表 11-29　耙式吹灰器主要技术参数

序号	项目	单位	参数	备注
1	吹灰器			
	型号		耙式	
(1)	数量	台	12	3＋1 层催化剂
(2)	吹灰器长度	mm	4300	满足现场安装平台尺寸要求
(3)	行程	mm	3300	
(4)	耙数		3	
(5)	吹灰管移动速度	mm/min	0.7～1.6	
2	吹灰器主要材质			
(1)	提升阀		WCB	
(2)	外管		20♯	
(3)	内管		304	
(4)	耙管		20♯	
(5)	喷嘴			
3	吹扫介质			
(1)	压缩空气工作压力	MPa	0.8	
(2)	压缩空气工作温度	℃	180～320	
(3)	单台吹灰器压缩空气耗量	Nm³/min	32	

序号	项目	单位	参数	备注
4	喷嘴			
(1)	喷嘴型式		文丘里	
(2)	单台吹灰器喷嘴数量	只	99	
(3)	每根耙管喷嘴数量	只	33	
(4)	喷嘴口径，间距	mm，mm	3，60	
(5)	喷嘴与吹灰管中心线交角	°	45	
(6)	喷嘴加工夹角	°	14	
(7)	喷嘴距催化剂表面高度	mm	200	
(8)	喷嘴出口压力	MPa	0.5	
(9)	喷嘴有效直径，有效高度	mm，mm	800，300	
5	控制器及电机			
(1)	控制器电源电压，频率	V，Hz	380，50	
(2)	输出控制点	点		
(3)	负载电流（每点）	A		
(4)	电动机型号，电源要求	V	YE3，380	
(5)	电机额定功率，转速	kW，r/min	1.1，1400	
6	平台要求、吹灰器空间要求	mm	4300×9000	

第五节 水泥窑中低温 SCR 脱硝中试研究

一、富阳南方水泥 SCR 中试项目

1. 试验背景

合肥水泥院为了开发适合水泥窑炉的中低温 SCR 烟气脱硝工艺，在富阳南方水泥 5000t/d 水泥熟料生产线上进行中低温 SCR 脱硝工艺工业性试验。合肥水泥院在富阳南方水泥厂内新建了中低温中尘 SCR 试验装置，期间完成了多次中试，并根据试验结果进行了几次改进，积累了较多的试验数据和调试运行经验。

2. 中试试验方案

本项目采用中低温催化剂，余热锅炉后布置 SCR 装置，进行中低温中尘的 SCR 中试试验。中试试验方案具体路线如下：采用中低温中尘布置方式，选用工作温度在 150～240℃ 中低温催化剂。在窑尾 SP 余热锅炉出口至高温风机之间烟道上取温度 200℃ 左右的烟气，烟气量 15000Nm³/h，在取风管道入口设置一组启闭用高温电动闸阀和手动闸阀，在 SCR 反应器后设置一台高温风机取送风，经过 SCR 反应器处理后烟

气由管道接回窑尾高温风机前端烟道中，在送风管道尾部设置一组启闭用高温电动闸阀和手动闸阀，在 SCR 反应器前烟道上设置还原剂喷射系统（喷枪），还原剂采用 $20\%\sim25\%$ 氨水溶液（质量分数），利用现有 C1 筒出口氮氧化物在线监测仪作为系统氮氧化物初始浓度参考值，在 SCR 反应器前后设置 CEMS 系统接口，用手持式测量仪现场测量 NO、NO_x、O_2、SO_2、CO、CO_2、温度等数据。由于烟气中含尘量偏高，在 SCR 反应器上设置一套催化剂强力清灰装置。图 11-23 为 SCR 中试装置外形，主要试验装备见表 11-30，中试装置参数见表 11-31，催化剂性能设计参数见表 11-32。

图 11-23　SCR 中试装置外形

表 11-30　主要试验装备表

序号	设备名称	规格参数	数量	备注
一、氨罐房部分				
1	氨水储罐	$132m^3$，304 不锈钢	1 个	利用原有 SNCR
(1)	磁翻板液位计	$DN25$，$4\sim20mA$ 信号，304 不锈钢	1 个	利用原有 SNCR
(2)	热电阻	长度 2.5m，量程 $0\sim100$，进 PLC 控制柜	1 个	利用原有 SNCR
2	氨水输送模块	组合件	2 套	
(1)	氨水喷射泵	$DN25$，立式离心泵，流量：$1m^3/h$；扬程：60m；材质：不锈钢；功率：2.2kW。配变频电机和 ABB 变频器	1 台	
(2)	手动球阀	$DN25$，304 不锈钢	12 个	
(3)	过滤器	篮式过滤器，$DN25$，304 不锈钢，100 目	2 个	
(4)	止回阀	$DN25$，304 不锈钢	3 个	

序号	设备名称	规格参数	数量	备注
(5)	电动调节阀	$DN25$，304 不锈钢，0～100％开度调节，4～20mA 信号	1个	
(6)	压力表	0～2.0MPa	1个	
(7)	压力传感器	0～2.0MPa，4～20mA 信号	1个	
(8)	电磁流量计	0～1m³/h，4～20mA 信号	1个	
(9)	就地控制柜		1个	
二、SCR 反应器区				
1	分配模块	转子流量计、阀门、仪表等组合件	1套	
(1)	手动球阀	$DN40$，304 不锈钢，压缩空气入口	1个	
(2)	手动球阀	$DN25$，304 不锈钢，氨水入口	1个	
(3)	手动球阀	$DN15$，304 不锈钢，喷枪氨水入口开关	1个	
(4)	手动球阀	$DN15$，304 不锈钢，喷枪压缩空气入口开关	1个	
(5)	手动调节阀	$DN15$，304 不锈钢，喷枪压缩空气入口开关	1个	
(6)	金属转子流量计（氨水用）	$DN15$，量程 0～50L/h，4～20mA 信号	1个	
(7)	手动球阀	$DN15$，气路阀	2个	
(8)	压力表	0～1.0MPa，304 不锈钢，喷枪压缩空气入口	2个	
(9)	其他相关配套	包括法兰垫片管道反法兰等	1套	
2	喷射模块	喷枪、阀门等组合件	组合件	
(1)	喷枪及其附件	双流体喷枪，材质：316 不锈钢；压缩空气压力：0.5～0.7MPa	1台	
(2)	喷嘴	316 不锈钢	1个	
(3)	金属软管	304 不锈钢，长 1.5m	2个	
(4)	其他相关配套	包括法兰垫片管道反法兰等	1套	
3	压缩空气系统			
(1)	压缩空气储罐	2.0m³		
(2)	截止阀	$DN80$，304 不锈钢，压缩空气出口	2个	
(3)	空压机	2m³/min，15kW，380V/50Hz，排气压力：0.8MPa。带配套控制箱及冷干机	1个	
(4)	截止阀	$DN32$，304 不锈钢，压缩空气出口	3个	

续表

序号	设备名称	规格参数	数量	备注
（5）	电磁阀	DN32，铸钢，法兰式，带信号输出	3个	
（6）	截止阀	DN25，304不锈钢，压缩空气出口	4个	
（7）	压缩空气吹灰装置	耙式吹灰器	3套	每层催化剂各1套
4	高温手动闸阀	$\phi800mm$	2个	进出风端，工作温度小于250℃
5	高温电动闸阀	$\phi800mm$	2个	进出风端，工作温度小于250℃
6	压力传感器	工作温度200℃	2个	SCR反应器前后，带信号输出
7	压力传感器	工作温度200℃	3个	3层催化剂用
8	铂热电阻	工作范围－20～500℃	2个	SCR反应器前后，带信号输出
9	高温气体流量计	工作参数0～30000m³/h	1个	SCR反应器前，带信号输出
10	NO$_x$等分析仪	手持式	1台	SCR反应器入口
11	NO$_x$等分析仪	手持式	1台	SCR反应器出口
12	氨逃逸监测仪		1台	SCR反应器出口
13	SCR反应器（含外部平台）	$L\times W\times H$（3m×3m×11m）	1台	带保温，框架平台
14	催化剂	蜂窝式，节距11.4mm	5.2m³	复旦提供
15	SCR系统高温风机	风机型号右旋45° $Q=30000m^3/h$，$P=6000Pa$ $T=250℃$ 2P，75kW，380V 叶轮耐磨处理	1台	工作温度160～200℃，进出口配膨胀节，带有手操执行器
16	控制系统	PLC自动控制	1套	
17	烟气管道	$\phi800mm$		带保温
18	高温金属膨胀节	$\phi800mm$	2个	SCR反应器进出口，工作温度200℃
19	SCR反应器进出口方变圆		2个	
20	还原剂管路	DN25，304不锈钢	100m	
21	压缩空气管路	DN40，碳钢	1套	

表 11-31　中试装置参数

项目	单位	数据	备注
烟气标况流量	Nm³/h	15000	标态，湿基，实际氧
烟气温度	℃	170~200	
烟气含 NOx 量	mg/Nm³	200	标况，干基，10％O₂
烟气含 SO₂ 量	mg/Nm³	<30	标况，干基，10％O₂
烟气含水量	%	7	vol％，标况，湿基
烟气含 O₂ 量	%	3~6	vol％，标况、干基
烟气含尘量	g/Nm³	50~80	标况，干基

表 11-32　催化剂性能设计参数

性能保证	单位	数据（设计参数）	备注
设计出口 NOx 浓度	mg/Nm³	30	标况，干基，10％O₂
最低脱硝效率	%	85	
初始催化剂体积	m³	5.2	
烟气空间速度	h⁻¹	2884	
面积速度	m/h	9.7	
反应器内流速	m/s	3.10	
催化剂孔内流速	m/s	5.61	
氨逃逸	ppm	≤3	标况，干基，10％O₂
氨耗量（20％氨水）	L/h	18	理论消耗量
SO₂/SO₃ 转化率		≤1％	
允许运行温度内化学寿命	h	16000	2 年
催化剂单体技术参数			
催化剂单元（长）	mm	150	
催化剂单元（宽）	mm	150	
催化剂单元（高）	mm	1000	
节距	mm	11.4	
催化剂单元体积	m³	0.0225	
催化剂比表面积	m²/m³	302.3	
催化剂空隙率	%	76.0％	
催化剂模块技术参数			
催化剂单元排布（长）	块	12	
催化剂单元排布（宽）	块	6	
催化剂单元排布（高）	块	1	
每个模块包含单元数量		72	

续表

性能保证	单位	数据（设计参数）	备注
模块类型（材质）		碳钢	
模块的尺寸（长）	mm	1920	
模块的尺寸（宽）	mm	960	
模块的尺寸（高）	mm	1210	
每个模块的质量	kg	968	
SCR 反应器技术参数			
催化剂模块布置层数	层	3	
每层催化剂模块数量	个	1	1×1
反应器长度	mm	2030	
反应器宽度	mm	1080	
反应器截面积	m^2	2.2	

3. 试验内容

（1）试验参数

调节 SCR 反应器后主风机风阀开度，开度分别设定为开启 100％、75％、50％，在上述三种烟气风量下，分别测量并记录 SCR 反应器前后的 NO、NO_x、O_2、CO、CO_2、SO_2、温度等数值，计算对应的脱硝效率。同步从 SCR 脱硝系统中控中记录下试验期间烟气的风量、氨水耗量、氨逃逸量、各层催化剂压力、温度等参数。同时从富阳南方水泥窑烧成中控及 SNCR 中控中记录下试验期间烟气的水分含量、SO_2、CO、NO_x、O_2、粉尘浓度、温度等参数。

（2）试验操作步骤

首先开启空压机系统，保持储气罐满容积状态，打开进出烟道上二个 $\phi800$ 手动阀及两个 $\phi800$ 电动阀，然后开启自动定时吹灰系统，再启动系统主风机，中控观察 SCR 的风量、各点温度、压力等参数，温度达到最大值并稳定后，开始测量 SCR 进出口各项相关数据，此时脱硝效果是利用业主 SNCR 系统的氨逃逸量产生的，然后再开启喷氨系统，喷氨量分别设定为 40、60、80L/h 三挡，并测量 SCR 进出口各项相关数据。

4. 试验画面及数据

中试实验数据汇总如下：SCR 未喷氨时（利用 SNCR 氨逃逸量）进口 NO_x 平均实测值为 216ppm，出口 NO_x 平均实测值为 106ppm，平均脱硝效率为 51％。SCR 未喷氨时（利用 SNCR 氨逃逸量）进口 NO_x 平均折算值为 182mg/Nm^3（@10％O_2），出口 NO_x 平均折算值为 95mg/Nm^3（@10％O_2），平均脱硝效率为 47％。SCR 喷氨时进口 NO_x 平均实测值为 212ppm，出口 NO_x 平均实测值为 81ppm，平均脱硝效率为 62％。SCR 喷氨时进口 NO_x 平均折算值为 180mg/Nm^3（@10％O_2），出口 NO_x 平均折算值为 73mg/Nm^3（@10％O_2），平均脱硝效率为 60％。图 11-24～11-27 为中控画面及实测数据。图 11-28～11-37 为各试验参数曲线。

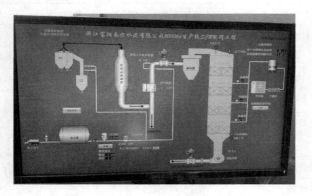

图 11-24　中低温 SCR 运行画面

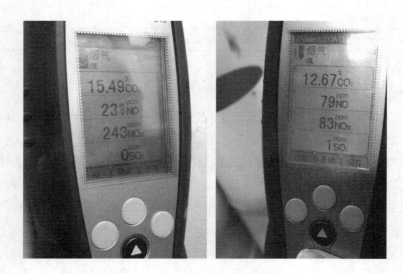

图 11-25　SCR 进出口 NO$_x$ 实测数据

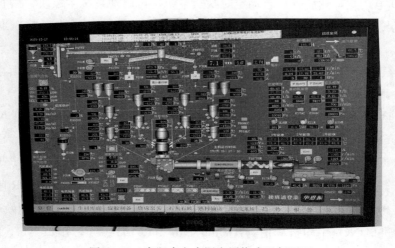

图 11-26　富阳南方水泥窑尾烧成运行画面

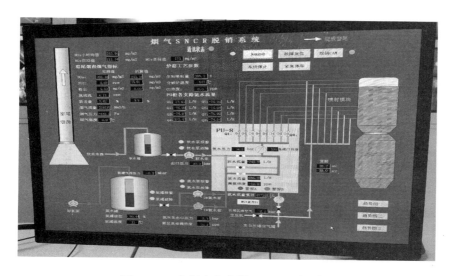

图 11-27 富阳南方水泥 SNCR 运行画面

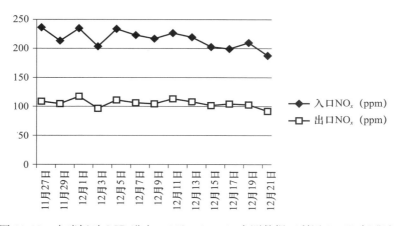

图 11-28 未喷氨时 SCR 进出口 NO$_x$（ppm）实测数据（利用 SNCR 氨逃逸）

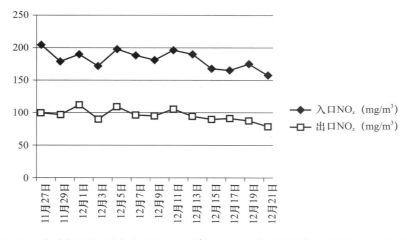

图 11-29 未喷氨 SCR 进出口 NO$_x$（10％O$_2$，mg/m³）折算值（利用 SNCR 氨逃逸）

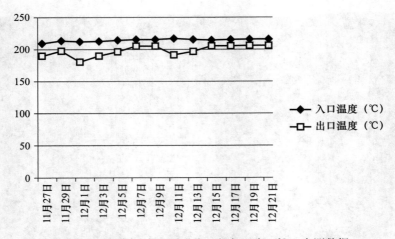

图 11-30　未喷氨时 SCR 进出口烟气温度（℃）实测数据

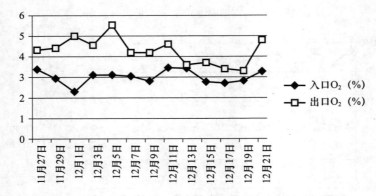

图 11-31　未喷氨时 SCR 进出口烟气 O₂ 含量（％）实测数据

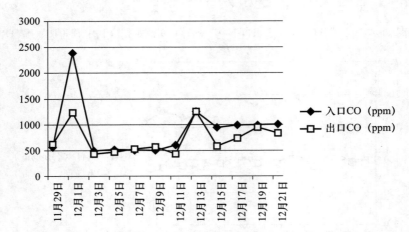

图 11-32　未喷氨时 SCR 进出口烟气 CO 含量（ppm）实测数据

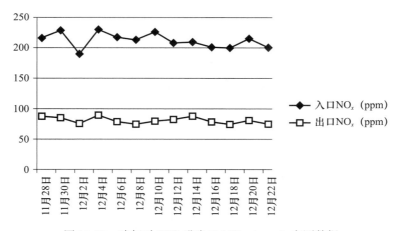

图 11-33　喷氨时 SCR 进出口 NO$_x$（ppm）实测数据

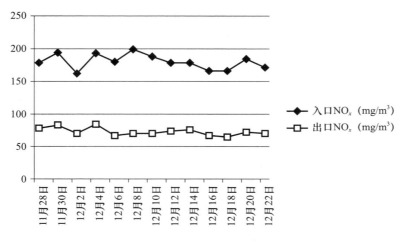

图 11-34　喷氨时 SCR 进出口 NO$_x$（10％O$_2$，mg/m^3）折算值

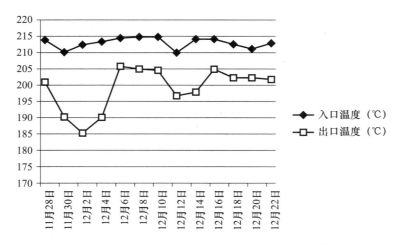

图 11-35　喷氨时 SCR 进出口烟气温度（℃）实测数据

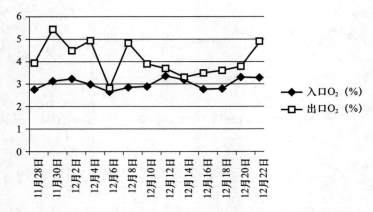

图 11-36 喷氨时 SCR 进出口烟气 O_2 含量（％）实测数据

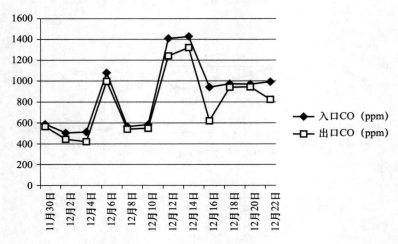

图 11-37 喷氨时 SCR 进出口烟气 CO 含量（ppm）实测数据

5. 试验小结

经过 SCR 中试装置运行及试验数据采集，在试验条件受限，设计不太完善，催化剂时有堵塞的情况下，取得了较多的实验数据，获得了较好的脱硝效果，为今后的工程化应用积累了宝贵的实践经验。

从中试试验数据看，未喷氨时 SCR 出口 NO_x 平均折算值为 95mg/Nm^3（@10％ O_2），脱硝效率平均为 47％，喷氨时 SCR 出口 NO_x 平均折算值为 73mg/Nm^3（@10％ O_2），脱硝效率为 60％。没有达到预期设定的 85％脱硝效率，分析效率上不去的主要原因如下。

（1）催化剂用量不足：受限于 SCR 中试装置反应器的原始设计尺寸，催化剂实际用量为 5.2m^3，空间速度近 3000，根据海螺水泥、西矿、长兴南方水泥等 5000t/d 水泥熟料生产线的水泥窑 SCR 示范线实际情况，一般设计空间速度小于 2300。

（2）催化剂积灰：受限于储气罐的容量，耙式吹灰器清吹时间偏短，清灰能力不足。试验期间从工厂新接了一路压缩空气气源，进行横向强力吹扫，催化剂表面浮灰能清扫干净，但由于实际催化剂孔内流速偏低，加上催化剂长度偏长，催化剂下部孔内仍有较严重的积灰现象，无法清扫干净。

（3）氨水雾化不好：由于中试烟气温度在 200℃ 左右，氨水用双流体喷枪在烟道前端喷入，喷入氨水不能完全气化，影响了喷氨时脱硝效率。

二、北京太行前景水泥 SCR 中试项目

随着国家及地方标准的提高以及水泥行业超低排放的带动，水泥行业 SCR 已成为今后脱硝的首选工艺。目前水泥行业 SCR 脱硝基本布置在预热器 280～360℃ 出口，由于该区域温度窗口正好处于 SCR 催化剂活性温度范围，效率较高，但是该区域含尘量高达 80～120g/Nm³，且存在大量的碱和碱土金属，如 CaO 等，容易造成催化剂孔道的堵塞，导致催化剂中毒失活等，限制了其推广应用。鉴于此，国内外学者将研究重点转向低尘低温脱硝催化剂配方研究上，主要集中在锰基（MnO_x）、钒基（V_2O_5），以及其他金属氧化物基，如铈基（CeO_2）、铁基（FeO_x）、铜基（CuO）等催化剂的方向上，并取得了较好的效果。中国建材总院通过 3200t/d 新型干法水泥生产线窑尾布袋除尘器后建设低温 SCR 脱硝中试装置，以水泥窑实际烟气情况研究了低温 SCR 脱硝系统运行过程中烟气温度、喷氨速率、气体空速等工艺参数对脱硝效率的影响，为下一步工业示范提供了数据支持和依据。

1. 试验部分

（1）试验系统

中国建材总院在北京太行前景水泥 3200t/d 水泥生产线窑尾布袋除尘器后建设了 1 套 13000m³/h 风量的低温 SCR 催化反应系统。系统主要由引风机、烟道调节阀、反应器、超声波雾化器、氨水流量计、计量泵、温度传感器等组成。120～180℃ 烟气由窑尾风机出口引入催化反应器，在催化剂作用下通过氨水将烟气中氮氧化物还原成氮气和水。催化系统的主要设备见表 11-33。

表 11-33　低温 SCR 中试主要设备

项目	规格	数量
引风机	Y5-47，13780m³/h，2530Pa，18kW	1
反应器	960mm×960mm	1
氨水流量计	金属转子流量计流量范围：M21-HNA，1～10L/h	
氨水隔膜计量泵	KD25/0.2Q=20L/h，H=0.2MPa，N=0.18kW	1
超声波雾化器	LOWE30，35L/h，频率 30kHz，粒径 70μm	1
催化剂	150mm×150mm×810mm，截距 7.5mm，壁厚 0.9mm，比表面积 459m²/m³，TiO_2：75%～90%，V_2O_5：0.5%～5%，WO_3：1.5%～5%，MoO_3：0.5%～5%，CeO：>0.5	
烟气检测	DESTO-350 烟气分析仪	2
灰元素分析（XRF）	PANalytical Axios max	

（2）主要设计参数

催化剂采用整体蜂窝式，主要成分为钒钛，掺杂 Ce 等稀土元素。催化剂单元模块尺寸为 150mm×150mm×810mm，催化剂比表面积为 459m²/m³，共有 108 个模块，3 层布置，每层 36 个，总体积约 1.97m³。该催化剂具有良好的脱硝活性和抗硫性能。主要设计参数见表 11-34。

表 11-34　系统主要设计参数

项目	数据
烟气温度（℃）	120～180
烟气流量（m³/h）	6000～13000
氮氧化物入口浓度（mg/Nm³）	～320
入口二氧化硫浓度（mg/Nm³）	—
粉尘浓度（mg/Nm³）	～20
氨水浓度（%）	20
烟气中水分（%）	4～5

（3）工艺流程

中试装置建在北京市太行前景水泥 3200t/d 熟料生产线。烟气处理量为 6000～13000m³/h。120～180℃烟气从窑尾布袋除尘器后经旁路烟道引出，经过蝶阀、反应器后经引风机送入窑尾风机出口烟道。烟气流量通过调整蝶阀控制实现。脱硝还原剂采用 20% 浓度氨水，通过小型氨水计量泵将氨水罐里的氨水送入超声波雾化器，雾化成 70μm 氨水雾滴与烟气混合后，进入催化反应器反应，氨水流量通过调整流量计实现。烟气温度通过调整水泥窑生料磨开启控制。中试装置的流程如图 11-38 所示。

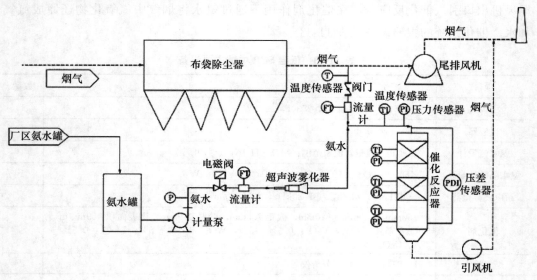

图 11-38　SCR 中试工艺流程

2. 中试结果与讨论

（1）空速对脱硝效率的影响

脱硝过程为气固化学反应过程，其反应程度与烟气和催化剂接触时间长短、接触面等因素有关。接触面主要和催化剂断面孔数有关，孔数越大，比表面积越大，壁厚越薄，本项目催化剂孔数为 22×22。空速＝烟气流量/催化剂体积，是烟气在催化剂内停留时间的倒数（h^{-1}）。空速越大，烟气在催化剂内停留的时间越短，催化反应作用时间越短，反应效率越低。然而，在烟气流量确定的条件下，降低空速催化剂体积增大。实际空速的选择需要对脱硝效率和催化剂用量两者进行权衡。现有在建或者已运行的电力行业 SCR 系统中空速一般为 $4000\sim6000h^{-1}$ 左右。

空速对脱硝效率的影响如图 11-39 所示。

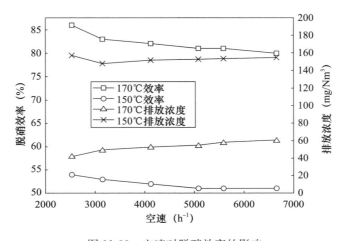

图 11-39 空速对脱硝效率的影响

试验过程中控制空速在 $2000\sim7000h^{-1}$ 的范围内变化，温度 $150℃$、$170℃$，氨水流量 $2.5L/h$。通过调整烟气阀门控制烟气流量，从而调节空速。由图 11-39 可以看出，在空速增大，即反应时间减小的情况下，催化剂脱硝效率总体趋势降低，但在一定空速范围内催化剂活性较高且较为稳定。当温度在 $170℃$ 时，空速在 $2500\sim7000h^{-1}$ 范围时，催化剂的脱硝效率均高于 80%，可实现 $60mg/Nm^3$ 排放。当温度在 $150℃$ 时，催化剂效率在 50%。试验显示，空速在 $5000h^{-1}$ 左右有明显的分界，可作为工程参考。温度对催化效率的影响比空速大。这可能是由于催化反应发生在布袋除尘器后，粉尘浓度较低，虽然空速增大，但是由于 NH_3 在催化剂表面的吸附和阶段氧化脱氢是 SCR 反应的核心，主要均受表面性质和反应温度的影响，由于催化剂表面孔数未发生变化，故而脱硝效率并未有大的改变。

（2）温度对脱硝效率的影响

温度是影响 SCR 脱硝效率的重要因素。SCR 系统的最佳操作温度决定于催化剂成分和烟气组成。一般工业用 SCR 催化剂的最佳操作温度为 $250\sim430℃$。SCR 脱硝效率随着温度的升高而增大，这是因为温度升高能使化学反应速度以指数倍增加。当温度高于催化剂系统所需温度时，造成催化剂的烧结和失活，效率下降。试验过程中控制脱硝反应温度在 130～180℃ 的范围内变化，烟气流量 10000m³/h，氨水流量 5L/h，温度对脱硝效率影响试验结果如图 11-40 所示。

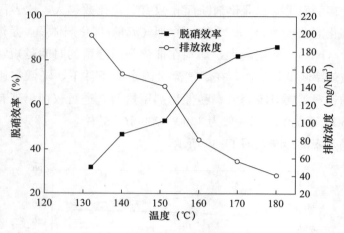

图 11-40　温度对脱硝效率影响

由图 11-40 可以看出，温度对催化剂脱硝效率的影响显著，在所测试温度区间内，其脱硝效率随温度的升高呈现升高趋势。烟气温度低于 130℃ 时脱硝效果不明显，随着温度升高，脱硝效率上升。130℃ 时，脱硝效率可达 30%，150℃ 后脱硝效率从 50% 开始急剧上升，180℃ 时可达 80% 以上。可实现 50mg/Nm³ 排放。此温度下的催化效率除稀土元素改性贡献外，也可能与水泥窑布袋除尘器后烟气中粉尘浓度、杂质、SO_2 浓度低有关，未对 NH_3 在催化剂表面吸附形成竞争。通过国家环境分析测试中心检测，温度在 160℃ 时，出口氮氧化物浓度为 85mg/Nm³，二氧化硫未检出，烟尘浓度 3.26mg/Nm³，氯化氢浓度为 3.94mg/Nm³，氨气浓度为 0.575mg/Nm³。

（3）氨水对脱硝效率的影响

氨氮比是氨气与氮氧化物的摩尔比。本项目还原剂采用 20% 浓度的氨水。如果氨氮比太小则会导致脱硝反应过程中还原剂供给不足，氮氧化物脱除不完全；如果氨氮比过大则会导致氨逃逸量增加，逃逸的氨气会与烟气中的 SO_2（SO_3）、H_2O 反应形成硫酸氢铵，堵塞催化剂的微孔结构，减少催化剂反应表面积，最终导致活性降低，并且所造成的失活是不可逆的。本项目通过体积流量计控制 NH_3 的投入量，测试在不同氨氮比下催化剂的脱硝效率，确定最合理的氨氮比取值。试验过程中烟气流量 10000Nm³/h，控制氨水流量 1～6L/min（氨氮比在 0.6～1.1）的范围内变化，其他条件采用表 11-36 所示的基本工况，试验结果如图 11-41 所示。

从图 11-41 可以看出，脱硝效率并没有随着氨水的增加呈现出急剧增长的趋势。温度不同，氨水流量对脱硝效率的贡献不同。这进一步说明，温度是影响脱硝效率的关键因素。尤其是在 130℃ 时，氨水的增加并没有对脱硝效率有实质性的影响。150℃ 时，氨水流量增加对脱硝效率开始有增加趋势。170℃ 时，氨水流量增加，脱硝效率出现明

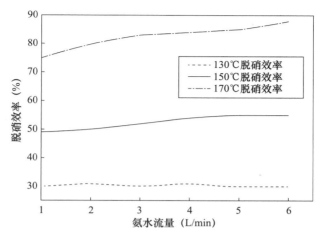

图 11-41　氨水流量对脱硝效率影响

显的增长趋势。试验显示，氨水流量 5L/min（氨氮摩尔比 0.85）时，在不同温度下的脱硝效率曲线开始出现分界，该数值也与大部分研究吻合，证实 SCR 脱硝的机理是 NH_3 在催化剂活性位上的吸附氧化作用，温度对催化剂活性起活至关重要。

（4）烟气成分对系统运行的影响

根据文献显示，烟气中水蒸气、SO_2、粉尘等对催化剂均有一定影响。其中，水蒸气对催化剂的主要作用机理是抑制 NH_3 在催化剂表面的吸附，其他作用是通过与烟气中 SO_2 生成硫酸盐，沉积在催化剂表面，引起催化剂中毒。SO_2 对催化剂的失活作用主要是通过与水形成硫酸，与催化剂中钒发生反应，抑制催化，另外一种影响是与氨发生反应生成硫酸铵，堵塞催化剂通道。文献显示 5% 以内的含水率不会使催化剂失活，而且还具备一定的促进催化作用。积灰对催化剂影响主要通过高浓度沉积堵塞通道，碱金属、碱土金属与钒、硫酸、碳酸等生成碱金属盐类占据活性位。通过计算，按照风量 8645Nm³/h，含水率 5% 计，烟气中未通入 20% 浓度氨水时，含水量大约为 347.4kg/h，通入 2～6L/h 氨水时，增加水大约为 1.2～4.8kg/h，基本不影响烟气中含水率。由于烟气在布袋除尘器后，温度较低，粉尘浓度小于 20mg/Nm³，而且烟气中未检测出 SO_2，含水率未发生明显变化，催化剂上并未检测出硫酸铵盐。

（5）实际应用过程中应注意的问题

由于新型干法水泥熟料烧成系统的操作运行与生料磨基本同步，而经废气处理系统处理后的废气温度一般小于 100℃，所以本次试验结果表明：采用钒钨钛系催化剂时，由于烟气温度对催化剂的重要影响，在脱硝的成本增加中应考虑设置废气的加热系统及电耗的费用。对于安装窑尾余热发电的水泥企业，可考虑减少余热锅炉出口烟气进入生料磨的烟气量，提高布袋除尘器入口烟气温度，实现 SCR 与分解炉 SNCR 联合脱硝。

3. 结论

（1）由于二氧化硫、粉尘浓度低，布置在布袋除尘器后的低温 SCR 脱硝对于水泥窑具有很好的适应性。

（2）温度是影响低温 SCR 脱硝效率的关键因素。烟气温度在低于 130℃时效果不明显，但随着温度升高，脱硝效率逐渐上升；130℃时，脱硝效率可达 30%；150℃后脱硝效率从 50%开始急剧上升，180℃时可达 80%以上；可实现 50mg/Nm³NOₓ 的排放。

（3）空速、氨水流量的变化对脱硝效率影响均在催化剂起活温度后才开始显现。设计上选取空速 5000h⁻¹ 是可行的。

（4）实际应用中，可考虑通过减少窑尾余热锅炉出口烟气进入生料磨的烟气量，提高布袋除尘器后烟气温度，通过 SNCR 与 SCR 联合进行氮氧化物超低排放控制。

第六节　国内水泥窑采用 SCR 应用实例

一、登封宏昌水泥 SCR 脱硝工程

国内首套水泥 SCR 脱硝工程，自 2018 年 9 月至今已运行 3 年多的时间，NOₓ 排放浓度较稳定低于 50mg/Nm³ 以下，是国内运行时间最长的水泥 SCR 脱硝工程之一。西矿环保于 2018 年 5 月签订建设国内首套水泥行业 4500t/d 水泥生产线 SCR 脱硝项目总包合同，该项目采用西矿环保"高温电除尘器＋SCR 脱硝技术路线"，于 2018 年 9 月 20 日负载投运，系统阻力 1000Pa 左右，温度降低 10℃左右，原 SNCR 还原剂消耗量降低。经第三方检测，该项目 NOₓ 排放浓度可低于 50mg/Nm³ 以下，氨逃逸小于 3mg/Nm³。优点：高温保证了稳定的脱硝效率，高温避开了硫酸氢铵的黏结堵塞，除尘缓解了催化剂的堵塞、中毒、磨损问题。缺点：一次性投资较大，催化剂的更换费用较高，催化剂的寿命还有待进一步观察，工艺环节较多，管理相对复杂，特别是高温、高空电除尘器的运行维护。表 11-35 为登封宏昌项目设计参数表；表 11-36 为登封宏昌 SCR 脱硝运行指标表；图 11-42 为登封宏昌水泥 SCR 脱硝工程现场照片；图 11-43 登封宏昌水泥 SCR 脱硝运行中控画面。

表 11-35　登封宏昌项目设计参数

序号	项目	数据	单位	备注
1	烟气流量	860000	m³/h	工况
2	O₂ 含量	2.6	%	标况，干基
3	烟气温度	280～320	℃	满足 400℃运行
4	C1 出口粉尘浓度	80～100	g/Nm³	实测均值
5	NOₓ 入口浓度	≤400	mg/Nm³	标况，干基，10%O₂
6	NOₓ 出口浓度	<50	mg/Nm³	标况，干基，10%O₂
7	氨逃逸	≤5	mg/Nm³	标况，干基，10%O₂
8	催化剂寿命	≥2	年	

表 11-36 登封宏昌 SCR 脱硝运行指标

项目	运行指标	单位
NO$_x$ 排放浓度	<50	mg/Nm³
脱硝效率	>90	%
脱硝反应器压差	<400	Pa
脱硝系统总压差	<900	Pa
SNCR+SCR 氨水耗量	<3.8	kg/t. cl
氨逃逸	≤3	mg/Nm³

图 11-42 登封宏昌水泥 SCR 脱硝工程现场

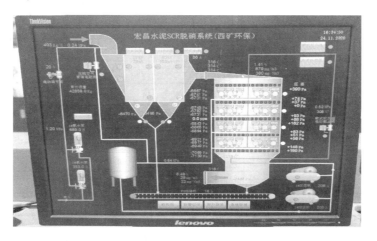

图 11-43 登封宏昌水泥 SCR 脱硝运行中控画面

二、武安新峰水泥 SCR 脱硝工程

2019 年 7 月，西矿环保签订武安新峰水泥三条水泥生产线（1 号线：3000t/d、2

号线：5000t/d、3 号线：5000t/d）氮氧化物 SCR 超低排放治理项目，该项目技术路线选用"高温电除尘器＋SCR 脱硝"技术，目前该项目 SCR 脱硝系统运行较稳定。图 11-44 为武安新峰水泥 SCR 脱硝工程现场；表 11-37 为武安新峰水泥 1 号线设计参数；表 11-38 为武安新峰水泥 1 号线 SCR 脱硝运行指标；图 11-45 为武安新峰水泥 1 号线 SCR 脱硝运行中控画面；表 11-39 为武安新峰水泥 2 号线、3 号线设计参数；表 11-40 为武安新峰水泥 2 号线、3 号线 SCR 脱硝运行指标；图 11-46 为武安新峰水泥 2 号线 SCR 脱硝运行中控画面；图 11-47 为武安新峰水泥 3 号线 SCR 脱硝运行中控画面。

图 11-44　武安新峰水泥 SCR 脱硝工程现场

表 11-37　武安新峰水泥 1 号线设计参数

序号	项目	数据	单位	备注
1	烟气流量	540000	m³/h	工况
2	O₂ 含量	2～3	%	标况，干基
3	烟气温度	280～350	℃	满足 400℃运行
4	Cl 出口粉尘浓度	80～100	g/Nm³	实测均值
5	NO$_x$ 入口浓度	≤400	mg/Nm³	标况，干基，10%O₂
6	NO$_x$ 出口浓度	<50	mg/Nm³	标况，干基，10%O₂
7	氨逃逸	≤5	mg/Nm³	标况，干基，10%O₂
8	催化剂寿命	≥2	a	

表 11-38　武安新峰水泥 1 号线 SCR 脱硝运行指标

项目	运行指标	单位
NO$_x$ 排放浓度	<30	mg/Nm³
脱硝效率	>90	%
脱硝反应器压差	<300	Pa

续表

项目	运行指标	单位
脱硝系统总压差	＜650	Pa
SNCR＋SCR 氨水耗量	＜3.1	kg/t. cl
氨逃逸	≤3	mg/Nm³

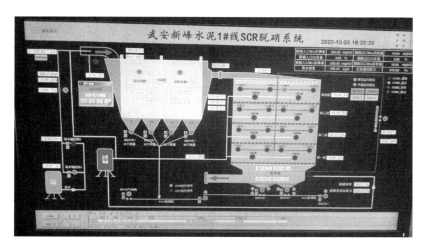

图 11-45　武安新峰水泥 1 号线 SCR 脱硝运行中控画面

表 11-39　武安新峰水泥 2 号线、3 号线设计参数

序号	项目	数据	单位	备注
1	烟气流量	850000	m³/h	工况（目前烟气量）
		1000000		工况（旁路防风烟气接入后）
2	O₂ 含量	2～3	％	标况，干基
3	烟气温度	280～350	℃	满足 400℃运行
4	C1 出口粉尘浓度	80～100	g/Nm³	实测均值
5	NOₓ 入口浓度	≤400	mg/Nm³	标况，干基，10%O₂
6	NOₓ 出口浓度	＜50	mg/Nm³	标况，干基，10%O₂
7	氨逃逸	≤5	mg/Nm³	标况，干基，10%O₂
8	催化剂寿命	≥2	a	

表 11-40　武安新峰水泥 2 号线、3 号线 SCR 脱硝运行指标

项目	运行指标	单位
NOₓ 排放浓度	＜30	mg/Nm³
脱硝效率	＞90	％
脱硝反应器压差	＜300	Pa
脱硝系统总压差	＜700	Pa

项目	运行指标	单位
SNCR＋SCR 氨水耗量	＜2.5	kg/t. cl
氨逃逸	≤3	mg/Nm³

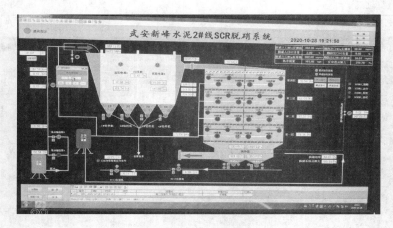

图 11-46　武安新峰水泥 2 号线 SCR 脱硝运行中控画面

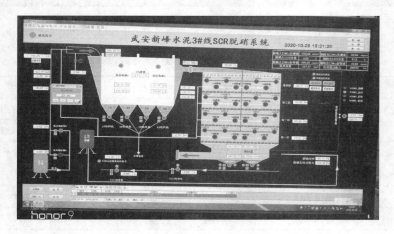

图 11-47　武安新峰水泥 3 号线 SCR 脱硝运行中控画面

三、济宁海螺水泥和南京中国水泥厂 SCR 脱硝工程

济宁海螺水泥和南京中国水泥厂 SCR 脱硝工程由德国蒂森克虏伯公司总承包，在国内首次采用高温高尘 SCR 布置。二厂均为 5000t/d 水泥熟料生产线，SCR 反应器采用双塔布置形式。

关于水泥行业的高尘特点，蒂森克虏伯认为高尘反而有利于缓解催化剂中毒，对堵塞问题，他们已有成熟有效的清灰手段，因此蒂森克虏伯直接采用高温高尘的 SCR 工艺。蒂森克虏伯在水泥行业已有近二十年的 SCR 脱硝运行经验，其成熟的技术是世界范围内高尘 SCR 应用最多的解决方案之一，多年的经验表明高尘 SCR 是降低 NO_x 最经济的方案。经过多年的水泥窑 SCR 运行，蒂森克虏伯已经掌握了相关的清灰工艺，并在多个工厂得到了验证。同时对标准陶瓷蜂窝催化剂进行了关键性改进，大幅增加了催化剂的使用寿命，自 2013 年 8 月以来，其所有 SCR 项目全年运行率都超过了95％。根据他们已有十多条水泥生产线近二十年的 SCR 运行经验，大致可以做到 2～3 年换一层催化剂，一般设计为 4 层催化剂。当然，催化剂寿命与烟气及粉尘组分有关，具体的使用寿命将根据项目的具体情况提供一个预期的寿命管理。图 11-48 为 SCR 脱硝工艺流程简图。

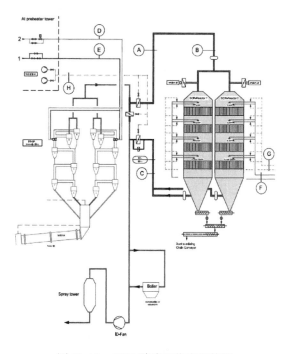

图 11-48　SCR 脱硝工艺流程简图

济宁海螺和南京中国水泥厂 SCR 项目分别于 2019 年 8 月和 2020 年初运行，整个系统阻力不到 400Pa，高温风机电耗增加不多。SNCR 已经停用，目前只使用 SCR 系统，进口 NO_x 浓度在 600～700mg/Nm³，出口浓度在 50～60mg/Nm³，20％浓度氨水用量在 600kg/h 左右，氨逃逸稳定在 2～3mg/Nm³。全面实现了 NO_x 排放不大于 100mg/Nm³，氨逃逸不大于 8mg/Nm³ 的预定目标。尽管改造目标是 NO_x 排放不大于 100mg/Nm³，但期间安排了更高目标的试验，短时间运行了几个小时，可以将 NO_x 排放稳定控制在 20～27mg/Nm³。项目优点：高温保证了稳定的脱硝效率，高温避开了硫酸氢铵的黏结堵塞，系统流程简化，管理方便且维护量少；缺点：一次性投资较大，催化剂的更换费用较高，在高尘状态下催化剂的寿命还有待进一步观察。图 11-49 为济宁海螺水泥 SCR 现场照片；表 11-41 为济宁海螺水泥 SCR 运行数据；图 11-50 为南京中国水泥厂 SCR 现场照片；图 11-51 为南京中国水泥厂 SCR 脱硝全貌。

图 11-49　济宁海螺水泥 SCR 现场照片

表 11-41　济宁海螺水泥 SCR 运行数据

	设计数据	正常运行数据	极端测试数据 2019 年 9 月 5 日
窑产量	5100t/d	～6000t/d	5900t/d
烟气流量	330000Nm³/h	～380000Nm³/h	375000Nm³/h
烟气温度	320℃	～325℃	325℃
SCR 反应器处理前的 NO_x	805mg/Nm³	～700mg/Nm³	677mg/Nm³
SCR 反应器处理后的 NO_x（10％O_2，干燥）	100mg/Nm³	＜50mg/Nm³	＜8mg/Nm³
SCR 反应器后的氨逃逸（10％O_2，干燥）（反应器出口处，不是烟囱处）	8mg/Nm³	＜3mg/Nm³	＜5mg/Nm³

图 11-50　南京中国水泥厂 SCR 现场照片

图 11-51　南京中国水泥厂 SCR 脱硝全貌

四、长兴南方水泥 SCR 脱硝工程

1. 项目概况

本项目采用中低温中尘 SCR 工艺布置方案，即 SCR 反应器布置在 SP 余热锅炉后。由中国建材总院在长兴南方水泥 5000t/d 生产线上配套建设水泥窑烟气中低温 SCR 脱硝工程项目。该 5000t/d 生产线日产熟料可达 6300t，窑尾烟气量 360000Nm³/h。生产线原有 SNCR 精准脱硝系统，氨水用量为 350～400L/h，窑尾烟囱 NO_x 排放浓度控制在 $260～280mg/Nm^3$。

由于烟气中低温 SCR 脱硝反应器布置在余热锅炉后，故反应器截面尺寸和高度小于高温 SCR 脱硝反应器，反应器布置在生产线原 SNCR 氨水储存罐区上方，不占用原有任何场地，而且与窑尾烟气的流向管道布置没有任何拐角弯头，满足了水泥生产线工艺设备布置的基本原则要求。设计的 SCR 反应器截面为 $64m^2$，净高为 34m，框架结构总重量约 350t。尽管反应器的总体积缩小了，但反应器内仍按 4＋1 布置催化剂模块。每层催化剂上方布置耙式压缩空气吹灰器，周围则布置声波吹灰器；通过耙式压缩空气吹灰器和声波吹灰器的配合，有效预防了催化剂上方的积灰现象。SCR 脱硝反应器本身的催化剂压力降约为 350Pa。

SCR 脱硝反应器自带有精准喷氨系统，可以独立进行全烟气的脱硝，也可以与SNCR 耦合，利用 SNCR 喷氨多余产生的氨逃逸进行最终的烟气脱硝。氨水由热盘管加热蒸发，不增加电耗。

SCR 脱硝反应器带有压力、浓度、烟气成分等众多在线检测分析仪表仪器，新增DCS 控制系统，做到远程监控和启停，并接入水泥生产线集散控制系统。图 11-52 为长兴南方水泥 SCR 现场图。

图 11-52　长兴南方水泥 SCR 现场图

中低温 SCR 脱硝系统整个工程于 2020 年 7 月底进行调试并投入试运行，期间也进行了一些优化改进。中国建材总院自主研发了稀土耦合钒钛体系的中低温 SCR 脱硝催化剂，系统优化了催化剂的化学组成设计、物理结构形态与催化性能之间的关系，解决了催化剂对 SO_2 等成分的敏感性问题，在 $170\sim220℃$ 窗口温度下，催化剂脱硝效率可达 90％左右。设计开发出水泥窑炉烟气中低温 SCR 脱硝工艺技术，建成国内首套水泥窑烟气中低温 SCR 脱硝反应器及其工艺技术装备，实现工程较稳定运行。工业化应用连续运行表明：脱硝效率达到 90％左右、NO_x 排放浓度可稳定小于 $100mg/Nm^3$、氨逃逸小于 $5mg/Nm^3$。

2. 项目调试情况

长兴南方水泥 5000t/d 水泥窑窑尾烟气 SCR 脱硝采用中低温中尘 SCR 技术，相对于现有高温高尘、高温中尘 SCR 技术路线，对余热发电及现有生产工艺影响很小，生产运行费用低，水泥窑工况烟气适应性较强。本项目自 2020 年 7 月底调试投运以来，已实现 NO_x 浓度在 $100mg/Nm^3$（@10％O_2）以下稳定运行。

期间先后对中低温 SCR 脱硝系统中各设备进行单体调试、联锁及消缺，根据水泥窑实际烟气流场及粉尘特性，有针对性地对中低温 SCR 脱硝装置中吹灰系统（声波吹灰＋耙式吹灰）控制逻辑进行多种运行方案调试，最终敲定现有运行方案。图 11-53 为耙式吹灰器运行界面；图 11-54 为声波吹灰器运行界面。

吹灰系统运行正常后，对 SNCR＋SCR 整体喷氨用量进行调试。SNCR＋SCR 喷氨量在 650L/h 以内，可实现出口 NO_x 浓度在 $50mg/Nm^3$（@10％O_2）以下，氨逃逸小于 $5mg/Nm^3$（@10％O_2），吨熟料氨水耗量小于 2.2kg。SNCR＋SCR 喷氨量在 450L/

h 以内，可实现出口 NO$_x$ 浓度在 100mg/Nm^3（@10％O$_2$）以下，氨逃逸小于 5mg/Nm^3（@10％O$_2$），吨熟料氨水耗量小于 1.5kg。图 11-55 为 50mg/Nm^3 以下调试运行数据；图 11-56 为 100mg/Nm^3 以下运行数据。

图 11-53　耙式吹灰器运行界面

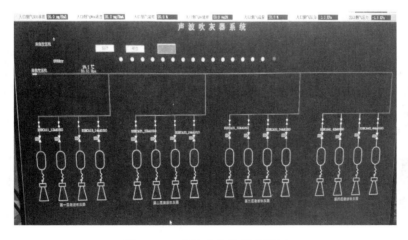

图 11-54　声波吹灰器运行界面

图 11-55　50mg/Nm^3 以下调试运行数据

图 11-56　100mg/Nm³ 以下运行数据

中温 SCR 脱硝装置因布置空间受限，SCR 装置进出口烟道阻力损失较大，窑尾系统新增阻力损失在 1400Pa 以内，SCR 自身系统阻力在 1100Pa 以内，中低温 SCR 脱硝催化剂阻力在 350Pa 以内。因循环风机余量大，当辊压机运行时，SCR 系统能够正常运行，当辊压机停运时，尾排风量不足，SCR 系统切出窑系统。后续停窑期间，对现有 SCR 烟道进行整改，同时更换辊压机进出口阀门，避免漏风引起尾排风机余量不够的问题。图 11-57 为窑系统阻力增加运行界面；图 11-58 为中低温 SCR 运行界面。图 11-59 为中低温 SCR 运行数据（8—9 月）。

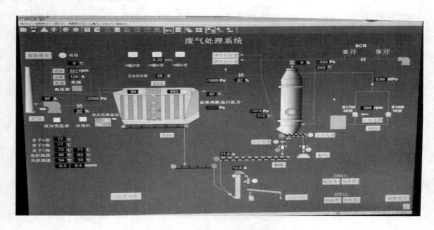

图 11-57　窑系统阻力增加运行界面

从图 11-59 中可以看出，中低温 SCR 装置运行较稳定，催化剂性能和吹灰系统性能较稳定，SCR 出口 NO_x 浓度稳定控制在 100mg/Nm³（@10％O_2）以内。

SCR 投运后，存在硫排放上升现象。结合中控室 SNCR 系统硫排放历史数据，存在 SCR 投运硫排放 30～50mg/Nm³（@10％O_2）以上，SCR 退出，硫排放 10mg/Nm³（@10％O_2）以下的现象。初步判断：结合原料配料单 SO_3 含量，5000t/d 生产线原料中硫较高，波动较大，高温风机出口（SCR 入口历史曲线）SO_2 一直较高，在 100～200mg/Nm³ 上下波动，当 SCR 投运后，SCR 脱硝催化剂能优先与 NH_3 结合（催化剂成分中抗硫性能）发生脱硝反应，结合前段时间 SCR 出入口氨逃逸检测发现，SCR 入

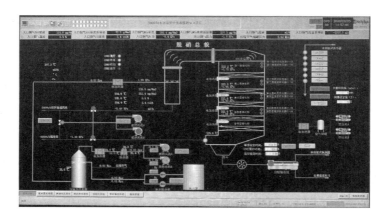

图 11-58　中低温 SCR 运行界面

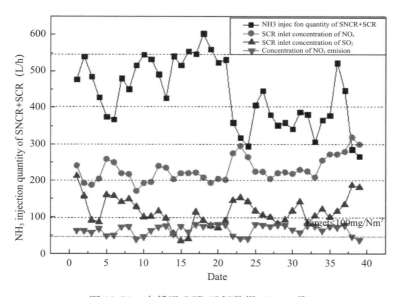

图 11-59　中低温 SCR 运行数据（8—9 月）

口氨氮比小于反应器最佳脱硝效率所需氨氮比，从而导致逃逸的氨大幅度降低（氨逃逸几乎为零），在辊压机中（高湿度环境）与硫结合的 NH$_3$ 降低，从而致使烟囱处硫排放增加；当 SCR 退出后，高温风机出口氨逃逸较高，进入辊压机中 NH$_3$ 在高湿环境中能够与硫结合形成亚硫酸铵或亚硫酸氢铵。针对上述现象及原因分析，在不大幅度增加脱硫剂的前提下，后续通过完善 SCR 自喷氨系统，适当增加喷氨量，以期通过 SCR 后端一定的氨逃逸降低 SO$_2$ 排放浓度。

第七节　国外水泥窑采用 SCR 应用实例

一、国外水泥工业 SCR 脱硝现状

欧美国家水泥窑炉 SCR 脱硝的研究工作开展较早。欧洲作为环境治理以及环境保

护的先进地区，在很多方面走在世界的前头。德国 Solnhofer 水泥厂于 2001 年建成世界上第一套 SCR 脱硝装置并投产。该厂 SCR 系统布置在水泥窑预热器后，反应烟气温度为 320～340℃，氨逃逸量小于 1mg/Nm³，脱硝效率大于 80%，稳定运行时间达40000h，超过预期使用寿命 2 年。自从 SCR 在日本工业化后，奥地利 CERAM 公司作为日本之外的第一家 SCR 催化剂生产厂家，对 SCR 在欧洲及美洲的普及做出了贡献，也积累了不少经验，在水泥行业的 SCR 脱硝应用方面与瑞士 ELEX 公司等进行合作，成为欧洲主要的催化剂供应商。欧洲相继安装了十多套水泥 SCR 脱硝系统，取得了应有的效果。其中瑞士 ELEX 公司 2004 年至 2018 年间，在欧美地区共建成 8 套水泥SCR 脱硝装置，其中 7 套采用高尘布置，SCR 系统布置在预热器 C1 出口，1 套采用中尘布置，SCR 系统布置在电除尘器烟气出口后。8 套 SCR 脱硝装置运行情况见表 11-44。另外，在欧洲还有多条水泥 SCR 脱硝系统投运。如意大利 Cementena di Sarche 水泥厂，SCR 系统采用高温半尘布置工艺，于 2007 年投运，该生产线为立波尔窑。德国Rohrdorf Zement 水泥厂，SCR 系统采用尾部低尘布置工艺，于 2011 年 3 月建成投运。奥地利拉法基 Mannersdorf 水泥厂，SCR 系统采用高温半尘布置工艺，于 2012 年 4 月投运。意大利 Renato Italcementl 水泥厂、德国 Kollenbach 水泥厂等建设水泥窑 SCR脱硝系统也已建成并投运。

表 11-44　瑞士 ELEX 公司 8 套 SCR 脱硝装置运行情况

序号	国家	地点	投运时间	类型	运行参数			
					温度（℃）	NO$_x$ 入口 (mg/m³)（标）	NO$_x$ 出口 (mg/m³)（标）	氨逃逸量 (mg/m³)（标）
1	意大利	Monselice	2006－05	高尘	330～340	1200	200	<5
2	德国	Mergelstetten	2010－04	高尘	380	700～2500	200	<5
3	美国	Joppa	2013－08	中尘	290～330	2240	448	<10
4	意大利	Rezzato	2014－11	高尘	310～340	1800～2400	200	<20
5	德国	Cöllheim	2017－09	高尘	360	1200～1300	200	<30
6	德国	Beckum	2018－04	高尘	320～340	1000～1200	200	<30
7	德国	Solnhofer	2018－06	高尘	360	1200～1300	200	<30
8	德国	Deuna	2018－06	高尘	350	1200～1300	200	<30

由表 11-44 可明显看出，高尘布置占有率为 87.5%，所有装置实际运行脱硝效率均大于 71.4%，其中德国 Mergelstetten 水泥厂 SCR 装置初始脱硝效率高达 92%，氨逃逸量小于 5mg/Nm³。

二、SCR 工程案例一

1. 概述

Solnhofer Portland-Zementwerke（以下简称 Solnhofer）水泥厂位于德国，拥有一

条 1800t/d 新型干法熟料水泥生产线，由于德国的水泥需求量减少，实际产量为 1100t/d。该水泥厂使用废旧轮胎等替代燃料，用量有时会超过燃料总量的 50%，故一般时候执行 500mg/Nm³，当替代燃料超过 50% 时执行 200mg/Nm³ 的氮氧化物排放标准。厂方从 1997 年开始研究脱硝相关措施，2000 年前运行了 SNCR 脱硝系统，2001 年开始运行 SCR 脱硝系统，但 SNCR 和 SCR 系统不同时使用。

这是在德国政府资助下，世界上第一个建成的水泥窑 SCR 示范装置，2001 年投入运行。Solnhofer 决定采用高尘 SCR 系统的原因：

（1）与 SNCR 相比，NH₃ 耗量较低，相应运行成本较低。

（2）该厂窑尾四级预热器 C1 筒出口废气温度为 320～350℃，这个温度适合常规 SCR 技术。

Solnhofer 厂的 SCR 反应器催化剂按 3+3 布置，其中安装三层，备用三层。每层包含 6 个模块，每个模块有 72 块单元组成。每个单元的尺寸为 150mm×150mm×900mm。催化剂主要成分是 TiO_2 和 V_2O_5。为避免堵塞选用 11 孔、节距 13mm 催化剂（中间层 15 孔、节距为 10mm）。耙式吹灰器喷嘴不停地在每个催化层上方来回移动，用加热的压缩空气清除催化剂表面的粉尘。通过优化吹灰系统，每吨水泥熟料的压缩空气耗量从最初的 100m³ 降低至 18m³，使 SCR 系统运行成本大约为 0.098 欧元/吨熟料。Solnhofer 厂的 SCR 工艺流程如图 11-60 所示。为了延长 SCR 催化剂的使用寿命，耙式吹灰器喷嘴被设计用来既可进行上层催化剂吹扫又可进行下层吹扫（图 11-60）。因此吹灰系统可以从每层催化剂的上下表面吹走附着的灰尘。由于 Solnhofer 的长期运行经验并没有证明上层吹扫的预期优势，所以没必要转换气流吹扫方向。因此，未来实施高尘 SCR 技术可只设计下层吹扫以减少投资成本。

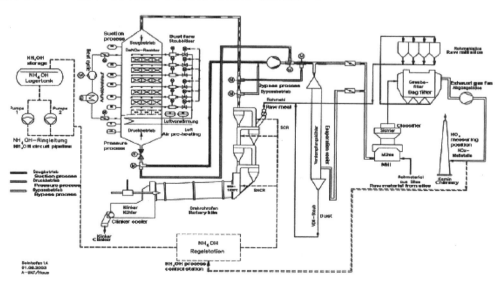

图 11-60 Solnhofer 厂 SCR 工艺流程图

2. 排放指标和运行数据

Solnhofer 的 SCR 装置脱硝效率通常为 59％～67％。在水泥窑况不正常时，原始 NO_x 浓度达到 3000mg/Nm³ 甚至更高，NO_x 脱硝效率会超过 80％。在正常窑况下，SCR 脱硝效率从原始 NO_x 浓度 1000～1600mg/Nm³ 降至 400～550mg/Nm³。必须指出，Solnhofer 工厂设计指标为 NO_x 排放浓度小于 500mg/Nm³，但有时运行排放值仍超过 500mg/Nm³。在一次试验中，根据 NO_x 排放浓度 200mg/Nm³ 目标值增加 NH_3 的用量，但实际排放浓度约 300mg/Nm³。在只用三层催化剂的情况下，这个结果表明该技术尚有潜力。氨逃逸仍然约 1mg/Nm³。

还原剂是 25％浓度氨水，根据烟气量、初始氮氧化物浓度和排放指标，设定的氨氮摩尔比为 0.8～0.9 时，SCR 系统的 NH_3 消耗量明显低于 SNCR 的。必须指出，来自水泥熟料生产原料中的 NH_3 也作为 SCR 的还原剂，因此氨逃逸非常低。在 Solnhofer 工厂，SCR 的氨逃逸低于 1mg/Nm³。由于 SCR 系统吹灰装置和反应器压力损失，能耗有小幅度增加。

3. 经济数据

Solnhofer 的 SCR 装置总投资成本大约为 350 万欧元，包括一定设计富裕量（如六层催化剂，上下层吹扫模式）。基于 Solnhofer 经验，一个 SCR 反应器新装备的投资成本估计约为 220 万欧元（约 25 万欧元催化剂），这个数字不包括氨储存和管道系统的成本，因为这些成本因地而异。德国联邦环境机构（UBA）估算了 SCR 和 SNCR 的 NO_x 减排成本，基于 Solnhofer 工厂的实际经验，窑产量为 1500t/d，NO_x 从 1000mg/Nm³ 降至 500mg/Nm³，以及减排至 200mg/Nm³ 的成本估算。

由于德国 UBA 的计算，SNCR 和 SCR 的运行成本，包括催化剂的更换成本，对于 NO_x 排放浓度 500mg/Nm³ 来说成本大致相同，但是 SCR 的总特定成本比 SNCR 大约高 50％。对于 NO_x 排放浓度 200mg/Nm³，SCR 在运行成本上更低，但是总特定成本与 SNCR 仍在相同级别。当比较这些数据时，必须指出，SNCR 和 SCR 都不能保证在长期的检测中 NO_x 排放浓度低于 200mg/Nm³。对于 SNCR，还必须考虑较高的氨逃逸。表 11-43 为德国 Solnhofer 工厂 SCR 装备的基本参数；表 11-44 为德国 UBA 提供某厂关于 SNCR 和 SCR 脱硝技术成本对比。

表 11-43　德国 Solnhofer 工厂 SCR 装备的基本参数

基本参数	单位	数值
熟料年产量	t/a	480000
熟料日产量	t/d	1500
操作时间	h/a	7680
烟气量	Nm³/t	2300
原始 NO_x	mg/Nm³	1000
原始 NO_x	kg/t	2.3

续表

基本参数	单位	数值
NH_3 成本（25％氨水）	EUR/t	90
催化剂成本	EUR/Nm^3	7500
催化剂使用寿命	h	40000
投资的使用寿命	a	20
通货膨胀率	％	3.0

表 11-44　德国 UBA 提供某厂关于 SNCR 和 SCR 脱硝技术成本对比

SNCR 与 SCR 的成本对比					
参数	单位	SNCR	SCR	SNCR	SCR
NO_x 目标值	mg/Nm^3	500	500	200	200
吨熟料 NH_3	kg/t	0.44	0.44	0.71	0.71
氨氮摩尔比		1.7	0.8	2.5	1
NH_3（25％氨水）耗量	kg/t	3.02	1.42	7.11	2.84
NH_3（25％氨水）耗量	kg/d	4.55	2.15	10.65	4.25
催化层数			3		4
运行成本					
NH_3 消耗量	EUR/t	0.27	0.13	0.64	0.26
电耗	EUR/t	0.03	0.1	0.06	0.11
催化剂更换成本	EUR/t		0.1		0.13
合计	EUR/t	0.3	0.33	0.7	0.5
投资成本					
氨水系统	EUR	600000	250000	1000000	35000
SCR 反应器（不含催化剂）	EUR		1950000		2350000
合计	EUR	600000	2200000	1000000	2700000
特定投资成本①	EUR/t	0.08	0.3	0.14	0.37
总特定成本②	EUR/t	0.38	0.62	0.83	0.87
NO_x 减排成本	EUR/t NO_x	330	540	450	470

①专用性投资；
②总运行成本和特定投资成本。

德国工程师协会（VDZ）开展了对德国水泥行业成本计算，这个成本包括关于 SCR 成本。除了投资成本，还要考虑整个运营成本，包括氨水成本，吹扫催化剂的压缩空气能耗成本，催化剂本身压力损失，以及水泥厂其他典型的经济评估数据。这些数据显示，如果以欧洲能源和 NH_3 价格作为主要依据，SNCR 成本总是低于 SCR。理论上，如果 NH_3 价格大幅度上升，能源价格降低，在非常高脱硝效率下，SCR 有比

SNCR 更低的成本。然而这种情况不适用于欧洲地区，因为氨和能源成本互相不是对立的，它们趋于同时上升和下降，相比 SNCR 具有更好的经济性。

SCR 结果显示，根据工厂规模和脱硝效率要求，每吨熟料的成本范围是 1.25～2.00 欧元。与 SNCR 相比，SCR 受投资成本制约，SCR 投资成本是 SNCR 的 4～9 倍。此外，能源消耗本质上是由于催化剂压力损失和催化剂所需的吹扫空气。SCR 系统最近的具体数字反映了这个技术的发展。一个早期 VDZ 研究表示，SCR 的具体成本是每吨熟料 3 欧元，但是 2006 年这个值降到每吨熟料大约 1.75 欧元。

VDZ 对窑产量 1500t/d 生产线的整体安装成本进行了计算，原始 NO_x 排放值为 1200mg/Nm^3，目标 NO_x 排放值为 200mg/Nm^3、500mg/Nm^3、800mg/Nm^3，具体数据见表 11-45。

表 11-45　德国 1500t/d 水泥厂 SCR 脱硝成本

技术	窑系统适用性	减排率	报告成本	
			投资成本（EUR，百万）	运行成本（EUR，百万）
SCR	全部工况	85％～95％	3.2～4.2	0.54～0.94

第一组蜂窝式催化剂运行了 40000h。后来试用板式催化剂表明效果并不理想。为了确保全天排放限值合规，2006 年 Solnhofer 工厂将 SNCR 作为备用系统。

4. 总结

通过连续运行后发现，由于大量使用替代燃料，水泥窑氮氧化物初始排放浓度相对较低，水泥厂使用 SNCR 脱硝可以和 SCR 系统达到相同的氮氧化物排放水平。该水泥厂替代废弃燃料占总燃料的 40％。使用这些废弃燃料和低 NO_x 燃烧器可降低约 40％的原始 NO_x 排放量。当同时使用低 NO_x 燃烧器、废弃燃料和 SNCR 或 SCR，NO_x 排放量可再减少约 50％。NO_x 总排放量相对于制订基准排放量大约减少 70％。因此，在 Solnhofer 水泥厂，SNCR 系统可以和 SCR 系统一样有效地控制 NO_x 排放值。

Solnhofer 目前没有使用 SCR 系统，只采用 SNCR 系统，生产线的氮氧化物排放即可以达到标准要求控制水平。经过长期运行，水泥厂比较了 SNCR 和 SCR 操作成本，厂方表示在同时都能达到排放标准要求的前提下，SCR 系统运行成本比 SNCR 系统高。厂方希望能进一步改进催化剂。根据 Solnhofer 工厂所提供的所有信息可以得出，当时 Solnhofer 的 SCR 技术仍然处于发展阶段，厂内 SCR 系统还存在需要完善的地方，厂方一直尝试不同的催化剂设计，采用了很多方法来解决堵塞问题，测试了各种催化剂清灰方式，为催化剂连续清灰设施最终确定了自己的特定系统。当时采用蜂窝式催化剂，但厂方仍希望能找到可以取代蜂窝式催化剂的耐腐蚀的板式催化剂。虽然从 2001 年以来，该设施已全面使用 SCR，它一直在进行改善，并还没有确定最终设计配置。由于使用替代燃料时使用 SNCR 系统可达到氮氧化物排放标准要求，同时，SCR 系统的成本明显高于 SNCR 系统的成本，所以目前该厂停止使用 SCR 系统。图 11-61 为德国 Solnhofer 厂 SCR 反应器现场照片。

图 11-61　Solnhofer 厂 SCR 反应器

三、SCR 工程案例二

意大利帕多省 Monselice 水泥厂建成的高尘 SCR 脱硝系统是最早成功商业运行的水泥窑 SCR 脱硝案例。这一系统可以将氮氧化物的排放量控制在低于 $200mg/m^3$ 范围内，相当于氮氧化物含量小于 $0.5 \, lb/t$[①] 熟料。

该厂 SCR 为高温高尘布置，图 11-62 为 SCR 反应器工艺布置示意图；图 11-63 为 Monselice 水泥厂 SCR 反应器现场照片。

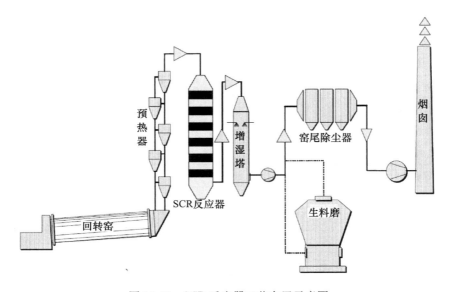

图 11-62　SCR 反应器工艺布置示意图

---

①　1lb（磅）＝0.45kg（千克）。

图 11-63　Monselice 水泥厂 SCR 反应器

2006 年，在意大利的 Cementeria di Monselice 成功安装并运行了高尘 SCR 装置，表 11-46 给出了该厂 SCR 脱硝系统最初六周运行数据。从表 11-48 中，我们可以知道该 SCR 系统具有高达 95％的脱硝效率，排放的 NO_x 浓度低至 75mg/Nm³，每吨水泥的 NO_x 含量低于 0.2lb，系统的压力降小于 500Pa，氨逃逸小于 1mg/Nm³。在该 SCR 系统中，催化剂层采用 5＋1 布置，催化剂选用 V_2O_5/TiO_2 基蜂窝式，13 孔，节距为 11.3mm，空速约为 1000h^{-1}。

表 11-46　Monselice 水泥窑 SCR 运行数据（2006 年）

运行参数	单位	设计值	实际值	
窑产量	t/d	2400	1800	
烟气量	Nm³/h，湿基	160000	110000	
NO_x 原始浓度	mg/Nm³，干基	2260	1530	1071
氨氮比	NH$_3$/NO$_x$	0.905	0.89	0.20
脱硝后 NO_x 值	mg/Nm³	232	75	612
烟囱排放 NO_x 值	mg/Nm³	200	50	408
脱硝效率	％	90	95	43
氨逃逸	mg/Nm³	＜5	＜1	＜1
反应器 O_2 含量	％	2.5	2.7	
烟囱 O_2 含量	％	5.0	7.1	
反应器阻力	Pa	1500	＜500	
氨水耗量	25％ 浓度（kg/h）	445	204	34

四、SCR 工程案例三

德国 Mergelstetten 水泥厂位于德国南部 Hidenheim 附近，拥有一条 3400t/d 的 4 级悬浮预热器回转窑生产线，工厂使用石灰石和富含黏土的泥灰岩作为原料，燃料掺有 80％～100％代用燃料。窑设计产量 3400t/d，由于代用燃料用量比例高，实际产量 2500t/d 左右。因使用 80％～100％的代用燃料，预热器烟气出口温度 380～420℃，烟气中水蒸气含量为 16％。由于原料的原因，预热器废气中的 SO_x 很低，仅 1～2mg/Nm³，NO_x 原始浓度 700～2000mg/Nm³。该生产线按德国排放标准，明确 NO_x 排放限值为 200mg/Nm³，所以 2008 年 Mergelstetten 水泥厂新建一套 SCR 脱硝系统。

1. 高温高尘 SCR 布置

在新建 SCR 系统之前，生产线原有一套 SNCR 脱硝系统，但 SNCR 工艺未能实现低于 350mg/Nm³ 的 NO_x 排放限值，新建的 SCR 反应器为高温高尘布置方式。SCR 系统还原剂的喷枪装在预热器的 C1 筒上，确保了氨和烟气到达 SCR 反应器之前充分混合。SCR 反应器布置了 4 层催化剂。调试初期并没有达到预期目标值，原因是 C1 出口温度高，SCR 操作困难。2012 年夏季，布置于 SCR 入口管道前的喷雾降温系统投入运行，控制了 SCR 系统入口温度，立即并显著提高 SCR 系统运转率。2012 年 SCR 系统的运转率达到窑运行时间的 95％，NO_x 排放浓度由 700～2000mg/Nm³ 降到小于 200mg/Nm³。现有 SCR 系统使用氨水或尿素，改进后 SCR 系统氨消耗量只有 SNCR 系统的 33％，运行 SCR 系统后烟囱烟气的 NO_x 排放值为 200mg/Nm³，原运行 SNCR 的 NO_x 排放值为 350mg/Nm³。SCR 系统投运后氮氧化物排放稳定地控制在 200mg/m³ 以内。图 11-64 为 Mergelstette 厂 SCR 工艺流程示意图；图 11-65 为 Mergelstette 厂 SCR 反应器现场照片。在预热器塔和 SCR 反应器之间安装一台电梯，用于各层催化剂模块的上下运输。

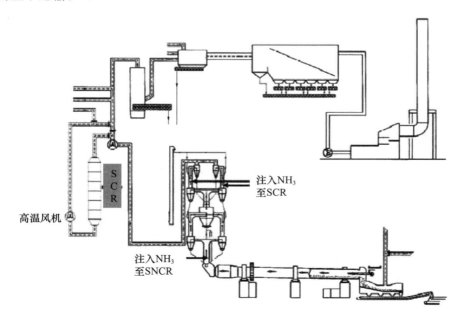

图 11-64 Mergelstette 厂 SCR 工艺流程示意图

Mergelstetten 水泥厂的 SCR 系统配备了一台增压高温风机，该风机用于补偿 SCR

反应器增加的系统压力损失，使窑系统的操作负压不受影响。SCR反应器烟气自上而下流过各催化剂层，每层布置18个催化剂模块，每个模块含72个催化剂单元，安装了4层催化剂。为了防止粉尘堆积并堵塞催化剂孔道，在每层催化剂的上方，安装了两台压缩空气耙式吹灰器，如图11-66所示。压缩空气耙式吹灰器设计成能够在催化剂整个顶面上反复循环移动吹扫。为了避免烟气在催化剂表面结露，3台高压风机（两用一备）提供耙式吹灰器气源，同时安装了加热器，使耙式吹灰器的气源满足温度大于140℃，气压2～3bar的技术要求。

图11-65　德国Mergelstette厂
SCR反应器

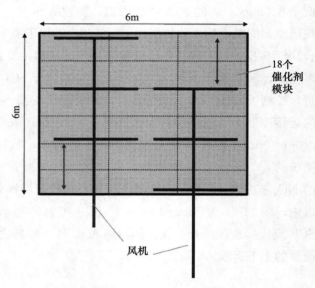

图11-66　催化剂截面示意图

2. 运行经验

2010年4月SCR反应器刚投运后，压缩空气吹灰系统不能有效地工作。通过反应器的压降在几天内逐渐增加，催化剂存在堵塞现象，因此，只得停止反应器的运行，通过真空吸尘器进行完全清扫。后来对风机和吹灰系统进行整改，SCR反应器才实现了可靠的稳定运行。自2008年8月以来，SCR反应器的运行压降稳定维持在6～7mbar。

4层催化剂共有8台压缩空气耙式吹灰器，从顶层开始自上而下周期循环清扫，每个周期持续约20min，即每层催化剂层每小时清扫3次。清扫系统定时自动控制运行。

当反应器开始投运时，在引入废气前，须预加热反应器到废气露点之上，为此安装了24个内部电加热器，图11-67所示了每层下部的6个电加热器。

3. 催化剂配置

最初反应器顶部设置了整流层，目的是均匀地分配废气至整个催化剂横截面，以防催化剂单元落下的粉尘长期堆积在反应器的内表面。但是实际运行后发现不需要设

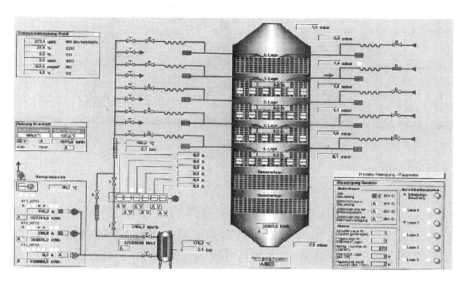

图 11-67　SCR 工艺控制画面

置整流层，该整流层可用催化剂替换，自 2010 年 8 月压缩空气清灰系统优化以来，SCR 反应器一直安装 4 层催化剂运行。该厂一直采用 CERAM 的脱硝催化剂，最开始安装了 3 层（2～4 层）正六边形催化剂（长度为 1.3m），同年 7 月将第 1 层也换成了催化剂（催化剂长度 0.6m），其催化剂的安装更换情况见表 11-47。

表 11-47　Mergelstetten 水泥厂催化剂安装更换情况

年份	催化剂安装更换情况
2010 年 4 月	安装 3 层正六边形（长度 1.3m）催化剂（第一层非催化剂）
2010 年 7 月	第一层换成催化剂（长度 0.6m）
2011 年 2 月	最下层换成正方形催化剂（长度 0.8m）
2011 年 11 月	中间两层换一层新的，一层再生催化剂
2012 年 9 月	最上层再生
2013 年 6 月	对两层再生催化剂进行修补

　　水泥厂高尘 SCR 工艺运行中最大的难题是催化剂易堵塞，为此选择相对较大节距的催化剂单元（图 11-68）。同时起初认为蜂窝状外形催化剂单元内聚集粉尘少，但是使用后发现蜂窝状结构单元的生产成本较高且稳定性差，运行 1 年后，改换安装了方形催化剂单元，通过一层催化剂上试验，11.2mm 节距的方形催化剂单元（图 11-68 右边单元）运行良好，方形催化剂单元现在是最佳的备选方案。

　　运行的第二年，催化剂活性降低，检测到氨逃逸略有增加，催化剂使用寿命较短的原因之一是运行温度高于 400℃，为了把运行温度降到低于 380℃，在窑高温风机的出风管道上，安装一个自动控制喷雾降温系统，该系统于 2012 年 8 月首次投入使用，催化剂使用寿命是否明显增加有待观察。

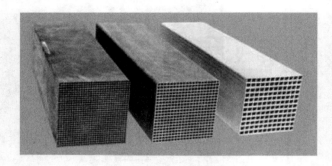

图 11-68　催化剂单元

2012 年 11 月，由于催化剂失活，必须更换两层催化剂，一层完全用新的更换，另一层进行化学再生处理。尽管催化剂重新激活再生处理是成功的，但是机械阻力也增加了，重新装回经再生处理催化剂后几个月，观察到上表面磨蚀损坏严重，阻塞单元通道，造成粉尘堆积，堵塞后的催化剂层压明显增加，必须更换已损坏层的催化剂。

4. 运行结果

图 11-69 为自 2011 年 11 月整改以来的运行结果，可看出 NO_x 排放和氨逃逸的日平均值。在此期间 SCR 系统运行正常，NO_x 和氨逃逸排放均在限值范围内，其中有三个时间段是在窑正常生产情况下，SCR 系统不得不停止运行，进行维修。

在 SCR 系统停止运行大约 1 周的时间内，NO_x 排放允许值由 SNCR 系统控制，如图 11-69 所示，2012 年 9 月和 2013 年 5 月 NO_x 排放值有所增加。

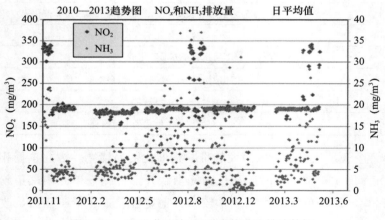

图 11-69　2011 年以来 NO_x 和氨逃逸排放数据

由于 SCR 系统运行，挥发性有机碳（VOC）排放下降了 60%，需要进一步研究来详细评估有机碳化合物下降。

图 11-69 所示的期间内，窑运行 448d，其中 SCR 系统运行 411d，同步运转率为 92%，与试运行所花的时间相比，明显较长，但是低于 100% 的运转率，尚需进一步优

化提高运转率。

表 11-48 为粉尘中某些有害元素的含量。可以看出，与传统燃煤火电厂的烟尘相比，铊（Tl）的含量较高（燃煤火电中一般没有铊中毒问题）。但试验表明，在高尘布置下，铊引起的催化剂中毒只是中等程度。这主要是由于水泥粉尘中的铊一般富集在细粉尘中（图 11-70）。高粉尘条件下，铊平均浓度不高，所以高尘条件催化剂的铊中毒没有半尘时严重（在欧洲一些水泥厂半尘 SCR 脱硝示范试验中有更严重的铊中毒报告）。

表 11-48　粉尘中某些有害元素含量（mg/kg）

期间		Hg	As	Cd	Tl
2012—10	SCR 前粉尘	0.61/0.34①	3.9/4.5	0.90/1.1	8.6/8.6
	SCR 后粉尘	0.69/1.1	4.0/4.5	0.89/0.97	5.5/6.0
	总粉尘	1.3～1.7	4.7～4.9	0.81～0.97	4.5～5.8
2012—3	SCR 前粉尘	0.52～0.71②	3.4～4.5	0.75～1.2	6.7～12
	总粉尘	1.0～1.9	3.5～4.8	0.66～1.1	3.5～6.6
2011—10	SCR 前粉尘	0.21～0.36	4.2～5.4	0.84～1.4	3.7～6.5
	总粉尘	0.43～1.1	3.9～6.0	0.50～1.4	1.9～6.0
2011—5	SCR 前粉尘	0.81～1.5	<1.0～5.9	0.46～1.1	0.72～7.4
	SCR 后粉尘	0.52～0.85	<1.0	0.05～0.09	0.60～0.81
2010—10	SCR 前粉尘	0.89～1.0	3.0/3.2	1.3/1.3	8.6/9.5
	SCR 后粉尘	1.1～0.95	3.9/3.0	1.5～1.4	8.6～10

注：①表示两次测定结果；②表示多次测定结果范围。

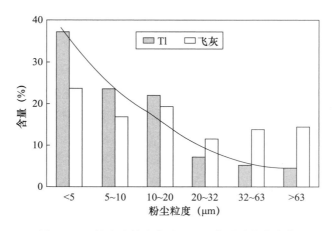

图 11-70　粉尘及粉尘中铊（Tl）含量随粒度变化

5. 运行成本

SCR 系统的运行成本分为三个主要部分。

（1）还原剂的消耗成本；

（2）耗电量的成本；

（3）更换催化剂的成本。

就 SCR 和 SNCR 系统来说，25％氨水和 40％尿素溶液都是 SCR 系统适宜的还原剂，SNCR 系统首选氨水作为还原剂。

期间进行了 SNCR＋SCR 联合脱硝试验，运行结果表明仅运行 SCR 系统也足以保持 NO_x 在排放限值内。SNCR＋SCR 联合脱硝导致还原剂消耗量大幅提高，较高的还原剂消耗是 SNCR 工艺高温燃烧损耗的结果，SCR 系统由于运行温度较低，没有造成这样损耗。

图 11-71 所示为 SNCR＋SCR 联合脱硝以及仅 SCR 运行时还原剂消耗量变化，还原剂消耗量（单位：kg/t 熟料）为月消耗量。

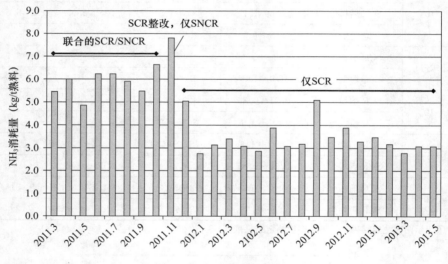

图 11-71　还原剂的消耗量

25％氨水和 40％尿素溶液的含 NH_3 量基本上相同，当 SNCR＋SCR 联合脱硝时，平均消耗量为 5.9kg/t 熟料。2011 年 11 月 SCR 系统停止运行，此期间仅 SNCR 系统运行，NO_x 排放量限值为 $350mg/Nm^3$，虽然 NO_x 排放量增加，但是还原剂消耗量也大幅增加。

自 2011 年 12 月以来仅投运 SCR 脱硝系统，此期间还原剂的消耗量比较低，仅为 3.5kg/t 熟料。与 SNCR 联合运行相比较，还原剂节省 40％。与 SNCR 单独运行相比较，还原剂节省 50％以上，同时这还未考虑 NO_x 排放降低到 $200mg/Nm^3$ 的情况。

6. 耗电量

如表 11-51 所示，SCR 系统所需电耗较熟料正常生产期间电耗大幅增加，电耗增加归因于清灰系统的压缩空气运行和新增 SCR 高温风机的运行。Mergelstetten 水泥厂安装 4 层催化剂的 SCR 系统电耗为 500kW，单位电耗为 5（kW·h）/t 熟料。

表 11-51　高温高尘 SCR 系统耗电量

项目	耗电量	
	kW	（kW·h）/t 熟料
清灰风机	260	2.6
SCR 增压风机	200	2.0
其他①	40	0.4
总数	500	5.0

注：①仪表用气及输灰系统等。

7. 更换催化剂

自 SCR 系统初次运行以来，已经试验了不同外形尺寸催化剂，也试验了用再生催化剂来替代失活催化剂，基于上述原因，无法精确计算催化剂的成本，但通过 3 年运行，能预测催化剂的成本。预计将需要每年更换一层催化剂，这相当于催化剂成本为 0.30 欧元/吨熟料。

8. 结论

高温高尘 SCR 系统运行 3 年半之后，实现了 NO_x 排放低于 $200mg/Nm^3$、氨逃逸低于 $30mg/Nm^3$ 的预期目标，当然考虑可靠性，SNCR 脱硝系统仍需要备用。

2012 年和 2013 年，92％的 SCR 系统运转率不尽如人意，为了获得较高的运转率，应进行进一步优化。运行高尘 SCR 系统主要难题是避免催化剂部件堵塞，因此必须有较高技术水平以维护压缩空气清扫系统稳定运行。

与 SNCR 相比较，SCR 电耗较高，但是还原剂耗量较低。当催化剂使用寿命延长时，催化剂成本有望降低，催化剂再生处理并不可行。通过在 C1 筒出口管道上自动喷雾降温的方法减低 SCR 入口运行温度，预计可以延长催化剂的使用寿命。

五、SCR 工程案例四

1. 概述

Mannersdorf 工厂是奥地利最大的工厂，拥有一条 2500t/d 干法回转窑，带 5 级预热器和分解炉，1984 年投运。替代燃料使用率约为 65％，主要为固体废碎料（SSW）。奥地利 Mannersdorf 水泥厂于 2012 年 4 月启动高温半尘 SCR 脱硝项目，即在预热器烟气进入 SCR 反应器前设置一台高温静电除尘器，先对烟气进行除尘。第一年运行期间 NO_x 的去除效率良好；SCR 系统投运后 NO_x 的排放就达到了 $200mg/Nm^3$ 以内，由于采取的中毒预防措施很有效率，到 2013 年，第一年几乎没有催化剂失活现象发生。图 11-72 为奥地利 Mannersdorf 厂 SCR 反应器现场照片。

图 11-72　Mannersdorf 厂
SCR 反应器

2. 高温半尘 SCR 布置理由

Mannersdorf 水泥厂原设计的预热器为双列热交换系统，预热器 C1 筒出口处含尘量比普通水泥窑型高得多，其含尘量高达 180g/Nm³，比其他预热器水泥窑的数据高了两倍。在这样极端的含尘量下，SCR 很难控制并稳定运行。如在窑尾袋收尘后采用低尘 SCR 布置，则要求从篦冷机处抽取热风，需要非常高的投资费用，而篦冷机上的可用热量有限，排出的热烟气已经大部用于烘干矿渣等混合材。窑尾设置高温电收尘器的目标是将含尘量降至 2g/Nm³。这样可选用小节距催化剂且布置两层催化剂，以控制投资成本。图 11-73 为半尘 SCR 布置工艺流程示意图。

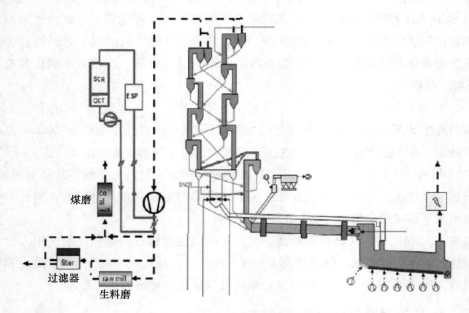

图 11-73 半尘 SCR 布置工艺流程示意图

3. 设计参数及催化剂选型

设计基础参数见表 11-50。SCR 反应器尺寸为 4m×6m。催化剂按 2＋2 布置，即初装 2 层，预留 2 层，催化剂总体积为 43m³，选用 18 孔蜂窝型催化剂，高温电收尘和 SCR 反应器均设置了旁路系统。

表 11-50 设计基础参数

工艺参数	最小	额定	最大
烟气量（Nm³/h）	120000	165000	180000
C1 筒出口温度（℃）	290	320	350/390
粉尘含量（Nm³/h）	—	150	—
NO$_x$ 含量（Nm³/h）	—	500	—

4. 运行经验

2012 年 4 月 SCR 顺利投运，投运以来 NO$_x$ 排放值均能达标，但电收尘达不到 2g/Nm³

预期排放目标值，SCR 反应器系统相应压差一直在上升。

（1）NO$_x$ 排放值

SCR 的还原剂尿素溶液从预热器 C1 筒入口烟道喷入，与设置在分解炉及上升管道的 SNCR 可以联合运行。单独使用 SCR 系统，且在窑况不稳定时，当 NO$_x$ 原始排放值大于 1000mg/Nm^3 时，SCR 脱硝后 NO$_x$ 也可达到小于 200mg/Nm^3 的目标值。SNCR 一般仅仅在 SCR 停运检修时使用。对小型分解炉窑，仅运行 SCR 系统，能显著节约还原剂的成本。SCR 的摩尔比实际几乎接近于 1。

图 11-74 为 SCR 系统运行数据曲线，脱硝效果较好且催化剂没有明显的失活现象。生料磨运转率为 95%，在生料磨停运期间氨逃逸增加到 20mg/Nm^3，停磨期间氨逃逸值在最初 12 个月内没有增长。图 11-75 为催化剂活性测量情况，包括 SCR 前，第一层催化剂后和第二层催化剂后。

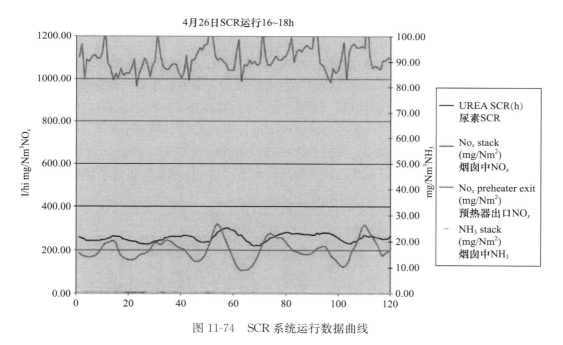

图 11-74　SCR 系统运行数据曲线

（2）催化剂失活

催化剂中毒是其失活的主要原因，为了控制这种风险，催化剂在启动之前通过电加热器来将外部循环烟气预热到 180℃。吹灰用压缩空气也同时预热到 250℃，每当 SCR 系统停机超过 30min 时，用风机通入低压空气清扫吹灰系统。

只要催化剂内灰尘没有与低于烟气露点而产生的结晶水结合，就不会有中毒的危险。但铊是个例外，它可以在工况温度下保持气态，并使催化剂失活。Mannersdorf 水泥厂使用高比例替代燃料，因此需要考虑铊循环影响。为了提高灰尘中铊的凝结率，催化剂的运行温度应保持在 350℃ 以下，如果预热器出口温度较高，应在 SCR 反应器前烟道内进行喷雾降温处理。定期对催化剂测试单元取样，进行微量元素分析，以便

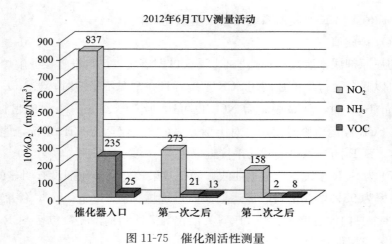

图 11-75　催化剂活性测量

检查催化剂活性。

（3）SCR 压损及电收尘器情况

SCR 压力损失增加和催化剂灰尘堵塞的时有发生，主要原因是电收尘表现不佳。原定的电收尘器后 2g/Nm³ 的设计目标并没有达到，实际电收尘器后的粉尘浓度为 15～20g/Nm³。原因是两电场的电收尘器在 300～350℃ 高温下工作，高粉尘比电阻和烟气中碳素纤维存在，降低了电收尘器的收尘效率。因此选用 18 孔催化剂就不合适了。

图 11-76 显示了 2012 年两层催化剂中的压力损失变化趋势。2012 年进行数次人工手动清扫，并对喷吹压力、温度及吹灰频次，在不同的工况状态下进行了测试。

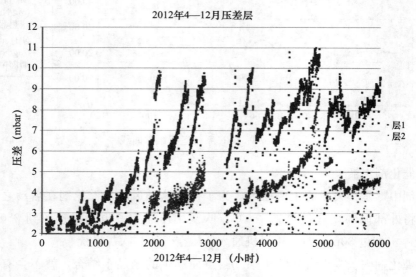

图 11-76　2012 年二层催化剂压差趋势

通过对吹灰装置进行优化改进和电收尘的使用完善，2013 年 SCR 运行状况稳定下来，2014 年冬季 SCR 停机期间更换了 13 孔的催化剂，降低了压力损失和电耗，SCR 系统运行电耗从 7（kW·h）/t 熟料下降至 5（kW·h）/t 熟料。图 11-77 为 2013 年二层催化剂压差变化趋势（红色为第一层催化剂，绿色第二层催化剂）。

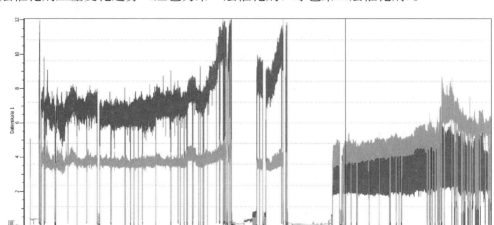

图 11-77　2013 年二层催化剂压差（mbar）变化趋势

六、SCR 工程案例五

1. SPZ 水泥厂概况

德国 SPZ 水泥厂成立于 1933 年，位于慕尼黑市约 100km，$\phi3.5m\times50m$ 回转窑带 4 级预热器，1100t/d 熟料水泥生产线，年运行时间约 330d，年产水泥约 45 万吨。该厂现投运 SCR＋SNCR 联合脱硝工艺，SRF 替代燃料率为 60％以上，散装水泥率为 85％。

2. SCR 技术应用

图 11-78　SCR 反应器及窑尾框架

图 11-78 为 SCR 反应器及窑尾框架；图 11-79 为 SCR 反应器流程示意图及中控控制画面；图 11-80 为 SNCR 中控控制画面。该厂采用 SCR＋SNCR 联合脱硝工艺，原始 NO_x 浓度为 1000mg/Nm^3，使用 SNCR＋SCR 后 NO_x 浓度控制在 200mg/Nm^3 以

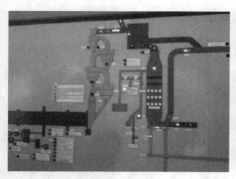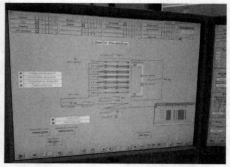

图 11-79　SCR 反应器流程示意图及中控控制画面

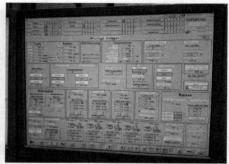

图 11-80　SNCR 中控控制画面

下。还原剂为 25％氨水，每吨氨水到厂价为 170 欧元。SCR 氨水用量约 0.1t/h，SNCR 氨水用量 0.125～0.27t/h。因该厂 SRF 替代燃料率为 60％以上，按 2019 年后德国环保标准执行，NO_x 排放控制在 200mg/Nm^3 以下。该厂 2000 年建成 SCR 装置，2001 年投运，是德国最早使用 SCR 技术水泥生产线之一。SCR 反应器布置在窑尾预热器框架后侧，与窑尾预热器框架平行，C1 筒出口废气分两路，一路经管道从顶部进 SCR 反应器，脱硝净化后烟气从 SCR 反应器底部经管道进增湿塔。另一路直接进增湿塔。SCR 反应器催化剂为"5＋1"布置形式，即使用 5 层，备用 1 层。使用蜂窝状催化剂，最初使用 20 孔节距为 7.4mm 催化剂，一年后开始逐步更换，至第二年全部更换成 13 孔节距为 11.3mm 催化剂。催化剂平均寿命为一年。催化剂清灰采用压缩空气耙式吹灰器。SCR 装置实际使用中最主要问题有三点：①催化剂寿命较短，平均寿命约一年，催化剂费用偏高；②清灰用压缩空气量大，运行电耗高；③除压缩空气进行自动定时清吹外，平时额外还需频繁人工干涉控制吹扫，否则极易导致催化剂堵塞。

第十二章　工程应用实例

第一节　德全汪清水泥有限公司 5000t/d 生产线 SNCR 脱硝工程应用

一、工程概况

德全汪清水泥有限公司坐落在吉林省延吉市汪清县庙岭镇。公司现拥有一条设计生产规模 5000t/d 熟料新型干法生产线，于 2009 年 7 月投产。目前水泥窑实际熟料产量为 6200t/d，窑尾预热器出口标况烟气量为 $3.5 \times 10^5 Nm^3/h$（标况），预热器出口温度 320℃。厂内原已采用低氮燃烧技术（LNB），烟气中 NO_x 浓度为 $800mg/Nm^3$（标态、标况、10%O_2、以 NO_2 计），在原 NO_x 排放浓度基础上，采用选择性非催化还原法（SNCR）脱硝工艺，还原剂为 25% 的氨水。脱硝后净烟气的 NO_x 浓度不超过 $400mg/Nm^3$（标态、标况、10%O_2、以 NO_2 计），设计脱硝效率不低于 60%。

二、设计参数

根据厂方提供的氮氧化物排放情况，在窑系统正常工况稳定的情况下，NO_x 的排放浓度在 $780mg/Nm^3$ 左右，但在窑系统在投料初期和煤质有变化的状态下，氮氧化物排放浓度有一定波动，脱硝系统按照最大负荷条件 $800mg/Nm^3$ 进行设计。国家工业和信息化部 2010 年底发布的《水泥行业准入条件》中明确指出新建或改扩建水泥（熟料）生产线项目须配置脱除 NO_x 效率不低于 60% 的烟气脱硝装置，因此本项目设计脱硝效率不低于 60%。相关设计参数和指标参数见表 12-1。

表 12-1　脱硝系统设计及指标参数

序号	设计参数	项目	单位	数值	备注
1	脱硝工程设计基础参数	预热器烟气流量（标况）	Nm^3/h	约 3.5×10^5	估算数据
2		预热器出口温度	℃	约 900	
3		烟气温度（C1 筒出口）	℃	约 320	
4		C1 出口烟气中 O_2	%	0.5~2	
5		C1 筒出口静压	Pa	约 -6000	
6		原始烟气 NO_x 浓度（以 NO_2 计，标况，10%O_2）	mg/Nm^3	800	
7		窑系统年运转时间	h	8000	

365

序号	设计参数	项目	单位	数值	备注
8		脱硝后烟气 NO_x 浓度（以 NO_2 计，标况，$10\%O_2$）	mg/Nm^3	＜400	
9		总脱硝效率	%	＞60	
10		低氮燃烧部分脱硝效率	%	20	
11		SNCR 部分脱硝效率	%	50	
12	脱硝工程指标参数	NH_3 逃逸	mg/Nm^3	＜8	
13		脱硝系统年运转率	%	＞98	
14		NO_x 削减量	t/a	约1120	
15		氨耗量（折100%）	kg/h	＜192	
16		氨水耗量（25%）	kg/h	＜770	
17		压缩空气耗量	Nm^3/h	＜240	
18		电耗	(kW·h)/h	20	
19		工艺水耗量	t/h	＜0.2	

三、SNCR 工艺系统及布置

德全汪清水泥有限公司 5000t/d 水泥生产线 SNCR 脱硝工程采用了两段式的脱硝工艺，主要目的是将还原剂输送和喷射两个过程分开，将还原剂从氨水储区分两步喷入分解炉反应区，即在还原剂储区设置输送模块，在窑尾框架上专门设置高位还原剂缓冲罐，先将还原剂一级泵送至窑尾框架上离喷射点位较近的高位还原剂缓冲罐，再通过窑尾框架平台上的喷射泵将还原剂输送到分解炉反应区喷枪处，这样喷射泵离喷射点位近，可根据炉内 NO_x 的变化，及时、精确地将还原剂喷入炉内，其中按照流量计的计量及时调节泵电机频率或回流电动调节阀，来达到控制量的目的。且该过程是连续运行的。从工程实际对比来看，采用二级泵送流程比一级泵送流程在还原剂流量精确控制一项上可较大幅度减少还原剂的用量。

本项目总体布置分为氨水储存区和窑尾分解炉喷射区两个区域。

氨水储存区占地面积 $164m^2$，布置在水泥厂内冷却水塔附近，工艺用水可就近取得。氨水储存区由氨水的卸载储存及氨水的对外输送两个部分组成。设置氨水储罐 2 个，共 $120m^3$，可供脱硝装置正常运行时 7d 的使用量。储存区域内设置卸氨模块（卸氨泵 2 台，1 用 1 备）、氨水储罐 2 个（1 用 1 备）、氨水输送模块（氨水输送泵 2 台，1 用 1 备）、稀释水输送模块（稀释水输送泵 2 台，1 用 1 备）、稀释水箱等设备。考虑到氨水挥发问题，还在氨水储存区设置氨逃逸报警仪和冷却水喷淋系统，罐区四周设置排水沟。室外设置事故池。

窑尾分解炉喷射区的相关设备布置在窑尾标高为 65.150m 的预热器平台上。此区域的设备包括：高位缓冲槽、中继喷射模块、氨水（压缩空气）计量分配模块和氨水喷射模块（喷枪为自动伸缩式，12 只），同时在窑尾烟囱布置氨逃逸监测仪，NO_x 等气体分析仪利用厂内原有设施。

　　由于项目地处东北吉林省，冬季极端温度可达到$-35℃$，考虑到氨水的凝固及仪器仪表的使用温度范围（一般为$-20℃$以上）问题，氨水储区厂房设置为砖混结构密闭式，屋内设置暖气片，冬季低温时打开暖气保持室内温度在 5℃以上。考虑到氨水易挥发的特点，屋内设置了轴流风机和活动式推拉窗，当屋内氨气浓度过高（氨气泄露报警仪响起时）时，可启动水喷淋装置，人工打开推拉窗。德全汪清水泥有限公司现场相关图片如图 12-1～12-10 所示。

图 12-1　卸氨现场

图 12-2　卸氨模块

图 12-3　存贮模块

图 12-4　氨水输送及控制模块

图 12-5　喷射控制及计量分配模块之一

图 12-6　喷射控制及计量分配模块之二

图 12-7　喷射控制及计量分配模块之三

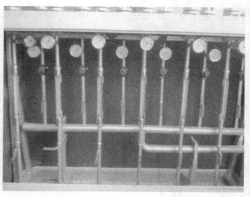
图 12-8　喷射控制及计量分配模块之四

图 12-9　喷射模块

图 12-10　氨逃逸激光在线监测仪

四、系统性能指标

根据德全汪清水泥有限公司烟气污染物排放的实际情况，脱硝装置在生产线正常运行时投入使用。脱硝效率不低于 60%，脱硝装置年运行率不低于 98%，氨逃逸小于 8mg/m³。

水泥窑生产线运行时，脱硝装置对水泥窑运行不产生影响。调试时，也没有对生产线运行带来任何影响。在设备的冲洗和清扫过程中产生的废水收集至事故池内再次重复使用，做到废水零排放。脱硝装置的给水主要包括工艺水和稀释水。

脱硝喷枪冷却雾化所需的压缩空气直接从窑尾原有压缩空气管道中引出。由于原厂内压缩空气管道压力为 0.5～0.8MPa，脱硝装置压缩空气耗量约 3m³/min，耗量较小，因此直接采用厂区原有压缩空气。

五、调试运行情况

完整的水泥窑 SNCR 系统调试包括单体调试、分部试运行、冷态调试、整体热态调试和整个系统 72h 满负荷运行几个过程。调试工作的任务是：通过调试使设备、系统达到设计最优运行状态、装置各参数、指标达到设计保证值。

本工程于 2012 年 10 月 5 日开始进行脱硝热态调试，2012 年 10 月 16 日脱硝系统正式连续投运。期间水泥窑炉负荷稳定，平均熟料产量 5893t/d，分解炉出口的烟气温度为 880～920℃，基本在最佳脱硝反应温度窗口，分解炉出口烟气中 NO_x 浓度（干态、10％O_2）为 710～780mg/Nm³，脱硝后窑尾烟囱出口的 NO_x 平均浓度为 184mg/Nm³，氨水消耗量平均值为 0.553m³/h，窑尾烟囱出口的氨逃逸平均值为 4.76mg/Nm³，且数据比较稳定。调试期间主要运行数据见表 12-2。

表 12-2 调试期间的主要运行数据

时间	实际烟气量 (m³/h)	出口 NO_2 (mg/Nm³)	烟气温度 (℃)	氨水量 (m³/h)	NH_3 (mg/Nm³)
10 月 16 日	784500	59	140	0.55	1.63
10 月 17 日	783400	160	140	0.57	1.47
10 月 18 日	781600	280	139	0.58	2.03
10 月 19 日	782700	186	139	0.49	5.67
10 月 20 日	783700	184	140	0.50	8.12
10 月 21 日	782400	184	140	0.62	6.54
10 月 22 日	790400	181	135	0.64	5.44
10 月 23 日	779400	175	137	0.48	3.22
10 月 24 日	795000	173	137	0.55	4.90
10 月 25 日	785200	157	135	0.51	7.56
10 月 26 日	785500	166	135	0.60	8.16
10 月 27 日	775700	165	131	0.57	5.63
10 月 28 日	784400	172	135	0.49	4.47
10 月 29 日	778300	30	137	0.62	7.03
10 月 30 日	775500	113	137	0.60	6.67
11 月 1 日	689100	166	144	0.53	3.12
11 月 2 日	690800	195	138	0.60	4.54
11 月 3 日	692900	203	138	0.58	2.44
11 月 4 日	692100	216	146	0.63	1.22
11 月 5 日	690700	220	137	0.53	2.90
11 月 6 日	700900	215	147	0.61	4.56
11 月 7 日	683800	176	138	0.64	1.16
11 月 8 日	695100	164	142	0.62	1.69
11 月 9 日	695700	172	138	0.64	1.87
11 月 10 日	694300	210	139	0.59	2.93
11 月 11 日	697700	152	138	0.61	5.37
11 月 12 日	699200	65	137	0.59	8.92

时间	实际烟气量 （m³/h）	出口 NO₂ （mg/Nm³）	烟气温度 （℃）	氨水量 （m³/h）	NH₃ （mg/Nm³）
11 月 13 日	728600	181	139	0.60	6.84
11 月 16 日	740100	178	139	0.54	5.04
11 月 18 日	733800	273	136	0.60	3.72
11 月 19 日	744100	280	135	0.63	4.10
11 月 20 日	733500	189	139	0.61	7.96
11 月 21 日	768400	253	140	0.63	8.46
11 月 22 日	726600	231	141	0.55	5.83
11 月 23 日	773400	234	138	0.52	4.17
11 月 24 日	766900	230	139	0.52	7.93
11 月 25 日	769300	278	138	0.53	6.37
11 月 26 日	741200	294	137	0.50	3.92
11 月 27 日	739000	245	137	0.60	4.44
11 月 30 日	751500	261	138	0.57	2.84
12 月 3 日	755400	277	139	0.53	1.92
12 月 4 日	762500	259	140	0.52	2.50
12 月 5 日	728000	277	141	0.51	4.86
12 月 6 日	753800	259	142	0.55	1.96
12 月 7 日	757800	61	141	0.51	5.82
12 月 8 日	721200	149	139	0.50	6.00
12 月 9 日	750000	179	138	0.59	4.77
12 月 10 日	707500	186	137	0.52	5.18
12 月 11 日	745500	175	137	0.47	3.99
12 月 12 日	723300	178	138	0.49	6.49
12 月 13 日	752800	153	140	0.44	6.82
12 月 14 日	754700	102	141	0.56	3.19
12 月 15 日	709700	58	142	0.50	5.98
12 月 16 日	757100	80	142	0.52	7.38
12 月 17 日	755100	139	141	0.54	5.90
12 月 18 日	717900	158	140	0.56	6.49
12 月 19 日	745700	172	139	0.49	3.85
12 月 20 日	779600	190	144	0.48	2.90
12 月 21 日	776600	184	136	0.45	5.51
12 月 22 日	781800	181	137	0.56	3.87

续表

时间	实际烟气量 (m³/h)	出口 NO₂ (mg/Nm³)	烟气温度 (℃)	氨水量 (m³/h)	NH₃ (mg/Nm³)
12 月 23 日	754900	175	138	0.57	3.90
12 月 24 日	745200	174	138	0.55	6.57
12 月 26 日	771900	187	137	0.52	2.87
平均	745942	184	138	0.553	4.76

注：本表中烟气量状态指干态、真实氧量；NO₂ 出口浓度指干基、10％氧量状态。

六、效果评价

从该厂的实际调试和运行结果来看，SNCR 工艺系统运行稳定可靠、操作方便，与 SCR 脱硝技术相比，其投资低、运行成本较低，特别适合水泥厂脱硝改造的使用。目前，国内大部分水泥厂的脱硝均采用 SNCR 脱硝技术，其在国内的使用越来越成熟可靠。同时 SNCR 还可以与 SCR 技术或与低氮燃烧技术（LNB）联合使用，以达到更高的脱硝效率。企业可根据环保要求进行选择。

第二节　天瑞集团郑州水泥有限公司 12000t/d 生产线 SNCR 脱硝工程应用

一、项目概况

天瑞集团郑州水泥有限公司地处河南省省会郑州市，公司现有一条 12000t/d 熟料新型干法水泥生产线，设计年产熟料 300 万吨，是目前世界上单线生产能力最大、技术最先进的水泥生产线，于 2009 年 7 月竣工投产，2009 年 11 月份达产达标。与水泥生产线配套的 18MW 纯低温余热发电机组 2009 年 9 月开工建设，2010 年 7 月并网发电，是目前国内单机容量最大的余热发电机组。

天瑞集团郑州水泥有限公司 12000t/d 新型干法熟料水泥生产线目前氮氧化物排放浓度约为 760mg/Nm³，不能满足国家现行标准《水泥工业大气污染物排放标准》（GB 4915）。公司于 2013 年 10 月委托合肥水泥研究设计院进行脱硝改造，改造于 2013 年底完成。脱硝装置于 2013 年 11 月调试运行至今，稳定运行，效果良好。

二、设计参数

天瑞集团郑州水泥有限公司 12000t/d 熟料生产线采用新型窑外预分解新工艺，技术成熟，运用可靠的 $\phi6.2m \times 92m$ 回转窑含带五级双系列低压旋风预热器和 $\phi8.8m \times 46m$ 分解炉、可控气流高效篦冷机、DGS 计算机中央控制系统、高效除尘器等先进设备。公司脱硝工程采用 SNCR 选择性非催化还原法，还原剂采用 25％浓度的氨水。

根据厂方提供的氮氧化物排放情况，在窑系统正常工况稳定的情况下 NO_x 的排放浓度在 720mg/Nm^3 左右，但在窑系统在投料初期和煤质有变化的状态下，氮氧化物排放浓度有一定波动，脱硝系统应按照最大负荷条件来设计，设计初始值取 760mg/Nm^3。本烟气脱硝项目设计参数见表 12-3。

表 12-3　12000t/d 水泥生产线 SNCR 脱硝系统设计参数

序号	设计参数	项目	单位	数值	备注
1	脱硝工程设计基础参数	窑尾烟囱烟气流量（标况）	Nm^3/h	约 8.75×10^5	估算数据
2		窑尾烟囱烟气温度	℃	约 100	
3		预热器出口温度	℃	约 900	
4		烟气温度（C1 筒出口）	℃	约 330	
5		C1 出口烟气中 O_2	％	0.5～2	
6		C1 筒出口静压	Pa	约－6000	
7		原始烟气 NO_x 浓度（以 NO_2 计，标况，10％O_2）	mg/Nm^3	760	
8		窑系统年运转时间	h	8000	
9	脱硝工程指标参数	脱硝后烟气 NO_x 浓度（以 NO_2 计，标况，10％O_2）	mg/Nm^3	＜300	
10		综合脱硝效率	％	＞70	
11		NH_3 逃逸	mg/Nm^3	＜10	
12		脱硝系统年运转率	％	＞98	
13		NO_x 削减量	t/a	约 3220	
14		氨耗量（折 100％）	kg/h	＜200	NRS＝1.5
15		氨水耗量（25％）	kg/h	＜800	NRS＝1.5
16		压缩空气耗量	Nm^3/h	＜250	
17		电耗	(kW·h)/h	15	
18		工艺水耗量	t/h	＜0.2	

三、脱硝系统特点介绍

天瑞集团郑州水泥有限公司 12000t/d 水泥生产线 SNCR 脱硝工程总体布置分为氨水储存区和窑尾分解炉喷射区两个区域。

本脱硝系统特点如下。

（1）项目场地位于河南省荥阳市，荥阳市地处低纬度地区，属暖温带季风半干旱气候，冷暖气团交替频繁，常年少雨，四季分明。春季冷暖无常，少雨多风；夏季天热多雨、水热同期；秋季凉爽，光照充足，间有连阴雨天出现；冬季寒冷干燥，风多雪少。年平均气温 14.4℃，极端最低气温−17.7℃。鉴于此，项目氨水储存区域采用敞开式布置，罐区上方设有挡棚，四周敞开。罐区四周设有约 1m 高的混凝土围堰及排水沟，室外设置事故池，以便氨水泄漏时及时用清水冲清后经排水沟排入室外事故池中。罐房内设置氨气泄露报警仪，当氨气浓度偏高，储罐内温度过高时，可启动储罐顶部安装的水喷淋管线及喷嘴，对储罐进行喷淋降温。

（2）项目采用了"两段式"的 SNCR 脱硝工艺。由于该项目分解炉直径较大，达 8.8m，项目喷枪设置于分解炉鹅颈管及其出口处标高为 83.080m，此处直径为 7.7m，要求喷射覆盖面较大。因此，为保证还原剂的穿透力，需保证喷射泵的扬程和输送能力。

"两段式"脱硝工艺能将还原剂输送和喷射两个过程分开，将还原剂从氨水储区分两步喷入分解炉反应区，即先将还原剂一级泵送至窑尾框架上离喷射点位较近的高位还原剂缓冲罐，再通过窑尾框架平台上的喷射泵将还原剂输送到分解炉反应区喷枪处。这样喷射泵离喷射点位近，可根据炉内 NO_x 的变化，及时、精确地将还原剂喷入炉内，其中按照流量计的计量及时调节电动回流调节阀，来达到控制量的目的。该种工艺可避免泵由于扬程或其他问题使喷射量不够稳定的问题。从工程实际对比来看，采用二级泵送流程比一级泵送流程在还原剂流量精确控制一项上可较多减少还原剂的浪费。

（3）为保证还原剂喷射覆盖面，本工程喷射系统由 2 层喷枪，每层 8 支喷枪，一共 16 支喷枪组成。两层喷枪均布置在鹅颈管 81.880m 平台处，分别在烟气上行和下行管道上，开孔位置在该平台上方 1.200m，即 83.080m 处。每支喷枪最大流量为 160kg/h，由喷枪本体、喷嘴座、雾化头、喷嘴罩四部分组成，喷枪采用手动推进和退出。

（4）根据本项目的实际需要，本系统利用窑尾原有压缩空气气源作为雾化介质，到喷枪前的压力为 0.4～0.6MPa。该脱硝项目现场相关图片如图 12-11～图 12-16 所示。

图 12-11 氨水储罐区

图 12-12 氨水缓冲罐

图 12-13 氨水喷射泵

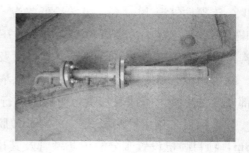

图 12-14 项目用喷枪

图 12-15 项目用喷嘴

图 12-16 喷枪雾化效果

四、脱硝指标

根据《河南省环境保护"十二五"规划》中关于"十二五"大气污染物总量减排重点工程中要求：水泥企业—新型干法窑推行低氮燃烧技术和开展烟气脱硝示范工程建设，熟料规模大于 4000t/d 的新型干法水泥窑综合脱硝效率达到 70%。因此，本项目设计时，按照综合脱硝效率大于 70% 进行设计。根据厂方提供的氮氧化物排放情况，脱硝系统按照最大负荷条件来设计，设计初始值取 760mg/Nm³。则按照 70% 的脱硝效率计算，则脱硝后的 NO_x 排放浓度需在 250mg/Nm³ 以下。同时保证氨逃逸在 10mg/Nm³ 以下。由于脱硝效率要求高，且分解炉直径大，在喷枪设置部位（鹅颈管及烟气出口位置）达 7.7m。因此，为保证还原剂与烟气充分混合以及完全覆盖喷射截面，喷嘴的选择非常关键。要求喷嘴能够把液体雾化成微小的液滴，并且使液滴按要求分布在一定的雾化角度的横截面上，因此喷嘴的结构设计首先应保证使氨水具有良好的雾化效果；其次雾化的粒径必须保证有足够的动量，以满足与烟气的充分混合；第三应考虑喷嘴本身处于高温高尘部位，应具有良好的耐高温、耐磨损、耐腐蚀性能，不易损坏。本项目选择的喷嘴如图 12-15 所示，出水孔达到 8 个，远远多于一般的脱硝项目的喷嘴出水孔（一般为 1～2 个），且孔径较小，在雾化介质压缩空气的作用下，高速喷出的还原剂充分与烟气混合（图 12-16），达到脱硝效果。实际数据也表明，脱硝效果良好。

五、调试运行及相关监测数据

脱硝装置于 2013 年 11 月调试运行至今，稳定运行，效果良好。项目调试过程中相关数据见表 12-4。

表 12-4　调试期间相关数据

时间	上层喷枪流量（m³/h）	下层喷枪流量（m³/h）	NOₓ浓度（m³/Nm³）	NOₓ折算浓度（m³/Nm³）	NH₃（mg/Nm³）	上层压缩空气压力（MPa）	下层压缩空气压力（MPa）
2013 年 11 月 18 日 9：23	0	0	472	626	0	0.14	0.15
2013 年 11 月 18 日 15：16	1.02	0	410	544	1.6	0.45	0.44
2013 年 11 月 18 日 15：36	1.7	0	120	159	1.5	0.48	0.48
2013 年 11 月 19 日 11：55	0	0	470	624	0	0.14	0.15
2013 年 11 月 19 日 12：10	1.14	0.93	246	327	1.5	0.36	0.36
2013 年 11 月 19 日 12：15	1.07	1.16	266	353	1.5	0.35	0.35
2013 年 11 月 19 日 12：29	1.54	1.65	198	263	1.6	0.36	0.36
2013 年 12 月 10 日 13：43	0	0	413	548	0	0.14	0.15
2013 年 12 月 10 日 13：55	2.06	2.06	88	117	1.3	0.38	0.38
2013 年 12 月 10 日 13：56	2.06	2.06	87	116	1.3	0.37	0.38
2013 年 12 月 10 日 13：58	1.86	1.67	85	115	4	0.36	0.36
2013 年 12 月 10 日 14：03	1.32	1.46	66	87	5	0.36	0.36

由表中可以看出，NO_x 初始浓度 470mg/Nm³ 左右，要满足 70％以上的脱硝效率，要求脱硝后 NO_x 浓度低于 141mg/Nm³ 左右。为达到这一目的，氨水喷射量至少要喷射至 3.0m³/h（开一层或两层喷枪同时开的总流量），消耗量比正常 5000t/d 水泥生产线达到 60％脱硝效率时的小时耗量（0.8m³/h）要高出一倍多。在喷射量达到 4.0m³/h 时，脱硝后的 NO_x 浓度低于 120mg/Nm³ 以下。喷枪雾化空气直接使用厂内原有，气压在 0.4MPa 左右满足要求。总体脱硝效果良好。

由于喷入的氨水量很大，首先，如果长期喷射，运行费用非常高；其次，对水泥窑的煤耗影响较大。

六、对水泥生产能耗的影响

已知数据：厂内燃煤发热量为 6053kcal/kg，折算得 25423kJ/kg。窑系统每小时燃煤消耗量为 60t/h。25％浓度的氨水使用量达到 3.0m³/h，25％氨水密度 $0.91×10^3$ kg/m³。

假设在分解炉顶部喷射区氨水的压力为 95kPa。查得 20℃下水的汽化热为 2446.3kJ/kg。水蒸气在 20～900℃时的平均定压比热容为 2.0233kJ/（kg・℃）。不计还原剂中 NH_3 的化学反应热（NO、NO_2 与 NH_3 反应均为放热反应），则计算得表 12-5。

表 12-5 脱硝系统对水泥生产能耗的影响数据表

项目	计算结果
小时喷入 25%氨水量（kg/h）	2.73×10^3
小时喷入水量（kg/h）	2.0×10^3
小时喷入纯氨量（kg/h）	682.5
窑系统每小时燃料燃烧带入的热量 Q_1（kJ/h）	1.525×10^9
喷入的水从初始温度（以 20℃计）被加热至分解窑内烟气对应温度（以 900℃计）消耗热值 Q_2（kJ/h）	8.5×10^6
小时喷入水量对窑系统排烟热损失（厂内窑尾除尘器出口烟囱排气温度约为 110℃）Q_3（kJ/h）	5.27×10^6
SNCR 系统喷入水蒸发耗热与水泥窑总输入热值的比值 Q_2/Q_1	0.6%
SNCR 系统喷入水对窑系统排烟热损失与水泥窑总输入热值的比值 Q_3/Q_1	0.35%
排烟热损失折合厂用煤（kgce/h）	207
排烟热损失折合厂用煤（kgce/h）	180

由表中可看出，SNCR 系统喷入水蒸发耗热与水泥窑总输入热值的比值约为 0.60%。SNCR 系统喷入水对窑系统排烟热损失与水泥窑总输入热值的比值约为 0.35%。根据厂内燃料热值比较排烟热损失折合燃料成本为 207kgce/h。该厂脱硝具有特殊性。

七、结论

由于该厂对脱硝效率要求高达 70%以上，因此氨水消耗量较大，小时喷氨量达 3.0m³/h。通过设置相应的喷枪数量和使用特制的喷嘴情况下，脱硝效果能达到 70%以上。计算得出，SNCR 系统喷入水蒸发耗热与水泥窑总输入热值的比值约为 0.60%，SNCR 系统喷入水对窑系统排烟热损失与水泥窑总输入热值的比值约为 0.35%。根据厂内燃料热值比较排烟热损失折合燃料成本为 207kgce/h，折合标煤 180kgce/h。

由于该厂脱硝项目有一定的特殊性：脱硝前 NO_x 浓度本身不高，同时要求脱硝效率高于 70%，因此喷入的还原剂量较大，导致脱硝系统带入分解炉的水对系统热平衡有一定影响，但总体而言，对熟料煅烧段烟气温度影响有限，不会对熟料产量及品质产生影响。

第三节 安徽大江水泥有限公司 4500t/d 生产线 SNCR 脱硝工程应用

一、项目概况

安徽大江水泥有限公司坐落在安徽省合肥市庐江县，是中央企业中国建材集团下属南方水泥有限公司的子公司，企业通过 ISO 9001 质量体系认证、产品认证、一级计量确认、"C"标志确认、标准化良好行为考核,是安徽省明星企业、守合同重信用单位、巢湖市工业企业二十强,每年均获市县"纳税大户"称号。

安徽大江水泥有限公司二期建有一条 4500t/d 熟料新型干法水泥生产线,年生产水泥 200 万吨,该生产线脱硝工程于 2012 年 10 月委托合肥水泥研究设计院建设,于 2012 年 12 月建成,至今运行。

二、设计参数

安徽大江股份有限公司 4500t/d 生产线 SNCR 脱硝(氨水)系统相关设计参数见表 12-6。

表 12-6 安徽大江股份有限公司 4500t/d 生产线 SNCR 脱硝(氨水)系统设计参数和性能指标

序号	设计参数	项目	单位	数值	备注
1	脱硝工程设计基础参数	窑尾烟囱烟气流量(标况)(最大值)	Nm^3/h	$4.2×10^5$	4500t/d 生产线(考虑提产因素)
2		窑尾烟囱烟气温度	℃	约 110	
3		预热器出口温度	℃	约 900	
4		烟气温度(C1 筒出口)	℃	约 330	
5		C1 出口烟气中 O_2	%	0.5~3	
6		C1 筒出口静压	Pa	约 -6700	
7		原始烟气 NO_x 浓度(最大值)(以 NO_2 计,标况,10%O_2)	mg/Nm^3	800	5000t/d 生产线
8		窑系统年运转时间	h	8000	按年运行 330d 计
9	脱硝工程指标参数	脱硝后烟气 NO_x 浓度	mg/Nm^3	<300	(以 NO_2 计,标况,10%O_2)
10		最大脱硝效率	%	>60	
11		NH_3 逃逸	ppm	<10	尾排烟囱
				<15	氨水储区
12		脱硝系统年运转率	%	100	与窑系统同步检修
13		氨最大耗量(折 100%氨)	kg/h	<215	5000t/d 生产线 $NRS=1.5$
14		25%氨水(质量分数)最大耗量	kg/h	<860	5000t/d 生产线 $NRS=1.5$
15		压缩空气耗量	Nm^3/h	<240	喷枪耗气量以及仪表耗气量
16		电耗	(kW·h)/h	20	装机功率

三、系统配置及流程

整个 SNCR 脱硝系统主要设备均按模块化进行设计,主要包括氨水卸载、储存、输送模块；软水输送模块；混合分配模块；氨水（压缩空气）计量分配模块；炉前喷射模块；集中控制模块等。

在水泥分解窑和预热器合适的位置设置喷枪，保证喷入的氨水在 SNCR 的反应温度窗口内，保证还原剂足够的停留时间以及烟气与氨水有效混合，烟气中生成的 NO_x 与氨水充分反应，达到高效去除 NO_x 的目的。本工程设置 2 层喷枪。采用自动伸缩式喷枪。上层喷枪设置在分解炉出口（喷枪处直径 4.3m），下层喷枪设置在分解炉本体处（喷枪处直径 6.3m）。

由于项目地处安徽合肥市庐江县，属北亚热带湿润季风气候，气候温和、雨量适中、光照充足、无霜期长、四季特征分明，多年平均气温 15.7℃，极端最高气温 41℃，最低气温 −20.6℃；因此，氨水罐房采用敞开式布置。氨水储区约 120m²，基础均采用现浇钢筋混凝土基础，天然地基。罐区域搭建雨棚，四周敞开。罐区四周设有约 80cm 高的混凝土围堰及排水沟，以防止氨水泄漏时向罐区四周厂区溢流扩散。氨水储罐顶部设有冷却水喷淋系统。脱硝系统相关布置如图 12-17～12-26 所示。

图 12-17　敞开式氨水罐房

图 12-18　卸氨模块

图 12-19　氨水输送模块

图 12-20　软化水输送模块

图 12-21　稀释水箱

图 12-22　高位缓冲罐

图 12-23　中继输送模块

图 12-24　氨水（压缩空气）计量模块

图 12-25　氨水（压缩空气）分配环管及喷枪

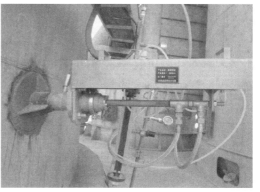

图 12-26　伸缩式喷枪

四、对水泥生产能耗的影响

理论上，水泥炉窑 SNCR 技术在分解窑喷入氨水后，由于氨水中氨的自身氧化反应和氨水中水分的蒸发会吸收一定的热量，另一方面，氨水中蒸发出的 NH_3 与烟气中

的 NO_x（主要为 NO）进行氧化还原反应会放出一定的热量。现对设计能力为 4500t/d 熟料生产线脱硝的热平衡为例进行说明。

1. 基本数据

厂内燃煤发热量为 25100kJ/kg。

窑系统每小时燃煤消耗量为 35t/h。

窑尾烟囱处 NO_x 排放浓度由 800mg/Nm^3（标态、标况、10％O_2、以 NO_2 计）降至 320mg/Nm^3（标态、标况、10％O_2、以 NO_2 计）约需消耗质量浓度为 25％氨水 860kg（0.91L/h），引入软水作为稀释水为 160kg/h；液体总量为 1020kg/h，其中 H_2O 约为 805kg，不计还原剂中 NH_3 的化学反应热。

2. 喷入水量对窑系统热平衡计算

SNCR 系统每小时带入的 H_2O 从初始温度（以 20℃计）被加热至分解窑内烟气对应温度（以 900℃计），需消耗热值约为 $3.40×10^6$kJ；窑系统每小时燃料燃烧带入的热量约为 $8.72×10^8$kJ。由此，SNCR 系统喷入水蒸发耗热与水泥窑总输入热值的比值约为 0.40％。

3. 喷入水量对窑系统排烟热损失计算

厂内窑尾除尘器出口烟囱排气温度约为 110℃，可得每小时喷入水量对窑系统排烟热损失为 $2.13×10^6$kJ，由此，SNCR 系统喷入水对窑系统排烟热损失与水泥窑总输入热值的比值约为 0.24％。根据厂内燃料热值比较排烟热损失折合燃料成本为 110kgce/h。

总体而言，脱硝系统带入分解炉的水对系统热平衡有一定的影响，但如果考虑 NH_3 的反应热，则影响非常小，对熟料般烧段烟气温度影响有限，进而不会对熟料产量及品质产生影响。

五、调试数据

安徽大江股份有限公司 4500t/d 熟料生产线烟气脱硝工程，于 2012 年 11 月 18 日正式投运，系统连续稳定运行超过 72h。经环保局鉴定，脱硝前 NO_x 浓度为 879mg/Nm^3，脱硝后 NO_x 排放浓度为 166 mg/Nm^3，系统脱硝效率已达 80％以上，满足国家标准对 NO_x 排放要求规定。上层喷枪设置在分解炉出口（喷枪处直径 4.3m），下层喷枪设置在分解炉本体处（喷枪处直径 6.3m）。该生产线 SNCR 脱硝（氨水）系统相关调试数据见表 12-7。

表 12-7 安徽大江股份有限公司 4500t/d 生产线 SNCR 脱硝（氨水）系统调试数据

序号	上层喷枪流量（m^3/h）	下层喷枪流量（m^3/h）	上层喷枪压力（MPa）	下层喷枪压力（MPa）	C1 筒出口NO 浓度（m^3/h）	C1 筒出口氨逃逸浓度（ppm）	烟囱氨逃逸浓度（ppm）
1	0	0	0.15	0.15	935	0.57	0.49
2	0.73	0	0.33	0.15	208	0.79	0.42

序号	上层喷枪流量（m³/h）	下层喷枪流量（m³/h）	上层喷枪压力（MPa）	下层喷枪压力（MPa）	C1 筒出口 NO 浓度（m³/h）	C1 筒出口氨逃逸浓度（ppm）	烟囱氨逃逸浓度（ppm）
3	0.70	0	0.34	0.14	236	0.37	0.93
4	0.65	0	0.34	0.15	262	0.32	0.58
5	0.47	0	0.34	0.15	404	0.17	0.66
6	0	0.65	0.15	0.34	473	0.58	0.75
7	0	0.78	0.15	0.33	418	0.55	0.68
8	0	0.88	0.15	0.34	321	0.65	0.78

从以上表格可以看出，在相同的喷射流量情况下，上层喷枪（分解炉出口直径 4.3m 处）的喷射效果比下层喷枪（分解炉本体喷枪处直径 6.3m 处）的效果要好，分析可能是由于上层喷枪布置位置截面小，在相同喷枪数量的情况下，喷射出来的还原剂覆盖面大，与烟气混合效果好，因此，喷射效果好。同时，达到相同的喷射效果情况下，上层喷枪还原剂使用量约 0.65m³/h，此时脱硝效率达 75%，而同样的还原剂流量下，下层喷枪效果为 50% 左右，在达到 0.88m³/h 的喷量情况下脱硝效果达到 65%。正常情况下，只开上层喷枪，且流量保持在 0.45～0.5m³/h 时，NO$_x$ 浓度能降低到 400mg/m³ 以下。其中，氨逃逸均控制在 8ppm 以下。且对 C1 负压和燃煤用量影响不大。压缩空气压力在 0.35 左右能满足雾化要求。

六、结论

采用"二段式"脱硝工艺时，该厂 5000t/d 水泥生产线以氨水为还原剂的脱硝系统正常运行时，氨水消耗量在 0.65～0.85m³/h 左右，脱硝系统带入分解炉的水对系统热平衡有一定影响，但影响微小，不会对熟料产量及品质产生影响。

第四节　湖州槐坎南方水泥有限公司以尿素为还原剂 SNCR 脱硝工程应用

一、项目概况和设计参数

湖州槐坎南方水泥有限公司坐落在浙江省长兴县槐坎乡，公司建有两条 5000t/d 新型干法水泥熟料生产线，主要热工设备包括：ϕ4.8m×72m 回转窑（1 号）、ϕ4.8m×74m 回转窑（1 号、2 号）五级旋风预热器和 TDF 喷腾分解炉（1 号）、RF 喷腾分解炉（2 号）。分解炉直径分别为 ϕ7.4m（1 号）、ϕ7.5m（2 号）。熟料线设计年产量超 400 万吨。脱硝采用 SNCR 技术。由于该公司地处湖州市长兴县合溪水库上游，为防止污染水库水资源，故要求脱硝还原剂不得采用污染性大的氨水而需采用污染性少的尿素作为还原剂。该生产线 SNCR 烟气脱硝系统设计参数和指标见表 12-8。

表 12-8　5000t/d 水泥熟料生产线 SNCR 烟气脱硝系统设计参数（单线，尿素为还原剂）

序号	设计参数	项目	单位	数值	备注
1	脱硝工程设计基础参数	窑尾烟囱烟气流量（标况）（最大值）	Nm^3/h	3.5×10^5	5000t/d 生产线（考虑提产因素）
2		窑尾烟囱烟气温度	℃	约 100	
3		分解炉出口温度	℃	约 900	
4		烟气温度（C1 筒出口）	℃	约 330	
5		C1 出口烟气中 O_2	%	0.5～3	
6		C1 筒出口静压	Pa	约 -6700	
7		原始烟气 NO_x 浓度（最大值）（以 NO_2 计，标况，10%O_2）	mg/Nm^3	800	（以 NO_2 计，标况，10%O_2）
8		窑系统年运转时间	h	8000	按年运行 330d 计
9	脱硝工程指标参数	脱硝后烟气 NO_x 浓度	mg/Nm^3	<350	（以 NO_2 计，标况，10%O_2）
10		最大脱硝效率	%	>60	
11		NH_3 逃逸	ppm	<8	尾排烟囱处
12		脱硝系统年运转率	%	100	满足窑系统年连续运转时间，检修时间除外
13		尿素颗粒最大耗量	kg/h	<360	
14					
15		压缩空气耗量	Nm^3/h	<240	喷枪耗气量以及仪表耗气量
16		电耗	(kW・h)/h	<20	
17		工艺水耗量	t/h	<1.6	含管路反冲洗
18		低压蒸汽消耗量	t/d	<1.0	平均消耗量

二、以尿素为还原剂的 SNCR 脱硝系统工艺流程及设备配置

以尿素溶液为还原剂的 SNCR 烟气脱硝系统整套工程核心设备均按模块化进行设计，主要由尿素储存区、尿素行车、尿素提升机、溶解和储存罐、除盐水罐、转存模块、尿素溶液稀释系统、中继输送系统、计量及分配系统、喷雾系统、烟气监测系统及控制系统等组成。主要设备参数见表 12-9。

表 12-9　以尿素为还原剂的脱硝系统主要设备参数

设备名称	设备详细规格和附件	单位	数量
电动单轨起重行车	起重量 2t	台	1
提升机	$31m^3/h$，$H=7.5m$	台	1

设备名称	设备详细规格和附件	单位	数量
尿素溶解罐	带搅拌器和蒸汽盘管，不锈钢，$25m^3$	座	1
尿素溶液转存泵	不锈钢，流量：$45m^3/h$，功率：$5.5kW$	台	2
尿素储存罐	带蒸汽盘管，不锈钢，$50m^3$	座	2
除盐水储罐	不锈钢，$15m^3$	座	1
除盐水输送泵	流量：$8m^3/h$，功率：$5.5kW$	台	1
尿素溶液输送泵	流量：$8m^3/h$，功率：$5.5kW$	台	2
尿素溶液缓冲罐	不锈钢，$6m^3$	座	1×2
尿素溶液喷射泵	流量：$4m^3/h$，功率：$2.2kW$	台	2×2
伸缩式喷枪	双流体喷枪，材质：316不锈钢，压缩空气压力：$0.4\sim0.6MPa$，带气缸和行程开关	只	12×2

整个脱硝系统控制过程如下所述。

（1）袋装尿素由汽车运送至现场后行车卸下，储存于尿素房尿素堆放区。以余热锅炉除盐水作为软化水，用作尿素溶解用水和冲洗水，接自厂区的软化水输送管道分两路分别输送至尿素溶解罐和除盐水储罐内，二者之间由电动开关阀切换。

（2）根据配制所需尿素溶液浓度要求，先打开水路上进尿素溶解罐电动开关阀，将工艺水放入溶解罐内，达到配比所需的水量后，关闭此阀。用行车将尿素从储存区输送至提升机下料口，经人工破包后输送至尿素溶解罐内。配比所需尿素量由人工统计加料总包数实现，达到所需尿素量后停止加料。然后就地或中控人工开动搅拌器按钮进行搅拌，搅拌半小时左右，待尿素完全溶解后人工停机。溶解罐内部设有蒸汽加热盘管，其加热过程控制由罐内温度计和电动开关阀组成的闭环回路来实现。要求保持尿素溶解过程中罐内液体温度在30℃以上，保证尿素溶解速度。当水温低于30℃时自动打开进溶解罐内蒸汽管路上电动开关阀，加热罐内工艺水至60℃后自动关阀。一般系统夏天工作时，蒸汽盘管可不工作；冬天时温度为防止尿素结晶，配制时需打开蒸汽加热盘管。则整个尿素溶液的配制过程为溶解罐内加水至所需量—人工加入尿素—（打开蒸汽加热盘管）—开启搅拌器—完成配制过程。

（3）配制好一罐20％或40％浓度尿素溶液后，经溶解罐出口管道由尿素溶液输送模块将此溶液送入二尿素溶液储存罐储存。储罐内同样设置蒸汽加热盘管。来自储存罐内的40％浓度尿素溶液和稀释水，经尿素溶液稀释计量输送模块，稀释混合成20％浓度尿素溶液，并经电动开关阀切换，分别输送至1号线或2号线高位槽内。也可不使用稀释水稀释，直接配制成20％浓度尿素溶液进储罐储存，此时软化水输送模块不工作。直接将尿素溶液输送至1号线或2号线高位槽。当整个脱硝系统停止运行较长时间，可利用稀释水输送泵通道冲洗尿素溶液输送泵及其管道系统。为了保证稀释水对 SNCR 系统管路没有腐蚀性并且减少结垢堵塞管路，作为稀释水最好应是具有软化水质量的纯水。

（4）从高位缓冲槽出来的尿素溶液经中继输送模块（设置在尿素溶液喷入点位置的平台上，其作用是作为尿素溶液输送过程中缓冲过渡，以保证喷射系统稳定可靠以及更灵敏地调节尿素溶液喷射量）输送，再经计量及分配装置控制预分解窑每个喷射区的尿素溶液流量，均匀分配至喷射模块的每只喷枪喷射至分解炉内。

从地面尿素溶液稀释计量输送模块至窑尾楼层高位槽之间管线设有蒸汽管伴热，蒸汽管同时进入槽内加热，冬季溶液温度低于 10℃时可现场人工开启蒸汽手动阀门通入蒸汽，以保证冬季沿程及槽内尿素溶液有合适的温度。

（5）喷枪为伸缩式喷枪。为提高脱硝反应的效率，喷枪布置在分解炉或鹅颈管适宜位置，根据筒体的直径共布置两层，每层 6 支喷枪，一共 12 支喷枪，所有喷枪围绕筒体周向对称均布。喷枪带有伸缩机构，可以伸进和退出分解炉，喷枪退出分解炉后调小压缩空气喷射量，但仍需保持一定量的压缩空气喷吹，防止粉尘堵塞喷枪，同时起到保护喷枪的冷却作用。喷枪能适应尿素溶液的不同流量，在流量变化幅度较大时也能保持优良的雾化效果。结合不同的工况可控制投入喷射的喷枪层数，也可控制每层喷枪的使用量。不使用的喷枪可退出分解炉，延长喷枪寿命。

（6）利用厂内原有窑尾烟囱处设置的在线烟气连续监测装置，将二处取得 NO_x 的实时浓度数据采集到脱硝 PLC 控制柜，并进入中控上位机显示。再参考窑尾排风机风量和含氧量等指标来修正 NO_x 的原始参数，反馈到中控上位机，由中控操作人员手动或自动调节还原剂喷射量。同时窑尾烟囱设置氨逃逸监测仪，对氨逃逸进行监测。以上测量信号通过硬接线进 PLC 控制柜，经专用光缆线入中控室，在上位机上进行监测和控制。

本项目总体布置分为尿素储存区和窑尾分解炉喷射区两个区域。

尿素储存区占地面积约 250m²。布置在水泥厂内冷却水塔附近，工艺水可就近取得。储区内设置尿素储存区、尿素行车、尿素提升机、溶解罐、储存罐、除盐水罐以及相应的尿素（除盐水）输送模块等。罐区四周设置排水沟。其中，尿素的卸载采用行车卸料，同时人工通过行车将固体袋装尿素送至提升机入料斗中，通过提升机将固体尿素输送至尿素溶解罐中，提升机和尿素溶解罐采用地上布置。经过摸索，得出 20% 浓度的尿素溶液在脱硝过程中效果最好，因此本项目运行时直接将尿素配制成 20% 浓度的溶液储存和使用。考虑到尿素溶液的吸热和析晶问题，在尿素溶解罐和尿素溶液储罐内均设置有蒸汽加热盘管，当罐内液体温度低于一定程度时开启加热盘管，同时去窑尾喷射区的尿素溶液输送管道采用蒸汽管道伴热，即一根尿素溶液管道伴随一根蒸汽输送管道，将两者设置于同一保温岩棉中，防止尿素溶液的析晶，导致管道堵塞等。如图 12-27～图 12-34 所示为项目相关现场图片。

图 12-27 尿素溶液制备房

图 12-28 袋装尿素储存间

图 12-29 提升机下料斗

图 12-30 提升机入料斗

图 12-31 尿素溶液溶解罐

图 12-32 尿素溶液储存罐

图 12-33 尿素溶液输送模块

图 12-34 尿素溶液缓冲罐

三、调试运行情况

本脱硝工程于 2013 年 7 月 30 日安装完成，8 月 1 日开始调试，完成设备单体调试、系统联动和运行优化试验。168h 试运行自 2013 年 9 月 16 日上午 8：00 始，2013 年 9 月 23 日上午 8：00 结束，系统连续稳定运行。脱硝系统设备在连续运行状态下未发生设备故障，整体运行平稳。脱硝效果明显，各项技术数据指标均符合浙江省环保厅（现为浙江省生态环境厅）的相关文件要求。氮氧化物浓度与窑况有着紧密的联系，连续运行的前两天时间里，由于槐坎南方水泥有限公司 1 号线建设较早，窑况相对复杂，氮氧化物浓度波动相对较大，但是总体排放标准仍在环保部门要求的排放最高值以下。从连续运行的中期开始，氮氧化物排放量以及排放稳定度随着 1 号线窑况稳定性的提升而趋于平稳。2 号线建设相对较晚，水泥生产工艺较 1 号线有较大改进，2 号线窑况相对稳定，氮氧化物排放波动幅度较小，一直处于平稳状态。相关数据见表 12-10 和表 12-11。

表 12-10 槐坎南方 1 号线环保（生态环境）部门监测 168h 连续运行记录

监测时间	NO_x 折算浓度（mg/Nm³）	NH_3 逃逸量（mg/Nm³）
2013 年 9 月 23 日	285.51	2.08
2013 年 9 月 22 日	254.93	5.98
2013 年 9 月 21 日	257.78	2.23
2013 年 9 月 20 日	249.66	2.36
2013 年 9 月 19 日	268.88	1.63
2013 年 9 月 18 日	278.42	0.9

续表

监测时间	NO_x 折算浓度（mg/Nm³）	NH_3 逃逸量（mg/Nm³）
2013 年 9 月 17 日	287.39	1.2
2013 年 9 月 16 日	269.96	4.03
平均	269.07	2.55

注：监测前 NO_x 浓度 760mg/m³。

表 12-11　槐坎南方 2 号线环保（生态环境）部门监测 168h 连续运行记录

监测时间	NO_x 折算浓度（mg/Nm³）	NH_3 逃逸量（mg/Nm³）
2013 年 9 月 23 日	290.33	1.65
2013 年 9 月 22 日	283.83	2.8
2013 年 9 月 21 日	287.56	2.5
2013 年 9 月 20 日	287.93	2.32
2013 年 9 月 19 日	284.93	3.55
2013 年 9 月 18 日	292.67	5.46
2013 年 9 月 17 日	301.7	5.93
2013 年 9 月 16 日	304.71	4.03
平均	291.71	3.53

注：监测前 NO_x 浓度为 740mg/m³。

结果显示，经过一个多月试运行和连续 168h 运行考核，窑尾烟囱氮氧化物有了明显的下降，中央控制室显示的 1 号线 NO_x 浓度由原来的 620～900mg/m³ 降至 260～320mg/m³ 范围内；2 号线 NO_x 浓度由原来的 500～750mg/m³ 降至 240～320mg/m³ 范围内。氨逃逸平均控制在 6mg/m³ 以下。NO_x 和 NH_3 排放浓度等各项经济技术指标均达到浙江省环保厅（现浙江省生态环境厅）的相关文件要求和合同所规定技术指标，脱硝效率可达 60％以上。

四、实施效果

尿素作为还原剂与氨水作为还原剂相比，工艺系统更加复杂，反应温度窗口更高，投资运行费用也较高，但尿素作为还原剂，其安全性要比氨水好得多。

可根据企业实际情况选择使用何种还原剂。假如该厂地处饮用水库上游的水泥企业，由于禁止在饮用水保护区内建设与水源保护无关的项目及可能污染水源的项目、禁止贮存、堆放可能造成水体污染的固体废物和其他污染物等。由于氨水作还原剂存在氨泄漏污染饮用水源的危险性。因此，此处需要采用尿素作为还原剂。

第五节　广德洪山南方水泥有限公司 5000t/d 生产线 SNCR 脱硝工程应用

一、工程概况

广德洪山南方水泥有限公司坐落在安徽省广德市新杭镇。公司现拥有一条设计生产规模 5000t/d 熟料新型干法生产线，目前水泥窑实际熟料产量为 6000t/d，窑尾预热器出口标况烟气量为 $3.5 \times 10^5 Nm^3/h$（标况），预热器出口温度 320℃。厂内原已采用低氮燃烧技术（LNB），烟气中 NO_x 浓度为 800mg/Nm^3（标态、标况、10%O_2、以 NO_2 计），在原 NO_x 排放浓度基础上，采用选择性非催化还原法（SNCR）脱硝工艺，还原剂为 25%的氨水。脱硝后净烟气的 NO_x 浓度不超过 400mg/Nm^3（标态、标况、10%O_2、以 NO_2 计），设计脱硝效率不低于 60%。

二、设计参数

根据厂方提供的氮氧化物排放情况，在窑系统正常工况稳定的情况下 NO_x 的排放浓度在 700mg/Nm^3 左右，但在窑系统在投料初期和煤质有变化的状态下，NO_x 排放浓度有一定波动，脱硝系统按照最大负荷条件 800mg/Nm^3 进行设计。国家工业和信息化部 2010 年底发布的《水泥行业准入条件》中明确指出新建或改扩建水泥（熟料）生产线项目须配置脱除 NO_x 效率不低于 60%的烟气脱硝装置，因此本项目设计脱硝效率不低于 60%。相关设计参数和指标参数见表 12-12。

表 12-12　脱硝系统设计及指标参数

序号	设计参数	项目	单位	数值	备注
1	脱硝工程设计基础参数	预热器烟气流量（标况）	Nm^3/h	约 3.5×10^5	
2		分解炉出口温度	℃	约 900	
3		烟气温度（C1 筒出口）	℃	320	
4		C1 出口烟气中 O_2	%	0.5~2	
5		C1 筒出口静压	Pa	约 -6000	
6		原始烟气 NO_x 浓度（以 NO_2 计，标况，10%O_2）	mg/Nm^3	800	
7		窑系统年运转时间	h	8000	
8	脱硝工程指标参数	脱硝后烟气 NO_x 浓度（以 NO_2 计，标况，10%O_2）	mg/Nm^3	<300	
9		SNCR 部分最大脱硝效率	%	>70	
10		NH_3 逃逸	mg/Nm^3	8	
11		脱硝系统年运转率	%	>98	
12		NO_x 削减量	t/a	约 1320	

序号	设计参数	项目	单位	数值	备注
13	脱硝工程指标参数	氨耗量（折100%）	kg/h	<192	
14		氨水耗量（25%）	kg/h	<770	
15		压缩空气耗量	Nm³/h	<240	
16		电耗	(kW·h)/h	20	
17		工艺水耗量	t/h	<0.2	

本工程于 2013 年 2 月 28 日开始进行脱硝热态调试，2013 年 4 月 24 日脱硝系统正式连续投运。期间水泥窑炉负荷稳定，平均水泥产量 5800t/d，分解炉出口的烟气温度为 880～900℃，基本在最佳脱硝反应温度窗口，分解炉出口烟气中 NO_x 浓度（干态、$10\%O_2$）为 700～780mg/Nm³，且数据比较稳定。

三、SNCR 工艺系统及布置

广德洪山南方水泥有限公司 5000t/d 水泥生产线 SNCR 脱硝工程采用了两段式的脱硝工艺，主要目的是将还原剂输送和喷射两个过程分开，将还原剂从氨水储区分两步喷入分解炉反应区，即在还原剂储区设置输送模块，在窑尾框架上专门设置高位还原剂缓冲罐，先将还原剂一级泵送至窑尾框架上离喷射点位较近的高位还原剂缓冲罐，再通过窑尾框架平台上的喷射泵将还原剂输送到分解炉反应区喷枪处，这样喷射泵离喷射点位近，可根据炉内 NO_x 的变化，及时、精确地将还原剂喷入炉内，其中按照流量计的计量，及时调节电动回流调节阀，来达到控制量的目的，且该过程是连续运行的。从工程实际对比来看，采用二级泵送流程比一级泵送流程在还原剂流量精确控制一项上可大幅减少还原剂的浪费。

本项目总体布置分为氨水储存区和窑尾分解炉喷射区两个区域。

氨水储存区占地面积 164m²，布置在水泥厂内冷却水塔附近，工业水可就近取得。氨水储存区由氨水的卸载以及氨水的对外输送两个部分组成。共设置氨水储罐 2 个，共 120m³，可供脱硝装置正常运行时 7d 的使用量。储存区域内设置卸氨模块（卸氨泵 2 台，一用一备）、氨水储罐 2 个（1 用 1 备）、氨水输送模块（加压泵 2 台，1 用 1 备）、氨水输送泵、稀释水输送模块（加压泵 2 台，1 用 1 备）、稀释水箱等设备。考虑到氨水挥发问题，还在氨水储存区设置氨逃逸报警仪和冷却水喷淋系统，罐区四周设置排水沟。室外设置事故池。

窑尾分解炉喷射区的相关设备布置在窑尾标高为 52.550m 和 63.050m 的预热器平台上。此区域包含的设备包括：高位缓冲槽、中继喷射模块、氨水（压缩空气）计量分配模块和氨水喷射模块（喷枪为自动伸缩式，12 只），同时在窑尾烟囱布置氨逃逸监测仪，NO_x 浓度仪采用厂区原有。

由于项目地处于安徽省广德市，夏季温度较高，该厂区氨水储区设置敞开式，在氨罐顶部设置喷淋设施，夏季高温时打开喷淋设备，对氨罐进行降温，防止罐内的氨水温度过高而挥发。现场相关图片如图 12-35～图 12-43 所示。

图 12-35　氨房全景

图 12-36　卸氨模块

图 12-37　存贮模块

图 12-38　氨水输送及控制模块

图 12-39　喷射控制及计量分配模块之一

图 12-40　喷枪调试

图 12-41　喷射控制及计量分配模块之二

图 12-42 氨逃逸检测仪

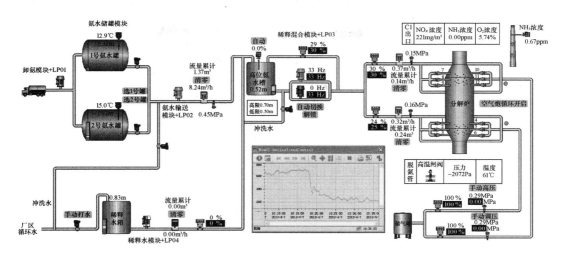

图 12-43　中控操作画面（系统运行）

四、系统性能指标

根据广德洪山南方水泥有限公司烟气污染物排放的实际情况，脱硝装置在生产线正常运行时投入使用。脱硝效率不低于 70％，脱硝装置年运行率不低于 98％，氨逃逸小于 8mg/m³。

水泥窑生产线运行时，脱硝装置对水泥窑运行不产生影响。调试时，也没有对生产线运行带来任何影响。在设备的冲洗和清扫过程中产生的废水收集至事故池内再次重复使用，做到废水零排放。脱硝装置的给水主要包括工业水和稀释水。

脱硝喷枪冷却雾化所需的压缩空气直接从窑尾原有压缩空气管道中引出。由于原厂内压缩空气压力为 0.5～0.8MPa，脱硝装置压缩空气耗量约为 3m³/min，耗量较小，因此直接采用厂区原有压缩空气。

五、调试运行情况

水泥窑 SNCR 脱硝系统技术指标见表 12-13。连续运行指标验收表见表 12-14。

表 12-13　水泥窑 SNCR 脱硝系统技术指标

序号	项目	保证指标	备注
1	脱硝效率	70％	脱硝效率为性能参考指标，以最终窑尾烟囱 NO_x 排放浓度为考核指标
2	窑尾烟囱 NO_x 排放浓度	≤300mg/Nm³	标况、10％O_2、以 NO_2 计
3	窑尾烟囱氨逃逸	≤8mg/Nm³	

表 12-14　连续运行指标验收表

序号	指标名称	生态环境部门检测结果（mg/m³）	备注
1	装置投入使用前烟囱出口 NO_x 浓度均值	758	
2	装置投入使用后烟囱出口 NO_x 浓度均值	268	
3	装置投入使用前烟囱出口 NH_3 浓度均值	0.46	
4	装置投入使用后烟囱出口 NH_3 浓度均值	0.76	

验收结论：

　　安徽广德洪山南方水泥有限公司脱硝工程于 2013 年 4 月 24 日正式投运，经鉴定，NO_x 排放浓度满足国家标准，脱硝效率可达 70% 以上。

验收单位	安徽广德洪山南方水泥有限公司
检测单位	宣城市环境监测站
设计单位	合肥水泥研究设计院

　　该脱硝系统从 2013 年 5 月 1 日投运至今，已稳定运行，总体运行状况良好。

六、效果评价

　　从该厂的实际调试和运行结果来看，SNCR 工艺系统运行稳定可靠，操作方便，其投资低、运行成本较低，特别适合水泥厂脱硝改造的使用。目前，国内大部分水泥厂的脱硝均采用 SNCR 脱硝技术，其在国内的使用越来越成熟可靠。同时 SNCR 还可以与 SCR 技术或与低氮燃烧技术（LNB）联合使用，以达到更高的脱硝效率。企业可根据环保要求进行选择。

第六节　江西永丰南方水泥有限公司 5000t/d 生产线 LNB＋SNCR 脱硝工程应用

一、工程概况

　　江西永丰南方水泥有限公司坐落在江西省永丰县藤田镇陶唐乡。公司现拥有一条设计生产规模 5000t/d 熟料新型干法生产线，目前水泥窑实际熟料产量为 5600t/d，窑尾预热器出口标况烟气量为 $4.2 \times 10^5 Nm^3/h$，分解炉出口温度约 900℃。烟气中 NO_x 浓度为 800mg/Nm^3（标态、标况、10%O_2、以 NO_2 计），在原 NO_x 排放浓度基础上，采用低氮燃烧和选择性非催化还原法（SNCR）脱硝联合工艺，还原剂为 20% 的氨水或尿素溶液。脱硝后净烟气的 NO_x 浓度不超过 320mg/Nm^3（标态、标况、10%O_2、以 NO_2 计），设计脱硝效率不低于 60%。

二、设计参数

　　根据厂方提供的氮氧化物排放情况，在窑系统正常工况稳定的情况下 NO_x 的排放浓度在 760mg/Nm³ 左右，但在窑系统在投料初期和煤质有变化的状态下，氮氧化物排放浓度有一定的波动，脱硝系统按照最大负荷条件 800mg/Nm³ 进行设计。国家工业和信息化部 2010 年底发布的《水泥行业准入条件》中明确指出新建或改扩建水泥（熟料）生产线项目须配置脱除 NO_x 效率不低于 60％的烟气脱硝装置，因此本项目设计脱硝效率不低于 60％。相关设计参数和指标参数见表 12-15。

表 12-15　脱硝系统设计及指标参数

序号	设计参数	项目	单位	数值	备注
1	脱硝工程设计基础参数	窑尾烟囱烟气流量（标况）	Nm³/h	4.2×10^5	
2		窑尾烟囱烟气温度	℃	约 120	
3		预热器出口温度	℃	约 900	
4		烟气温度（C1 筒出口）	℃	约 340	
5		C1 出口烟气中 O_2	%	0.5～2	
6		C1 筒出口静压	Pa	约 −6000	
7		原始烟气 NO_x 浓度（以 NO_2 计，标况，10%O_2）	mg/Nm³	800	
8		窑系统年运转时间	h	8000	
9	脱硝工程指标参数	脱硝后烟气 NO_x 浓度（以 NO_2 计，标况，10%O_2）	mg/Nm³	<320	
10		综合脱硝效率	%	>60	
11		NH_3 逃逸	mg/Nm³	<8	
12		脱硝系统年运转率	%	>98	
13		NO_x 削减量	t/a	约 1613	
14		氨耗量（折 100％）	kg/h	<181	$NRS=1.5$
15		氨水耗量（25％）	kg/h	<720	$NRS=1.5$
16		压缩空气耗量	Nm³/h	<240	
17		电耗	(kW·h)/h	20	
18		工艺水耗量	t/h	<0.2	

三、脱硝工艺方案选择

工艺选择：采用低氮燃烧系统与选择性非催化还原法（SNCR）脱硝联合工艺。

本工程于 2013 年 6 月 30 日开始进行脱硝热态调试，2013 年 7 月 10 日脱硝系统正式连续投运。期间水泥窑炉负荷稳定，平均水泥产量 5600t/d，分解炉出口的烟气温度为 880～940℃，基本在最佳脱硝反应温度窗口，分解炉出口烟气中 NO_x 浓度（干态、10%O_2）为 700～780mg/Nm³，且数据比较稳定。

四、低氮燃烧技术应用

低氮燃烧技术是一项简单和经济的脱硝技术，其主要方法是采用改变燃烧气氛和调整燃烧温度及温度分布等手段，通过对燃烧过程的监控，如回转窑的过量空气系数和烟气温度等，优化燃烧过程降低热力型 NO_x 的生成，不需要加入还原剂，因此一次投资成本和运行成本较低。其缺点是，低氮燃烧技术的脱硝效果受到水泥熟料煅烧所需气氛制约，脱硝空间十分有限，脱硝效率一般为 $10\%\sim20\%$。

低氮燃烧技术主要有以下几种：分级燃烧；采用低氮燃烧器。本项目采用的是空气分级燃烧脱硝技术。

水泥窑空气分级燃烧脱硝技术的基本原理是，将分解炉燃烧用的空气分两阶段加入，先将一部分空气送入主燃区，使第一级燃烧区内空气过剩系数在 1 左右，使燃料在缺氧的条件下燃烧，燃烧速度低，生产 CO 等还原性气体，且燃烧中的 N 大部分为 HCN、HN、CN、CH_4 等，使 NO_x 分解，抑制炉内 NO_x 生成，同时 CO 可还原部分窑气的 NO_x。然后将燃烧用空气的剩下部分以分级风的方式送入分解炉，使燃料燃尽。该项目水泥窑空气分级燃烧改造方案：从原有三次分管上加装一根脱氮风管，将部分三次风引入

图 12-44　现场脱氮管照片

分解炉合适位置。改造内容包括：三次分管调整和改造、脱硝风管配置、高温闸阀控制系统，支撑和窑尾框架加固。低氮燃烧系统（脱氮管）主要设备参数见表 12-16。现场脱氮系统照片如图 12-44 所示。该脱氮管已于 2013 年 5 月 30 日调试，6 月 10 日正式投入运行，目前从运行反馈数据来看，平均脱硝效率约为 $7\%\sim11\%$。但还不足以满足国家新标准要求，需配合 SNCR 联合脱硝。

表 12-16　低氮燃烧系统（脱氮管）主要设备参数

序号	设备名称	技术规格参数	单位	数量
1	高温闸阀	规格：$\phi1500mm$，有效内径：$\phi1100mm$。材质：阀体 Q235 浇铸耐温隔热层，板：0Cr25Ni20，阀轴：0Cr25Ni20	个	1
2	高温波纹膨胀节	规格：$\phi1500mm$，有效内径：$\phi1100mm$	个	1
3	脱氮管	规格：$\phi1500mm$，有效内径：$\phi1100mm$，钢板厚度：6mm	节	15
4	耐碱浇铸料	工作温度：1100℃	m³	29
5	浇铸料扒钉		t	0.8
6	其他配套设备		套	1

五、SNCR 脱硝技术的应用

1. SNCR 脱硝设备布置

选择性非催化还原法（SNCR）脱硝装置的布置主要由卸氨系统、罐区、氨水输送稀释系统、计量及分配系统、喷雾系统、烟气监测系统及控制系统等组成。

　　本工程同时设计了 1 套尿素备用系统，包括尿素存储区，尿素计量、溶解以及尿素溶液储存罐。而尿素溶液输送稀释系统、计量及分配系统、喷雾系统与氨水共用一套设备。本项目总体布置分为氨水（尿素）储存区和窑尾分解炉喷射区两个区域。氨水（尿素）储存区占地面积 164m²，布置在水泥厂内冷却水塔附近，除盐水已接到现场。氨水储存区由氨水的卸载及氨水的对外输送两个部分组成。共设置氨水储罐 2 个，共 120m³，可供脱硝装置正常运行时 7d 的使用量。储存区域内设置卸氨模块（卸氨泵 2 台，1 用 1 备）、氨水储罐 2 个（1 用 1 备）、氨水输送模块（加压泵 2 台，1 用 1 备）、氨水输送泵、稀释水输送模块（加压泵 2 台，1 用 1 备）、稀释水箱等设备。考虑到氨水挥发问题，还在氨水储存区设置氨逃逸报警仪和冷却水喷淋系统，罐区四周设置排水沟。室外设置事故池。窑尾分解炉喷射区相关设备布置在窑尾标高为 79m 和 91m 的预热器平台上，此区域包含的设备包括：高位缓冲罐、喷射计量模块、氨水（压缩空气）计量分配模块和氨水喷射模块（喷枪为自动伸缩式，12 只），12 只喷枪共分为两层布置，第一层 6 支自动伸缩喷枪安装在标高为 79m 分解炉出口位置，围绕着分解炉均匀分布；第二层 6 支自动伸缩喷枪安装在标高为 91m 鹅颈管位置，围绕着分解炉均匀分布。12 支喷枪将 20％浓度的氨水或者 20％浓度的尿素溶液通过雾化系统直接喷入分解炉合适温度区域（850～1050℃），氨水或尿素溶液雾化后，其中的氨与分解炉烟气中的 NO_x（NO、NO_2 等混合物）进行选择性非催化还原反应，将 NO_x 转化成无污染的 N_2 和 H_2O，从而达到降低 NO_x 排放的目的。现场图片如图 12-45～图 12-53 所示。

图 12-45　氨房全景

图 12-46　卸氨模块

图 12-47　氨水储存罐

图 12-48　氨水、软水输送及控制模块

图 12-49　高位氨水槽和喷射混合控制模块

图 12-50　计量及分配模块

图 12-51　空气炮对喷枪进行吹扫

图 12-52　喷枪安装图

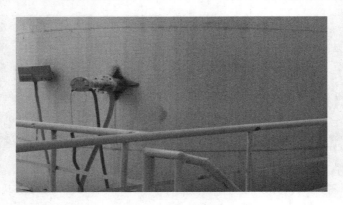

图 12-53　氨逃逸在线检测仪

2. 脱硝工艺及控制

该工程 SNCR 工艺系统将槽罐车中 20％浓度的氨水通过卸氨模块，卸到氨罐中储存，后经过氨水输送泵送至窑尾高位氨水槽，经过计量以及分配模块，进入水泥窑各层的喷枪喷入窑内，与烟气进行化学反应去除 NO_x。

江西永丰南方水泥有限公司 SNCR 烟气脱硝工程采用 PLC 控制，本脱硝系统设一套 PLC 及上位机控制系统，PLC 柜布置在窑尾配电室，上位机布置在中央控制室。操作员通过 PC 机画面可同时监视和控制脱硝装置的运行。控制站主要由 CPU、通信模块、I/O 模块、电源模块组成。CPU 处理能力预留有 20%～25% 的容量。控制站和操作站之间采用 100Mb 光纤工业以太网连接，传输速度快、可靠性高。

六、系统性能指标

根据江西永丰南方水泥有限公司烟气污染物排放的实际情况，脱硝装置在生产线正常运行时投入使用。脱硝效率不低于 70%，脱硝装置年运行率不低于 98%，氨逃逸小于 $8mg/m^3$。

水泥窑生产线运行时，脱硝装置对水泥窑运行不产生影响。调试时，也没有对生产线运行带来任何影响。在设备的冲洗和清扫过程中产生的废水收集至事故池内再次重复使用，做到废水零排放。脱硝装置的给水主要包括工业水和稀释水。

脱硝喷枪冷却雾化所需的压缩空气直接从窑尾原有压缩空气管道中引出。由于原厂内压缩空气压力为 0.5～0.8MPa，脱硝装置压缩空气耗量约 $4m^3/min$，耗量较小，因此直接采用厂区原有压缩空气。

七、调试运行情况

该脱硝系统从 2013 年 7 月 1 日投运至今，已稳定运行，总体运行状况良好。水泥窑 SNCR 脱硝系统技术指标见表 12-17。

表 12-17　水泥窑 SNCR 脱硝系统技术指标

序号	项目	保证指标	备注
1	脱硝效率	70%	脱硝效率为性能参考指标，以最终窑尾烟囱 NO_x 排放浓度为考核指标
2	窑尾烟囱 NO_x 排放浓度	≤300mg/Nm³	标况、10%O_2、以 NO_2 计
3	窑尾烟囱氨逃逸	≤8mg/Nm³	

八、效果评价

从该厂的实际调试和运行结果来看，SNCR 工艺与低氮燃烧联合脱硝系统运行稳定可靠，操作方便，其投资低、运行成本较低，特别适合水泥厂脱硝改造的使用。

第七节　中铁物资巢湖铁道水泥有限公司 4500t/d 生产线 SNCR 脱硝工程应用

一、生产线概况

中铁物资巢湖铁道水泥有限公司 4500t/d 干法水泥熟料生产线使用 KDS 在线双喷腾式分解炉、KP 型五级双系列 F5Y/50 旋风预热器、充气梁控制流篦式冷却机、

3150DIBB50 窑尾高温风机。水泥生产线主要设计参数见表 12-18，煤质分析见表 12-19。

表 12-18　中铁物资巢湖铁道水泥有限公司 4500t/d 干法水泥熟料生产线主要设计参数

设备名称	参数	单位	规格
水泥窑	型式	台	4.8m×72m
	熟料台时产量	t/d	240
	预热器出口烟气量	t/h	
	预热器出口烟气量	Nm³/h	
	预热器出口烟气温度	℃	320－335
	计算耗煤量（设计煤种）	t/h	34（烟煤，原煤）
预热器	型式		KP 型五级双系列 F5Y/50 旋风预热器
	级数	级	5
	漏风率	%	
预分解炉	型号	—	KDS 在线双喷腾式分解炉
	直径	m	7.3
	高度	m	45
高温风机	风机型号		3150DIBB50
	工况风量	m³/s	860000
	风压	Pa	7500
	进口烟温	℃	310～330
	电动机功率	kW	2500
	工况风量	m³/s	920000
	风压	Pa	2400
	进口烟温	℃	100～120
	电动机功率	kW	900

表 12-19　煤质的工业分析

M_{ad}	A_{ad}	V_{ad}	FC_{ad}	$Q_{net,ad}$
1.28	30.75	28.67	39.11	21273.74

二、SNCR 工程总体介绍和设计参数

1. 主要性能参数

根据厂方提供的氮氧化物排放情况，在窑系统正常工况稳定的情况下 NO_x 的排放浓度在 780mg/Nm³ 左右，但在窑系统在投料初期和煤质有变化的状态下，氮氧化物排放浓度有一定波动，脱硝系统按照最大负荷条件 800mg/Nm³ 进行设计。国家工业信息研究部 2010 年底发布的《水泥行业准入条件》中明确指出新建或改扩建水泥（熟料）生产线项目须配置脱除 NO_x 效率不低于 60％的烟气脱硝装置，因此本项目设计脱硝效

率不低于 60％。相关设计参数和指标参数见表 12-20。

表 12-20 脱硝系统设计及指标参数

序号	设计参数	项目	单位	数值	备注
1		预热器烟气流量（标况）	Nm^3/h	350000	
3		烟气温度（C1筒出口）	℃	310～330	
4	脱硝工程设计基础参数	C1 出口烟气中 O_2	％	9～13	
5		C1 筒出口静压	Pa	−6000	
6		原始烟气 NO_x 浓度（以 NO_2 计，标况，10％O_2）	mg/Nm^3	800	
7		窑系统年运转时间	h	8000	
8		脱硝后烟气 NO_x 浓度（以 NO_2 计，标况，10％O_2）	mg/Nm^3	＜320	
9		总脱硝效率	％	＞60	
10		NH_3 逃逸	mg/Nm^3	8	
11		脱硝系统年运转率	％	＞98	
12	脱硝工程指标参数	NO_x 削减量	t/a	1344	
13		氨耗量（折100％）	kg/h	＜192	
14		氨水耗量（25％）	kg/h	＜770	
15		压缩空气耗量	Nm^3/h	＜240	
16		电耗	(kW·h)/h	20	
17		工艺水耗量	t/h	＜0.2	

2. SNCR 工艺系统布置

中铁物资巢湖铁道水泥有限公司 4500t/d 干法水泥熟料生产线水泥窑脱硝项目采用一段式脱硝工艺，即氨水从氨水罐直接输送至窑尾分解炉内，不设高位还原剂缓冲罐。本工程脱硝系统分为两个主要系统：氨水储存、输送系统和炉前喷射、计量系统。

氨水储存区占地面积 $164m^2$，布置在水泥厂内生料均化库附近。氨罐房墙体下有高 500mm 的围堰，围堰上方用钢架支撑钢结构顶棚。氨水储存区由氨水的卸载以及氨水的对外输送两个部分组成。共设置氨水储罐 2 个，共 $120m^3$，可供脱硝装置正常运行时 7d 的使用量。储存区域内设置卸氨模块（卸氨泵 1 台）、氨水储罐 2 个（1 用 1 备）、氨水输送模块（加压泵 1 台）、软化水箱等设备。考虑到氨水的挥发问题，还在氨水储存区设置氨逃逸报警仪和冷却水喷淋系统，罐区四周设置排水沟。室外设置事故池。

窑尾分解炉喷射区的相关设备布置在窑尾标高为 64.600m 的预热器平台上。此区域包含的设备包括：计量分配模块和还原剂喷射模块（喷枪为自动伸缩式，12 只），同时在窑尾烟囱布置氨逃逸监测仪，NO_x 浓度仪采用厂区原有。

三、系统性能指标

根据中铁物资巢湖铁道水泥有限公司烟气污染物排放的实际情况，脱硝装置在生产线正常运行时投入使用。脱硝效率不低于 60％，脱硝装置年运行率不低于 98％，氨逃逸小于 8mg/m³。

水泥窑生产线运行时，脱硝装置对水泥窑运行不产生影响。调试时，也没有对生产线运行带来任何影响。在设备的冲洗和清扫过程中产生的废水收集至事故池内再次重复使用，做到废水零排放。脱硝装置的给水主要包括工业水和稀释水。

脱硝喷枪冷却雾化所需的压缩空气直接从窑尾原有压缩空气管道中引出。由于原厂内压缩空气压力为 0.5～0.8MPa，脱硝装置压缩空气耗量约 3m³/min，耗量较小，因此直接采用厂区原有压缩空气。

四、调试运行情况

完整的水泥窑 SNCR 系统调试包括单体调试、分部试运行、冷态调试、整体热态调试和整个系统 72h 满负荷运行几个过程。调试工作的任务是：通过调试使设备、系统达到设计最优运行状态、装置各参数、指标达到设计保证值。

本工程于 2013 年 7 月 21 日开始进行脱硝热态调试，2012 年 8 月 1 日脱硝系统正式连续投运。期间水泥窑炉负荷稳定，分解炉出口的烟气温度为 880～920℃，基本在最佳脱硝反应温度窗口，分解炉出口烟气中 NO_x 浓度（干态、10％O_2）为 215mg/Nm³，且数据比较稳定，调试期间其他运行数据参见表 12-21。

表 12-21　调试期间的运行参数

时间	烟气量 （Nm³/h）	出口 NO_2 （mg/Nm³）	烟气温度 （℃）	氨水量 （m³/h）	NH_3 （mg/Nm³）
2013 年 7 月 21 日 9：00	312676	212	92	0.65	1.692
2013 年 7 月 21 日 10：00	317480	213	98	0.66	1.768
2013 年 7 月 21 日 11：00	309852	212	97	0.65	1.713
2013 年 7 月 21 日 12：00	295856	201	105	0.66	1.715
2013 年 7 月 21 日 13：00	325051	202	98	0.64	1.721
2013 年 7 月 21 日 14：00	314546	205	97	0.65	1.693
2013 年 7 月 21 日 15：00	304528	215	92	0.66	1.721
2013 年 7 月 21 日 16：00	321451	223	91	0.65	1.702
2013 年 7 月 21 日 17：00	301215	235	99	0.65	1.715
2013 年 7 月 22 日 9：00	301254	238	90	0.64	1.751
2013 年 7 月 22 日 10：00	301516	208	98	0.65	1.712
2013 年 7 月 22 日 11：00	312527	221	97	0.65	1.734
2013 年 7 月 22 日 12：00	312526	205	96	0.64	1.712
2013 年 7 月 22 日 13：00	301457	208	95	0.65	1.711
2013 年 7 月 22 日 14：00	301526	225	99	0.66	1.708
2013 年 7 月 22 日 15：00	312589	217	103	0.65	1.703

续表

时间	烟气量 (Nm³/h)	出口 NO₂ (mg/Nm³)	烟气温度 (℃)	氨水量 (m³/h)	NH₃ (mg/Nm³)
2013 年 7 月 22 日 16：00	314756	240	102	0.64	1.721
2013 年 7 月 22 日 17：00	321002	231	95	0.66	1.721
2013 年 7 月 23 日 9：00	312028	225	98	0.64	1.711
2013 年 7 月 23 日 10：00	312503	221	91	0.65	1.712
2013 年 7 月 23 日 11：00	301987	221	90	0.64	1.721
2013 年 7 月 23 日 12：00	301215	215	99	0.64	1.715
2013 年 7 月 23 日 13：00	297886	218	90	0.65	1.712
2013 年 7 月 23 日 14：00	298789	219	98	0.65	1.708
2013 年 7 月 23 日 15：00	301258	218	97	0.64	1.712
2013 年 7 月 23 日 16：00	311215	208	92	0.65	1.701
2013 年 7 月 23 日 17：00	301006	209	91	0.64	1.714
2013 年 7 月 24 日 9：00	315874	208	99	0.65	1.712
2013 年 7 月 24 日 10：00	312526	207	97	0.65	1.708
2013 年 7 月 24 日 11：00	301003	218	95	0.64	1.712
2013 年 7 月 24 日 12：00	312010	226	92	0.66	1.714
2013 年 7 月 24 日 13：00	301985	223	98	0.65	1.715
2013 年 7 月 24 日 14：00	301874	225	97	0.65	1.714
2013 年 7 月 24 日 15：00	301456	226	99	0.64	1.721
2013 年 7 月 24 日 16：00	301526	214	101	0.65	1.725

注：本表中烟气量状态指干态、真实氧量；NO_2 出口浓度指干基、10% 氧量状态。

五、效果评价

该脱硝系统从 2013 年 8 月 1 日投运至今，已稳定运行了近 8 个月，总体运行状况良好。

第八节　资阳西南水泥有限公司以氨水为还原剂 SNCR 脱硝工程案例

一、项目概况

资阳西南水泥有限公司坐落在资阳市雁江区，公司建有一条 2500t/d 新型干法水泥熟料生产线，目前水泥窑实际熟料产量为 3000t/d，窑尾预热器出口标况烟气量为 $2.0×10^5 Nm^3/h$（标况），预热器出口温度 330℃。烟气中 NO_x 浓度为 800mg/Nm³（标态、标况、10% O_2、以 NO_2 计），在原 NO_x 排放浓度基础上，采用选择性非催化还原法（SNCR）脱硝工艺，还原剂为 25％的氨水。脱硝后净烟气的 NO_x 浓度不超过 320mg/Nm³（标态、标况、10％O_2、以 NO_2 计），设计脱硝效率不低于 60％。

二、设计参数

根据厂方提供的 NO_x 排放情况，在窑系统正常工况稳定的情况下，NO_x 的排放浓度在 750mg/Nm³ 左右，但在窑系统投料初期和煤质有变化的状态下，NO_x 排放浓度有一定波动，脱硝系统按照最大负荷条件 800mg/Nm³ 进行设计。该生产线 SNCR 烟气脱硝系统相关设计参数和指标见表 12-22。

表 12-22　2500t/d 水泥熟料生产线 SNCR 烟气脱硝系统设计参数（氨水为还原剂）

序号	设计参数	项目	单位	数值	备注
1	脱硝工程设计基础参数	窑尾烟囱烟气流量（标况）（最大值）	Nm³/h	2.0×10⁵	2500t/d 生产线（考虑提产因素）
2		窑尾烟囱烟气温度	℃	约 100	
3		分解炉出口温度	℃	约 900	
4		烟气温度（C1 筒出口）	℃	约 330	
5		C1 出口烟气中 O_2	％	0.5～3	
6		C1 筒出口静压	Pa	约 −6700	
7		原始烟气 NO_x 浓度（最大值）（以 NO_2 计，标况，10％O_2）	mg/Nm³	800	（以 NO_2 计，标况，10％O_2）
8		窑系统年运转时间	h	8000	按年运行 330d 计
9	脱硝工程指标参数	脱硝后烟气 NO_x 浓度	mg/Nm³	<320	（以 NO_2 计，标况，10％O_2）
10		最大脱硝效率	％	>60	
11		NH_3 逃逸	ppm	<8	尾排烟囱处
12		脱硝系统年运转率	％	100	满足窑系统年连续运转时间，检修时间除外
13		NO_x 削减量	t/a	768	NO_x 削减量
14		氨水最大耗量	kg/h	<500	按照 3000t/d 熟料生产线
15					
16		压缩空气耗量	Nm³/h	<150	喷枪耗气量以及仪表耗气量
17		电耗	(kW·h)/h	<10	
18		工艺水耗量	t/h	<0.2	含管路反冲洗

三、SNCR 工艺系统及布置

SNCR 氨水系统主要设备均按模块化进行设计，主要包括氨水卸载、储存、输送模块；软水输送模块；氨水软水稀释、混合分配模块；还原剂计量模块；喷氨模块；集中控制模块。脱硝系统主要设备见表 12-23。

表 12-23　脱硝系统主要部件表

	序号	名称		数量	备注
SNCR 氨水烟气脱硝系统	1	卸氨模块	卸氨泵	1 台	流量 25m³/h，扬程 20m
			阀门管路	1 套	—
	2	还原剂储存模块	氨水储罐	1 台	卧式，DN3200×6400，单台容积：50m³，材质：304
			氨水输送管路系统	1 套	含管道、阀门以及过滤器等
			储罐仪表	1 套	液位计、真空阀、安全阀等
			紧急喷淋装置	1 套	—
			氨水储罐辅助设施	1 套	操作平台、雨棚及扶梯等
	3	纯水模块	纯水制备系统	1 套	—
			纯水储罐	1 只	兼作 NH₃ 吸收罐
			纯水输送系统	1 套	含输送泵、纯水储存模块、纯水计量仪表以及相应的管路阀门等
	4	氨水输送控制模块	氨水输送泵	2 台	一备一用。流量设计富裕量不小于10%，压头设计余量不小于20%
			氨水输送管路	1 套	含氨水计量装置、阀门、仪表及管路
			回流控制系统	1 套	—
	5	计量分配模块	计量分配模块	1 套	含控制盘、电动调节阀、电磁流量计等
	6	还原剂喷射模块	喷枪	1 套	采用一层喷枪设置（喷枪不带自动伸缩）
			压缩空气制备系统	1 套	根据喷枪系统确定供气量
			压缩空气管路	1 套	—
			还原剂均分装置	1 套	—
烟气监测系统	7	烟气监测系统		1 套	NOₓ 及氨逃逸监测仪
自动控制系统	8	脱硝控制系统		1 套	—
电线电缆	9	电线电缆		1 套	含控制电缆和动力电缆
其他辅助材料	10	辅助材料		1 套	—

资阳西南水泥有限公司 2500t/d 水泥生产线 SNCR 脱硝工程采用了一段式的脱硝工艺，主要包括氨水卸载、储存、输送模块；软水输送模块；还原剂计量模块；喷氨模块；集中控制模块。一段式主要目的是简化流程，降低投资。一段式没有高位槽，氨水直接打到分解炉，氨水输送高度较高，输送距离较远，氨水喷入分解炉流量相对

不稳定。从工程实际对比来看，采用一级泵送流程（一段式）比二级泵送流程（二段式）在还原剂流量精确控制上相对差点，吨熟料氨水消耗量也较高些。

本项目总体布置分为氨水储存区和窑尾分解炉喷射区两个区域。

氨水储存区占地面积约 100m²，布置在水泥厂内窑尾框架附近，工艺用水可就近取得。氨水储存区由氨水的卸载储存及氨水的对外输送两个部分组成。设置氨水储罐 1 个，50m³，可供脱硝装置正常运行 3～5d 的使用量。储存区域内设置卸氨模块（卸氨泵 2 台，1 用 1 备）、氨水输送模块（氨水输送泵 2 台，1 用 1 备）、稀释水输送模块（稀释水输送泵 1 台）、稀释水箱等设备。考虑到氨水挥发问题，还在氨水储存区设置氨逃逸报警仪和冷却水喷淋系统，罐区四周设置排水沟。室外设置事故池。

窑尾分解炉喷射区的相关设备布置在窑尾预热器平台上。此区域包含的设备包括：氨水（压缩空气）计量分配模块和氨水喷射模块（喷枪为固定式，6 只），同时在窑尾烟囱布置氨逃逸监测仪，NO_x 等气体分析仪利用厂内原有设施。

由于项目地处四川盆地，冬季温度较高（不低于 −15℃），由于氨水的凝固及仪器仪表的使用温度范围一般可达 −20℃ 以上，故氨水储区厂房设置为敞开式。氨罐房内设置氨气泄露报警仪，当屋内氨气浓度过高时（氨气泄漏报警仪响起时），可启动水喷淋装置，同时厂里启动应急机制。资阳西南水泥有限公司现场相关图片如图 12-54～图 12-54 所示。

图 12-54　氨罐房

图 12-55　软水箱

图 12-56　氨水输送模块

图 12-57　喷射系统（喷枪）

图 12-58　烟气脱硝系统中控画面

图 12-59　应急预案及警示牌

四、系统性能指标

根据资阳西南水泥有限公司烟气污染物排放的实际情况，脱硝装置在生产线正常运行时投入使用。脱硝效率不低于 60%，脱硝装置年运行率不低于 98%，氨逃逸小于 8mg/m³。

水泥窑生产线运行时，脱硝装置对水泥窑运行不产生影响。调试时，对生产线运行带来的影响几乎没有。在设备的冲洗和清扫过程中产生的废水收集至事故池内再次重复使用，做到废水零排放。脱硝装置的给水主要包括工艺水和稀释水。

脱硝喷枪冷却雾化所需的压缩空气直接从窑尾原有压缩空气管道中引出。由于原厂内压缩空气管道压力为 0.5~0.7MPa，脱硝装置压缩空气耗量约 2.5m³/min，耗量较小，因此直接采用厂区原有压缩空气。

五、调试运行情况

本工程于 2013 年 11 月 21 日开始进行脱硝热态调试，2013 年 11 月 25 日脱硝系统正式连续投运。期间水泥窑炉负荷稳定，平均熟料产量 3000t/d，分解炉出口的烟气温度为 880~920℃，基本在最佳脱硝反应温度窗口，分解炉出口烟气中 NO_x 浓度（干态、$10\%O_2$）为 600~750mg/Nm³，脱硝后窑尾烟囱出口的 NO_x 平均浓度为 278mg/Nm³，氨水消耗量平均值为 0.45m³/h，窑尾烟囱出口的氨逃逸平均值为 3.82mg/Nm³，且数据比较稳定。调试期间主要运行数据见表 12-24。

表 12-24　调试期间的主要运行数据

时间	烟气量（Nm³/h）	出口 NO₂（mg/Nm³）	烟气温度（℃）	氨水量（m³/h）	NH₃（mg/Nm³）
11 月 26 日	205800	279	110	0.45	3.85
11 月 27 日	206100	287	112	0.46	3.80
11 月 28 日	205100	269	109	0.44	3.81
平均	205667	278	110	0.45	3.82

注：本表中烟气量状态指干态、真实氧量；NO_2 出口浓度指干基、10%氧量状态。

六、效果评价

从该厂的实际调试和运行结果来看，SNCR 工艺系统运行稳定可靠，操作方便，跟 SNCR（两段式）脱硝技术相比，其投资低、运行成本相对较高。

第十三章　水泥窑 SNCR 精准脱硝的工程应用

第一节　水泥窑 SNCR 精准脱硝技术简介

《水泥工业大气污染物排放标准》（GB 4915—2013）规定水泥生产 NO_x 排放限值为 $400mg/Nm^3$，重点地区不超过 $320mg/Nm^3$。2019 年中国建筑材料联合会发布《2019 年水泥行业大气污染防治攻坚战实施方案》，要求 2019 年底水泥行业单位产品能耗和污染物排放全面达标，单位产品能耗达到先进值的生产线比例不低于 80%，其中达到国际领先水平的生产线比例达到 30%。污染物在达标排放的基础上，2+26 个城市 2019 年底主要污染物排放达到：颗粒物不大于 $10mg/Nm^3$；氮氧化物不大于 $100mg/Nm^3$；二氧化硫不大于 $50mg/Nm^3$。京津冀及周边、长三角、汾渭平原等地区的水泥企业，2019 年底主要污染物排放达到：颗粒物不大于 $10mg/Nm^3$；氮氧化物不大于 $200mg/Nm^3$；二氧化硫不大于 $50mg/Nm^3$。其他地区在 2020 年底达到特别排放限值。

同期，国家生态环境部与各地方政府签订排放总量的责任要求越来越严，各地根据排放总量的限制，出台了新的水泥工业氮氧化物排放地方标准，在地方标准中对水泥窑氮氧化物的排放控制要求比现有国标更为严格。如山东省《建材工业大气污染物排放标准》（DB37/2373—2018）、海南省《水泥工业大气污染控制标准》（DB46/524—2021）等出台的水泥窑氮氧化物的排放标准均控制在 $200mg/Nm^3$ 以下；安徽省《水泥工业大气污染物排放标准》（DB34/3576—2020）、河南省《水泥工业大气污染物排放标准》（DB41/1953—2020）、河北省《水泥工业大气污染物超低排放标准》（DB13/2167—2020）、四川省《水泥工业大气污染物排放标准》（DB51 2864—2021）等出台的水泥窑氮氧化物的排放标准均为控制在 $100mg/Nm^3$ 以下；江苏省《水泥工业大气污染物排放标准》（DB32/4149—2021）、2021 年浙江省《水泥工业大气污染物排放标准》（征求意见稿），其水泥窑氮氧化物的排放均要求控制在 $50mg/Nm^3$ 以下。面对如此严格的排放标准，水泥窑现有低氮燃烧、分级燃烧、SNCR 等脱硝工艺均不能达到工程实际要求的可靠稳定运行。为了提高原有水泥窑 SNCR 脱硝技术水平，国内不少企业单位进行了研究和改进，推出了水泥窑 SNCR 精准脱硝技术。

一、原有水泥窑 SNCR 脱硝技术弊端

（1）喷枪工艺布置不合理。原有水泥窑 SNCR 脱硝技术设计比较粗糙，对水泥窑各型分解炉内温度场、压力场、流速场、氧分布场、二氧化碳分布场、氮氧化物分布

场的浓度及数值变化认识模糊不清，喷枪布置不能有针对性地分布在分解炉最适宜温度场范围内，同时考虑成本因素，一般喷枪均单层布置，当水泥窑窑况出现变化时无法调整喷射的位置。

（2）喷枪一般均采用锅炉通用双流体喷枪，喷枪的雾化性能、喷雾形状、喷枪出口雾滴速度不适应水泥窑炉的实际工况，存在喷量大、雾化效果差、颗粒分布不均匀等问题。

（3）只能在特定的位置喷入固定流量的氨水，无法根据窑况变化调节氨水喷入位置和流量，其脱硝效率也无法持续保证。这种早期设计的简单 PID 调节 SNCR 脱硝装置只是在手动调节的基础上，根据烟囱废气排放反馈回来的 NO_x 数值自动调节氨水用量，其调节反馈往往有 $1.5\sim2min$ 的滞后时间，氨水用量不够精确。同时这种 PID 调节 SNCR 也无法根据窑况的变化调整氨水喷射的位置。

（4）SNCR 脱硝控制系统未引入窑的相关热工工艺参数，当水泥窑况发生变化时，无法及时有效跟踪控制 NO_x 的变化，造成喷氨过量或 NO_x 超标。

二、水泥窑 SNCR 精准脱硝技术

水泥窑 SNCR 精准脱硝技术针对新型干法回转窑水泥熟料生产线氨水喷射区域不同位置脱硝效率各不相同、并且烟气脱硝效率最佳位置会随着水泥窑工况变化而移动的特点，将 SNCR 装置的喷枪分层布置，并且每层的喷枪都由单独的阀门控制氨水流量。该技术还有专门配套的 SNCR 高效智能软件系统采集窑系统 DCS 的热工工艺参数，根据窑工况的实时变化，通过自身的智能算法，预测 NO_x 的生成，并精确分配每组喷枪的喷射流量，实时优化氨水喷射方案，使烟气脱硝效率持续保持较佳的状态，同时有效控制窑尾废气中的逃逸氨浓度。其主要技术特点如下。

1. 分解炉和预热器 CFD 模拟

利用 CFD 流体计算软件平台，进行水泥窑分解炉和预热器全尺寸网格化建模，并进行全流场的压力、温度、流速、氧气、二氧化碳、氮氧化物数值模拟分析计算。根据流场分析计算结果，划设不同的还原区，精确控制各还原区还原剂喷入量。通过大数据量的耦合反应、流场动态分布模拟计算，得到最佳的还原反应位置和区域。

2. SNCR 精准脱硝装置喷枪控制单元

SNCR 精准脱硝系统的喷枪分为多层安装在分解炉及预热器系统适合脱硝还原反应的位置上，每根喷枪都由单独的阀门组来控制，可分别控制喷枪的氨水流量和雾化气流量。传统 SNCR 脱硝装置一般配套氨水流量较小的喷枪，覆盖面积较大，但是穿透力较弱。因水泥窑窑尾预热器及分解炉系统风速普遍较高，穿透能力较弱喷枪的氨水溶液雾化喷入分解炉内或预热器烟道后，迅速被烟气裹挟，从而较难接近烟气核心部位，喷射氨水溶液雾化后与烟气反应接触面积小，混合不均匀，从而造成烟气脱硝效率低。精准 SNCR 脱硝装置采用专用的水泥窑双流体雾化喷枪，该喷枪的喷射形状具有以下特点。

（1）喷射角度为 $60°$，具有较宽的扇形分布。

（2）调节比大于 10：1，可实时调整喷射喷雾的对中性，喷射雾滴直径及冲击力可通过改变喷枪气水比进行调节。

精准 SNCR 脱硝装置分析特定工艺条件对 SNCR 效率的影响，决定每组喷枪的优先级，根据喷枪的优先级确定该组喷枪的氨水流量，从而使氨水在最合适的区域蒸发、反应，以实现尽可能高的 NO_x 去除率，同时避免不必要的氨水消耗和氨逃逸。

3. SNCR 精准脱硝装置氨水用量控制单元

SNCR 精准脱硝装置建立了神经网络与机理模型，该模型能够提前较为准确地预测 NO_x 产生量，以初步确定所需氨水量；预测结果比实际测量可提前 3min 实现，可确保系统有足够的调节响应时间。这种前馈控制的方式可有效克服仪器检测存在的数据缺损和滞后问题所带来的排放值波动问题。

第二节　水泥窑 SNCR 精准脱硝应用实例

一、铜陵上峰水泥三线 5000t/d 熟料生产线 SNCR 精准脱硝项目

1. 工程概况

铜陵上峰水泥股份有限公司拥有 3 条设计生产规模 5000t/d 熟料新型干法生产线，分别于 2013 年和 2014 年由合肥水泥研究设计院完成了 SNCR 脱硝项目，本书介绍 SNCR 精准脱硝改造的是 3 号线。目前 3 号线水泥窑实际熟料产量约 5800t/d，窑尾预热器出口标况烟气量为 $3.6 \times 10^5 Nm^3/h$，预热器出口温度约 320℃。厂内原已采用合肥水泥研究设计院的 SNCR 脱硝工艺，还原剂为 25% 的氨水，脱硝后净烟气的 NO_x 浓度不超过 400mg/Nm^3（标态、标况、10%O_2、以 NO_2 计）。

2. 设计参数

根据厂方提供的 NO_x 排放情况，在窑系统正常工况稳定的情况下，NO_x 的排放浓度在 300mg/Nm^3 左右，但在窑系统投料初期和煤质有变化的状态下，NO_x 排放浓度有一定波动，精准脱硝改造按照 NO_x 最大负荷条件 350mg/Nm^3 进行。相关设计参数和指标参数见表 13-1。

表 13-1　3 号线精准脱硝设计及指标参数

序号	设计参数	项目	单位	数值	备注
1	精准脱硝工程设计基础参数	预热器烟气流量（标况）	Nm³/h	约 3.6×10^5	
2		分解炉出口温度	℃	约 900	
3		烟气温度（C1 筒出口）	℃	320	
4		C1 出口烟气中 O_2	%	2～5	
5		C1 筒出口静压	Pa	约 −6000	
6		原始烟气 NO_x 浓度（以 NO_2 计，标况，10%O_2）	mg/Nm³	650	
7		窑系统年运转时间	h	8000	

序号	设计参数	项目	单位	数值	备注
8	精准脱硝后指标	精准脱硝后烟气 NO_x 浓度 （以 NO_2 计，标况，10％O_2）	mg/Nm³	＜100	
9		SNCR 最大脱硝效率	％	＞85	
10		NH_3 逃逸	mg/Nm³	＜8	
11		脱硝系统年运转率	％	＞98	
14		氨水耗量（25％）	kg/h	＜770	
15		压缩空气耗量	Nm³/h	＜240	
16		电耗	(kW·h)/h	20	
17		工艺水耗量	t/h	＜0.2	

3. 精准脱硝改造内容

（1）原有 SNCR 喷枪布置在分解炉出口和鹅颈管出口，此处流场一般，不利于氨水与烟气的混合。喷射和分配方法比较粗放。本次精准脱硝进行优化布置，更精细化控制。精准脱硝改造方案：主工作喷枪布置于 C5 筒进出口，此处烟气向内、向上旋转，且截面较小，最有利于混合。考虑到 C5 筒入口结皮较为严重，C5 筒入口使用锥形喷雾喷嘴。考虑到窑炉低负荷运行或启停窑时，C5 筒温度偏低的问题，在鹅颈管处布置一层喷枪作为补充。具体布置为喷枪分 3 层布置，鹅颈管一层布 3 支喷枪，C5 筒进口一层布 6 支喷枪，C5 筒出口一层布 6 支喷枪，共 15 支喷枪。每层配置调节阀，根据温度情况分别开启 1～2 层喷枪。正常运行状态，优先运行 C5 筒出口喷枪。

（2）原有喷枪喷量大、颗粒不均匀。本次精准脱硝改造废除原来所有喷枪，根据工艺需要重新选择合适的两种不同型号水泥窑专用新型雾化喷枪配合使用，主要考虑：喷枪的雾化性能、喷雾形状、喷枪出口雾滴速度，以有利于氨水与烟气的充分混合为前提。使雾化粒径更合理，根据不同窑况变化可调整实现最佳氨水与烟气混合效果。

（3）根据 CFD 流体计算软件，利用实际数据及设计图纸进行了模拟试验，对现有分解炉系统进行全尺寸建模，全流场分析。重新布置和增加喷枪，引入水泥窑温度、投料量等参数参与控制，分时分区控制氨水喷射，可以有效提高 NH_3 与 NO_x 的反应效率。

（4）利用热态仿真模拟进行大数据分析，对控制系统的控制逻辑进行重新整合校定，增加系统自学习功能，使氨水流量、NO_x 排放值等重要参数的运行曲线更平稳，减少由于人为因素造成的氨水消耗量增加。同时使得控制系统具有预判功能，且响应迅速，运行稳定。

4. 精准脱硝改造效果

由合肥水泥研究设计院承建的铜陵上峰水泥股份有限公司三线 5000t/d 熟料生产线精准脱硝改造项目，于 2020 年 8 月 31 日完成调试，目前排放指标稳定，氨水耗量约为

$0.45\mathrm{m}^3/\mathrm{h}$，$NO_x$ 排放为 $82.1\mathrm{mg/Nm}^3$，达到安徽省《水泥工业大气污染物排放标准》（DB34/3576—2020）中 NO_x 不大于 $100\mathrm{mg/Nm}^3$ 排放要求。图 13-1 和图 13-2 为精准脱硝运行画面及控制曲线。

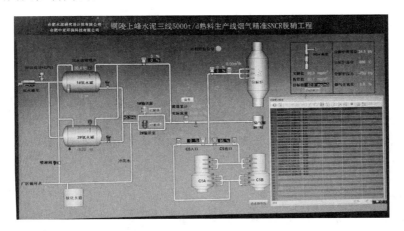

图 13-1　精准脱硝运行画面

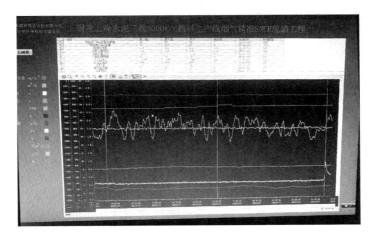

图 13-2　精准脱硝运行控制曲线

二、广东塔牌集团 10000t/d 熟料水泥生产线 SNCR 精准脱硝项目

1. 项目情况

广东塔牌集团股份有限公司 $2\times10000\mathrm{t/d}$ 新型干法熟料水泥生产线工程（含 $2\times20\mathrm{MW}$ 纯低温余热发电系统，2 号生产线配套协同处理城乡废弃物 $500\mathrm{t/d}$ 系统），建设地点在广东省梅州市蕉岭县文福镇。该万吨水泥生产线一期工程由 2018 年建成并投运，其中万吨水泥窑系统 SNCR 精准脱硝项目由合肥水泥研究设计院总承包，并于 2018 年投运。图 13-3 为万吨线烧成系统现场照片。

图 13-3　万吨线烧成系统现场照片

2. SNCR 精准脱硝设计及指标

该万吨线水泥窑系统已采用了分级燃烧，C1 筒出口 NO_x 浓度按设计要求不大于 $500mg/Nm^3$，要求无论是否采用分级燃烧，投用 SNCR 精准脱硝系统后 NO_x 排放浓度不高于 $200mg/Nm^3$（$10\%O_2$）。具体设计参数及性能指标见表 13-2，图 13-4 为氨罐储存区轴测示意图，图 13-5 为窑尾氨水喷射区轴测示意图。

表 13-2　设计参数及性能指标

序号	设计参数	项目	单位	数值	备注
1		C1 出口风量	Nm^3/h	$2\times(3.3\sim3.6)\times10^5$	年平均实际运行产量 10000t/d
2		窑尾烟室烟气温度	℃	$1150\sim1250$	
3		分解炉出口温度	℃	890 ± 20	
4	脱硝工程设计基础参数	烟气温度（C1 筒出口）	℃	$300\sim320$	
5		C1 出口烟气中 O_2	%	$2\sim3.5$	
6		C1 筒出口静压	Pa	约 $-5500\sim6300$	
7		C1 出口烟气 NO_x 浓度（最大值）（以 NO_2 计，标况，$10\%O_2$）	mg/Nm^3	$500\sim700$	（以 NO_2 计，标况，$10\%O_2$）
8		窑系统年运转时间	h	8000	按年运行 330d 计

续表

序号	设计参数	项目	单位	数值	备注
9		脱硝后烟气 NO$_x$ 浓度	mg/Nm^3	<200	（以 NO$_2$ 计，标况，10％O$_2$）
10		最大脱硝效率	％	>60	
11		NH$_3$ 逃逸	mg/Nm^3	<10	尾排烟囱处
	脱硝工程指标参数	脱硝系统年运转率	％	98	满足窑系统年连续运转时间，检修时间除外
12		窑尾采用分级燃烧，一级筒出口氮氧化物不大于 500mg/Nm^3，吨熟料脱硝的氨水用量	kg/t	<3.8	NRS＝1.5
13					
15		压缩空气耗量	Nm^3/h	<240	喷枪耗气量以及仪表耗气量
16		电耗	（kW·h）/h	<3.8	
17		工艺水耗量	t/a	<10	管路反冲洗

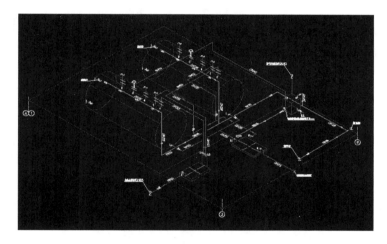

图 13-4　氨罐储存区轴测示意

3. 精准脱硝运行效果

广东塔牌集团股份有限公司和合肥水泥研究设计院于 2018 年 7 月进行了连续 168h 运行考核，SNCR 精准脱硝运行效果如下。

（1）氮氧化物原始值：平均值 513.25mg/Nm^3（最小值 404mg/Nm^3，最大值 603.9mg/Nm^3）。

（2）氨逃逸原始值：平均值 6.74ppm（最小值 5.31ppm，最大值 14.3ppm）。

（3）SNCR 精准脱硝后氮氧化物：平均值 175.81mg/Nm^3（最小值 119.73mg/Nm^3，最大值 389.2mg/Nm^3）。

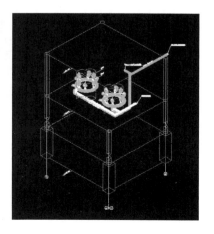

图 13-5　窑尾氨水喷射区轴测示意

（4）熟料产量：10781t/d，平均小时熟料产量 449.2t/h。

（5）氨水消耗量：43.68m³/d，换算吨为 40.32t/d。氨水小时最小消耗量 1.48m³/h，最大消耗量 3.27m³/h，平均消耗量 1.82m³/h。

（6）吨熟料氨水消耗量：0.00405157m³/t，即 3.74kg/t。

中控运行画面如图 13-6 和图 13-7 所示。

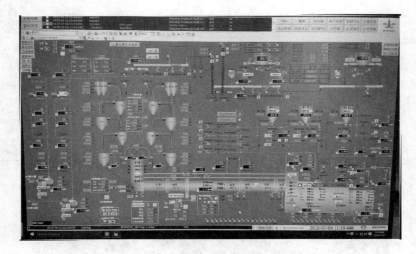

图 13-6　万吨线烧成中控运行画面

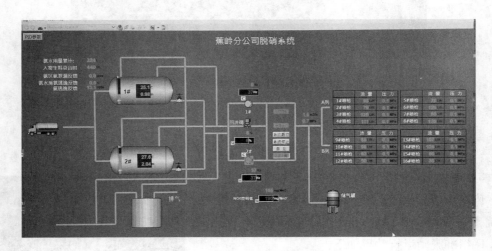

图 13-7　万吨线 SNCR 精准脱硝中控运行画面

三、邯郸金隅太行水泥公司 2500t/d 熟料水泥生产线 SNCR 精准脱硝项目

1. 项目情况

邯郸金隅太行水泥公司 2500t/d 新型干法水泥生产线，采用五级单系列悬浮预热器带预燃炉系统，脱硝系统采用 SNCR 工艺，于 2014 年建成并投入运行，脱硝系统喷枪安装 4 支，鹅颈管前段 2 支喷枪，鹅颈管后端 2 支喷枪，两层喷枪同时使用，根据烟囱

在线监测数据，系统自动调整氨水用量。在生产过程中受原材料、系统压力、煤、设备故障等诸多因素影响，预热器温度场反应温度发生变化，原系统未能根据预热器系统温度场的变化精确控制氨水喷入量，导致脱硝反应效率低，氮氧化物难以控制或稳定在排放标准。在排放标准 400mg/Nm³ 时，可以满足要求，当排放标准降低到 100mg/Nm³ 以下，出现氨水用量特别大，氨逃逸超标等问题。

2. 原因分析及改造内容

邯郸金隅太行水泥公司 2500t/d 新型干法水泥生产线控制氮氧化物排放在 200mg/Nm³ 左右时，吨熟料氨水用量高达 9kg，同时氨逃逸高，氨水没有发挥正常脱硝作用。经对使用的喷枪进行分析，雾化试验，发现喷枪氨水流量大，雾化效果差，喷头容易结皮堵塞。同时对预热器系统进行热工标定，发现喷枪周边温度场不断变化，氨水喷量未能根据温度的变化而自动分配氨水用量。SNCR 管道截面中的流场分布如图 13-8 所示。不同脱硝状态的示意如图 13-9 所示。

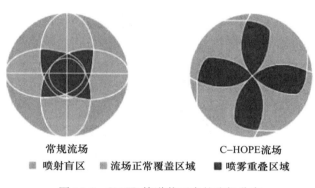

常规流场　　　　　　　　　　C-HOPE流场

■ 喷射盲区　■ 流场正常覆盖区域　■ 喷雾重叠区域

图 13-8　SNCR 管道截面中的流场分布

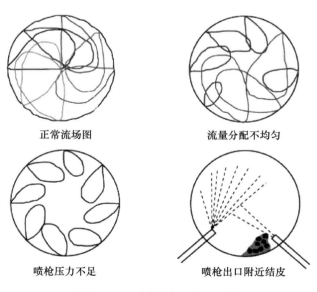

正常流场图　　　　　　　　　流量分配不均匀

喷枪压力不足　　　　　　　　喷枪出口附近结皮

图 13-9　不同脱硝状态的示意

本次改造采用喷枪多温度场控制，系统自行调整不同部位氨水喷入比例，实现脱硝反应最佳温度场和脱硝效率。

具体改造内容如下。

（1）在鹅颈管后端下行管道及 C5 出口设置 8 支小流量喷枪。

（2）加装喷枪集成分配系统，实现氨水用量的精确控制。

（3）优化升级中控计算机控制系统，从喷氨量仅根据排放数据改为根据分解炉出口温度精确控制每层氨水喷量。

（4）采用某斜喷式喷枪，提高氨水雾化效果。改造后 SNCR 脱硝流程示意如图 13-10 所示。斜喷式喷枪结构如图 13-11 所示。

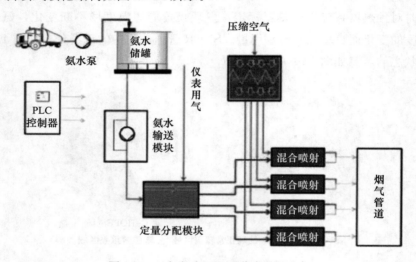

图 13-10　改造后 SNCR 脱硝流程示意

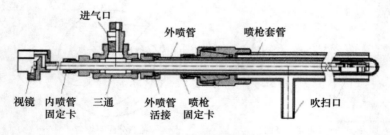

图 13-11　斜喷式喷枪结构

喷枪采用双流体喷嘴内部混合。喷枪内部管与外部管相连接，外部管通过卡套接头与喷枪套管连接，喷射角度可以在运行期间进行改变。喷枪没有可移动部件，只有外部管是可以活动的。在现场可以通过调节外部管以获得不同的喷雾形式。固定安装的喷枪通过外缠不锈钢的聚四氟乙烯软管向炉内喷射还原剂。

3. 改造效果

改造前后氨水单耗及排放数据见表 13-3。

表 13-3　改造前后脱硝数据对比

项目		熟料产量（t/月）	氨水消耗（t/月）	氨水单耗（kg/t）	NO$_x$ 排放（mg/Nm^3）
改造前	1	71516	451.47	6.31	132
	2	82245	547.38	6.66	147
	3	69763	511.41	7.33	141
	均值	74508	503.42	6.77	140
改造后	1	78943	408.74	5.18	85
	2	82538	443.89	5.38	96
	3	76324	372.09	4.88	100
	4	78514	416.75	5.31	144
	5	23018	104.81	4.55	101
	均值	67867	349.26	5.06	99

从表 13-3 可以看出，改造后氮氧化物排放浓度较改造前降低 41mg/Nm^3，氨水单耗降低 1.71kg/t，每月节约氨水用量按 120t 计算，节约氨水采购费用 120×650＝78000 元，年节约费用 93.6 万元。

四、邢台金隅冀东水泥公司 2 条 4000t/d 熟料水泥生产线 SNCR 精准脱硝项目

1. 项目情况

从 2018 年 11 月开始，邢台金隅冀东水泥公司对临城分公司和牛山分公司 2 条 4000t/d 熟料生产线分别进行了 SNCR 精准脱硝改造项目，改造后氮氧化物排放折算浓度平均值为 39.9mg/Nm^3，并长期稳定在 50mg/Nm^3 以内，满足了《2019 年邢台市工业污染深度治理攻坚战方案》的要求，率先在邢台地区实现了氮氧化物的超低排放。

2. SNCR 精准脱硝改造措施

（1）喷枪分层布置

SNCR 精准脱硝系统喷枪分层布置，根据实时特定工况下每层喷枪的脱硝效率差异调整每组喷枪的氨水流量和压缩空气压力，以实现高效脱硝。在烟气流向通道上预开多个喷枪安装孔，在调试时测试每个孔的相对脱硝效率，在这些预开孔中筛选出脱硝效率最高的孔做为喷枪的安装位置，如图 13-12 所示。

（2）集成控制单元

将可靠性高、精度高的测量仪器和控制阀门都集成为一个整体，便于现场安装和维护。

（3）在线氨气检测分析仪

为实现氨逃逸的控制，需要精确采集预热器 C1 筒出口的氨逃逸数据，为此还专门配置了精准的氨逃逸监测仪。

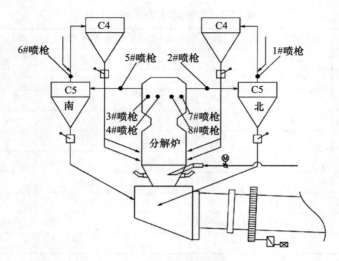

图 13-12　喷枪开孔位置示意

（4）智能系统软件

SNCR 精准脱硝系统通过与装配 PLC 和现有 DCS 系统建立通信连接，采用智能软件学习全部数据驱动的方法来分析烧成系统，模拟特定工艺条件对现有 SNCR 喷枪效率的影响，帮助选择合适的喷嘴和安装位置，使氨水在 NO_x 含量高的区域充分反应，避免不必要的氨逃逸（高效利用氨水）。软件核心技术，模型适应性和优先级选择、NO_x 排放预测功能、便捷人机操作系统如图 13-13～图 13-15 所示。

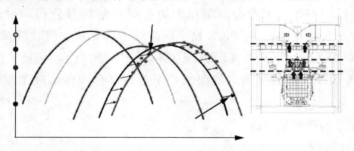

图 13-13　模型优先级选择

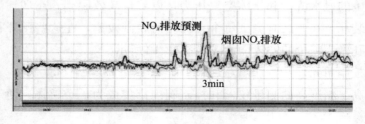

图 13-14　氮氧化物预测系统

在追求氨水利用率高的时候，系统会选择主反应区域进行脱硝反应，此时氨水用量最小。当氨水用量少到极致，氨逃逸仍然无法控制时，系统会智能调整氨水的喷射

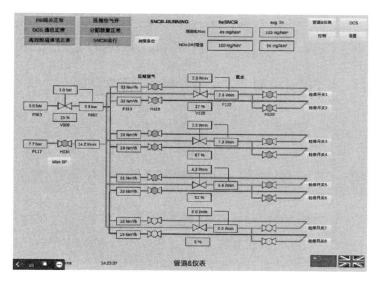

图 13-15　便捷操作界面

方案，以增加在氨逃逸少的区域喷射的氨水比例，此时氨水的脱硝利用率不是最高，但氨逃逸极少。与改造前相比，虽然氨水用量有所增加，但减少了氨逃逸，对下一步有效控制氨逃逸打下了良好的基础。

3. SNCR 精准脱硝效果

表 13-4 是使用 SNCR 精准脱硝系统后调试期间的运行数据。表 13-5 是使用 SNCR 精准脱硝系统后从河北省污染源自动监控平台导出的窑尾排放数据。

表 13-4　使用 SNCR 精准脱硝系统后调试期间运行数据

时间	台时产量（t/h）	氨水时耗（mg/m³）	NO_x	
			实测浓度（mg/m³）	折算浓度（mg/m³）
投入前	241.98	1.06	60.18	44.88
投入后调试期间	239.51	1.50	47.78	39.90

表 13-5　河北省污染源自动监控平台导出的窑尾排放数据

监测时间	废气排放量（m³）	粉尘排放量（kg）	SO_2 排放量（kg）	NO_x			O_2 含量	总排放量（kg）
				实测浓度（mg/Nm³）	折算浓度（mg/Nm³）	排放量（kg）		
2020 年 4 月 8 日	11339410	12.60	22.44	53.97	44.18	611.97	7.60	647.01
2020 年 3 月 28 日	11720396	10.64	74.81	48.12	39.99	563.99	7.80	649.444
2020 年 3 月 24 日	11576993	10.96	87.68	46.80	37.88	541.85	7.40	640.49

从表 13-4、表 13-5 可以看出，采用 SNCR 精准脱硝的技术路线，完全可以满足目前严格的环保排放要求，对现有新型干法熟料线进行超低排放综合治理实现 NO_x 的超低排放具有示范意义。项目具有较高的可靠性。在项目投资费用、运行成本费用方面，对比国内其他的脱硝技术路线，具有较好的经济性。

第十四章 其他脱硝技术

第一节 国外同时脱硫脱硝技术的研究情况

当前，国内外最广泛的脱硫技术是烟气脱硫工艺（FGD），其中湿法 FGD 具有很高的脱硫效率，但难以脱硝。鉴于湿法 FGD 在脱硫市场占有相当大的比例，对该法作相应的改进用于同时脱硫脱硝将会有很大的发展前景。

氮氧化物（NO_x）存在形式很多，包括 NO、NO_2、N_2O_3、N_2O_4、HNO_2 以及 HNO_3，其中的溶解度大小比较如下：$NO < NO_2 < N_2O_3 < N_2O_4 < HNO_2 < HNO_3$。

NO_x 被水吸收是一个复杂的化学反应过程。在气相和液相中发生相互转化的反应。

烟气中含有的 NO_x，相互间存在如下主要反应。

$$2NO + O_2 \longrightarrow 2NO_2 \tag{14-1}$$

$$2NO_2 \rightleftharpoons N_2O_3 \tag{14-2}$$

$$NO + NO_2 \rightleftharpoons N_2O_3 \tag{14-3}$$

$$NO + NO_2 + H_2O \rightleftharpoons 2HNO_2 \tag{14-4}$$

$$3NO_2 + H_2O \longrightarrow 2HNO_3 + NO \tag{14-5}$$

一般认为反应（14-1）是不可逆反应，而反应（14-2）进行得很快，在任何情况下都可作为平衡处理，此反应速率常数是反应（14-1）的 10^4 倍。

由上述机理可见，NO_x 的液相吸收首先是由气相转入液相，这主要是通过气体在溶液中的吸收平衡来实现的，吸收平衡符合亨利定律。NO_x 在液相中存在的形态较为复杂，溶于水中的 NO_x 可以被液相的氧化剂氧化成 NO_3^{-1}。液相脱除烟气中 NO_x（一般 NO 占 90％以上）的主要障碍是 NO 在水中溶解度很低，室温（25℃）其亨利常数为 $1.94 \times 10^{-8} mol/L \cdot Pa$，比 SO_2 的亨利常数低 3 个数量级，这极大地增加了液相的传质阻力，通过改变温度及溶液的 pH 值的方法都不能使 NO 在水中溶解度明显提高。因此，使 NO 转化为容易吸收的形态是脱硝的关键。近年来，研究者们对许多液相脱除 NO 有一定效果的无机和有机化合物进行了广泛的研究。研究的关键是探索使 NO 快速氧化或转变成其他的可溶于水的形态的方法。

一、过渡金属离子催化法

对于 SO_2 水溶液，Cu^{2+}、Fe^{2+}、Fe^{3+}、Mn^{2+} 等过渡金属离子都有催化氧化作用，为取

得较好的脱硝效果，很多学者进行了过渡金属离子催化氧化实验。马双忱等人研究了在氨水溶液添加 Cu^{2+}、Fe^{2+}、Fe^{3+}、Mn^{2+} 等过渡金属离子对 SO_2 和 NO_x 脱除效果的影响，发现 Fe^{3+} 的催化氧化效果最好，SO_2 和 NO_x 同时存在具有促进作用，NO_2 的存在能显著加快 S（Ⅳ）的氧化速率，使 SO_3^{2-} 迅速转化为 SO_4^{2-}，从而加快了液相 SO_2 的吸收转化。

二、络合吸收法

一些金属螯合物，如 Fe（Ⅱ）EDTA 等与溶解的 NO_x 能快速反应，具有 NO_x 吸收的促进作用。在此发现基础上，开发出用湿式洗涤系统联合脱除 SO_2 和 NO_x 工艺，并且首先在美国能源部资助下，由 DROVA 石灰公司进行了采用 6% 氧化镁增强石灰加 Fe（Ⅱ）EDTA 的联合脱硫脱硝试验，试验得到 60% 以上的脱硝率和约 99% 的脱硫率。

湿式 FGD 加金属螯合物工艺是在碱性溶液中加入 Fe^{2+} 形成氨基羟酸，如亚铁螯合物 Fe（EDTA）和 Fe（NTA）。这类螯合物吸收 NO 形成亚硝酰亚铁螯合物，配位的 NO 能够和溶解的 SO_2 和 O_2 反应生成 N_2、N_2O、硫酸盐各种 NS 化合物以及三价铁螯合物，然后从吸收液中除去，并使三价铁螯合物还原成亚铁螯合物而再生。但是，Fe（EDTA）和 Fe（NTA）的再生工艺复杂且成本高。为此，美国加利福尼亚大学的 CHNAG 等人提出用含有－SH 基团的亚铁螯合物作为吸收液。实验表明，可再生的半胱氨酸亚铁溶液能同时脱除烟气中的 SO_2 和 NO_x，但目前仍处于试验阶段。影响其工业应用的主要障碍是反应过程中螯合物的损失和金属螯合物的再生困难而利用率低，造成运行费用高。

龙湘犁等人在氨法脱硫的基础上，利用 $[CO（NH_3）_6]^{2+}$（六氨合钴）溶液脱除 NO，采用活性炭将 $[CO（NH_3）_6]^{3+}$ 催化还原为 $[CO（NH_3）_6]^{2+}$。再生后溶液脱除 NO 能长期保持在 80% 以上。该法的优点在于钴起催化剂的作用，在总反应过程中不被消耗，降低了运行成本，且可同时脱硫脱硝，副产氨肥，变废为宝。

三、氧化法

为了能有效地吸收 NO_x，需要将烟气中的 NO 氧化到 $NO_2/NO=1\sim1.3$，在低浓度下 NO 的氧化速度是非常缓慢的，因此 NO 的氧化速度成为氧化吸收法脱除 NO_x 总速度的决定因素。为了加速 NO 的氧化，可以加入氧化剂，包括气相和液相两种。气相氧化剂有 ClO_2、Cl_2、O_3 等，但是价格十分昂贵，同时作为气体在设备运行中也非常危险，因此近年来，不少研究者尝试在液相中添加氧化剂的方法进行脱除 NO_x。例如，HNO_3、$KMnO_4$、$NaClO_2$、P_4、$HClO_3$、H_2O_2、$NaClO$、$KBrO_3$、KBr_2O_7、Na_3CrO_4、$(NH_4)_2CrO_7$ 等都被用来作为液相氧化剂，此外还有利用紫外线进行氧化。氯酸氧化法、黄磷乳浊液法、亚氯酸钠法等被证明是最有效的。

1. 氯酸氧化工艺

氯酸氧化工艺切又称 $Tri-SO_2-NO_x$ Sorb 工艺，采用氧化吸收塔和式吸收塔两段工艺。氧化吸收是该工艺的核心采用氧化剂 $HClO_3$ 氧化 NO 和 SO_2 及有毒金间；碳式吸收塔则作为后接工艺采用 Na_2S 及 NaOH 为吸收剂，吸收残余的酸性气体。

主要技术特点：①对入口烟气浓度的限制不严格，与 SCR 和选择性非催化还原（SNCR）工艺相比较，可在更大浓度范围内脱除 NO_x；②操作温度低，可在常温下进行；③对 NO_x、SO_2 及 As、Cr、Pb、Cd 等有毒微量金属元素都有较高的脱除率；④适用性强，对现有采用湿式脱硫工艺的电厂，可在烟气脱硫系统（FGD）前后喷入 NO_x Sorb 溶液；⑤可回收反应产物 HCl、HNO_3 和 H_2SO_4 等酸性混合物。由于氯酸是一种强酸，对设备的防腐能力要求较高，导致较高的设备投资，存的主要问题是酸液的储存、运输和设备的防腐。

2. 黄磷乳浊液法

用含有 $CaCO_3$ 的黄磷乳浊液同时去除 SO_2 和 NO_x 的方法，首先是由美国劳伦斯伯克利国家实验室（Lawrence Berkeley Laboratory）开发提出的，并命名为 $PhoSNO_x$ 法。国际热能公司开发了称为 Thermalonox 的方法，第一次用于美国电力公司的一台 375MW 燃煤电厂烟气脱 NO_x，2001 年 6 月建成。处理烟气量为 $1.3\times10^6 m^3/h$，NO_x 去除率为 75%～90%，达到 NO_x 排放浓度 50ppm。

黄磷乳浊液湿法同时脱硫脱硝使用 P4 与烟道气中 O_2 发生化学反应，在洗气系统中产生 O_3，这与采用加速器产生电子束或脉冲高压电源放电产生高能电子离解气体分子相比，不须要消耗电能，并且反应产物是有价值的商业产品——磷酸。该法不须要添加品贵设备，就可以在现行湿法 FGD 设备实施，副产物为一种有用化肥。无需二次废物的再处理，是同时从烟道气中去除 NO_x 和 SO_2 的具有潜在性经济效益的方法。但是黄磷是剧毒物质，在实际操作中比较危险，因此要采取适当的预防措施加以避免。我国缺乏高品位的磷矿，该法难以在我国得到广泛应用。

3. $NaClO_2$ 法

早在 20 世纪 70 年代末，Teramoto 等和 Sara 等就研究了 $NaClO_2$ 溶液对 NO_x 的吸收。$NaClO_2$ 液湿法脱除 NO_x 的反应比较复杂，NO_x 主要通过 N_2O_3 和 N_2O_4 的水解面被吸收，NO 可以在水溶液中被 $NaClO_2$ 定量地氧化。在这一反应过程中，NO 被氧化成 NO_3，而 ClO_2 转化为 Cl_2、ClO。

$NaClO_2$ 溶液联合脱硫脱硝尚处于研究探索阶段，但是其脱硝性能优秀，脱硝效率可达到 36%～72%，值得深入研究，但同时也存在一些问题：烟气中 SO_2 和 NO_x 的含量变化对脱除效率影响很大，尤其是脱硝率；此外该工艺容易产生二次污染，会生成有毒气体，对设备有很强的腐蚀性，反应的生成物复杂，不易进行二次利用。

$NaClO_2$ 溶液同时脱硫脱硝技术仍需要解决的问题是：如何妥善处理反应后的吸收液，避免造成二次污染；进一步探索反应机理和反应动力学，以便控制反应过程，优化工艺流程，降低运行费用。只要能够做好以上方面，$NaClO_2$ 液同时脱硫脱硝技术还是会有很大的发展前景。

4. 杂多酸法

典型的杂多酸组成有 $H_4SiMO_{12}O_{40}$、$H_3PMO_{12}O_{40}$、$H_4SiW_{12}O_{40}$ 等，利用杂多酸中金属离子的氧化还原性与烟气中 SO_2 和 NO_x 的氧化还原性可以构建一个自催化氧化还原体系，其中杂多酸系列中的钼硅酸和钼磷酸等都可以应用于脱硫脱硝。其中以 $H_4SiMO_{12}O_{40}$ 为最廉价，且无毒无害，杂多酸中的 Mo 为六价（最高价态），极易被还原成低价的 Mo（Ⅴ）、Mo（Ⅳ）和 Mo（Ⅲ），这些低价 Mo 反过来也极易被氧化为高价态。

钼硅酸溶液能有效吸收 SO 废气，使黄色杂多酸盐变为蓝色，使 SO 氧化成 HSO而蓝色溶液则能使 NO_x 还原成 N，自身氧化成黄色的杂多酸。在吸收过程中，杂多酸仅起着电子传运作用，通过 MoV（M）的变价来实现同时脱硫脱硝。杂多蓝是多酸及其盐的还原产物。研究表明，钼硅酸可以脱除烟气中 98% 以上的 S_2O 以及 40% 左右的 NO_x。

此项研究为联合脱硫脱氮的研究提供了很好的思路，组成杂多酸的钼元素是我国的高产元素。储量丰富、价格低，产品易得，特别是在实际反应中可接采未经杂质分离的钼硅酸提取液（含有 Si、P、As、Ca、Fe、Zn、W 杂质），成本更低。同时。反应的产物无污染，回收后可作为化肥。这些与以前的脱硫脱氮的方法相比，向高效、低廉、不造成二次污染的目标更近了一步。

5. 尿素法

NH_3 还原法是在催化剂的作用下通入 NH_3 与烟气中的 NO_x 反应还原生成 N_2，但是 NH_3 的使用会对环境造成危害，并且 NH_3 易损失，所以造成该法成本高，NH_3 泄漏造成二次污染，因此人们积极寻求更加经济有效的还原法去除 NO_x 的治理工艺，如采用 Na_2S、Na_2CO_3、Na_2SO_3、$Na_2S_2O_3$、$(NH_4)_2SO_3$、$(NH_2)_2CO$ 等溶液作为吸收剂还原脱除烟气中的 NO_x，实际使用最多的是尿素和亚硫酸铵。

尿素是一种强的还原剂，在酸性的条件下可以较快地将亚硝酸还原为氨气；尿素吸收氨氧化物的反应过程是放热反应，氮氧化物的浓度越高吸收液温升也越快，温度低有利于吸收。氮氧化物浓度高，吸收效率也高，因此适用于处理纯氮氧化物。我国某航天发射中心对于加注系统及库房产生的氮氧化物废气，就是采用尿素-硝酸溶液吸收法处理的，该处理系统经多年使用证明，其处理氮氧化物效率高，性能稳定。在制备催化剂过程中，由于采用金属与浓硝酸反应生成硝酸盐来提供某些金属阳离子，而排放出大量的含氮氧化物，该尾气的排放具有排放量及浓度变化极大等特点，NO_x 去除效率在 NO_x 浓度从 517～4315ppm 的变化范围内始终总定在 90% 左右。尿素溶液还原吸收法具备治理效果好、无二次污染、工艺流程简单、操作弹性大、投资少、耗能低等优点，但以上方法，由于氮氧化物浓度高，大部分 NO 遇到空气后迅速被氧化成 NO_2，NO_2 易溶于水形成亚硝酸，容易去除，其反应机理是

$$(NH_2)_2CO + 2HNO_2 \longrightarrow CO_2 + 2N_2 + 3H_2O \qquad (14\text{-}6)$$

实际烟气中 NO_x 的氧化度很低，NO 含量占 NO_x 的 90%～95%，尿素法应用于烟气净化较难达到很高的脱除效率。用尿素作为吸收剂同时脱除 SO_2 和 NO_x 的研究在国内外报道很少，其工艺过程是烟气与尿素溶液接触，其中的 NO_x 被还原生成 N_2，尿素反应生成 CO_2 和 H_2O、SO_2 则与尿素反应生成硫酸铵，净化后的烟气可直接排放，反应后的溶液可制成硫酸铵化肥出售。

尿素湿法烟气净化工艺最早由俄罗斯门捷列夫化学工艺学院等单位联合开发，并在兹米约夫电站建立了工业装置，处理能力为 $60m^3/h$，试验结果表明，当吸收液中尿素浓度为 70～120g/L 反应温度为 70～95℃时，SO_2 和 NO_x 的脱除率接近 100%，尿素法达到较高的净化效率，但是吸收液尿素浓度很高，导致运行成本过高，并且处理能力很低，无法在工业上得到广泛应用。

我国原环保总局华南环境科学研究所岑超平研究员针对以上问题，对尿素（添加剂）湿法同时脱硫脱氮进行试验研究，烟气湿法脱硫脱氮的研究和应用中所加入的添加剂通常有卤化物类、有机添加剂胺类、弱有机酸类、磷酸盐类等，研究发现，SO_2 脱硝率总是大于 99%，脱硝效率能达到 40%～75% 不等，添加剂对尿素法脱硝效率的影响很大，具有较好添加效果的添加剂，往往由于价格昂贵而限制了其应用，因此寻找廉价高效安全的添加剂是尿素法联合脱硫脱硝技术的一个重要发展方向。

尿素法同时脱硫脱硝工艺的应用前景较好，反应产物无害，$(NH_4)_2SO_4$ 还可作为肥料向外销售，获取一定的经济效益。但是目前尿素法联合脱硫脱硝技术还不成熟，无法在工业上推广应用，需要解决以下的问题。

（1）明确尿素湿法脱硫脱硝的反应机理。

（2）单纯尿素溶液脱硝效率较低，成本过高。研究重点是寻找合理的添加剂。

（3）妥善处理脱硫脱硝废水，寻找合适的出路。

第二节　联合脱硝脱硫的工业性试验研究

由上述国外在做多项氧化法的实验研究中可知，为了能有效地吸收 NO_x，第一步需要将烟气中的 NO 氧化为 $NO_2/NO=1～1.3$，在低浓度下 NO 的氧化速度是非常缓慢的，因此 NO 的氧化速度成为氧化吸收法脱除 NO_x 总速度的决定因素。为了加速 NO 的氧化，可以加入氧化剂，包括气相和液相两种。气相氧化剂有 ClO_2、Cl_2、O_3 等。第二步在 NO 氧化成 NO_2、N_2O_3 和 N_2O_4，并能水解再通过碱性的吸收剂吸收，而这个吸收塔就可以采用 FGD 湿法脱硫塔同时达到脱硝脱硫的目的，且上述提到美国劳伦斯伯克利国家实验室（Lawrence Berkeley Laboratory）已开发提出了用含有 $CaCO_3$ 的黄磷乳浊液同时去除 SO_2 和 NO_x 的方法，该法不需要添加品贵设备，就可以在现行湿法 FGD 设备中实施，副产物为一种有用化肥。无需二次废物的再处理，是同

时从烟道气中去除 NO_x 和 SO_2 的具有潜在性经济效益的方法。第一次用于美国电力公司的一台 375MW 燃煤电厂烟气脱 NO_x，2001 年 6 月建成。处理烟气量为 $1.3 \times 10^6 \, m^3/h$，NO_x 去除率为 $75\% \sim 90\%$，达到 NO_x 排放浓度 50ppm。

　　最近几年国内联合脱硫脱硝的工业性试验研究及应用也取得了很大进展，本章第二节、第三节中所介绍的以超重力气体催化装置为核心的 HCR 技术以及本章第四节所介绍的以高效脱硝塔为特色的 LCR 技术都是国内联合脱硫脱硝新技术的突出代表。HCR 是 Hi Gee Catalytic Reduction 三个英文单词的缩写，其对应的中文名称是"超重力催化还原反应技术"，正如 LCR 是 Liquid Catalytic Reduction 三个英文单词的缩写，其对应的中文名称是"液体催化还原反应技术"一样。超重力催化还原反应技术（HCR）的关键是其超重力脱硝气体发生装置。下文从分析二氧化氯的气、液反应及对比两种反应脱硝效果的异同入手，对 HCR 关键技术及其工业性试验研究的效果，进行较为全面的介绍和探讨。

一、超重力气体催化装置系统

　　湿法氧化吸收法脱硝工艺是指先用氧化剂将难溶于水的一氧化氮氧化成高价态的氮氧化物（NO_2 等），再用碱性溶液将氧化产物吸收，一般可以得到较好的脱硝效果。常用的氧化剂相态可以分为气相氧化和液相氧化，其中以二氧化氯为主的复合剂兼具气相氧化和液相氧化双重作用，目前在烟气脱硝中的应用正逐渐增加。由于湿法脱硝是一种不改变窑炉原有结构、占地面积小，且不受温度的影响，可布置在袋除尘后面的管道中，尤其适合我国分布分散、数量众多、容量较小的工业窑炉的改造升级。

　　1. 二氧化氯脱硝气液氧化反应

　　（1）二氧化氯在溶液中反应

　　根据文献，ClO_2 溶液氧化脱硫脱硝的反应式如下

$$5SO_2 + ClO_2 + 6H_2O \xlongequal{\quad} 5H_2SO_4 + 2HCl \tag{14-7}$$

$$5NO + 2ClO_2 + H_2O \xlongequal{\quad} 5NO_2 + 2HCl \tag{14-8}$$

$$5NO_2 + ClO_2 + 3H_2O \xlongequal{\quad} 5HNO_3 + 3HCl \tag{14-9}$$

　　总的氧化脱硝反应可以写成

$$5NO + 3ClO_2 + 4H_2O \xlongequal{\quad} 5HNO_3 + 3HCl \tag{14-10}$$

　　实验结果显示，ClO_2 溶液 pH 值＝8 时，NO 脱除效率有所下降，pH 值＞8 后，NO 脱除效率开始上升，这是因为碱性条件下可能发生下列反应：

$$ClO_2 + 2NaOH \xlongequal{\quad} NaClO_2 + NaClO_3 + H_2O \tag{14-11}$$

$$4NO + 3NaClO_2 \xlongequal{\quad} 4NaOH + 4NaNO_3 + 3NaCl + 2H_2O \tag{14-12}$$

　　二氧化氯溶液氧化 NO 过程中，二氧化氯的稳定性是氧化性得以保证的前提。研究发现，二氧化氯在碱性溶液中的歧化反应远比在酸性溶液中进行得快。二氧化氯水溶液在不同的 pH 值条件下发生分解歧化反应见表 14-1。

表 14-1　水溶液中 ClO_2 的歧化反应（标准状态）

方程编号	二氧化氯在水溶液中的歧化反应	pH 值
1	$2ClO_2 + H_2O \longrightarrow ClO_3^- + HClO_2 + H^+$	<1.94
2	$2ClO_2 + H_2O \longrightarrow ClO_3^- + ClO_2^- + 2H^+$	1.94<pH 值<7.4
3	$4ClO_2 + 2H_2O \longrightarrow 3ClO_3^- + HClO + 3H^+$	<7.4
4	$5ClO_2 + 2H_2O \longrightarrow 4ClO_3^- + 0.5Cl_2 + 4H^+$	
5	$6ClO_2 + 3H_2O \longrightarrow 5ClO_3^- + Cl^- + 6H^+$	
6	$2ClO + 2OH^- \longrightarrow ClO_3^- + ClO_2^- + H_2O$	>7.4
7	$4ClO_2 + 4OH^- \longrightarrow 3ClO_3^- + ClO^- + 2H_2O$	
8	$5ClO_2 + 4OH^- \longrightarrow 4ClO_3^- + 0.5Cl_2 + 2H_2O$	
9	$6ClO_2 + 6OH^- \longrightarrow 5ClO_3^- + Cl^- + 3H_2O$	

　　工程应用方面，ClO_2 溶液去除烟气中的 NO 实验结果表明，在液气比为 $20L/m^3$、反应温度为 20℃、反应 pH 值为 4.0、NO 质量浓度为 $250mg/m^3$、ClO_2 质量浓度为 200mg/L 的条件下，NO 氧化率达 97% 以上，此时出口 NO_x 浓度低于 $46mg/m^3$。

　　（2）二氧化氯在气相中反应

　　二氧化氯气相氧化方面，相关反应涉及 ClO_2 和 NO、SO_2 在气、液两相物质转化，其模型如图 14-1 所示。

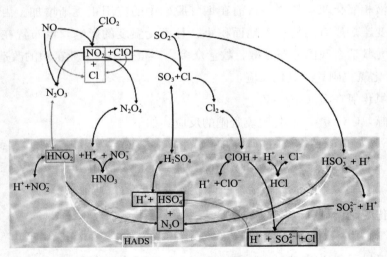

图 14-1　ClO_2 和 NO、SO_2 在气液两相物质转化模型

　　研究发现，ClO_2 与 NO 摩尔比在 0.5 条件下，0.5s 的时间内 NO 的氧化率即达到 100%。随着摩尔比的增加，ClO 迅速增加，Cl_2、Cl 呈现出先上升后减小的趋势。试验结果显示：温度对 NO 的氧化性能有一定影响，随着 ClO_2：NO 摩尔比的增加，NO 氧化率先增加后趋于平缓。当 ClO_2：NO 摩尔比为 1：1 时达到 98%，SO_2 氧化效率为 23%。ClO_2 对 NO 具有氧化选择性，NO 优于 SO_2 被氧化。另外，烟气氛围中 O_2 和水蒸气在一定范围内可以促进氧化性能。

2. 二氧化氯气体脱硝与溶液脱硝对比

(1) 二氧化氯气-气接触氧化脱硝混合比较充分,均匀度高。二氧化氯气体易与烟气充分混合。由于气体较高的扩散速率,经过曝气分布的二氧化氯气体瞬间可与烟气混合,保证了让尽可能多的 NO 接触二氧化氯,为提高氧化效率奠定了基础。如果采用二氧化氯溶液喷淋氧化,液-气混合的均匀度远低于气-气混合,造成烟气中较多的 NO 失去与二氧化氯接触的机会。

(2) 二氧化氯气-气脱硝氧化效果好,脱硝效率高。现有工程案例证明,采用二氧化氯气-气脱硝,烟气中的含硝量由 220mg/Nm³ 降低到 55mg/Nm³,脱硝率为 75%,满足现行环保标准的要求。若采用二氧化氯液体氧化脱硝,即便采用延长氧化段的方式,其脱硝效率也难以达到 60%,一旦烟气入口的含硝量超过 250mg/Nm³,出口烟气含硝量很难达到环保要求的 100mg/Nm³ 以下。

(3) 气-气接触反应速率快。气-气混合,分子可以直接接触,反应时间短,从通入二氧化氯到完成氧化需 1s 左右的时间。采用二氧化氯溶液喷淋,二氧化氯溶解于水中,大大阻碍了与 NO 的接触和反应,根据试验测试,从喷淋至完成氧化所需时间在 4s 以上,只有通过延长氧化段的高度,才能达到氧化的目的。

(4) 脱硝塔设计结构不同。气-气法氧化脱硝反应时间需要 1s 左右。

氧化段仅需 3m 的高度。液-气氧化反应时间在 4s 以上,氧化段的高度需要 10m 以上。另外,液体氧化还需增加一套循环设备,包括具有耐腐蚀性能的储罐(50m³ 以上)、耐腐蚀泵(170m³/h 以上)和 DN200 的耐腐蚀性管道、阀门等。

(5) 反应产物不同。气体二氧化氯与 NO 反应产生的产物 NO₂ 仍然以气体形式存在,再进入吸收段被脱除。如果采用液体喷淋,反应生产的 HCl 和 NO₂ 一旦出现,就会溶解于二氧化氯溶液中,形成含有二氧化氯的稀盐酸和稀硝酸混合溶液,对脱硝塔及附属管道、泵造成腐蚀,而且该酸性溶液较难处理。

3. 气态二氧化氯产生工艺

(1) 工艺概要

由于气态二氧化氯脱硝明显优于二氧化氯溶液脱硝,本项目拟采用气态二氧化氯复合脱硝产生工艺。

为产生气态二氧化氯,需要事先调配可反应并自动产生气态二氧化氯的原料。另外,由昆山纳诺环保公司开发出来的特制 Hi-Gee 超重力气体催化装置,作为气态二氧化氯制造设备,如图 14-2 所示,事先调配的原料注入 Hi-Gee 超重力气体催化装置,并以空气将产生的二氧化氯吹入烟气管道(管道中反应时间需大于 2s),Hi-Gee 超重力气体催化装置采模块化全自动操作,产生的气态二氧化氯浓度约为 22%~44%。

(2) Hi-Gee 超重力气体催化装置技术特性

Hi-Gee 超重力气体催化装置是将填充床高速旋转以促进混合而达成不同相间分离

的新一代工程技术，此技术的构造如图 14-3 所示，这类的设备常被称为旋转填充床
（RPB，Rotating Packed Bed）。

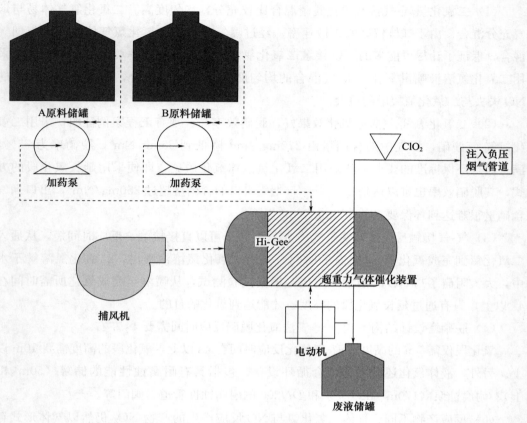

图 14-2　二氧化氯复合剂制造流程

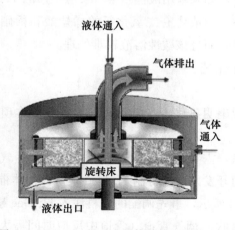

图 14-3　Hi-Gee 超重力气体催化装置构造示意

　　Hi-Gee 超重力气体催化装置主要构造分为环状转筒和静止的外壳，而转筒内则装
有填充物。在操作过程中，转筒以高速绕垂直轴旋转，而液体进料从转筒中心进入后

由静止的液体分布器射出，喷入转筒内的填充床，然后借离心力的带动而快速地往外缘流动，气体在压差作用下由转筒的外缘向中心移动，在转筒内和液体发生高效的逆流接触并进行质传交换。由旋转填充床产生的离心加速度可高达 $200 \sim 10000 m/s^2$ （视床半径与转速而定），在这样的超重力场下逆流接触的气液流量可大幅提升。

Hi-Gee 超重力气体催化装置中旋转填充床的空隙度可高达 90％以上，且能使用比表面积高于 $2000 m^2/m$ 的填充物，气体的阻力一般远低于相同质传单元数的传统填充塔。旋转填充床所需循环泵液体扬程只及传统填充塔循环泵的几分之一，扬量在处理液体时相同，但在处理气体时则远低于传统填充塔。因此，旋转填充床的总动力消耗低于传统填充塔的总动力消耗，是节省投资和能源的技术。

一般而言，借助超重力技术的应用可以将传递单元高度（HTU，Height of Transfer Unit）由地球重力场（ $1g$ ）下的 $0.6 \sim 1m$ 降至超重力场（ $200 \sim 500g$ ）下 $1 \sim 3cm$ ，故体积质传系数提升 1~2 个数量级。因此，使一个高度几十米的传统填充塔缩小成床外径不超过 1m、厚不过十几至几十厘米的旋转填充床。此装置就目前所知可用于蒸馏、精馏、环保、生化、超细材料的制备以及气液固的两相或三相分离等方面，并且还有希望开发利用于电化学反应等其他方面，可见其应用是广泛的。

超重力技术的概念可溯及 1970 年代末。其诞生最初是由设想用精馏分离去应征美国太空署关于微重力条件下太空实验项目引起的。该技术一经出现便受到美国 ICI 公司的重视。1981 年 ICI 公司的 Ramshaw 教授申请了第一个与超重力技术相关的专利。1986 年，美国 Glitsch 公司在超重力技术装备研发方面取得成功，将该项技术推上了一个新的台阶。20 世纪 90 年代初，国内超重力技术研究起步，北京化工学院成立了国内第一家超重力工程技术试验室，随后浙江工业大学、华南理工大学、天津大学等高校也相继跟进；时至 21 世纪初，国内超重力技术的研究已经取得多项成果。中国工程院的陈建峰院士领导的北京化工大学团队率先将两项超重力相关技术应用于环境工程方面，其中一项用于化肥厂脱硫，在进口气含 $SO_2 5000mg/kg$ 的条件下，经过超重力设备脱除，出口气中的 SO_2 含量低于 200mg/kg，吸收率为 93.5％~95％。无独有偶，吕鸿图博士领导的昆山纳诺环保公司团队在引进俄罗斯航天科技的基础上研发出了超重力脱硝技术和装备，并在汽车制造、热电、水泥等行业的环保工程侧线项目取得良好效果，脱硝效率为 94.72％~99.48％。下面我们将对这项脱硝技术的中试及在大型工程应用的方案作详细讨论。

二、超重力气体催化装置 NO_x 去除中试研究

1. 测试目的

这次测试主要在于验证。首先由超重力催化装置系统产生的气态 ClO_2 ，在烟道中氧化 NO 的效果，鉴于烟道及烟囱表面仍有残余石灰物质，其可将 ClO_2 与 NO_x 氧化后产生的 N_2O_5 吸收，以达到 ClO_2 氧化催化 NO_x 的效果。然而烟道及烟囱表面残余石灰

物质吸收 N_2O_5 饱和后，即无吸收的效果，但足以达到测试验证 ClO_2 与 NO_x 氧化效果。然后经过氧化后的 NO_x（主要为 NO_2、N_2O_3 和 N_2O_4 等）随烟气进入增设的水洗塔进行氧化后吸收，并对各种吸收剂，如亚硫酸钠、氢氧化钠、碳酸钙等进行了测试。测试系统还增加废水处理系统，并将依国家标准进行验证其效益。

需要说明的是采用碳酸钙作为吸收剂，一方面对于水泥而言是现成的，可以降低运行成本，另一方面针对有采用湿法脱硫的水泥生产线，恰好利用脱硫塔及脱硫剂来同时做到脱硝脱硫的目的。国内已有研究发现，同时脱硫脱硝时，脱硫和脱硝效率分别在 $36\%\sim72\%$ 和 $88\%\sim100\%$ 的范围内，这比相同反应条件下的单独脱硝效率要高得多。可以推测，脱硝效率的提高与 SO_2 的存在是有关的。SO_3^{2-} 离子的存在能提高脱硝效率。

目前，世界各国对大气污染物的排放有了越来越严格的要求，传统的脱硫脱硝技术，特别是脱硝技术，还不能满足其要求。虽然湿法烟气脱硝剂溶液同时脱硫脱硝技术还处于研究探索阶段，但其优秀的脱硝性能让我们看到了新的希望，与其他脱硝技术相比，它的优越性是明显的，能与湿法脱硫工艺有效地结合起来，简单易行，减少脱硫脱硝设备及占地面积的投资；脱硫脱硝效率高。优化工艺流程，降低运行费用，随着湿法烟气脱硝技术的日益完善，其优势将会更加明显，有着很大的发展前景，必然会受到广泛的关注和应用。

该中试系统试验装置在徐州中联水泥公司，并在该厂的万吨生产线的窑尾袋除尘器与烟囱间取风。水泥厂原工艺上增设 Nano-HCR 工程中试工艺流程如图 14-4 所示。

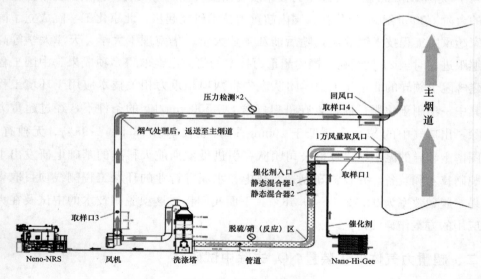

图 14-4　中试工艺流程

2. 测试研究效果

在徐州中联水泥公司万吨线的脱硝中试装置项目，昆山纳诺公司项目团队从 7 月 29 日—7 月 31 日完成了 72h 的测试，测试所取得的成果如下。

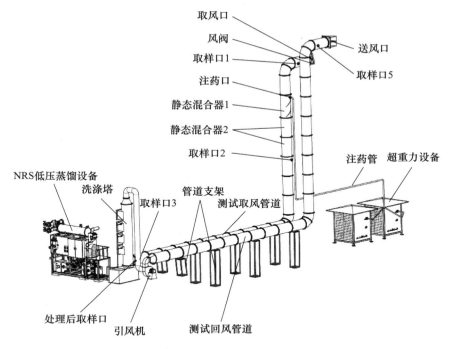

图 14-5　水泥厂原工艺上增设 HCR 工程布置

（1）测试证明超重力氧化剂发生装置（Hi-Gee）十分先进，其产生的气态的氧化剂在氧化效率方面明显优越于常见于工业应用的液态氧化剂；气态氧化剂使存在于氮氧化物中的一氧化氮高效率地转化为二氧化氮，氧化转化率达 92％以上。超重力氧化剂发生技术及装置（Hi-Gee）的应用为后续脱硝工序及设备的运行奠定了坚实的基础。

（2）测试证明吸收塔（洗涤塔）及采用的吸收剂对二氧化氮具有良好的吸收效果。取得好的吸收效果主要依赖于好的吸收剂。纳诺项目团队通过多次实验，起先试图通过多种药剂混合配制出一种吸收剂，后来转变思路，改用单一药剂，经过多次试错，最后找到了相对而言十分适宜的吸收剂——亚硫酸钠及亚硫酸钠与碳酸钙混合液作为吸收剂，其不仅对二氧化氮的吸收率高（根据统计二氧化氮吸收率高于 75％），而且价格也相对便宜。

（3）低温减压蒸馏技术与装备（NRS-25）的使用是此次测试中的一个亮点。洗涤塔产生的废水经过低温减压蒸馏设备处理后 COD 很低，污水净化效果达到 90％以上，完全达到了国家污水处理达标直排的要求。测试证明，低温减压蒸馏技术与装备（NRS-25）是纳诺公司具有核心竞争力的技术与装备。

（4）测试检测结果

在原窑尾工艺上增设 HCR 流程及测试点及方法，流程图如图 14-6 所示。

根据上述流程，测试点分别布置了四个取样点，其中在 1 号测试点与 2 号测试点之间是喷入氧化剂段，3 号测试点到 4 号测试点段是吸附后 NO_x 的减排效果。

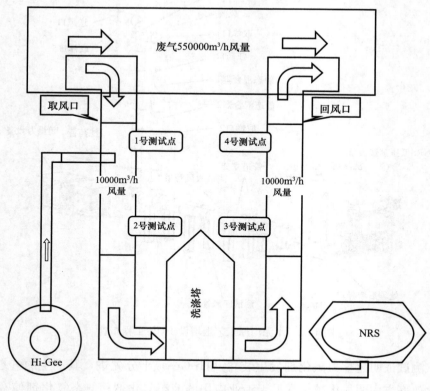

图 14-6　HCR 流程

表 14-2　水泥测试记录

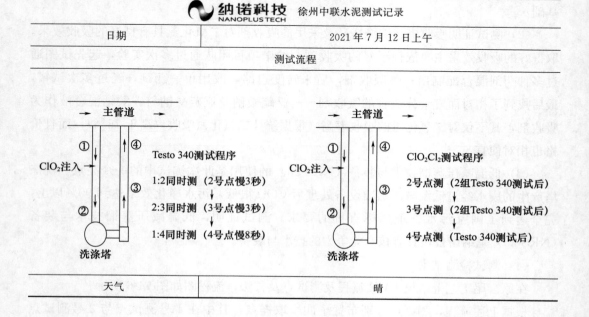

续表

开始时间～结束时间	9：25～11：10
A 剂、B 剂各注入量	A：5L，B：5L
洗涤塔水箱溶液	$Na_2S_2O_3$ 溶液浓度 4%pH 值为 8.5
洗涤塔水箱溶液初始使用量	2.4t
洗涤塔水箱溶液补药量	未补液
管道风速风量	10m/s，10000m³/h

表 14-3　检测时间及数据

时间	时间段	NO（mg/m³）					
		1号、2号数据		2号、3号数据		1号、4号数据	
		1 号	2 号	2 号	3 号	1 号	4 号
9：25	加药前	28.0	24.0	12.0	15.0	36.0	29.0
9：55	9：55～10：20	16.0				17.00	
10：20	10：20～10：40	16.0				15.00	
10：40	10：40～10：55	20.0				19.0	
10：55	10：55～11：10	21.0				17.0	
11：10	11：10～11：25	21.0				15.0	

运行结果 1（随机抽取 7 月 23 日）如图 14-7 所示。

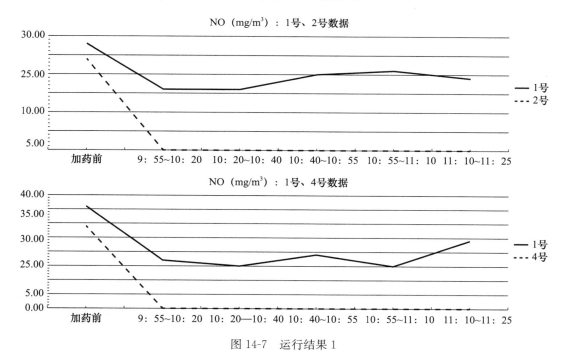

图 14-7　运行结果 1

运行结果 2（随机抽取 8 月 2 日）如图 14-8 所示。

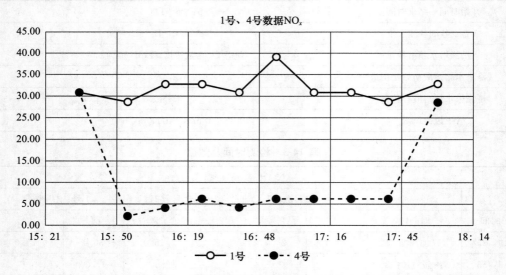

图 14-8　运行结果 2（单位：mg/m³）

运行结果 3（随机抽取 8 月 8 日）如图 14-9 所示。

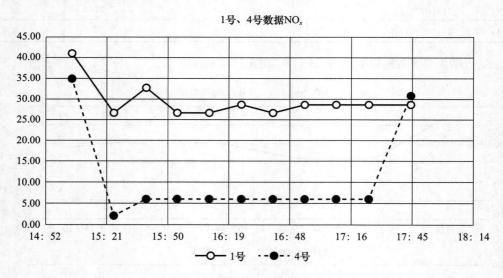

图 14-9　运行结果 3（单位：mg/m³）

国检测试结果如图 14-10 所示。

国家建筑材料工业水泥能效环保评价检验测试中心（CTC）对该项目进行的出具结果展示，如图 14-11 所示。

总之，经过 4h、8h、12h、24h 直至 72h 的连续测试结果充分证明，整个脱硝工艺系统持续稳定；从 1 号口与 4 号口氮氧化物的对比统计值可以看到，整个系统的脱硝效率始终保持在 85% 以上，这说明工艺技术路线是可行的。在通过 CTC 的检测结果：NO_x 平均脱除率：94.74%，最高脱除率：99.48%，足以证明 HCR 脱硝效益显著。

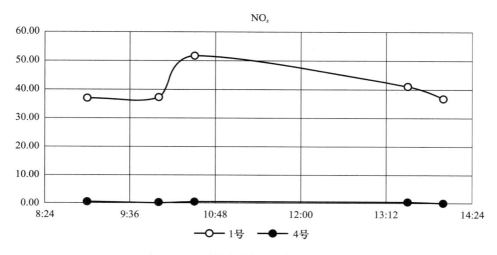

图 14-10　国检测试结果（单位：mg/m³）

3. 合肥热电超重力 NO$_x$ 去除应用测试结果

该系统于 2021 年 10 月在合肥市热电公司 130 吨燃煤锅炉上进行了试用，并进行了测试，结果见表 14-4。

表 14-4　合肥热电超重力 NO$_x$ 去除测试数据

项目 时间/负荷	入口温度	反应前NO$_x$ 入口浓度	反应后NO$_x$ 出口浓度	2号锅炉NO$_x$ 出口浓度	1号锅炉NO$_x$ 出口浓度	药剂A耗量	药剂B耗量	烟气流量
19：30	97.6	95.2	25.62	6.3	21.6	40	30	100732
19：45	96.9	94.1	23.81	5.7	21.6	40	30	100875
20：00	97.2	97	20.76	4.6	20.6	60	40	99987
20：15	98	93	17.56	3.5	18.9	60	40	99569
20：30	97.6	85	17.18	3.6	18.1	60	40	98485
21：00	101.7	88	17.55	7.9	20	75	60	98496
21：15	98.2	85.8	16.25	0.2	20.1	75	60	98719
21：30	96.5	84.5	16.4	0.2	21.3	75	60	101022
21：45	95.7	85.1	18.12	0.2	23.1	75	60	101164
22：00	95.3	85.1	18.23	0.2	20.9	75	60	100273
22：15	95	82.6	18.62	0.2	20.6	75	60	101117
22：30	94.8	81.5	20.36	0.2	23.1	75	60	102081
22：45	94.6	81.8	24.98	4.3	24.8			99471
23：00	94.5	81.2	25.84	5	23.7			97917
23：15	89.7	89.8	19.91	4.6	21			100285
23：30	89.8	88.1	19.66	4.7	22.4			101165
23：45	88.3	88.9	18.4	5	18.6			101039
0：00	88.5	91.3	18.26	4.8	19.2			103025

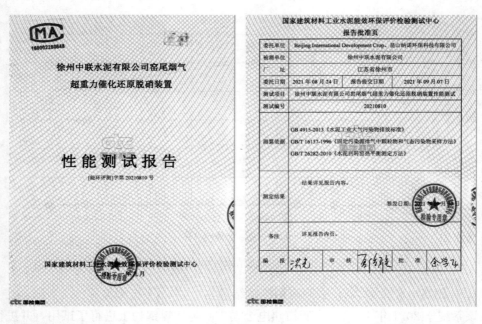

图 14-11　CTC 对此项目出具的测试结果

由上表统计反应前 NO_x 指标：

平均 $NO_x=87.67$，最大 $NO_x=97$，最小 $NO_x=81.2$。

反应后 NO_x 指标：平均 $NO_x=19.86$，最大 $NO_x=25.84$，最小 $NO_x=16.25$。

第三节　徐州中联水泥有限公司 2×5000t/d 熟料线窑尾烟气脱硝技术方案

一、概况及设计基础参数

1. 水泥生产线工艺

徐州中联水泥有限公司 2×5000t/d（10000）新型干法熟料生产线，由生料破碎、粉磨、熟料烧成、煤粉制备和余热发电系统构成，实际已达到 11000t/d 产量。表 14-5 为水泥生产线窑尾主要设备情况。

表 14-5　水泥生产线窑尾主要设备情况

设备名称	参数名称	单 位	参数
水泥窑	型式	台	卧式旋窑
	熟料台时产量	t/h	10000
	燃料加热方式		燃煤
	预热器出口烟气量	Nm³/h	600000
	预热器出口烟气温度	℃	
	计算耗煤量（设计煤种）	t/h	
预热器	型式		
	级数	级	
	漏风率	%	
	C1 出口温度	℃	
	预热器出口风量	m³/h	
预分解炉	型号		
	直径		
	高度		
窑尾除尘器	数量	台	
	型式		
	除尘效率	%	
	引风机出口灰尘浓度（10%O₂，干基）	mg/Nm³	

续表

设备名称	参数名称	单位	参数
高温风机	风机型号		
	电机型号		
	工况风量	m³/h	
	风压	Pa	
	进口烟温	℃	
	电动机功率	kW	
尾排风机	风机型号		风量：550000m³/h，风压：2000Pa
	电机型号		YPTQ800－6
	工况风量	m³/h	550000
	风压	Pa	−0.03±0.01
	进口烟温	℃	125±10
	电动机功率	kW	6000V，4400

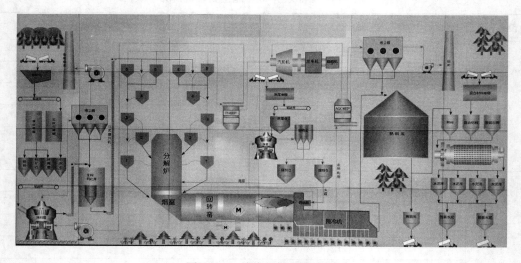

图 14-12　该水泥厂的流程图

表 14-6 为 C1 出口及袋式除尘器出口处烟气中烟尘主要成分分析（无现场数据，此表仅供参考）。

表 14-6　预热器 C1 出口烟尘主要成分分析

成　分	单位	数　据	备　注
LOSS	％	36.0	
CaO	％	42.2	
SiO_2	％	12.2	
Al_2O_3	％	3.1	
Fe_2O_3	％	2.0	

成　分	单　位	数　据	备　注
MgO	%	2.7	
K_2O	%	0.6	
Na_2O	%	0.08	
SO_3	%	0.66	
IM	%	1.52	
Cl^-	%	0.06	

表 14-7　袋式除尘器出口烟尘主要成分分析

成　分	单　位	数　据	备　注
CaO	%	64.5	
SiO_2	%	21.2	
Al_2O_3	%	5.2	
Fe_2O_3	%	3.4	
MgO	%	3.4	
K_2O	%	1.0	
Na_2O	%	0.18	
SO_3	%	0.28	

2. 脱硝系统设计需要的基础参数

目前，国内对水泥窑氮氧化物排放统计得出大部分水泥窑在未使用降低氮氧化物排放措施的情况下，窑尾烟气氮氧化物排放浓度在 $300\sim900mg/Nm^3$（以 NO_2 计，标况，10%O_2，下同）。水泥工业主要是在工艺过程中采用了脱氮手段，如使用低氮燃烧器、分段燃烧等。在采取这些手段之后，水泥窑的氮氧化物排放一般能控制在 $200\sim800mg/Nm^3$。根据厂方提供的氮氧化物排放情况，在窑系统正常工况稳定的情况下，NO_x 的排放浓度约在 $700mg/Nm^3$，本项目要求最终窑尾氮氧化物排放浓度达到 $50mg/Nm^3$ 以下，氨逃逸控制在 $7.6mg/Nm^3$ 以下。本烟气脱硝项目设计基础参数见表 14-8。

表 14-8　脱硝系统设计基础参数

序号	项目	单位	数值	备注
1	熟料生产线规模	t/d	1×10^4	
2	窑尾烟囱烟气流量	m^3/h	5.5×10^5	工况
		Nm^3/h	4.8×10^5	标况
3	窑尾烟囱烟气温度	℃	110	

续表

序号	项目	单位	数值	备注
4	预热器出口烟气流量	m³/h	$6.6×10^5$	工况
5	预分解炉出口温度	℃	约900	
6	C1筒出口烟气温度	℃	约310	
7	C1出口烟气中O_2含量	%	0.5～2	
8	C1筒出口静压	Pa	约-6000	
9	预热器出口粉尘浓度 （标况，$10\%O_2$）	g/Nm³	80	
10	原始烟气NO_x浓度 （以NO_2计，标况，$10\%O_2$）	mg/Nm³	450	尾排烟囱处排放数值
11	窑系统年运转时间	h	8000	330d
12	氮氧化物排放浓度	mg/Nm³	<50	
13	氨逃逸	mg/Nm³	<7.6	

水泥厂供电、供水现状如下所述。

厂区供电电源电压：高压10kV，6kV；低压380V，220V。

烟气脱硝工程的给排水涉及工业用水、消防用水、生活用水，以及氨水废水排放等。水源参数见表14-9。

表14-9　厂区水源参数表

项　目	单　位	参　数	备　注
工业水接口压力	MPa	≥0.25	
消防水接口压力	MPa	≥1.0，≤0.7	
关闭压力	MPa	0	
生活水接口压力	MPa	≥1.0，≤0.3	

二、脱硝技术路线

本初步技术方案书适用于徐州中联水泥有限公司10000t/d新型干法熟料生产线技改项目烟气脱硝工程。本期烟气脱硝工程的设计原则如下。

（1）选择性非催化还原烟气脱硝（SNCR）利用原＋超重力催化还原（HCR）联合工艺。

（2）使用纳诺环保专利的脱硝复合剂作为脱硝还原剂。

（3）整个系统设置有烟气旁路。

（4）烟气脱硝系统设置烟气监测系统。

（5）脱硝装置不单独设电控室，与主装置的共用。脱硝装置不单独设变压器，由主装置将低压负荷接至脱硝装置的进线柜。低压负荷和配电、控制室考虑与主装置一起布置。脱硝装置的控制系统采用DCS，品牌和配置与主体生产线一致。

（6）烟气脱硝装置可用率不低于95％，整体寿命与主体同步。

（7）脱硝系统运行天数按330d（8000h）计，运转率不低于95％。

（8）脱硝工程设计SNCR尾排NO_x（以NO_2计）初始浓度100～150mg/Nm³，再经由HCR处理，设计脱硝效率不低于90％，整体脱硝后窑尾烟囱处NO_x排放浓度不超过50mg/Nm³，氨逃逸率不超过7.6mg/Nm³。

氨逃逸参考内容：2021年6月政府排放标准明确，"氨逃逸控制指标，根据不同治理工艺，采用SCR脱硝工艺或SNCR＋SCR联合脱硝工艺氨逃逸为2.3mg/m³，采用SNCR脱硝工艺氨逃逸控制指标为7.6mg/m³。"

1. 技术要求

（1）主要设计内容及项目范围

本项目包括脱硝系统及其相关配套改造工程以内所必须具备的工艺系统设计、设备选择、采购、运输及储存、制造、建设全过程的安装指导、调试、试验及检查、考核验收、消缺、培训和最终交付投产等，并能满足水泥生产线正常运行的需要。

① 选择合适的烟气脱硝工艺系统；

② 脱硝工艺子系统模块设计；

③ 窑尾风机改造；

④ 配套脱硝还原剂来源及供应工艺系统，设计还原剂储存及输送区域；

⑤ 烟气脱硝系统实施后的环境影响分析；

⑥ 脱硝配套系统水、电、气的调整；

⑦ 脱硝工程的投资估算及运行成本分析；

⑧ 脱硝工程实施和轮廓进度。

（2）脱硝装置的总体要求

脱硝装置（包括所有需要的系统和设备）至少满足以下总的要求。

① 采用低氮燃烧＋SNCR/HCR联合烟气脱硝工艺技术；

② 窑尾烟气中原始NO_x浓度为750mg/Nm³（10％O_2，标况，以NO_2计）时，安装脱硝系统后，窑尾烟囱烟气中NO_x浓度控制在50mg/Nm³（10％O_2，标况，以NO_2计）以下；

③ 脱硝装置在运行工况下，氨的逃逸率小于7.6mg/Nm³；

④ 脱硝装置在设计范围内，烟气脱硝效率不低于90％；

⑤ 脱硝装置应能快速启动投入，在运行条件下能可靠和稳定地连续运行；

⑥ 在水泥生产线运行时，脱硝装置和所有辅助设备能投入运行而对水泥生产线的运行方式没有任何干扰，SNCR单独投运时不增加烟气系统阻力，HCR投运时窑尾系统阻力增加不大于1000Pa；

⑦ 使用复合脱硝剂作为脱硝还原剂，并用窑灰作为吸收剂；

⑧ 烟气脱硝工程内电气负荷均为低压负荷情况，系统内只设低压配电装置，低压

系统采用 380V 动力中性点不接地电源；

⑨ 烟气脱硝工程的控制系统采用 DCS 控制系统，该系统可以独立运行，实现脱硝系统的自动化控制，脱硝控制系统可在无须现场就地人员配合的条件下，在控制室内完成对脱硝系统还原剂的输送、计量、稀释、喷射等的启停控制，完成对运行参数的监视、记录、打印及事故处理，完成对运行参数的调节；

⑩ 系统设备布置应充分考虑工程现有场地条件，还原剂运输，全厂道路（包括消防通道）畅通，以及水泥生产线所有设备安装、检修方便；

⑪ 在设备的冲洗和清扫过程中，如果产生废水，应收集在脱硝装置的排水坑内，不能将废水直接排放；

⑫ 在距脱硝装置 1m 处，噪声不大于 85dB（A）；

⑬ 所有设备的制造和设计完全符合安全可靠、连续有效运行的要求，性能验收试验合格后一年质保期内保证装置可用率不小于 95％；

⑭ 脱硝装置的检修时间间隔与主体的要求一致，不增加主体的维护和检修时间；

⑮ 脱硝装置的服务寿命为 20 年，脱硝装置中其他所有设备，在正常检修维护时都能保证 20 年的使用寿命。

（3）本脱硝工程各设计指标参数（表 14-10）

表 14-10　烟气脱硝系统各项设计指标

序号	项目内容	单位	数值	备注
1	脱硝后烟气 NO_x 浓度（以 NO_2 计，标况，10％O_2）	mg/Nm³	＜50	尾排监测
2	SNCR 单独运行脱硝效率	％	80	
3	SNCR 运行时 NO_x 控制浓度（以 NO_2 计，标况，10％O_2）	mg/Nm³	＜150	尾排监测
4	SNCR 单独运行时 NH_3 逃逸浓度（标况，10％O_2）	mg/Nm³	＜7.6	尾排监测
5	SNCR 最大运行负荷	％	110	110％为窑产量 7500t/d
6	SNCR 脱硝装置可用率	％	＞95	质保期内
7	SNCR 单独运行时 25％氨水最大消耗量	kg/h	850	
		kg/t		吨熟料消耗量
		t/d	20.4	
		t/a	6732	按年运行 330d 计
8	SNCR 单独运行时工业水耗量	t/h	0	
9	SNCR 单独运行时电耗量	kw·h	10	
10	SNCR/HCR 混合技术脱硝效率	％	＞90	
11	SNCR/HCR 联合运行后 NO_x 控制浓度（以 NO_2 计，标况，10％O_2）	mg/Nm³	＜50	

序号	项目内容	单位	数值	备注
12	SNCR/HCR 联合运行时 NH₃ 逃逸浓度（标况，10%O₂）	mg/Nm³	<7.6	
13	SNCR/HCR 联合运行时 SO₂/SO₃ 转化率	%	<1	
14	HCR 装置的烟气温降	℃	<15	
15	HCR 最大运行负荷	%	110	110%为窑产量 7500t/d
16	HCR 脱硝装置可用率	%	>95	质保期内
17	HCR 烟气系统压降	Pa	1000	预热器出口至余热锅炉进口
18	SNCR/HCR 联合运行时复合脱硝剂最大消耗量	L/h	80×2	
		kg/t		吨熟料消耗量
		kL/d	1.920×2	
		kL/a	633.6×2	按年运行 330d 计
19	SNCR/HCR 联合运行时工业水耗量	t/h	0.2	
20	SNCR/HCR 联合运行时压缩空气耗量	Nm³/h	320	0.6~0.8MPa
21	SNCR/HCR 联合运行时电耗量	kW·h	800	
22	系统阻力增加电耗	kW·h	220	预估

2. SNCR＋HCR 联合脱硝技术

（1）工艺流程

水泥窑尾烟气经布袋除尘器除尘后出口新建一段预处理及回收系统、脱硝反应系统共同去除烟气中的氮氧化物，并在后面新建吸收塔脱吸收后通过塔顶烟囱排放。如水泥厂已建有脱硫塔，则可利用该塔同时进行脱硝脱硫。

我们根据窑尾烟气参数，提出本项目脱硝技术方案的设计。本项目烟气氮氧化物改造拟采用纳诺环保自主研发的专门用于工艺窑炉烟气脱硝技术，以达到氮氧化物的治理效果。

脱硝系统的总工艺流程为：窑尾烟气→SNCR 脱硝→布袋除尘器→引风机→HCR脱硝反应及混合→吸收法脱硫脱硝＋水处理回用系统→塔顶排放。

新增 HCR 部分如图 14-13 所示。

HCR 是一种用于烟气 NO$_x$ 的催化系统的设备，包括催化剂制备系统、安装在烟道内的布气喷射系统和尾气吸收系统，布气喷射系统连通系统的催化剂出口，烟道的尾气出口连接尾气吸收系统。反应剂在反应釜中反应，将反应产生的催化剂通入含有NO$_x$ 的烟气中进行氧化反应，将 NO$_x$ 从低价态氧化为高价态后通过尾部反应塔装置协同吸收反应去除，从而达到氮氧化物超净排放的标准。本装置催化剂气体产生率达到90%以上，烟气中 NO$_x$ 的催化效率达到 98%以上，催化反应时间仅需 1~2s 即可完成，催化后的吸收效率基本达到 90%。本设计充分利用催化剂的强催化性，实现了

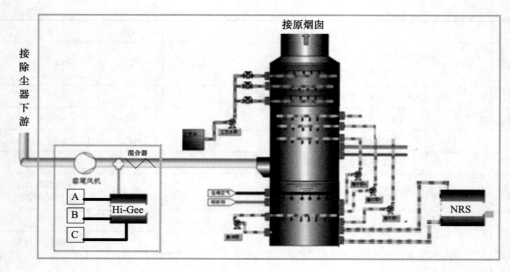

图 14-13　HCR 工艺系统流程图

NO$_x$ 的超净排放，同时解决了传统工艺 NO$_x$ 在有些工况条件中不能实现超净排放的问题。在布袋除尘器窑尾风机之后大概 100～120℃的烟温处增设预处理及回收系统、脱硝系统，在高温烟气段与加入的复合脱硝剂充分反应达到脱除的目的。

（2）技术特点

① 氮氧化物的去除效率高；

② 不使用催化剂，无催化剂中毒、反应器堵塞等问题，特别适用于催化剂颗粒物多的烟气；

③ 装置紧凑、集成一体化，设备少，无需专人管理；

④ 系统适应性强（响应速度快），对烟气原始氮氧化物浓度的增加，只需适当增加复合脱硝剂的加入量（设备无须改造）就可以使脱硝效率得到提高；

⑤ 烟温适应性强（不受温度限制，无需升温）；

⑥ 不新增系统阻力（无需风机改造，运行电耗低）；

⑦ 维护费用低；

⑧ 窑尾安装：不影响窑炉生产线整体规划；

⑨ 设备可在线检修：不影响主机运行。

（3）脱硝技术比较

目前，商业化应用的烟气脱硝技术有 SNCR、SCR 以及 SNCR＋SCR 联合工艺，对这几种不同的脱硝工艺进行技术比较，比较结果见表 14-11。

表 14-11　主要烟气脱硝技术比较

项目	SNCR＋HCR 联合工艺	SNCR＋SCR 联合工艺	SNCR 工艺
还原剂	氨水、复合脱硝剂	液氨、氨水或尿素	氨水或尿素

续表

项目	SNCR/HCR 联合工艺	SNCR/SCR 联合工艺	SNCR 工艺
反应温度	100~120℃	前段：850~1050℃； 后段：290~410℃	850~1050℃
催化剂	复合脱硝剂	必需，催化剂体积较小	不需要催化剂
脱硝效率	可达90%	可灵活调整后端 SCR 催化剂的用量， 综合效率大于85%	25%~45%
还原剂喷射位置	袋收器出口与吸收塔间烟道内	分解炉相应位置和预热器 出口相应位置	通常在分解炉 相应位置喷射
SO_2/SO_3 氧化	无	SO_2/SO_3 氧化较 SCR 低	不导致 SO_2/SO_3 氧化
氨逃逸	1~5mg/Nm³	1~5mg/Nm³	10mg/Nm³
对下游设备的影响	无影响	SO_2/SO_3 氧化率较 SCR 低，造成堵塞或腐蚀的机会较 SCR 低	不导致 SO_2/SO_3 的氧化，造成堵塞或腐蚀的机会为三者最低
对熟料品质的影响	基本无	基本无	熟料中会富集部分未反应的氨
系统压力损失	造成压力损失小	催化剂用量较 SCR 小，产生的压力损失相对较低	没有压力损失
燃料的影响	无影响	影响与 SCR 相同	无影响
水泥窑的影响	无	受分解窑内烟气流速及温度分布、预热器出口烟气温度的影响	受分解窑内烟气流速及温度分布影响
投资费用	中	高	低

三、脱硝总体设计工艺方案说明

1. 脱硝系统主工艺系统设计内容

徐州中联有限公司 10000t/d 熟料生产线烟气脱硝工程目前采用低氮燃烧＋SNCR 联合工艺，SNCR 烟气脱硝部分还原剂采用氨水溶液，总脱硝效率为 80%，为达 100mg/Nm³，喷氨量需 2.2t/h，我们采用纳诺公司的 HCR 技术对系统具体的实施措施及内容如下。

（1）分解炉设置 1 套 SNCR 系统（利用原 SNCR 系统）；

（2）设置 2 套 HCR 反应器；

（3）设置 1 套还原剂制备与储存系统（利用原 SNCR 系统）；

（4）HCR 反应器前后设置烟气监测装置；

（5）对现有的袋收尘尾部烟道进行改造，增加脱硝接口，设置烟气脱硝旁路系统；

（6）脱硝控制系统；

（7）改造部分平台扶梯进行拆除和恢复，并增设部分检修维护平台；

（8）增设反应器支架；

（9）改造现有的窑尾高温风机。

2. 脱硝系统工艺及设备说明

脱硝系统主要由以下系统组成：①脱硝复合剂发生系统；②脱硝反应系统；③吸收塔系统；④电仪控制系统等。

1）脱硝复合剂发生系统

通过脱硝复合剂装置加速复合脱硝剂的产生，产生的复合脱硝剂和烟气充分反应，达到去除烟气中的氮氧化物的目的。

脱硝复合剂装置主要有以下技术特点：

(1) 特殊的设计将脱硝复合剂装置内部质传系数提高至 10～100 倍；

(2) 设备体积小，整体成套安装，自动化控制。

装置根据烟气出口 NO_x 值调节复合脱硝剂量，使脱硝复合剂装置产量满足实际需求。

脱硝复合剂装置技术参数：根据烟气原始 NO_x 浓度 $150mg/Nm^3$ 选取 $80L/h \times 2$，脱硝复合剂装置。

2）脱硝反应系统

本工程烟气从布袋除尘器窑尾风机后新建脱硝反应系统，复合脱硝剂与烟气充分反应确保 NO_x 排放浓度在 $50mg/Nm^3$ 以下。

同时复合脱硝剂可以促进烟气中 SO_3、Cl^-、F^- 的吸收，反应式如下：

$$2NaOH + SO_3 \xrightarrow{\text{复合脱硝剂}} Na_2SO_4 + H_2O \tag{14-13}$$

$$NaOH + HCl \xrightarrow{\text{复合脱硝剂}} NaCl + H_2O \tag{14-14}$$

$$NaOH + HF \xrightarrow{\text{复合脱硝剂}} Na_2SO_4 + H_2O \tag{14-15}$$

3. 吸收塔系统

如图 14-14 所示，吸收塔是整个脱硝系统的核心部分，脱硝吸收的反应在吸收塔内进行和完成。影响脱硝效率及系统运行的关键参数如下。

(1) 酸碱摩尔比：1.03；

(2) 液气比：9（根据实际经验运行取值）；

(3) 浆液 pH 值：5.2～5.8；

(4) 塔内烟气流速：3.5m/s；

(5) 塔内浆液循环浆液停留时间：5min；

(6) 烟道烟气流速：小于 15m/s；

(7) 浆液密度：1050～1100kg/m³。

下文说明吸收塔系统中的主要部分。

1）浆液制备系统设计

根据水泥厂窑灰作为脱硝剂的特殊性，而且窑灰产生是与水泥窑同步的。因此，本脱硝设计不设置窑灰储仓。将浆液制备系统放置在取料点附近，通过取料下滑管道从主工艺系统输灰管道取料。取料下滑管配有自动切断阀，控制下料以及水汽上升。

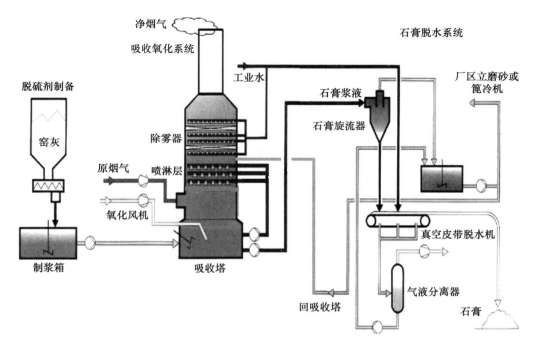

图 14-14　吸收塔系统流程图

配制好的浆液通过浆液输送泵，送至脱硝吸收塔利用。这样，可以省去粉仓的设置，节省脱硝建设占地面积及相应投资，同时系统的操作控制更简单，人员现场工作量降低。

浆液制备箱的体积设计参数：直径 3.5m，高 4m。

2）烟塔合一结构

本工程吸收塔设计采用烟塔合一技术，烟塔总高度满足当地生态环境局要求。本工程烟囱设计采用玻璃钢烟囱，玻璃钢材料的主要优势如下。

（1）轻质高强

相对密度在 1.5～2.0，只有碳钢的 1/5～1/4，可是拉伸强度却接近，甚至超过碳素钢，而此强度可以与高级合金钢相比。因此，在航空、火箭、宇宙飞行器、高压容器以及在其他需要减轻自重的制品应用中，都具有卓越成效。某些环氧 FRP 的拉伸、弯曲和压缩强度均能达到 400MPa 以上。

（2）耐腐蚀

FRP 是良好的耐腐材料，对大气、水和一般浓度的酸、碱、盐以及多种油类和溶剂都有较好的抵抗能力。已应用到化工防腐的各个方面，正在取代碳钢、不锈钢、木材、有色金属等。

（3）脱水系统设备配置

随着浆液中 $CaCO_3$ 与烟气中 SO_2 反应的进行，同时，浆液中的 $CaSO_3$ 浓度逐渐升高。在氧化风的氧化下，浆液中的 $CaSO_4$ 浓度逐渐升高。当达到饱和浓度时，浆液中出现石膏的小分子团，称为晶束，聚集将形成晶种。与此同时，也会有石膏分子溶入浆液，形成动态平衡。随着脱硝反应的进行，浆液中 $CaSO_4$ 出现饱和，动态平衡被打破，晶种逐渐长大称为晶体，新形成的石膏将在现有晶体上长大。

石膏浆液通过吸收塔石膏浆液排出泵输送至石膏水力旋流器进行浓缩和石膏晶体分级。石膏水力旋流器的底流（含有约 50％的固体，主要为较粗晶粒）依重力流至石膏浆液分配箱，再分配流入真空皮带脱水机进行脱水，皮带上的石膏层厚度通过调节皮带速度来实现，以达到最佳的脱水效果。石膏水力旋流器的大部分溢流液自流送回吸收塔，另一部分送到废水旋流器进行浓缩分离。废水旋流器底流自流至地坑，废水旋流器溢流液流至废水箱，然后用废水泵输送至废水排放点。通过控制废水的排放量达到控制排出细小的杂质颗粒从而保证石膏的品质，同时达到控制 FGD 系统中氯离子、氟离子的浓度以保证 FGD 系统安全、稳定运行的目的。为控制石膏中 Cl⁻ 的含量，确保石膏的品质，在石膏脱水过程中用工艺水和滤液对滤布和石膏滤饼进行冲洗，冲洗后的滤液进入地坑，废水旋流器的溢流作为脱硝废水排放，底流回 FGD 系统进行循环利用。

4. 窑灰作为脱硝剂的可行性

按照试验结果的结论，本脱硝工程采用复合剂-石灰湿法脱硝工艺，其中脱硝剂的石灰利用水泥厂的窑灰替代。

回转窑生产硅酸盐类水泥熟料时，随气流入窑尾排出的灰尘，经收尘设备收集所得的干燥粉末，称为回转窑窑灰（简称窑灰）。它是一种灰黄色或灰褐色的粉末，吸湿性很强。一般窑灰去处是水泥生料库，另外，也可以作为水泥组分均匀地掺入水泥中。因此，窑灰其实是增湿塔、余热锅炉和窑尾收尘系统获得的生料，但由于其以飞灰形式捕集，同时部分经过窑内的高温煅烧，因此窑灰与经过粉磨获得的新鲜生料物料在形貌和组成上会有不同。

国内学者在研究窑灰的多用途过程中，对窑灰进行的分析结果见表 14-12。其中数据显示，窑灰（CKD）中的 CaO 含量在 46％～57％，完全符合湿法脱硫工艺对脱硫剂（石灰石）所含 CaO 含量的要求。

表 14-12　对窑灰进行分析的结果

名称	SiO_2	Al_2O_3	Fe_2O_3	CaO	MgO	SO_2	K_2O	Na_2O	P_2O_2	Cl	fCao	$CaCO_3$
CKD（1）	14.68	5.16	3.37	57.1	1.05	7.45	6.07	0.60	0.102	0.533	8.0	15.19
CKD（2）	16.40	5.06	2.59	46.1	2.33	5.78	5.34	0.89	0.077	1.803	5.2	25.60
CKD（3）	11.60	4.68	2.05	50.3	1.34	16.5	5.86	1.02	0.085	0.731	14.1	9.55
CKD（4）	8.95	2.67	2.21	48.6	3.14	7.23	6.82	0.54	0.032	1.400	26.9	18.02
CBFS	31.86	10.32	1.52	46.1	7.02	2.14	0.32	0.25	0.020			0.20

对烟气脱硝用的脱硫剂石灰品质要求 DB50/T 378—2011 规定其技术指标如下。

表 14-13　脱硫剂石灰品质要求及技术指标

项目	指标（%）		
	优等品	一等品	二等品
氧化钙含量	≥50.4	≥49.5	≥47.5
细度：0.063mm 方孔筛筛余	≤5.0		
水分	1.0		

另外，研究人员选择不同窑况（利用不同矿山原料）的三种窑灰（L1、D1、D2）分析结果如下。

窑灰的细度数据最优者 0.08mm，方孔筛筛余 0.3%（相当于 200 目），最差者筛余 1.0%。虽然窑灰细度要比商业用石灰石粉（250 目左右）稍微大些，但只要在制浆过程中，控制好配浆时间，增强浆液搅拌，增进窑灰的溶解，对脱硝效果是不会产生影响的。

5. 吸收剂消耗量

本工程的设计烟气量 $6.6 \times 10^6 Nm^3/h$，设计初始浓度为 $750mg/Nm^3$，设计脱硝效率不小于 98%。

考虑窑灰中钙基脱硝剂的有效含量（本计算取 80%），以及脱硝过程的反应钙硝比（本计算取 1.03），本工程每小时消耗窑灰的量为 1.5t/h。

6. 水泥窑尾排风机的改造

在水泥窑正常生产工艺上，尾排风机设置主要是考虑窑尾烟气除尘器系统以及前端设备、管道的阻力。当在尾排风机后端增加脱硝系统后，尾部的阻力增大。阻力分析见表 14-14。

表 14-14　水泥窑尾排风机的阻力分析

序号	阻力部位	阻力值（Pa）	备注
1	烟道系统	300	
2	吸收塔	900	
3	脱硝系统新增阻力合计	1200	

由上表分析可知，脱硝系统建设投产后，烟气系统的阻力需要增加约 1400Pa，现有尾排风机变频实际使用频率为 32Hz，暂不考虑对其进行改造。

7. 脱硝系统用水、电、气消耗

SNCR＋HCR 烟气脱硝系统的消耗品用量以及厂方需要提供的接口参数见表 14-15。

表 14-15　SNCR 脱硝系统主要消耗品和接口参数

序号	名　称	单　位	数　据		备注
			设计要求	厂方提供	
1	25％氨水	t/h	1.075		联合脱硝系统最大耗量
2	稀释水	m³/h	＜0.2		软水，次消耗量包含反冲洗时软水消耗量
		MPa	0.4		
		℃	常温		
3	电耗（所有连续运行设备轴功率）	kW·h	＜200		
4	喷射系统用压缩空气	m³/h	320		气源暂定由水泥厂提供
		MPa	0.4～0.7		
5	仪用压缩空气	m³/min	≤1.0		气源暂定由水泥厂提供
		MPa	0.4～0.6		
6	高温空气消耗量	m³/d	1000		
7	系统阻力能耗	kW·h	400		

8. 吸收塔系统性能数据（2 套）

表 14-16　吸收塔系统性能数据（2 套）

序号	项目名称	单位	数据
1.1	FGD 入口烟气数据		
	烟气量（标况）	Nm³/h	3.7×10^5
	FGD 工艺设计烟温	℃	120
	烟气量（工况）	m³/h	5.5×10^5
1.2	FGD 入口处污染物浓度		
	NO_2	mg/Nm³	150
	最大烟尘浓度	mg/Nm³	10
1.3	一般数据		
	总压损（含尘运行）	Pa	
	吸收塔（包括除雾器）	Pa	
	全部烟道	Pa	300
	化学计量比（$CaCO_3$/去除的）	mol/mol	1.03
	脱除率（不小于）	％	97.5
	液气比	L/Nm³	11
	脱硝系统总装机功率	kW	850
	烟囱前烟温	℃	～50

续表

序号	项目名称	单位	数据
	烟道内衬长时间抗热温度/时间	℃/min	180/20
	FGD装置可用率	％	98
	脱硝装置允许运行温度范围	℃	80～140
1.4	工艺消耗		
	窑灰（CaCO₃有效成分取值80％计算）	t/h	1.4
	工艺水（规定水质）	m³/h	17
	系统电耗（所有连续运行设备轴功率）	kW	415
1.5	FGD出口污染物浓度（标态，干基）		
	SO₂	mg/Nm³	＜50
	除雾器出口液滴含量	mg/Nm³	＜75
1.6	噪声等级（最大值）		
	氧化风机（进风口前3m远处测量）	dB（A）	85
	其余设备（距声源1m远处测量）	dB（A）	85
	控制室、电子室	dB（A）	55
1.7	石膏品质		
	石膏纯度（CaSO₄·2H₂O含量）	％	82.3
	副产物产量（含水分）	t/h	1.9
	气味		无
	Cl（水溶性）	％	0.85
	pH值		5～7
1.8	吸收塔装置参数（单台塔）		
	吸收塔直径	m	8.5
	塔底部浆液池直径	m	8.5
	塔总高度	m	～30.5
	循环泵总流量（共设3台循环泵）	m³/h	5550
	单台循环泵流量	m³/h	1850
	氧化空气量	m³/min	33
1.9	脱硝环境效益		
	每小时脱硝量	kg/h	29.4
	年脱硝总量	t/y	235.840

第四节　国内其他联合脱硫脱硝技术应用情况

一、LCR 脱硫脱硝脱氨除尘一体化技术在水泥行业的适用性

1. 技术原理

脱硫工艺是采用石灰石-石膏法脱硫技术，生成的副产品是脱硫石膏，可以作为水泥生产的原料（水泥缓凝剂）；脱硝工艺采用 LCR 脱硝术，脱硝反应的主要产物有 N_2、H_2O，无二次污染；除尘是采用高效除尘除雾器进行除尘除雾；以下重点介绍 LCR 脱硝技术原理。

LCR 脱硝技术是针对烟气排放所含氮氧化物，使用高效脱硝塔进行整体治理，在 $15\sim200℃$ 的温度范围内，高效脱硝塔利用液态脱硝剂的催化反应来达到处理氮氧化物，LCR 脱硝融合了吸收、催化反应等技术，将氮氧化物变成 H_2O 和 N_2，无二次污染，该技术具有中低温高效特点，脱硝效率 95% 以上，氮氧化物排放最低可以降到 $10mg/Nm^3$ 以下，同时可以脱硫脱硝除尘一体化，达到尘、硫、硝的超低排放，其投资成本、运行成本较低。

其反应过程如下。

$$2NO+LCR（H）\!=\!\!=\!N_2+2H_2O \tag{14-16}$$

$$2NO_2+2LCR（H）\!=\!\!=\!N_2+4H_2O \tag{14-17}$$

液态催化剂脱硝技术的原理图如图 14-15 所示。

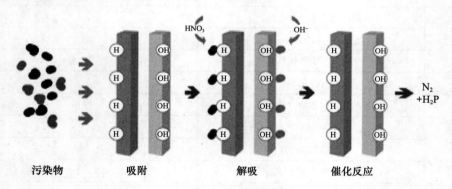

污染物　　　吸附　　　　　解吸　　　　催化反应

图 14-15　液态催化剂脱硝技术的原理图

流场及原理模拟示意图如图 14-16 所示。

采用液态催化剂脱硝技术，排放物中的氮氧化物含量可从 $1000mg/m^3$ 下降至 $20mg/m^3$。

2. LCR 一体化工艺流程

烟气经过原料磨废气风机后进入脱硫脱硝除尘一体化系统。

烟气进入脱硫脱硝塔的脱硫段，在吸收塔内烟气向上流动且被向下流动的循环浆液以逆流方式洗涤。在吸收塔中，石灰石与二氧化硫反应生成石膏，这部分石膏浆液

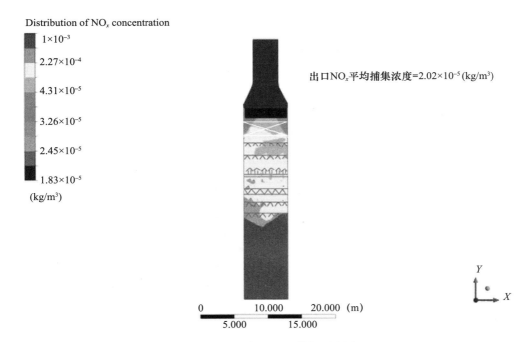

图 14-16 流场及原理模拟示意图

通过石膏浆液泵排出，进入石膏脱水系统。

经过脱硫处理的烟气流经除雾器进入脱硝段，烟气自下而上，与来自循环泵的药剂接触并被去除 NO_x，废气通过高效脱硝塔时，与喷入的脱硝催化剂进行反应，将氮氧化物转化为 N_2 和 H_2O。

在脱硫脱硝过程中，部分粉尘也将被捕捉下来，从而达到降低粉尘排放的目的，净化后的废气经高效除尘除雾器除尘除雾排入大气。

3. LCR 技术特点及应用

LCR 脱硝技术的特点：无氨脱硝；没有氨逃逸、没有催化剂中毒、没有二次污染；末端处理、停机时间短；脱硝效率高，可达 95%；投资、运营成本低；同时具备脱硫脱硝脱氨除尘超低排放功能。

LCR 脱硝技术在光伏、半导体、建材、钢铁、电力、冶炼等行业已经稳定可靠地成功运行多年。

目前，湖州某水泥有限公司生产线烟气脱硫脱硝除尘一体化项目（超低排放，出口二氧化硫不大于 35mg/Nm³，氮氧化物不大于 50mg/Nm³，出口粉尘不大于 5mg/Nm³）、河南某水泥有限公司水泥生产线烟气脱硫脱硝除尘一体化项目（超低排放，出口二氧化硫小于 30mg/Nm³，氮氧化物小于 50mg/Nm³，出口粉尘小于 5mg/Nm³）都是利用 LCR 脱硝技术进行全面技术改进。

4. 结论

综上，水泥行业提标减排日趋严格。

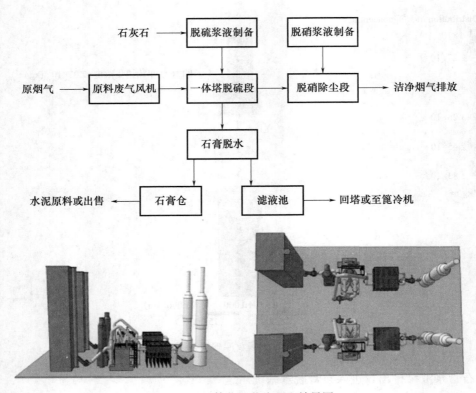

图 14-17　一体化工艺流程和效果图

图 14-18　河南某水泥企业 LCR 脱硫脱硝脱氨除尘一体化应用项目效果图

　　传统脱硝技术存在着不可避免的弊端和风险：氨逃逸（SNCR、SCR）；氨腐蚀（SNCR、SCR）；催化剂中毒（SCR）；过程脱硝、建设期停机时间较长（分级燃烧、SCR）；脱硝效率低，不能达到超低排放（分级燃烧、SNCR）；运营成本高（SCR）。LCR技术的优势：无氨逃逸、无催化剂中毒、无二次污染；末端处理、停机时间短；脱硝效率高，可达 95％；投资、运营成本低；同时具备脱硫脱硝脱氨除尘超低排放功能。

二、臭氧氧化协同吸收脱硫脱硝技术的工业应用

烧结过程是钢铁行业最主要的大气污染物排放过程，其烟尘、SO、NO_x 和二噁英排放量分别约占钢铁生产总排放量的 20％、60％、50％和 90％。因此，烧结多污染物减排是钢铁行业大气污染控制的重中之重。河北省颁布的《钢铁工业大气污染物超低排放标准》（DB 13/2169—2018）规定，自 2019 年 1 月 1 日起烧结（球团）的颗粒物、SO_2、NO_x 排放限值分别为 $10mg/Nm^3$、$35mg/Nm^3$ 和 $50mg/Nm^3$。

煤电行业的烟尘和 SO_2 超低排放控制技术普遍适用于钢铁烧结烟气，但是烧结（球团）烟气温度低于150℃，不仅火电厂普遍使用的催化剂不适用于烧结烟气，而且近些年研发的中低温 SCR 烟气脱硝催化剂在应用于烧结烟气时，也面临加热烟气温度到活性温度窗口必然大量耗能的问题。

围绕烧结烟气 NO_x 和 SO_2 的脱除，目前钢铁企业已采用的技术包括活性炭/焦多污染物脱除技术、臭氧氧化-烟气循环流化床半干法烟气多污染物脱除技术和中低温 SCR 烟气脱硝-半干或湿法烟气脱硫技术。这些技术能够满足超低排放要求，但是运行条件普遍苛刻，较难实现 95％的脱除率。此外，存在类似活性炭消耗大、运行费用高等问题。因此，开发应用新技术迫在眉睫。

有研究开发了钢铁烧结烟气臭氧氧化协同吸收脱硫脱硝超低排放技术，为钢铁烧结烟气脱硫脱硝提供了一条新的途径。

1. 臭氧氧化协同吸收脱硫脱硝技术

1）技术原理

臭氧氧化协同吸收脱硫脱硝技术，采用"臭氧氧化＋双级吸收＋湿电除尘"的技术工艺。充分结合臭氧的强氧化性与脱硫塔的湿法吸收能力的优势，将 NO 深度氧化为 NO_3、N_2O_5 等易于被吸收的高价态氮氧化合物，并在吸收塔上实现了 SO_2 和 NO_x 同时被吸收剂吸收，达到了同时脱硫脱硝的目的，同步获得了高效除去二噁英等污染物的效果。

2）气相臭氧氧化协同吸收脱硫脱硝关键技术分析

O_3 氧化 NO 是实现脱硝的前提，但 O_3 投加量越大意味着运行成本越高。因此，确定合适的 O_3/NO 摩尔比非常重要。通过研究先考察了 O_3/NO 摩尔比对 NO 氧化和 NO_x 脱除的影响，结果如图 14-19 所示。

从图 14-19 可以看出，NO 氧化率和 NO_x 去除率皆随 O_3/NO 摩尔比的增大而提高。当 O_3/NO 摩尔比为 1.5 时，NO 氧化已达到100％，$CaCO_2$、Na_2CO_3、$NH_3 \cdot H_2O$ 和 $CO(NH_2)_2$ 四种脱硝液的脱硝效率均达80％左右；当 O_3/NO 摩尔比为 1.8 左右时，NO_x 脱除率接近100％。另外，研究还注意到 O_3/NO 摩尔比对 SO_2 氧化基本无影响，SO_2 的吸收脱除效率始终维持在98％以上。通过傅里叶红外光谱仪（FTIR）研究了在 O_3/SO_2 摩尔比分别为 0.6、1.0、1.2、1.5 和 2.0 时，对 SO_2 的氧化情况，发

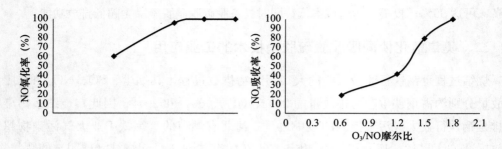

图 14-19　O_3 投加量对 NO_x 脱除率的影响

现与单独通入 SO_2 或单独通入 O_3 时的出峰情况相比，并未有新的峰出现。S0 主峰的出峰在 $1396cm^{-1}$ 处，对该波长处进行局部放大，没有新的峰出现，因此在 SO_2 与 NO 之间无竞争氧化。

除了受 O_3/NO 摩尔比的影响，研究还分别考察了入口 NO 浓度、SO_2 浓度、O_2 含量对 NO 氧化率以及 SO_2 和 NO_x 脱除效果的影响。结果表明，所有实验条件下，SO_2 脱除效率皆接近 100%。NO 氧化率及其氧化产物的吸收脱除效率取决于 O_3/NO 摩尔比，在 $150\sim350mg/m^3$ 范围内，只要维持 O_3/NO 摩尔比不小于 1.8 均能实现 100% 的 NO 氧化率和氧化产物脱除效率。入口 SO_2 浓度和 O_2 含量对 NO 氧化及氧化产物脱除影响很小。

为确保石灰石浆液的溶解性和石膏的质量，石灰石-石膏法脱硫工艺的吸收液 pH 值设置为 $5.5\sim5.8$，但是 SO_2 和 NO_x 属于酸性气体，理论上，碱性越强的吸收液对其吸收效果越好。以 $CO(NH_2)_2$ 溶液为吸收液，用 NaOH 溶液调节吸收液 pH 值，考察 pH 值对 NO_x 去除率的影响，当 O_3 加 NO 摩尔比为 1 左右、NO 氧化率维持在 92% 左右的情况下，pH 值从 5 提高到 10 时，脱硝效率仅有约 10% 的升高，这意味着增大 pH 值并不会改变 NO_x 吸收脱除的过程。

3）结论

（1）O_3 投加量（O_3/NO 摩尔比）是影响脱硝效率的关键因素，理论上实现高效脱硝的最小。O_3/NO 摩尔比为 1.5。

（2）在 O_3/NO 摩尔比小于 1.8 的情况下，不会出现 O_3 氧化 SO_2 为 SO_3 的情况，脱硝效率接近 100%。

（3）用 $CaCO_3$，Na_2CO_3，$NH_3 \cdot H_2O$ 和 $CO(NH_2)_2$ 作为吸收液，所得到的脱除效果接近。

（4）当 O_3/NO 摩尔比大于 1.5 时，吸收后除气相 NO、NO_2 和液相 NO_3^- 之外，不产生 NO_x，因此不存在二次气态污染物问题。即使 O_3/NO 摩尔比达到 1.8，也不至于造成高浓度 O_3 逃逸，这是因为脱硫脱硝废水中含有大量消耗 O_3 的组分。

4）工程实例

某钢铁厂 3# 炉 $300m^2$ 烧结机工业采用臭氧氧化协同脱硫脱硝技术，在现有正常稳定运行的烟气量条件下，按入口 NO_x 平均浓度 250mg/m³，入口 SO_2 平均浓度 1800mg/m³，出口 NO_x 浓度不大于 50mg/m³、出口 SO_2 浓度不大于 35mg/m³，出口颗粒物浓度不大于 10mg/m³ 设计。为实现上述指标，在总结一期臭氧脱硝脱硫增效改造基础上，做以下改造措施。

①现有脱硫塔作为一级吸收塔，以优化气流均布、提高气液传质。该塔主要实现对 SO_2/NO_x 的循环吸收。

②新增一个二级塔。该塔主要用于对 NO_x 的深度强化吸收。

③O_3 总量为 600kg/h。

④优化投加分布器，确保 O_3 与 NO 的快速混合与充分反应，提高氧化效率。

工艺流程如图 14-20 所示。

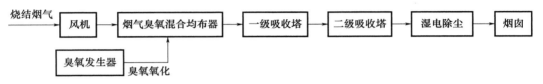

图 14-20 工艺流程图

（1）工艺流程

工艺流程如图 14-20 所示，O_3 通过投加混合器投加到吸收塔前的烟道中并与烟气充分混合，使 NO 深度氧化为 NO_3 和 N_2O_5。然后，烟气进入吸收塔与吸收液作用实现同步脱硫脱硝。净化后的烟气经湿式静电除尘器后外排，使烟尘、SO_2 和 NO_x 均满足超低排放要求。

采用石灰石浆液作吸收液，SO_2 与吸收液接触后先生成 $CaSO_3 \cdot 2H_2O$，再被空气氧化为 $CaSO_4$-$2H_2O$（石膏），产生的石膏副产物采用常规脱硫石膏处理方法回收利用。O_3 氧化 NO 生成的 NO_3 和 N_2O_5 组分与吸收液接触后生成硝酸盐，含高浓度硝酸盐的废水送至烧结混料工序，实现废水零排放，废水中的硝酸盐经烧结过程还原为氮气，实现无害化处理。

（2）运行效果

某钢铁厂 3♯炉 300m² 烧结机 O_3 脱硝改造项目自 2018 年 11 月投运以来，运行稳定，效果明显，达到了国家、地方和行业相关排放标准，符合装置改造后规定的排放目标，经技术鉴定为国际领先水平。技术应用前后主要性能指标见表 14-17。

表 14-17　技术应用前后的主要性能指标表

性能指标	改造前	设计要求	改造后监测
标准烟气量（Nm³/h）	1.2×10^6	1.2×10^6	1.2×10^6
出口烟气 NO_x 浓度（mg/Nm³）			
出口烟气 SO_2 浓度（mg/Nm³）	200～300	≤50	23
出口烟尘浓度（mg/Nm³）			

续表

性能指标	改造前	设计要求	改造后监测
出口硫酸雾浓度（mg/Nm³）	800	≤35	12
出口二噁英浓度/（ng－TEQ/m³）	100	≤10	3.6

投运以来主要运行情况如下。

① 脱硝、脱硫、除尘协同治理。正常运行条件下，入口烟气量（标干）1200000Nm³/h 左右，烟气温度为 140℃左右，入口 NO_x 浓度为 200mg/m³ 左右，入口 SO_2 浓度为 800mg/m³ 左右；应用该技术后，可实现出口 NO_x 浓度不大于 30mg/m³、出口 SO_2 浓度不大于 20mg/m³、出口颗粒物浓度不大于 5mg/m³。经第三方检测单位检测，两次检测结果分别为：a. 烟气入口 NO_x 平均浓度为 212mg/Nm³，出口 NO_x 浓度为 33mg/Nm³，NO_x 去除率达到 84.4%；b. 烟气出口 SO_2 浓度为 12mg/Nm³，NO_x 浓度为 23mg/Nm³，粉尘浓度为 3.6mg/Nm³，NO_x 去除率达到 87.2%。两次检测结果均达到超低排放要求。

② 装置投运以来，能够长周期稳定运行，不影响主设备及脱硫装置的满负荷长周期安全稳定运行。运行中 O_3 投加灵活可控，氧化效率高。双塔吸收工艺参数可控，烟囱出口无可视黄烟、无拖尾、无烟气下坠现象，烟囱尾羽视觉效果得到显著改善，达到建设预期目标。

③ 排出的石膏浆液经水力旋流真空脱水副产石膏。脱硫脱硝废水含硝酸钙盐溶液，送烧结混料处理，其中硝酸盐组分在高温烧结过程中利用还原性气氛还原为 N_2，使用中未发现烧结烟气 NO_x 增加的情况。

④ 二噁英的脱除效率可达 90%以上，也不存在 SO_3，O_3 和非常规 NO_x 的逃逸问题。

（3）经济性能

基于实际工程的测算表明，每生产 1kg 铁，成本约 6.4 元（氧气和电耗综合费用），按年运行 8000h、烧结矿产量 10000t/d 计算，脱硫脱硝及湿电除雾运行费用合计为 12.6 元/吨矿。其中，电耗占 44.4%、氧气占 37.5%、吸收剂占 16.1%、水耗占 2%。化为 N_2O_5，从而显著提高了脱硝效率，成功解决了传统臭氧氧化协同吸收技术不能实现的超低排放和冒黄烟问题。不仅可以实现超低排放，更重要的是结构简单，运行稳定可靠，投资和运行费用低于其他技术。

（4）结论与展望

臭氧氧化协同吸收脱硫脱硝超低排放技术的先进性和技术优势主要体现在将 NO 氧化为 NO_2 的臭氧氧化协同吸收脱硫脱硝技术路线，该技术将 NO 深度氧化，不会产生固、液、气方面的二次污染。总的来说，该技术在钢铁行业的成功应用，标志着 O_3 氧化脱硝技术取得重大突破，开创了我国烟气低温脱硝超低排放治理领域的新工艺，推动并引领了相关技术和产业的发展，可进一步推广应用于水泥、平板玻璃、陶瓷、非电燃煤锅炉等其他主要非电力行业的烟气治理，具有广阔的市场应用前景。

三、SNCR＋COA 脱硝技术应用于循环流化床锅炉

1. 工程概况

热电站现有 4 台 220t/h 高温高压煤粉锅炉和 2 台 465t/h 高温高压循环流化床（CFB）锅炉，实现热电联产运行，以满足炼化装置用气、用电的要求。其中的 2 台 CFB 锅炉为美国福特斯-惠勒公司产品，配套 2 台 100MW 抽汽冷凝式汽轮发电机组，外排烟气中的 NO_x 排放浓度约 300～350mg/Nm^3。为确保 CFB 锅炉烟气排放满足国家《火电厂大气污染物排放标准》（GB 13223—2011）的限值要求，需进行脱硝改造。从发电厂锅炉工程应用的角度，锅炉降氮脱硝措施可以分为两大类，即低氮燃烧技术及烟气脱硝技术。对于循环流化床锅炉，炉内低氮燃烧技术主要有低温燃烧和分级燃烧控制两个方面。本工程 CFB 锅炉的自身燃烧特性决定炉内燃烧温度较低，一般在 800～950℃，且福特斯-惠勒公司在设计上已采用分级燃烧技术，实际正常运行中 NO_x 最低可以控制在 200mg/Nm^3。因此，本次脱硝改造方案是在锅炉本体已有的低氮燃烧基础上，增设烟气脱硝系统。

2. 工艺选择

1）锅炉参数与设计标准

该工程 CFB 锅炉型号 FW-465/9.81-M，是紧凑型"自然循环"锅炉，采用由旋风分离器组成的循环燃烧系统。炉膛为膜式水冷壁结构，过热器分 3 级过热器，在一级与二级过热器之间设有一级减温器，在二级与三级过热器之间设有二级减温器，尾部设省煤器和空气预热器。CFB 锅炉烟气 NO_x 排放浓度随着石油焦质量的波动以及煤焦混烧的比例而具有明显的波动性。在性能试验期间，NO_x 排放浓度变化较大，全烧焦工况下，烟囱处 NO_x 排放浓度峰值达到 350～400mg/Nm^3，而最小值仅为 206mg/Nm^3；煤焦混烧工况下，烟囱处 NO_x 排放浓度则比较稳定，基本在 220mg/Nm^3 左右。根据国家《火电厂大气污染物排放标准》（GB 13223—2011）限值要求，该项目锅炉烟气脱硝改造后，NO_x 排放浓度应小于 100mg/Nm^3。

2）脱硝方案选择

烟气脱硝方案的选择需根据炉型、燃料、初始排放浓度并结合实际投资、运行经济性等众多因素综合考虑进行选取，对于改造项目还需充分考虑场地布置、改造工期等影响。

烟气脱硝是一种在燃料基本燃烧完毕后，通过还原剂把烟气中的 NO_x 还原成 N_2，或将 NO_x 氧化成 NO_2 后再通过碱性物质脱除的一种技术，根据反应原理可分为还原法和氧化吸收法。目前还原法普遍使用的有选择性催化还原技术（SCR）、选择性非催化还原技术（SNCR）以及 SNCR＋SCR 混合烟气脱硝技术。

CFB 锅炉燃用石油焦本身含尘量较低，为了维持床压需进行飞灰再循环，同时为降低 SO_2 排放，需加入大量石灰石作为炉内脱硫剂，实际省煤器出口烟尘浓度均在 60～70g/Nm^3 以上。虽然 SCR 与 SNCR 相比具有燃料适应性广、脱硝效率高等优点，

但高灰烟气很容易造成催化剂堵塞及严重的磨损，降低催化剂使用寿命；石灰石在炉内煅烧产生的 CaO，会随烟气进入催化剂与其表面 SO_3 反应形成 $CaSO_4$，降低了催化剂的活性，从而影响脱硝效果。

此外，本工程锅炉本体及炉后原设计未考虑布置 SCR 催化剂的空间，若采用 SCR 工艺，则需对现有炉后进行大规模的改造，施工周期预计达 4～6 个月，这将大大影响全厂供气。基于上述技术比较、影响因素以及炉温控制情况，本工程采用 SCR 技术优势已不明显，因此，选用设备简单、结构紧凑和投资较省的 SNCR 脱硝技术进行烟气脱硝。SNCR 技术在煤粉锅炉中脱硝效率一般在 $30\%\sim50\%$。CFB 锅炉由于再循环烟气流速较低，分离器内气流处于激烈的湍流，易于还原剂与烟气产生良好的混合。另一方面，CFB 锅炉炉内温度稳定且处于 SNCR 反应窗口区间内。这些正是 SNCR 在 CFB 锅炉中能保持较高脱硝效率的前提条件，一般在 $50\%\sim70\%$。若按 SNCR 效率 50% 以上计，目前正常运行 NO_x 最低排放浓度为 $200mg/Nm^3$ 以内，投入 SNCR 即可达到 $100mg/Nm^3$ 的排放标准。但在实际运行中，有时会受燃料和运行等因素的影响，在极限情况 NO_x 浓度会短时达到 $350mg/Nm^3$，此时需要总的脱硝效率为 72%。目前，国内实际运行的中小型 CFB 锅炉 SNCR 烟气脱硝技术，部分也可将烟气中 NO_x 从 $350mg/Nm^3$ 降至 $100mg/Nm^3$ 以内，但对锅炉烟气温度、运行参数等具有较严格的要求，且氨逃逸率将大大上升，否则很难长时间稳定保持 72% 左右的脱硝效率。考虑到锅炉烟气 NO_x 排放中 95% 左右均为 NO，其余氮氧化物仅占 5% 左右，其中的 NO 很难被碱液或其他吸收剂吸收，近年来为达到烟气同时脱硫脱硝的目的，利用氧化吸收法脱除 NO_x 也逐渐被广泛研究，即利用强氧化剂将烟气中 NO 氧化成 NO_2 后，再与 SO_2 一并经碱性吸收剂充分吸收，该工艺其特点是可以同时脱除 NO_x 和 SO_2，投资较省，但运行成本较高。因此，为了确保烟气中的 NO_x 长期达标排放，本工程在 SNCR 烟气脱硝后加设低温催化氧化吸收（COA）二级脱硝工艺。

3）氧化剂的选择

目前作为 NO 强氧化剂的物质有臭氧、$NaClO_2$、ClO_2、$KnMnO_4$ 等几种。其中臭氧的寿命较短，一般需要就地配置臭氧发生系统，不光投资和运行成本较高，且占地面积大；ClO_2 价格十分昂贵，且作为气体在设备运行中也非常危险；$KnMnO_4$ 危害性高，属于炸药及毒品管理范畴，备案及采购程序烦琐。因此，该工程氧化剂考虑采用 $NaClO_2$，该氧化剂氧化性能较好，系统简单，采购方便，合适用于本工程。

4）工艺原理

SNCR 脱硝反应其核心是还原剂在合适的温度区间选择性地与烟气中的 NO_x 发生还原反应，本工程氨的反应如下：

在有氧条件下：
$$4NH_3+4NO+O_2 = 4N_2+6H_2O \tag{14-18}$$

$$4NH_3+2NO_2+O_2 = 3N_2+6H_2O \tag{14-19}$$

在无氧或缺氧条件下：
$$8NH_3+6NO_2 = 7N_2+12H_2O \tag{14-20}$$

COA 脱硝的反应原理是利用喷入的脱硝溶液与烟气中的 NO 反应，将 NO 转化成 NO_2，再利用吸收塔内消石灰捕捉 NO_2 最终生成 $Ca(NO_3)_2$，实现烟气脱硝。其主要化学反应为：

$$NaClO_2 + 2NO \Longrightarrow 2NO_2 + NaCl \tag{14-21}$$

$$Ca(OH)_2 + 2NO_2 + 1/2O_2 \Longrightarrow Ca(NO_3)_2 + H_2O \tag{14-22}$$

前一个反应氧化剂 $NaClO_2$ 主要起到氧化作用，而后一反应中 $Ca(OH)_2$ 对 NO_2 吸收起到催化作用。从化学反应看，以 $NaClO_2$ 为氧化剂的催化氧化反应，其生成物均为无毒害的 $NaCl$、$Ca(NO_3)_2$ 和 H_2O，不会对现有的半干法系统灰渣排放造成其他危害。

5）工艺设计

SNCR 系统烟气脱硝过程由以下 4 个基本过程完成。

（1）接收和储存还原剂；

（2）还原剂的计量输出，与水混合稀释；

（3）在锅炉合适位置注入稀释后的还原剂；

（4）还原剂与烟气混合进行脱硝反应。

该工程 SNCR 工艺系统采用模块方式进行设计、制造，主要由氨水存储模块、高流量循环输送模块、稀释计量模块、分配模块及喷射组件模块等组成。

6）COA 系统

COA 工艺系统采用固相脱硝剂上料系统、液相脱硝剂上料系统、固相脱硝剂给料系统、液相脱硝剂制备与存储系统、液相脱硝剂高流量循环输送系统、液相脱硝剂喷射系统等组成。工艺流程如图 14-21 所示。

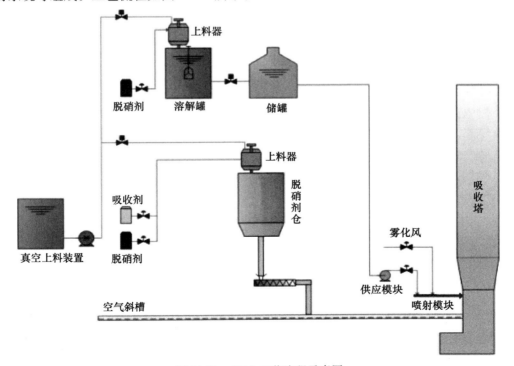

图 14-21 COA 工艺流程示意图

7）应用效果

工程于 2014 年 6 月建成中交，6 月 24 日至 27 日对两台炉 SNCR 脱硝系统进行 72h 试运行，6 月 28 日至 30 日对 COA 固液相脱硝系统进行调试。各阶段主要测试指标见表 14-18、表 14-19。

表 14-18　SNCR 脱硝率测试指标

项目	单位	1♯CFB 炉			2♯CFB 炉			
		工况 1	工况 2	工况 3	工况 1	工况 2	工况 3	工况 4
锅炉负荷	t/h	420	420	440	420	420	440	465
烟气流量	104m³/h	72.53	74	71	75	76.17	74.3	81
含氧量	%	4.47	4.86	4.51	6.49	5.7	6.23	5.9
喷枪投用区域		3 区	3 区	2、3 区	3 区	3 区	2、3 区	2、3 区
氨水浓度	%	9.76	9.76	20	9.76	9.76	20	20
氨水耗量	l·h⁻¹	395	650	400	358	735	459	485
初始 NO_x 浓度	mg/Nm³	135	200	180	190	210	220	328
锅炉出口 NO_x 浓度	mg/Nm³	54	60	39	62	36	38	78
氨氮摩尔比		1.52	1.65	2.37	0.95	1.73	2.12	1.38
SNCR 脱硝效率	%	60	70	78.3	67.4	81.9	83.6	76.3

表 14-19　COA 脱硝率测试指标

项目	单位	1♯CFB 炉			2♯CFB 炉			
		工况 1	工况 2	工况 3	工况 1	工况 2	工况 3	
锅炉负荷	t/h	420	420	420	420	420	420	
烟气流量	10⁴m³/h	74	74	75.38	76.1	78	73	
脱硝方式		液相	液相	固相＋液相	液相	液相	固相＋液相	
含氧量	%	4.81	4.81	4.85	5.67	5.87	5.96	
氧化剂耗量	kg/h	73.7	65.37	145	83.6	83.94	150	
脱硫岛入口 NO_x 浓度	l·h⁻¹	135	75	91	181	138	105	
脱硫岛出口 NO_x 浓度	mg/Nm³	64	43	34	78	56	48	
COA 脱硝效率	%	60	70	78.3	67.4	81.9	83.6	76.3

从以上各项测试指标，可分析得出：

（1）SNCR 具有较高的脱硝率。出口净烟气 NO_x 可有效控制在 35～65mg/Nm³ 范围内，平均脱硝效率为 70%，满足设计效率不小于 60% 的要求。

（2）较好的高负荷适应性。在锅炉满负荷，初始 NO_x 浓度达到 320mg/Nm³ 时，脱硝效率更具优势（大于 70%），可控制脱硫岛出口烟气 NO_x 浓度在 50～60mg/Nm³。

（3）氨氮摩尔比需合理控制。氨水喷入量与脱硝率非正比关系，氨水量过量增加，其未必能够有效提高脱硝效率，同时对各喷入位置的氨水量应进行合理控制，建议 2 区喷枪氨水喷入量要严格控制，尽可能少喷入。

（4）氨逃逸符合要求。测试期间氨逃逸基本都平稳控制在 $1\sim2mg/Nm^3$，满足不大于 $8mg/Nm^3$ 的设计要求。

（5）COA 脱硝能力好。无论液相还是固相，其脱硝效率均大于 40％的设计值。在不同工况下，液相能够脱除 NO_x 约 $70mg/Nm^3$，固相能够脱除 NO_x 约 $60mg/Nm^3$，其可以作为 SNCR 的补充，较好地适应"超洁净排放"时对 NO_x 浓度的控制。

7 月 8 日，经地方环保部门检测，两台 CFB 锅炉脱硫除尘装置出口 NO_x 排放量稳定控制在 $50mg/Nm^3$ 以下，排放指标达到"超洁净排放"标准，远优于国家《火电厂大气污染物排放标准》（GB 13223—2011）限值 NO_x 排放 $100mg/Nm^3$ 的要求。

8）经济分析

2 台 CFB 锅炉脱硝部分改造工程总投资 1455 万元，年运行费用约为 800 万元。根据 2013 年实测数据对比，改造前每年 NO_x 排放量为 1656t，改造后每年约 370t，减排量为 1286t，当量减排量为 1353t（1353＝1286/0.95t）；按每当量 NO_x 排污费 600 元/吨计算，则每年可节约排污费约 81.2 万元。

9）结语

（1）采用选择性非催化还原法（SNCR）＋催化氧化吸收（COA）组合工艺脱除烟气中 NO_x，除 NO_x 可获得大幅度消减外，氨的逃逸率最大值可控制在 $8mg/Nm^3$ 以下，对环境不会造成影响。脱硝过程中不产生其他二次污染。

（2）工艺系统抗冲击负荷能力较好，在烟气浓度及气量有一定程度波动的情况下，NO_x 排放浓度仍较稳定，工艺技术先进且成熟，控制指标优于设计值。该脱硝技术值得在中小型循环流化床锅炉上推广应用。

（3）改造后试生产期间，通过运行摸索使得 NO_x 排放稳定达到"超洁净排放"标准，全面考核整个脱硝工艺系统的稳定性、经济性，为下一步切实履行动力锅炉"超洁净排放"奠定了良好基础。

参考文献

[1] 能源行业发电设计标准化技术委员会. 火力发电厂烟气脱硝设计技术规程 DL/T 5480—2013 [S]. 北京：国家能源局. 2013.

[2] 姚宣，沈滨，郑鹏，郑伟. 烟气脱硝用尿素水解装置性能分析 [J]. 中国电机工程学报，2013 (14)：38-42.

[3] 段传和，夏怀祥，等. 选择性非催化还原法（SNCR）烟气脱硝 [M]. 北京：中国电力出版社，2011.12.

[4] 王凤春. 浅谈尿素合成塔的腐蚀和防护 [A]. 2004 年全国化工、石化装备国产化暨设备管理技术交流会会议论文集 [C]. 131-133.

[5] 胡振广，张晨，延宗昳. SNCR 脱硝技术中水冷壁腐蚀问题的研究及对策 [J]. 中国新技术新产品，2010 (2)：127-128.

[6] 周英贵，金保昇. 尿素水溶液雾化热分解特性的建模及模拟研究 [J]. 中国电机工程学报，2012 (26)：37-41.

[7] 吕洪坤，杨卫娟，周俊虎，等. 尿素溶液高温热分解特性的实验研究 [J]. 中国电机工程学报，2010 (17)：35-40.

[8] 喻小伟，李宇春，蒋娅，等. 尿素热解研究及其在脱硝中的应用 [J]. 热力发电，2012 (1).

[9] 胡浩毅. 以尿素为还原剂的 SNCR 脱硝技术在电厂的应用 [J]. 电力技术，2009 (3).

[10] 曹建民. 喷雾学 [M]. 北京：机械工业出版社，2005.

[11] 侯凌云，侯晓春. 喷雾技术手册 [M]. 北京：北京石化出版社，2002.

[12] 秦裕琨. 燃油燃气锅炉实用技术 [M]. 北京：中国电力出版社，2001.

[13] 李习臣. 大型水煤浆喷嘴的开发与雾化机理研究 [D]. 杭州：浙江大学，2004.

[14] 岑可法，等. 煤浆燃烧、流动、传热和气化的理论与应用技术 [M]. 杭州：浙江大学出版社，1995.

[15] 周俊龙，周林华，杨卫娟，等. 新型扇形雾化喷嘴的实验研究 [J]. 过程工程学报，2008 (8)：652-655.

[16] 秦军，陈谋志，李玮锋，等. 双通道气流式喷嘴加压雾化的实验研究 [J]. 燃烧科学与技术，2005，11 (4)：384-387.

[17] 崔彦栋. 气力式喷嘴雾化机理研究及水煤浆气化喷嘴的开发 [D]. 杭州：浙江大学，2006.

[18] 刘海峰，李伟锋，陈谋志. 大液气质量流量比双通道气流式喷嘴雾化滴径 [J]. 化工学报，2005，56 (8)：1462-1466.

[19] 崔彦栋，黄镇宇，等. 两通道气力式喷嘴雾化特定的研究 [J]. 电站系统工程，2006，22 (5)：8-11.

[20] 龚景松，傅维镳，等. 旋转型气-液雾化喷嘴流量特性的实验研究 [J]. 热能与动力工程，2006，

21（6）：632-639.

[21] 杨学军，严荷荣，周海燕，等. 扇形雾喷嘴的试验研究［J］. 中国农机化，2004，1：39-42.

[22] 周林华. SNCR 气力式雾化喷嘴雾化特性的实验研究［D］. 杭州：浙江大学，2007.

[23] 常捷，蔡顺华，等. 水泥窑烟气脱硝技术［M］. 北京：化学工业出版社.

[24] 邢国梁，宋正华，杨正平，等. SNCR 法脱硝工艺影响因素的初步探讨［C］. 中国硅酸盐学会环境保护分会学术年会论文集，2009.

[25] 侯祥松，张海，李金晶，等. 影响选择性非催化还原脱硝效率的因素分析［J］. 动力工程，2005（25 增刊）.

[26] 贾世昌. 水泥窑炉 SNCR 脱硝技术探析［J］. 环境科技，2012（2）：34-37.

[27] 陈学功，耿桂淦，段学锋. SNCR 烟气脱硝技术在水泥行业的应用［J］. 中国水泥，2012（3）.

[28] 秦岭. 水泥分解炉内 SNCR 脱硝过程的模拟与优化［D］. 武汉：武汉理工大学，2011.

[29] 周永康，吴振山，曹伟. 水泥工业脱硝工程的热工计算［J］. 水泥，2013（6）：51-53.

[30] 孙克勤. 火电厂烟气脱硝技术及工程应用［M］. 北京：化学工业出版社 .2006.

[31] 中国石化集团上海工程有限公司. 化学工艺设计手册：上册［M］. 第四版. 北京：化学工业出版社 . 2009：1074.

[32] 解永刚，程慧. 火电厂 SCR 脱硝还原剂的选择与比较［J］. 电力科技与环保，2010（5）：32-33.

[33] 陆生宽. 脱硝还原剂选用纯氨和尿素的技术经济探讨［J］. 应用能源技术，2012（1）：9-12.

[34] 周荣，韦彦斐，张玉根. 氨水应用于水泥脱硝的安全性研究与实践［J］. 水泥，2013（9）：55-57.

[35] 张利勇. 选择性非催化还原脱硝技术的应用及其运行控制策略［D］. 北京：华北电力大学，2008.

[36] 钟秦. 燃煤烟气脱硫脱硝技术及工程实例［M］. 北京：化学工业出版社，2002.

[37] 卢伟. 水泥 SNCR 脱硝还原剂的选择［J］. 水泥，2012（5）：11-13.

[38] 范潇，雷华，等. 水泥窑烟气 SCR 脱硝催化剂的选型及应用［J］. 水泥，2020（6）：50-52.

[39] 李壮，等 . 4000t/d 生产线氮氧化物超低排放改造经验［J］. 水泥，2020（9）：42-45.

[40] 周延伶，等. SCR 技术在欧洲水泥工业应用及脱硝催化剂介绍［J］. 水泥，2020（3）：44-46.

[41] 马英利，高凤雨，等. 国内外 SCR 脱硝催化剂发展概况、应用现状及成型工艺分析［J］. 现代化工，2019（11）：34～36.

[42] 刘海兵，等. 水泥窑低温 SCR 脱硝技术中试研究［J］. 水泥，2018（8）：47-50.

[43] Sulivan J A，Keane O. A combination of NO$_x$ trapping materials and urea-SCR catalysts for use in the remove of NO$_x$ from mobile diesel engines［J］. Applied Catalysis B：Environmental，2007，70（1-4）：205-214.

[44] Gentemann A M，Caton J A. Decomposition and oxidation of a urea-water solution an used in selective non-catalytic removal（SNCR）processes［A］. Proceedings of the 2nd Joint Meeting of the United States Section：The Combustion Institute［C］. Oakland，2001.

[45] Koebel M，Elsener M. Determination of urea and its thermal decomposition products by high-performance liquid chromatography［J］. Journal of Chromatography A，1995，689（1）：164-169.

[46] Sarantuyaa Z，Renatog. Nitrogen oxides from waste incineration：con-trol by selective noncata-

lytic reduction [J]. Chemosphere，2001（42）：491-497.

[47] RotaR，Dorotaa. Experimental and modeling analysis of the NO$_x$ OUT process [J]. Chemical Engineering Science，2002（57）：27-38.

[48] FurrerJ Deuber H Balance of NH$_3$ And behavior of polychlorinated Dioxins and furans in the course of the selectivenon-catalytic reduction of Nitric oxide at the TAMARA waste incineration plant [J]. Waste Manage-ment，1998（18）417-422.

[49] Miroslay R Reduction of Nitrogen oxides in flue gases [J]. Environ-mental Pollution，1998，102（s1）：685-689.

[50] RizkN K，Lefebvre A H. Spray Characteristics of Plain-jet Air-blast Atomizers [J]. Trans ASME J Eng Gas Turbines Power，1984，106（3）：634-638.

[51] Lefebvre A H. Energy Considerations in twin-fluid atomization [J]. Engineer for Gas Turbines and Power，1992，114（1）：89-96.

[52] 王中立. 硝酸氧化吸收法联合脱硫脱硝的实验研究 [D]. 北京：华北电力大学，2008.

[53] 钟璐，胡小吐，朱天乐，等. 臭氧氧化协同吸收脱硫脱硝技术的工业应用 [J]. 中国环保产业，2021（7）.

南京玻璃纤维研究设计院有限公司
Nanjing Fiberglass Research & Design Institute Co.,Ltd.

中国建材

南京玻璃纤维研究设计院有限公司成立于1964年,是国家级科研院所,隶属于世界500强企业——中国建材集团有限公司,专业从事环保过滤分离、功能性有机膜材料的研发、生产、销售及系统集成方案优化技术服务,拥有多项自主知识产权的专有技术和先进的产业化装备。入选中国环保协会推荐的国家重点环保实用技术,获得国家专利金奖和国家科技进步一等奖。产品广泛应用于建材、冶金、电力、化工等行业,并销往欧美、亚太、中东等地区。

■ 产品图片

高温滤袋

高温滤料

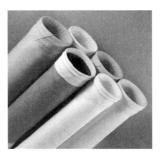
脱硝除尘功能性滤袋

■ 获奖证书

公司名称:南京玻璃纤维研究设计院有限公司膜材料公司　　公司地址:南京市江宁区彤天路99号

电　话:市场部:025-87186882　025-87186894　　传　真:市场部:025-87186900

欢迎联系